全国高等职业学校机械类专业教材

# 机械制图及计算机绘图

## （第三版）

中国劳动社会保障出版社

## 简介

本书主要内容包括制图的基本知识与基本技能、投影与三视图、轴测图、截交线与相贯线、组合体的视图、图样画法、标准件与通用件表示法、技术要求、零件图、装配图、计算机绘图等。

本书由王希波任主编，李小东、王永胜任副主编，符浩、高立瑞、李善玲、吴致远参加编写，林清松任主审，王雪参加审稿。

**图书在版编目（CIP）数据**

机械制图及计算机绘图 / 人力资源社会保障部教材办公室组织编写 . -- 3 版 . -- 北京：中国劳动社会保障出版社，2022

全国高等职业学校机械类专业教材

ISBN 978-7-5167-5300-2

Ⅰ . ①机… Ⅱ . ①人… Ⅲ . ①机械制图 - 高等职业教育 - 教材②计算机制图 - 高等职业教育 - 教材 Ⅳ . ①TH126

中国版本图书馆 CIP 数据核字（2022）第 174296 号

**中国劳动社会保障出版社出版发行**

（北京市惠新东街 1 号　邮政编码：100029）

\*

北京市艺辉印刷有限公司印刷装订　　新华书店经销

787 毫米 ×1092 毫米　16 开本　34.75 印张　824 千字

2022 年 12 月第 3 版　　2022 年 12 月第 1 次印刷

定价：**76.00** 元

营销中心电话：400-606-6496

出版社网址：http://www.class.com.cn

http://jg.class.com.cn

## 目 录
## CONTENTS

# 绪　论

《机械制图及计算机绘图》是研究识读和绘制机械图样的一门学科，也是工科机械类专业学生必修的、实践性较强的、重要的一门技术基础课。

## 一、机械图样的概念

图 0-1a 是表达图 0-1b 所示旋塞阀的装配图，图 0-2a 是表达图 0-2b 所示旋塞阀上的阀杆的零件图。零件图和装配图是工程上应用的机械图样。这种按一定的投影方法和有关标准规定，准确地表达机器及其零件的形状、大小和技术要求等内容的图，称为机械图样。

在日常生活中，语言、文字和图形是人们相互交流的主要工具。而在工程技术中，相互交流的主要工具就是图样。设计者通过图样表达产品的设计思想，制造者依据图样加工制作、检验、调试产品，使用者借助图样了解产品的结构性能等。因此，图样是产品设计、生产、使用全过程信息的集合，是工程技术部门的一种重要技术资料，常被人们比喻为"工程界的语言"。从事工程技术工作的人员必须掌握这种"语言"，否则，将是工程界的"文盲"。

## 二、本课程的主要任务和学习内容

本课程的主要任务就是培养学生具有阅读和绘制机械图样的能力。为此，本课程包括以下几部分内容：

1. 机械制图的基本知识与技能

介绍机械制图国家标准的基本规定、平面图的画图方法。

2. 投影与视图

介绍图样的图示原理和方法、视图的绘制与识读。

3. 机械图样的表达

介绍机械图样的基本表达方法、标准件和通用件的特殊表达方法、零件及部件的表达方法。

4. 机械图样的识读

介绍阅读机械图样（零件图和装配图）的步骤与方法。

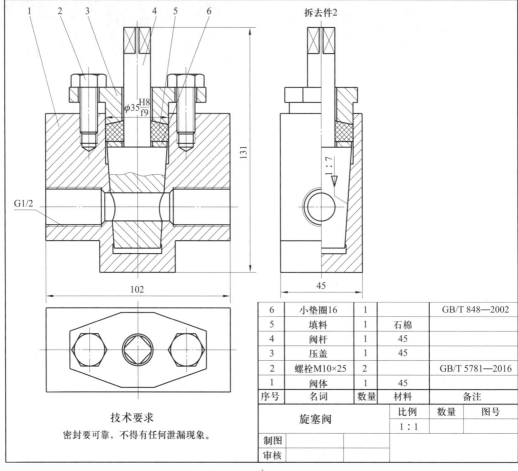

拆去件2

$\phi 35 \dfrac{H8}{f9}$

131

102

45

1:7

G1/2

技术要求

密封要可靠，不得有任何泄漏现象。

| 6 | 小垫圈16 | 1 | | GB/T 848—2002 |
|---|---|---|---|---|
| 5 | 填料 | 1 | 石棉 | |
| 4 | 阀杆 | 1 | 45 | |
| 3 | 压盖 | 1 | 45 | |
| 2 | 螺栓M10×25 | 2 | | GB/T 5781—2016 |
| 1 | 阀体 | 1 | 45 | |
| 序号 | 名词 | 数量 | 材料 | 备注 |
| 旋塞阀 | | | 比例 | 数量 | 图号 |
| | | | 1:1 | | |
| 制图 | | | | | |
| 审核 | | | | | |

a)

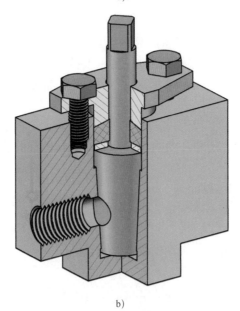

b)

图 0-1　旋塞阀

a）旋塞阀的装配图　b）旋塞阀的立体图

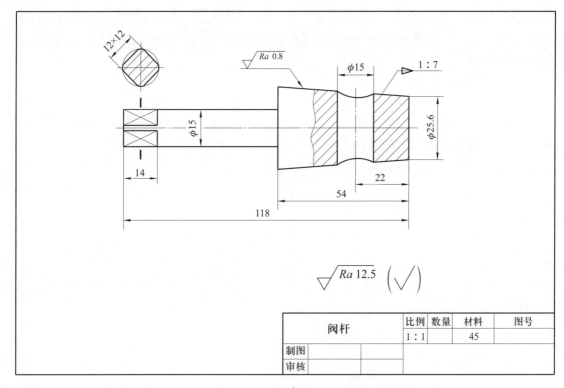

a)

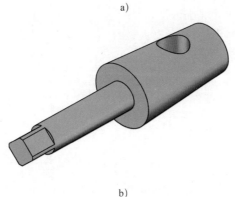

b)

**图 0-2　阀杆**

a）阀杆的零件图　b）阀杆的立体图

### 5. 计算机绘图

介绍 AutoCAD 2020 的操作与应用。

## 三、本课程的学习方法

本课程是一门理论性和实践性均较强的技术基础课，学习时必须注意以下几点：

### 1. 重视基本内容、基本概念的理解

在学习中，要特别重视入门阶段的学习，掌握投影原理和基本作图方法。

### 2. 树立理论联系实际的学风

读图和绘图能力的培养以及空间想象、空间分析能力的提高，始终都离不开实践。只有

通过一系列的读图和绘图的实践，不断地由图想物、由物画图，分析和想象平面图与空间物体之间的对应关系，才能在实践中逐步理解和掌握投影基本原理和基本作图方法，逐步提高读图和绘图能力。

3. 培养严谨细致的作风

鉴于图样在生产中起着很重要的作用，因此，要求所绘图样不能有误，读图不能有误，否则会给生产造成损失。所以，在平时的学习中，必须养成一丝不苟、严谨细致的学风，必须严格遵守国家标准《技术制图》《机械制图》的有关规定。

# 制图的基本知识与基本技能

机械图样是设计和制造机械的重要技术文件，是交流技术思想的一种工程语言。因此，绘制机械图样必须严格遵守机械制图国家标准中的有关规定，正确使用绘图工具和仪器，掌握正确的绘图步骤。本模块主要介绍国家标准《技术制图》《机械制图》中的基本规定和绘制图样的步骤与方法。

## 课题一　绘制简单图形及标注尺寸

### 任务一　绘制支座的平面图

**学习目标**

1. 掌握图线国家标准的有关规定。
2. 了解绘图工具及其使用方法。
3. 掌握绘图的基本技能，能熟练使用绘图工具并按照国家标准的规定绘制简单平面图。

**任务描述**

如图 1-1 所示为支座，其中图 1-1a 为图 1-1b 所示立体的平面图。试绘制这一平面图，要求符合制图国家标准中图线及应用的有关规定。

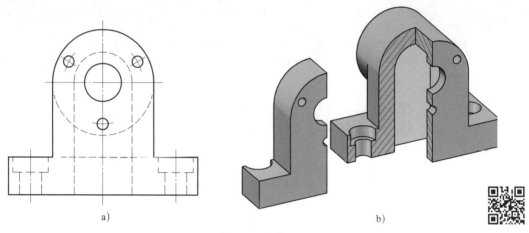

**图 1-1　支座**

a）平面图　b）立体图

　　如图 1-1a 所示平面图是由各种图线组合而成的，准确地表达了支座的外形和内部结构。绘制平面图时，应了解制图国家标准中对各种图线的规定和要求，熟练掌握各种绘图工具的使用方法，掌握科学的绘图步骤与方法。

## 一、常用图线的种类及用途

　　常用图线的名称、线型、线宽及主要用途见表 1-1，细虚线和粗虚线由短画和间隔组成，细点画线、细双点画线、粗点画线由长画、点和间隔组成。双折线的画法如图 1-2 所示。图线应用示例如图 1-3 所示。

表 1-1　　　　　　　　　　　　常用的图线（摘自 GB/T 4457.4—2002）

| 名称 | 线型 | 线宽 | 主要用途 |
|------|------|------|----------|
| 粗实线 | —————————— | $d$ | 可见棱边线、可见轮廓线、相贯线、螺纹牙顶线、螺纹长度终止线、齿顶圆（线）、剖切位置符号用线 |
| 细实线 | —————————— | $d/2$ | 尺寸线、尺寸界线、指引线、剖面线、重合断面的轮廓线、短中心线、表示平面的对角线、螺纹牙底线、齿轮的齿根圆（线）、过渡线 |
| 细虚线 | - - - - - - - - - - | $d/2$ | 不可见棱边线、不可见轮廓线 |

续表

| 名称 | 线型 | 线宽 | 主要用途 |
|------|------|------|---------|
| 细点画线 | —————————— | $d/2$ | 轴线、对称中心线、分度圆（线）、孔系分布的中心线、剖切线 |
| 波浪线 | ～～～～～ | $d/2$ | 断裂处边界线、视图与剖视图的分界线 |
| 双折线 | —／\—／\— | $d/2$ | |
| 粗虚线 | ▬ ▬ ▬ ▬ ▬ | $d$ | 允许表面处理的表示线 |
| 粗点画线 | ▬▬ · ▬▬ · ▬▬ | $d$ | 限定范围表示线 |
| 细双点画线 | — ·· — ·· — | $d/2$ | 相邻辅助零件的轮廓线、可动零件的极限位置的轮廓线、中断线 |

注：$d$ 为粗实线的线宽，其宽度系列为 0.25 mm、0.35 mm、0.5 mm、0.7 mm、1 mm、1.4 mm、2 mm，优先采用 0.5 mm 或 0.7 mm。

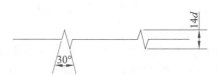

图 1-2 双折线的画法

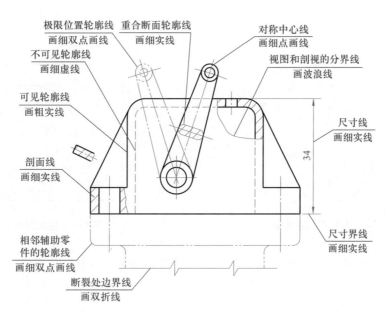

a)

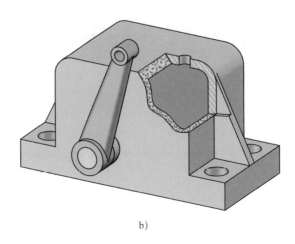

b)

**图 1-3　图线应用示例**

a）平面图　b）立体图

### 二、绘制图线的注意事项

1. 同一图样中同类图线的宽度应保持一致。细虚线、细点画线、细双点画线、双折线等的线段长度和间隔应各自大致相等。

2. 线型不同的图线相互重叠时，一般按粗实线、细虚线、细点画线的顺序，只画出排序在前的图线。

3. 细（粗）点画线和细双点画线的起止两端为长画而不是点，细点画线超出轮廓线3～5 mm。细点画线和其他图线相交或自身相交时，应在长画处相交，如图1-4所示。

4. 当对称中心线较短时，可用细实线绘制，如图1-5所示。

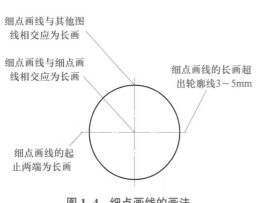

**图 1-4　细点画线的画法**

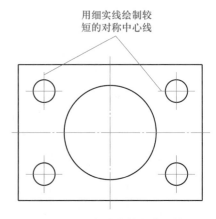

**图 1-5　用细实线绘制中心线**

5. 细虚线在粗实线延长线上画出时，细虚线留有间隙，以便区分粗实线与细虚线的分界点，如图1-6a所示；细虚线圆弧与粗实线相切时，细虚线圆弧应留出空隙，如图1-6b所示；细虚线与其他图线相交或自身相交时，细虚线应交在短画处，如图1-6c所示。

图线在相切、相交处容易出现的错误如图1-7所示。

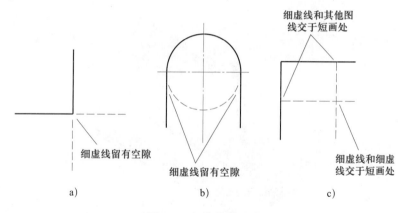

**图 1-6 细虚线的画法**

a）细虚线在粗实线延长线上 b）细虚线圆弧与粗实线相切 c）细虚线与其他图线相交或自身相交

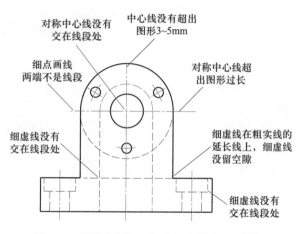

**图 1-7 图线在相切、相交处容易出现的错误**

## 三、常用绘图工具及使用方法

### 1. 图板和丁字尺

图板用于铺贴图纸，要求板面平滑光洁。其左侧边为丁字尺的导边，所以必须平直光滑，图纸用胶带纸固定在图板上，如图 1-8 所示。

丁字尺由尺头和尺身两部分组成。它主要用来画横线，其头部必须紧靠图板左边，其上边用来画线。移动丁字尺时，用左手推动丁字尺的尺头沿图板上下移动，把丁字尺调整到准确的位置，然后压住丁字尺进行画线。画横线时要从左到右画，铅笔在垂直于桌面的平面内往画线前进方向倾斜 30° ~ 45°。

### 2. 三角板

一副三角板由 45° 和 30°（60°）两块直角三角板组成，如图 1-9 所示。三角板与丁字尺配合使用可画竖线（见图 1-10），画竖线时应从下往上画。此外，三角板与丁字尺配合使用还可画出与水平线成 30°、45°、60° 以及 15° 的任意整倍数倾斜线（见图 1-11）。

两块三角板配合使用，可画出任意已知直线的垂直线或平行线，如图 1-12 所示。

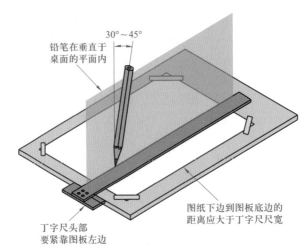

铅笔在垂直于
桌面的平面内

30°～45°

丁字尺头部
要紧靠图板左边

图纸下边到图板底边的
距离应大于丁字尺尺宽

图1-8　图板和丁字尺

图1-9　三角板

画线
方向

图1-10　画竖线

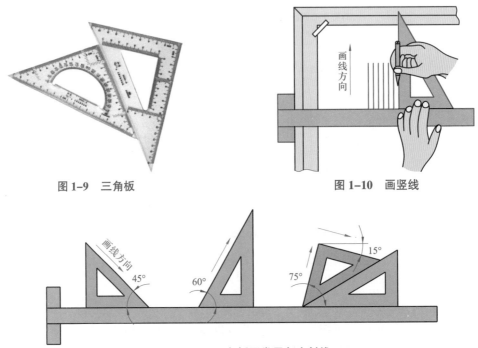

画线方向

45°　60°　75°　15°

图1-11　用三角板画常用角度斜线

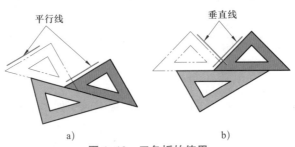

平行线　　　垂直线

a)　　　b)

图1-12　三角板的使用

a）画平行线　b）画垂直线

### 3. 圆规

圆规的结构如图 1–13 所示，圆规上的一个插脚装钢针，另一个插脚装铅芯，使用前应先调整好钢针，使带台阶端的针尖朝外，并稍长于铅芯。画图前，先将两腿分开至所需的半径尺寸，将针尖扎入圆心，画圆时，圆规要向画线方向稍微倾斜，从下方开始顺时针画线，如图 1–14 所示。

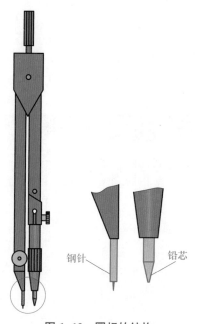

图 1–13　圆规的结构

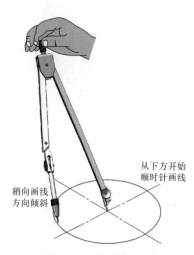

图 1–14　圆规的用法

### 4. 铅笔

铅笔的笔杆上标有型号标记，如 2H、H、HB、B、2B 等。标记中 B 前的数字越大，表示铅芯越软，绘出的图线颜色越深；H 前的数字越大，表示铅芯越硬，绘出的图线颜色越浅；HB 铅芯的软硬和颜色适中。一般将 B、2B 型铅笔笔芯修磨成四棱柱形（见图 1–15a，图中尺寸 $d$ 为粗实线宽度），将 2H、H、HB 型铅笔笔芯修磨成圆锥形（见图 1–15b）。

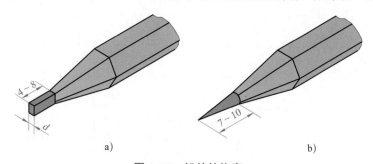

a)　　　　　　　　　　　　　b)

图 1–15　铅笔的修磨

a）四棱柱形笔芯　b）圆锥形笔芯

一般情况下，可用 2H 型铅笔绘制底图，用 H 型铅笔描深细型图线（如细实线、细虚线、细点画线等）或注写符号、文字等，用 HB 型铅笔描深粗实线直线，用 B 型铅笔描深粗实线圆。

## 任务实施

### 一、准备绘图工具

准备 H、HB、B 型铅笔各一支，橡皮一块，三角板一副，图板一块，丁字尺一把，圆规一副。

### 二、绘制图形

绘制图 1–1a 所示平面图的步骤见表 1–2。

表 1–2　　　　　　　　　　　　　　　绘制平面图的步骤

| 步骤 | 图示 | 步骤 | 图示 |
|---|---|---|---|
| 1. 在图纸上确定作图的位置（绘制作图基准线） | 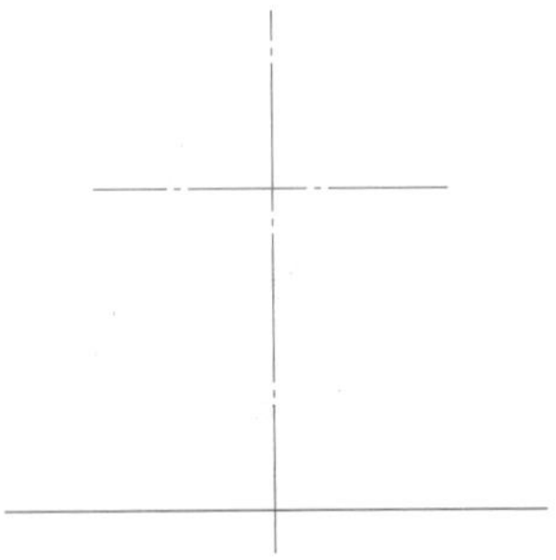 | 4. 绘制不可见轮廓线 | 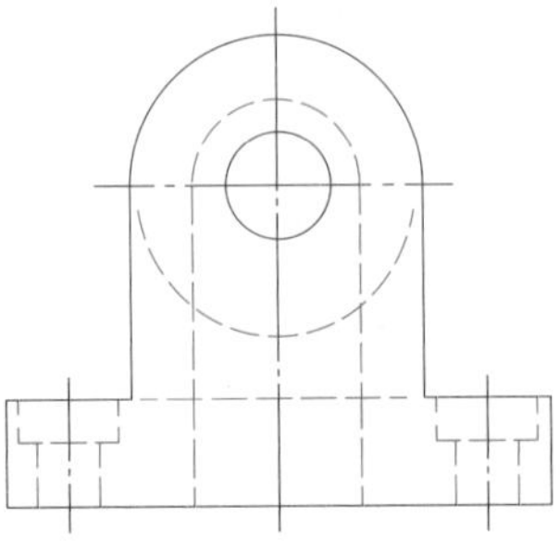 |
| 2. 绘制外轮廓线和中间圆 | 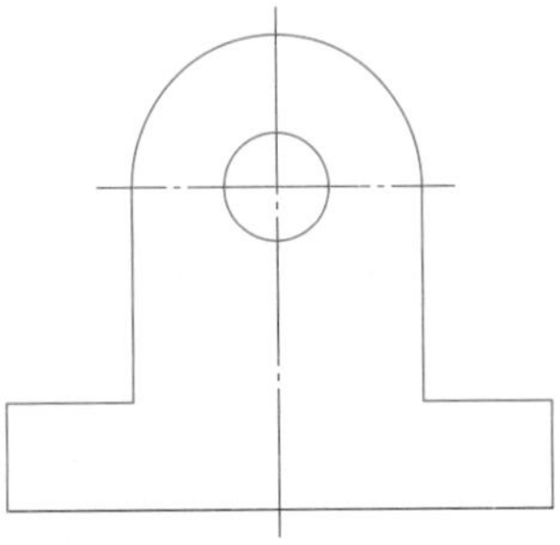 | 5. 绘制上部三个小圆 | 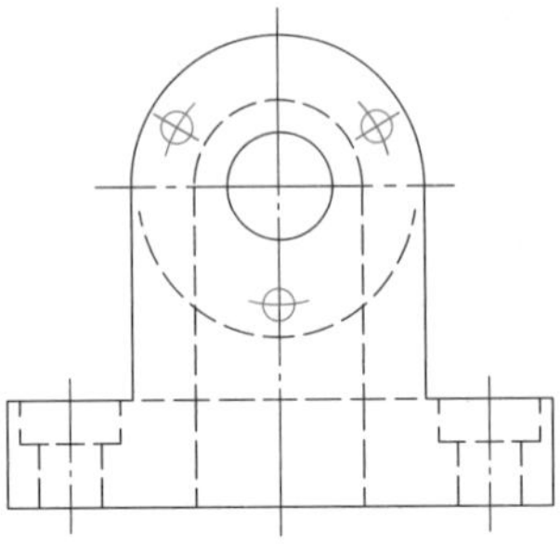 |
| 3. 绘制底座上两端沉孔的轴线 | 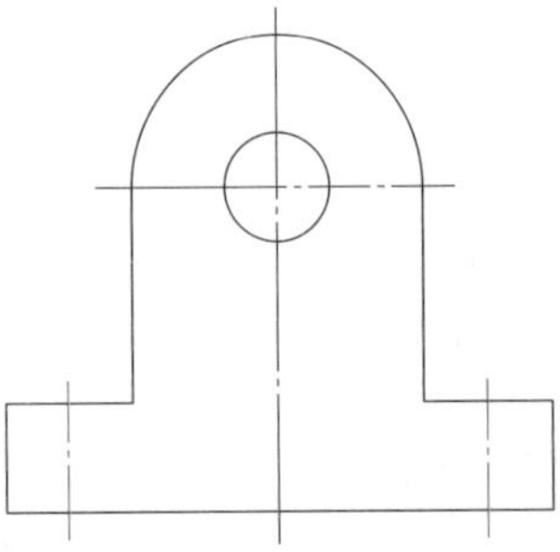 | 6. 校核，擦除作图线，按线型描深各种图线<br><br>先描深粗实线圆弧，再描深粗实线线段，最后描深细点画线和细虚线 | 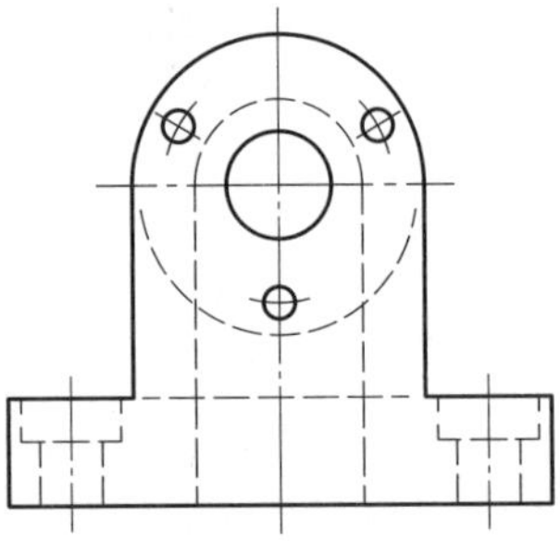 |

## 知识拓展

### 制图国家标准的组成

为了适应现代化生产和管理的需要，便于技术交流，我国制定并发布了一系列国家标准（简称"国标"），例如，《技术制图 图样画法 视图》（GB/T 17451—1998）即表示技术制图标准中图样画法的视图部分，"GB/T"表示推荐性国家标准，"17451"表示发布的顺序号，"1998"表示发布的年号。《技术制图》国家标准对工程界各专业（如机械、建筑、园林、木工、服装等）的图样普遍适用，《机械制图》国家标准适用于机械图样。

# 任务二 识读平面图上的尺寸

### 学习目标

1. 了解尺寸的组成要素，掌握尺寸标注的有关规定。
2. 掌握定形尺寸和定位尺寸的概念。
3. 了解国家标准对字体的规定。

### 任务描述

图 1-16a 所示为密封垫片的平面图，为确定平面图的形状和大小，标注了必要的尺寸，试识读图中的尺寸。

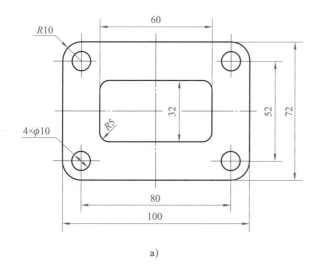

a)

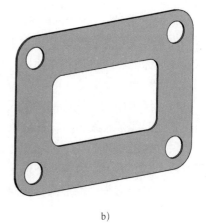

b)

**图 1-16 密封垫片**

a）平面图 b）立体图

图 1-16 中的图形要素有外部矩形线框、内部矩形线框和四个小圆，两个矩形线框的四个角都有倒圆。确定这些要素的大小和位置都要有相应的尺寸。

## 一、尺寸的组成

尺寸的组成如图 1-17 所示，一个完整的尺寸由尺寸界线、尺寸线和尺寸数字三个要素组成。

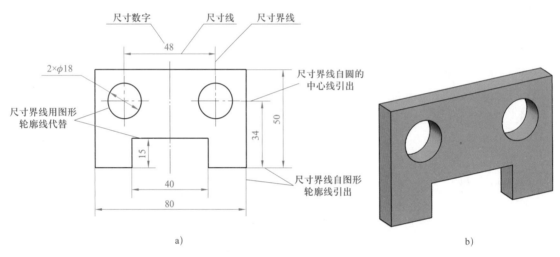

**图 1-17  尺寸的组成**

a）平面图  b）立体图

1. 尺寸界线

尺寸界线用细实线绘制，它由图形的轮廓线、对称中心线、轴线等处引出，也可利用轮廓线、对称中心线、轴线作为尺寸界线，如图 1-17 所示。

2. 尺寸线

尺寸线也用细实线绘制，但尺寸线不能用其他图线代替，一般也不得与其他图线重合或画在其他图线延长线上。标注线性尺寸时，尺寸线必须与所注的线段平行。

尺寸线的终端有两种形式，如图 1-18 所示。图 1-18a 为箭头终端形式（图中 $d$ 为粗实线宽度），图 1-18b 为斜线终端形式（图中 $h$ 为尺寸数字的高度）。一般情况下，机械、电气图样多采用箭头终端形式，建筑图样采用斜线终端形式。

3. 尺寸数字

尺寸数字有线性尺寸数字和角度尺寸数字两种，如图 1-19 所示，线性尺寸数字一般以"mm"为单位，在图中不标单位符号；角度尺寸数字一般以"°""′""″"为单位，需要标单位符号。尺寸数字不允许被任何图线通过，当无法避免时，可将图线在尺寸数字处断开。

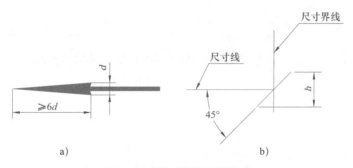

**图 1-18　尺寸线的终端形式**

a）箭头终端形式　b）斜线终端形式

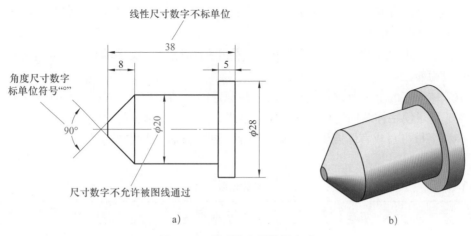

**图 1-19　尺寸数字的注写方式**

a）平面图　b）立体图

## 二、平面图上尺寸的类型

平面图中的尺寸，按照作用不同，可分为定形尺寸和定位尺寸。

1. 定形尺寸

确定平面图中各部分形状大小的尺寸称为定形尺寸，如图 1-17 中的尺寸 80、50 等。

2. 定位尺寸

确定图形中各部分之间的相对位置的尺寸称为定位尺寸，如图 1-17 中的尺寸 48、34 等。

**任务实施**

## 一、识读外部矩形线框的尺寸

图 1-16 中标注了外部矩形线框的定形尺寸 100、72 和 *R*10。

## 二、识读内部矩形线框的尺寸

图 1-16 中标注了内部矩形线框的定形尺寸 60、32 和 *R*5。

### 三、识读四个小圆的尺寸

图 1–16 中标注了四个小圆的直径 $4 \times \phi10$，由于四个圆的直径相同，故采用集中标注的方式。此外，还标注了确定其位置的定位尺寸 80 和 52。

**知识拓展**

# 字　体

图样中书写的汉字、数字和字母必须做到：字体工整、笔画清楚、间隔均匀、排列整齐。字体的号数（即字体的高度 $h$，单位 mm）分为 8 种，即 20 号、14 号、10 号、7 号、5 号、3.5 号、2.5 号和 1.8 号。

汉字应写成长仿宋体，并采用国家正式公布的简化字。汉字的高度应不小于 3.5 mm，其宽度一般为 $h/\sqrt{2}$。

长仿宋体汉字的书写要领是横平竖直、注意起落、结构均匀、填满方格。汉字常由几个部分组成，为了使字体结构匀称，书写时应恰当分配各组成部分的比例。

数字和字母可写成直体或斜体。斜体字字头向右倾斜，与水平基准线成 75°。字体示例见表 1–3。

表 1–3　字体示例

| 类型 | 示　例 |
|------|--------|
| 长仿宋体汉字 | 基本笔画<br><br>机　械　制　图<br>结构特点 |
| 10 号 | 字体工整　笔画清楚　间隔均匀　排列整齐 |
| 7 号 | 横平竖直　注意起落　结构均匀　填满方格 |
| 5 号 | 技术制图石油化工机械电子汽车航空船舶土木建筑矿山井坑港口纺织焊接设备工艺 |
| 3.5 号 | 螺纹齿轮端子接线飞行指导驾驶舱位挖填施工引水通风闸阀坝棉麻化纤材料及热处理 |

续表

| 类型 | | | 示　例 |
|---|---|---|---|
| 拉丁字母 | 大写 | 直体 | ABCDEFGHIJKLMNOPQRSTUVWXYZ |
| | | 斜体 | *ABCDEFGHIJKLMNOPQRSTUVWXYZ* |
| | 小写 | 直体 | abcdefghijklmnopqrstuvwxyz |
| | | 斜体 | *abcdefghijklmnopqrstuvwxyz* |
| 阿拉伯数字 | 直体 | | 0123456789 |
| | 斜体 | | *0123456789* |
| 罗马数字 | 直体 | | I II III IV V VI VII VIII IX X XI XII |
| | 斜体 | | *I II III IV V VI VII VIII IX X XI XII* |

## 任务三　标注端盖的尺寸

**学习目标**

1. 掌握尺寸标注的基本规则。
2. 掌握常用尺寸注法。
3. 了解尺寸基准的概念。

**任务描述**

在图 1-20 所示端盖的平面图上标注尺寸，要求先用三角板测量图形的尺寸，以 mm 为单位取整数，然后依据国家标准的规定在图上标注尺寸。

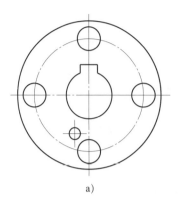 

a)                                                        b)

图 1-20　端盖

a）平面图　b）立体图

## 任务分析

　　端盖主要由一个外圆柱面、四个均匀分布的小孔、一个带槽的内孔和左下侧的一个小孔组成。标注尺寸前首先要了解尺寸标注的基本规则，选择尺寸基准，然后标注每一个几何要素的定形尺寸和定位尺寸。

## 相关知识

### 一、尺寸标注的基本规则

　　1. 机件的真实大小应以图样上所注的尺寸数值为依据，与图形的大小及绘图的准确度无关。

　　2. 图样中（包括技术要求和其他说明）的尺寸，以 mm 为单位时，不需标注单位符号（或名称），如采用其他单位，则应注明相应的单位符号。

　　3. 图样中所标注的尺寸为该图样所示机件的最后完工尺寸，否则应另加说明。

　　4. 机件的每一尺寸，一般只标注一次，并应标注在反映该结构最清晰的图形上。

　　此外，在标注尺寸时还应注意，标注并列尺寸时，小尺寸在内、大尺寸在外，尽量避免尺寸线和尺寸界线相交；尺寸要齐全，不遗漏，也不重复。

### 二、尺寸基准

　　标注尺寸时用以确定定位尺寸起点的一些点或线，称为尺寸基准。平面图上一般有水平和竖直两个方向的尺寸基准，分别称为长度基准和高度基准。通常尺寸基准为图形的对称中心线、重要的直轮廓线等。如图 1-21 所示，左右对称中心线为长度基准，下侧的粗实线为高度基准。

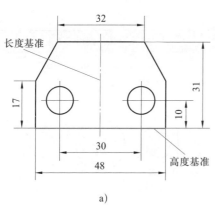

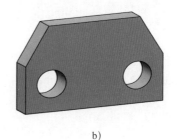

**图 1-21 尺寸基准**

a）平面图 b）立体图

## 任务实施

在图 1-20 所示端盖的平面图上标注尺寸的步骤见表 1-4。标注尺寸前，应先分析图形的结构、形状，确定尺寸基准。在标注尺寸的过程中，要注意分析确定图形的大小和位置所需要的尺寸，避免遗漏或重复标注尺寸；要严格按照国家标准的要求进行标注，注意尺寸的总体布局，使所标注的尺寸清晰、美观，便于看图。完成尺寸标注后应认真地检查校核。

表 1-4　　　　　　　　　　在端盖的平面图上标注尺寸的步骤

| 步骤 | 图示 |
|---|---|
| 1. 选取尺寸基准 | 长度基准 高度基准 |
| 2. 标注外圆直径 $\phi50$<br>3. 标注四个均匀分布的圆孔的定形尺寸 $4 \times \phi8$ 和定位尺寸 $\phi38$ | $\phi38$ $\phi50$ $4 \times \phi8$ |

续表

| 步骤 | 图示 |
|---|---|
| 4. 标注中间圆孔和键槽的定形尺寸 $\phi16$、6、18 | 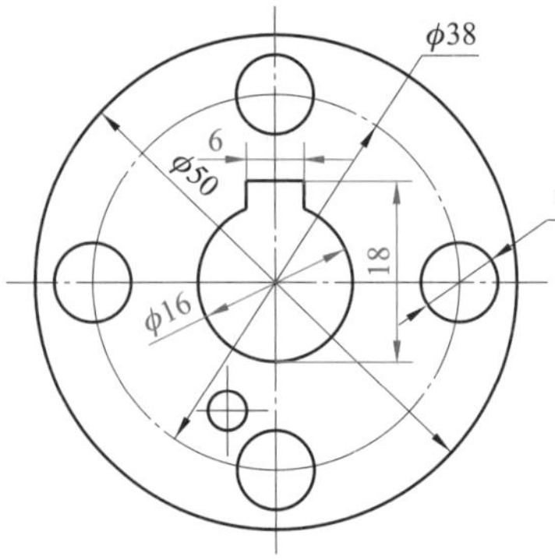 |
| 5. 标注左下方小孔的定形尺寸 $\phi4$ 和定位尺寸 5、13<br>6. 检查校核 | 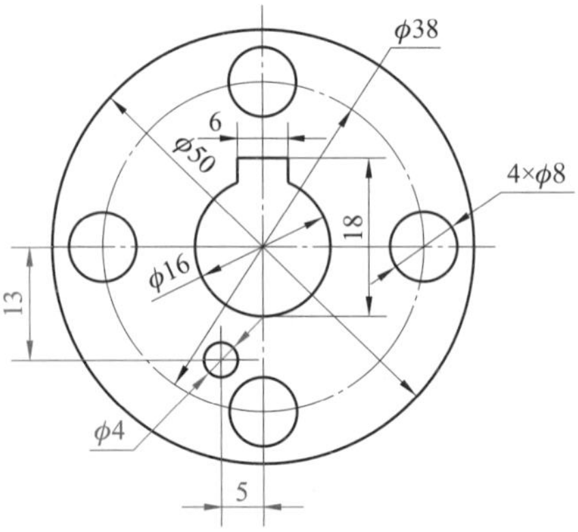 |

**知识拓展**

## 常见尺寸注法

在图样上经常标注的尺寸有线性尺寸、角度尺寸、直径尺寸、半径尺寸等，常用的尺寸注法见表 1-5。

表 1-5 常用的尺寸注法

| 标注内容 | 示例 | 说明 |
|---|---|---|
| 线性尺寸 | 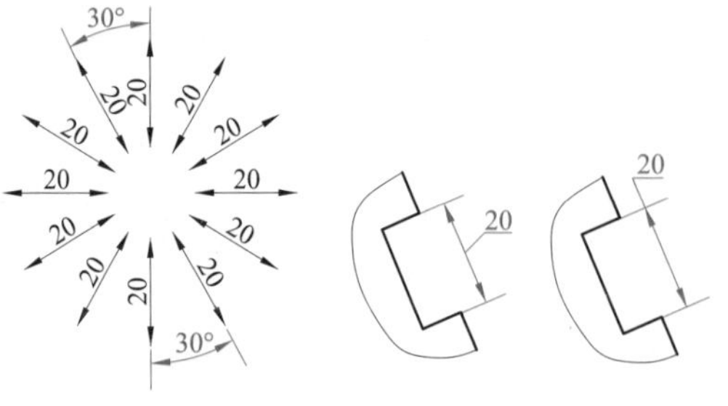 a) b) c) | 水平方向的线性尺寸数字注写在尺寸线上方，字头朝上；竖直方向的线性尺寸数字注写在尺寸线左侧，字头朝左；倾斜方向上的线性尺寸数字，字头应有向上的趋势，如图 a 所示。尽量避免在图示 30° 范围内标注尺寸。当无法避免时，可按图 b、图 c 的形式标注 |

续表

| 标注内容 | 示例 | 说明 |
|---|---|---|
| 线性尺寸 | 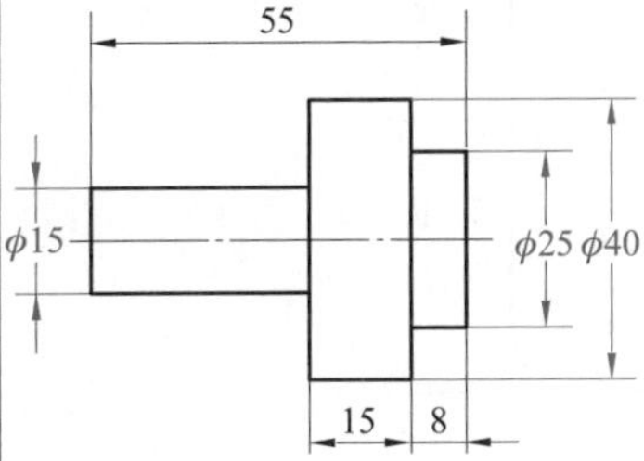 | 在不致引起误解时，对非水平方向的尺寸，其数字也允许水平地注写在尺寸线的中断处，但在同一图样中应采用同一种注法 |
| 角度尺寸 | 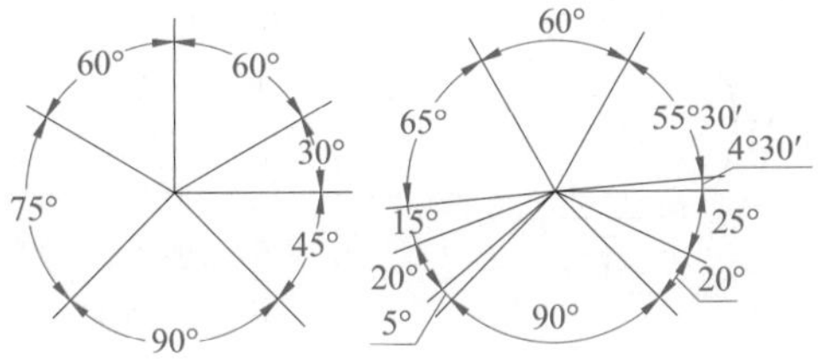 | 尺寸界线应沿径向引出，尺寸线绘制成圆弧，圆心是角的顶点。尺寸数字一律水平书写，一般注写在尺寸线的中断处，必要时可标注在尺寸线的上方、外面，或引出标注 |
| 直径尺寸 | 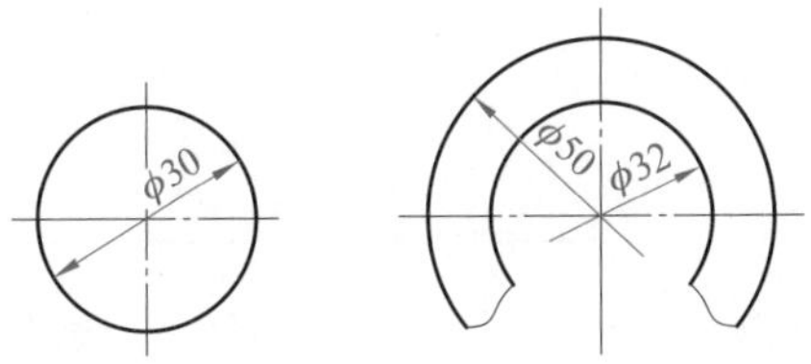 | 标注圆的直径尺寸时，应在尺寸数字前加注符号"$\phi$"，尺寸线的终端应绘制成箭头。大于半圆的圆弧应标注直径。当尺寸线的一端无法画出箭头时，尺寸线要超过圆心一段 |
| 半径尺寸 | 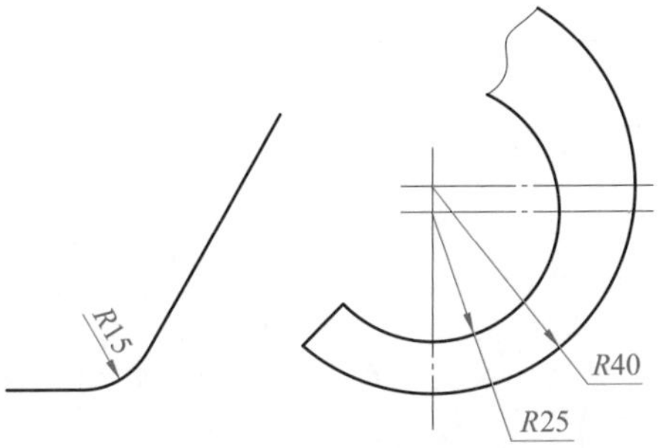 | 标注圆弧的半径尺寸时，应在尺寸数字前加注字母"$R$"，尺寸线上的单箭头指向圆弧 |
| 小尺寸 | 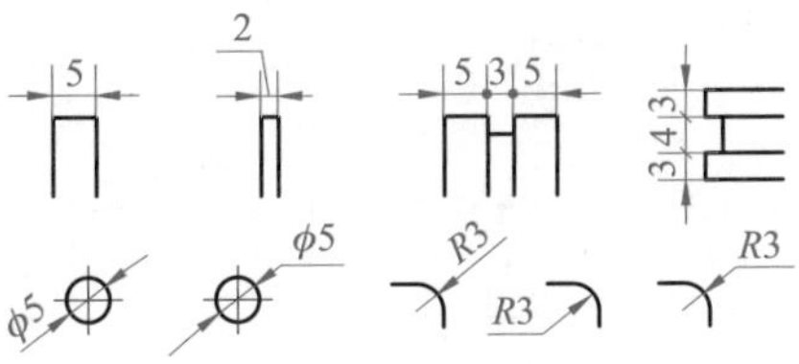 | 在没有足够空间时，箭头可绘制在外面，或用小圆点代替箭头，也可以用斜线终端形式；尺寸数字可注写在图形外面或引出标注 |
| 球面尺寸 | 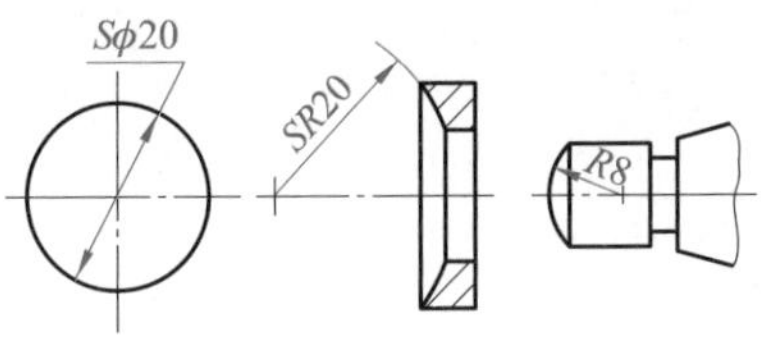 | 标注球直径或半径尺寸时，应在符号"$\phi$"或"$R$"前再加注字母"$S$"，如图a、图b所示。在不致引起误解时，也可省略符号"$S$"，如图c所示 |

| 标注内容 | 示例 | 说明 |
|---|---|---|
| 大圆弧尺寸 | <br>a)　　　b) | 当圆弧的半径过大或在图样范围内无法标注出其圆心位置时，可按图 a 标注。若不需要标出其圆心位置时，可按图 b 标注 |
| 弧长和弦长尺寸 | <br>a)　b)　c) | 标注弦长的尺寸界线应平行于该弦的垂直平分线（见图 a）。标注弧长的尺寸界线应平行于该弧所对圆心角的角平分线（见图 b），当弧度较大时，可沿径向引出，并绘制一个指向所标注弧线的箭头（见图 c）。弧长的尺寸数字前面应加注符号"⌒" |
| 光滑过渡处的尺寸 | | 尺寸界线一般应与尺寸线垂直，必要时才允许倾斜。在光滑过渡处标注尺寸时，必须用细实线将轮廓线延长，从它们的交点处引出尺寸界线 |
| 薄板厚度尺寸 | | 标注薄板零件的厚度尺寸时，可在尺寸数字前加注符号"$t$" |
| 正方形结构尺寸 | | 标注断面为正方形结构的尺寸时，可在正方形边长尺寸数字前加注符号"□"，或用"$B \times B$"（$B$ 为正方形的边长）表示 |
| 对称图形尺寸 | <br>a)　　　　　b) | 当图形具有对称中心线时，分布在对称中心线两边的相同结构，可仅标注其中一边的尺寸（见图 a）<br>当对称图形只画出一半或略大于一半时，尺寸线应略超过对称中心线或断裂处的边界线，并且只在有尺寸界线的一端画出箭头（见图 b） |
| 均布孔的尺寸 | <br>a)　　　　　b) | 均匀分布的相同要素（如孔）的尺寸可按图 a 标注。当孔的定位和分布情况在图形中已明确时，可省略其定位尺寸和字母"EQS"（见图 b），EQS 表示均匀分布 |

# 比　例

## 一、比例的概念

在绘制机械图样时，需要根据机件的复杂程度将测量到的尺寸进行缩小、放大（或按原值）。图中图形与其实物相应要素的线性尺寸之比称为比例。

## 二、比例的种类

比例分为原值比例、缩小比例、放大比例三种，比值为 1 的比例称为原值比例，比值大于 1 的比例称为放大比例，比值小于 1 的比例称为缩小比例。

## 三、比例系列

绘图时可根据需要选择表 1–6 中的比例，尽量采用原值比例。

表 1–6　　　　　　　　　　　　　绘图比例（摘自 GB/T 14690—1993）

| 原值比例 | 1:1 | | | | | |
|---|---|---|---|---|---|---|
| 放大比例 | $2:1$ | $5:1$ | $1 \times 10^n:1$ | $2 \times 10^n:1$ | $5 \times 10^n:1$ | |
| | $(2.5:1)$ | $(4:1)$ | $(2.5 \times 10^n:1)$ | | $(4 \times 10^n:1)$ | |
| 缩小比例 | $1:2$ | $1:5$ | $1:10$ | $1:1 \times 10^n$ | $1:2 \times 10^n$ | $1:5 \times 10^n$ |
| | $(1:1.5)$ | $(1:2.5)$ | $(1:3)$ | $(1:4)$ | $(1:6)$ | |
| | $(1:1.5 \times 10^n)$ | $(1:2.5 \times 10^n)$ | $(1:3 \times 10^n)$ | $(1:4 \times 10^n)$ | $(1:6 \times 10^n)$ | |

注：1. $n$ 为正整数。

　　2. 括号内的比例尽量不采用。

图 1–22 所示为用不同比例绘制的图形，不论图形放大或缩小，标注尺寸时必须注出物体的设计尺寸。

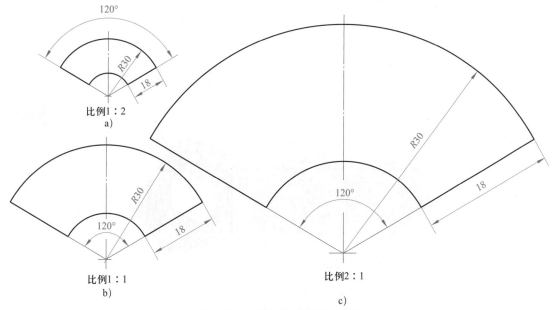

图 1–22　用不同比例绘制的图形

a）缩小比例　b）原值比例　c）放大比例

课题二 几何作图

# 任务一 绘制扳手

**学习目标**

1. 掌握圆的内接正三角形、正四边形、正五边形、正六边形、正八边形的画法。
2. 掌握绘制几何图形的方法。

**任务描述**

图 1-23 所示为某扳手的平面图和立体图，在其平面图中，包含了正三角形、正六边形和正五边形，试绘制该平面图，并标注尺寸。

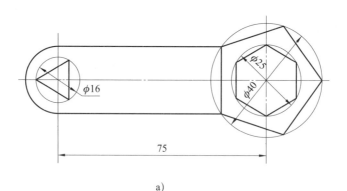

a)

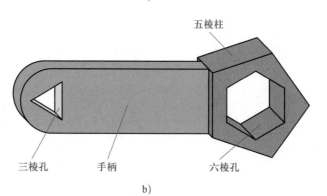

b)

**图 1-23 扳手**

a）平面图 b）立体图

**任务分析**

在图 1-23 所示扳手的平面图上有三角形、正五边形和正六边形等基本几何图形要素，要想正确地绘制该图形需要首先掌握基本几何图形的画法。

**相关知识**

### 一、圆的内接正四边形和正八边形的画法

圆的内接正四边形和正八边形的画法见表 1-7。

表 1-7　　　　　　　　　　圆的内接正四边形和正八边形的画法

| 种类 | 图示 | 说明 |
|---|---|---|
| 作圆的内接正四边形 | 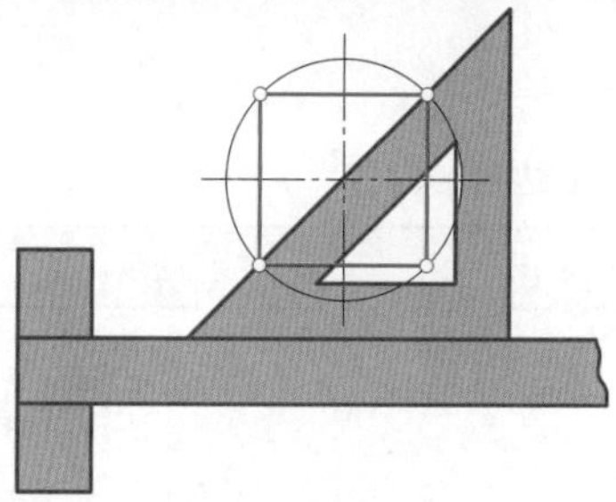 | 用 45° 三角板与丁字尺配合或与另一块三角板配合找到圆的四个等分点，连接各等分点即可得到圆的内接正四边形 |
| 作圆的内接正八边形 | 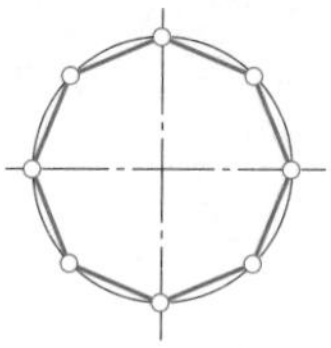 | 依次连接圆的四个等分点和中心线与圆的交点，即可得到圆的内接正八边形 |

在习题册上绘制图形时，若无法用丁字尺定位三角板，可以将三角板的某一条边与图纸上的横向或竖向边框线对齐，以定位三角板，绘制横线、竖线或特殊角度的斜线。

### 二、圆的内接正三角形和正六边形的画法

圆的内接正三角形和正六边形的画法见表 1-8。

表 1-8　　　　　　　　　　圆的内接正三角形和正六边形的画法

| 种类 | 图示 | | 说明 |
|---|---|---|---|
| | 圆的内接正三角形 | 圆的内接正六边形 | |
| 用圆规作图 | 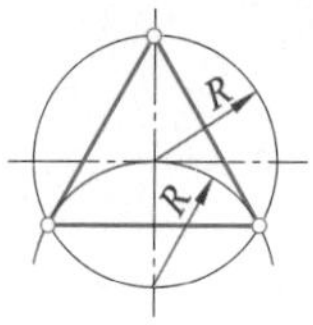 | 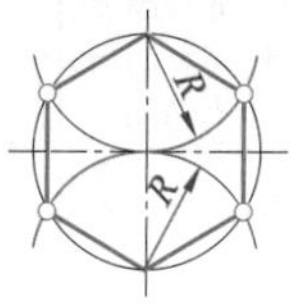 | 分别用圆规将圆周分为三、六等份，依次连接各等分点，即可作出圆的内接正三角形和正六边形 |

续表

| 种类 | 图示 | | 说明 |
|------|------|------|------|
| | 圆的内接正三角形 | 圆的内接正六边形 | |
| 用三角板和丁字尺配合作图 | 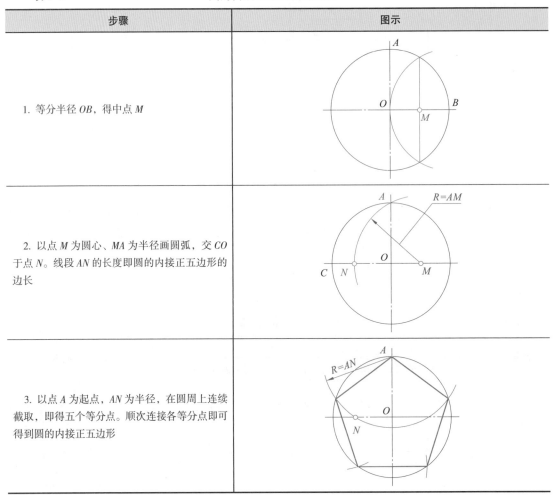 | | 分别用30°、60° 三角板与丁字尺配合，可作出圆的内接正三角形和正六边形 |

### 三、圆的内接正五边形的画法

绘制圆的内接正五边形的步骤见表 1-9。

表 1-9　　　　　　　　　　　　圆的内接正五边形的画法

| 步骤 | 图示 |
|------|------|
| 1. 等分半径 *OB*，得中点 *M* | |
| 2. 以点 *M* 为圆心、*MA* 为半径画圆弧，交 *CO* 于点 *N*。线段 *AN* 的长度即圆的内接正五边形的边长 | |
| 3. 以点 *A* 为起点，*AN* 为半径，在圆周上连续截取，即得五个等分点。顺次连接各等分点即可得到圆的内接正五边形 | |

## 任务实施

### 一、分析图形

图 1-23 所示扳手由手柄、五棱柱、六棱孔、三棱孔等结构组成。

### 二、绘制图形

绘制图 1-23 所示扳手平面图时，可先绘制基准线，再绘制外形，最后绘制内形，绘图步骤见表 1-10。

表 1-10　　　　　　　　　　　绘制扳手平面图的步骤

| 步骤 | 图示 |
|---|---|
| 1. 绘制作图基准线 | 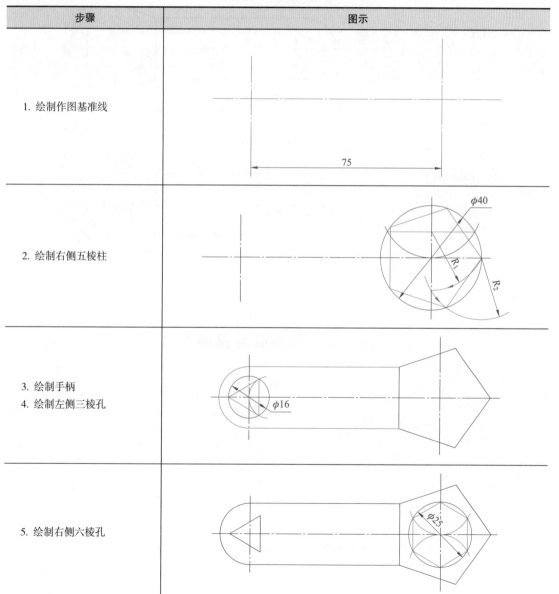 |
| 2. 绘制右侧五棱柱 | |
| 3. 绘制手柄<br>4. 绘制左侧三棱孔 | |
| 5. 绘制右侧六棱孔 | |

续表

| 步骤 | 图示 |
|---|---|
| 6. 校核，按线型描深各种图线 | 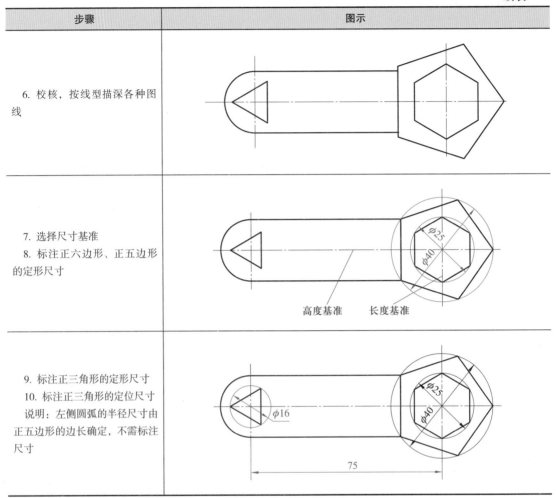 |
| 7. 选择尺寸基准<br>8. 标注正六边形、正五边形的定形尺寸 | |
| 9. 标注正三角形的定形尺寸<br>10. 标注正三角形的定位尺寸<br>说明：左侧圆弧的半径尺寸由正五边形的边长确定，不需标注尺寸 | |

# 任务二　用圆弧连接图线

## 学习目标

1. 掌握圆弧连接的画法。
2. 了解椭圆的画法。

### 任务描述

　　用一条圆弧光滑地连接相邻两段线（线段或圆弧）的作图方法称为圆弧连接。在绘制机械图样时经常遇到圆弧连接的各种情况，图1-24所示平面图上用了圆弧和线段连接四个圆，试绘制该图。

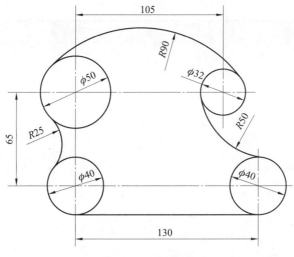

图 1–24　圆弧连接

任务分析

在图 1–24 所示的平面图中有四个圆、三段圆弧和一条线段。在绘图过程中，要想使圆弧或线段与圆相切，必须掌握正确的圆弧连接方法。

相关知识

## 一、用圆弧连接两已知线段

1. 用圆弧连接夹角成锐角或钝角的两线段

用圆弧连接夹角成锐角或钝角的两线段的步骤见表 1–11。

表 1–11　　　　　　用圆弧连接夹角成锐角或钝角的两线段的步骤

| 作图要求与步骤 | | 图示 1 | 图示 2 |
|---|---|---|---|
| 作图要求：用半径为 $R$ 的圆弧连接两线段 | | | |
| 作图步骤 | 1. 作与两已知线段相距为 $R$ 的平行线，交点 $O$ 为连接弧圆心 | | |

| 作图要求与步骤 | | 图示 1 | 图示 2 |
|---|---|---|---|
| 作图步骤 | 2. 自点 $O$ 向两已知线段作垂线，垂足 $M$、$N$ 即为切点 | 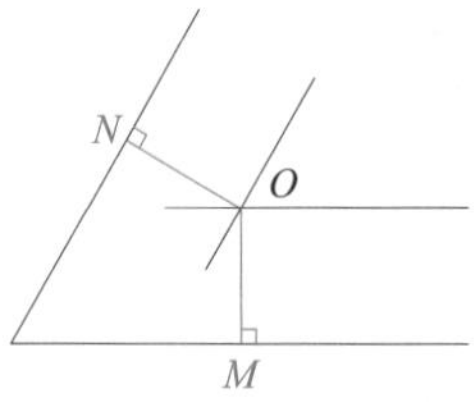 | 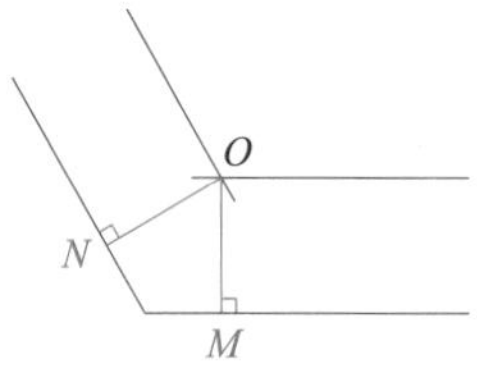 |
| | 3. 以点 $O$ 为圆心，$R$ 为半径，在点 $M$、$N$ 间画弧 | 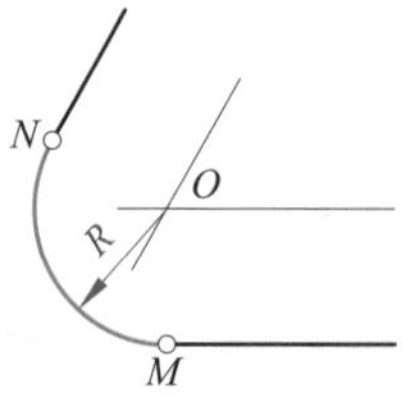 | 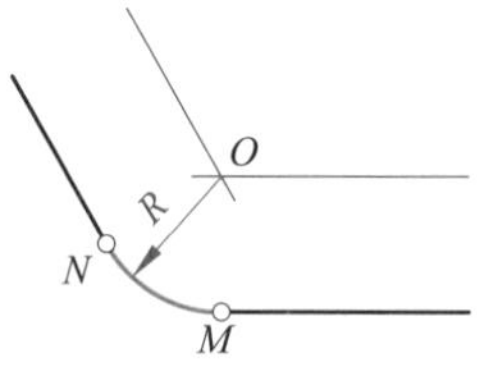 |

2. 用圆弧连接夹角成直角的两线段

用圆弧连接夹角成直角的两线段的步骤见表 1–12。

表 1–12　　　　　用圆弧连接夹角成直角的两线段的步骤

| 作图要求与步骤 | | 图示 |
|---|---|---|
| 作图要求：用半径为 $R$ 的圆弧连接夹角成直角的两线段 | | 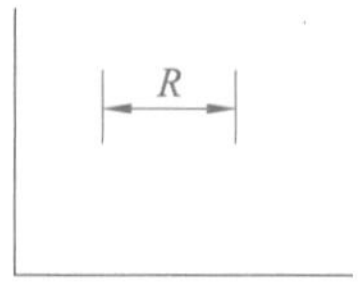 |
| 作图步骤 | 1. 以角的顶点为圆心、$R$ 为半径画弧，与两直角边交于点 $M$、$N$ | 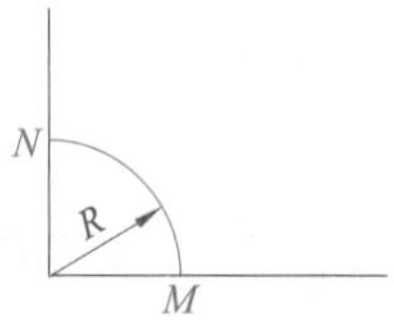 |
| | 2. 分别以点 $M$、$N$ 为圆心，$R$ 为半径画弧，交点 $O$ 为连接弧圆心 | 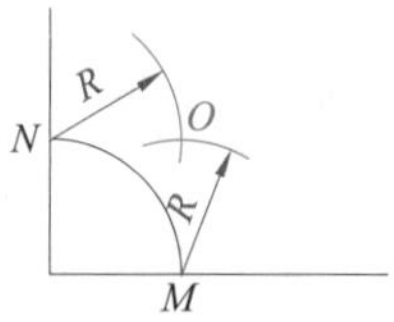 |
| | 3. 以点 $O$ 为圆心、$R$ 为半径，在点 $M$、$N$ 间画弧 | 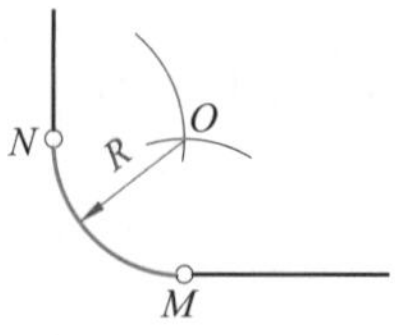 |

## 二、用圆弧连接已知线段和圆弧

用圆弧连接线段与圆弧的步骤见表 1–13。

表 1–13　　　　　　　　　　　用圆弧连接线段与圆弧的步骤

| 作图要求与步骤 | | 图示 |
|---|---|---|
| 作图要求：作半径为 $R$ 的圆弧，与圆外切，与线段相切 | | |
| 作图步骤 | 1. 作与线段相距为 $R$ 的平行线，以点 $O_1$ 为圆心、$R_1+R$ 为半径画弧，两线相交于点 $O$ | |
| | 2. 连接 $OO_1$，交圆弧于点 $A$，过点 $O$ 作线段 $MN$ 的垂线，垂足为点 $B$ | |
| | 3. 以点 $O$ 为圆心、$R$ 为半径，在点 $A$、$B$ 间画弧 | 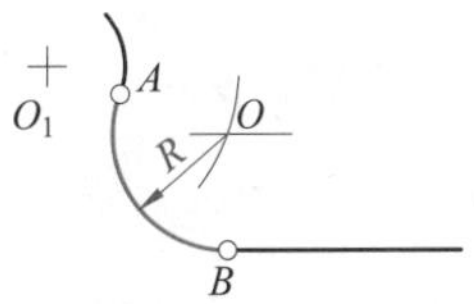 |

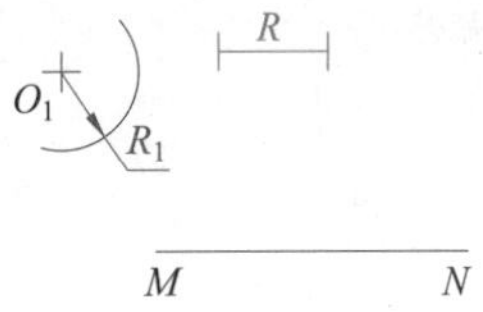

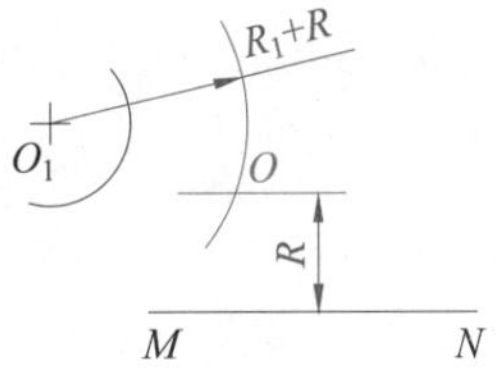

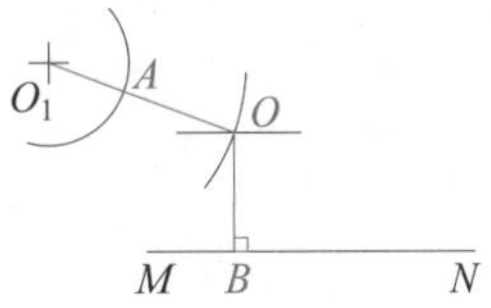

## 三、用圆弧连接两已知圆弧

用圆弧连接两已知圆弧分为用圆弧外连接两已知圆弧、用圆弧内连接两已知圆弧和用圆弧分别内外连接两已知圆弧。

1. 用圆弧外连接两已知圆弧

用圆弧外连接两已知圆弧的步骤见表 1–14。

2. 用圆弧内连接两已知圆弧

用圆弧内连接两已知圆弧的步骤见表 1–15。

**表 1–14**            用圆弧外连接两已知圆弧的步骤

| 作图要求与步骤 | 图示 |
| --- | --- |
| 作图要求：作半径为 $R$ 的圆弧，与两已知半径分别为 $R_1$、$R_2$ 的圆弧外切 | 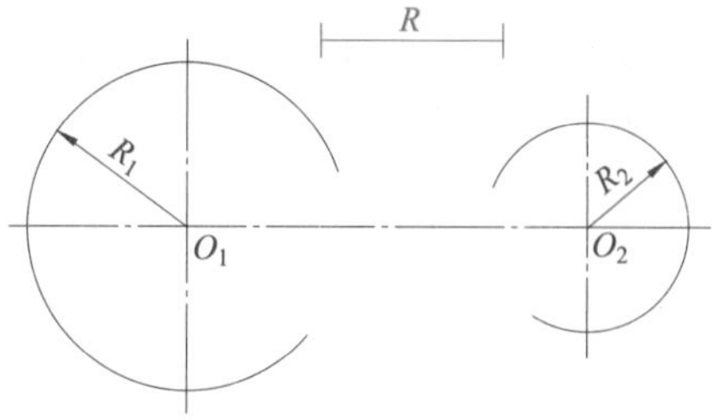 |
| **作图步骤**    1. 分别以点 $O_1$、$O_2$ 为圆心，以 $R_1+R$ 和 $R_2+R$ 为半径画弧，交点 $O$ 为连接弧圆心 | 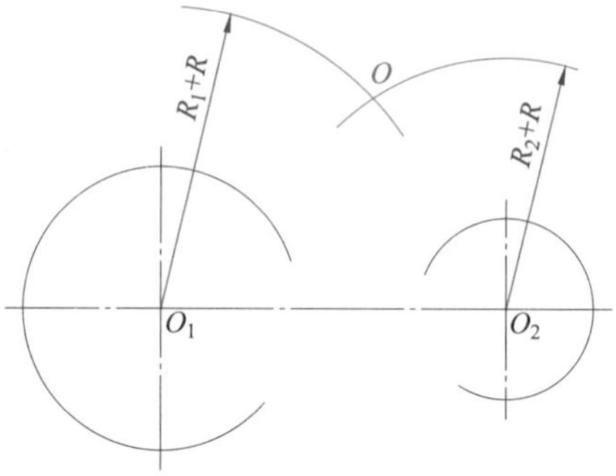 |
| 2. 连接 $OO_1$，交已知弧于点 $A$，连接 $OO_2$，交已知弧于点 $B$ | 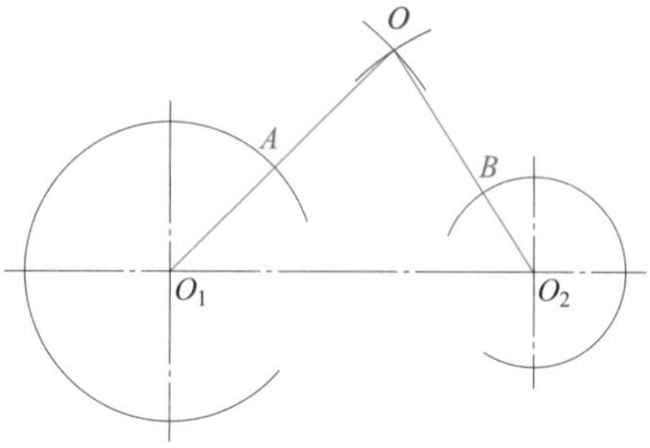 |
| 3. 以点 $O$ 为圆心、$R$ 为半径，在点 $A$、$B$ 间画弧 | 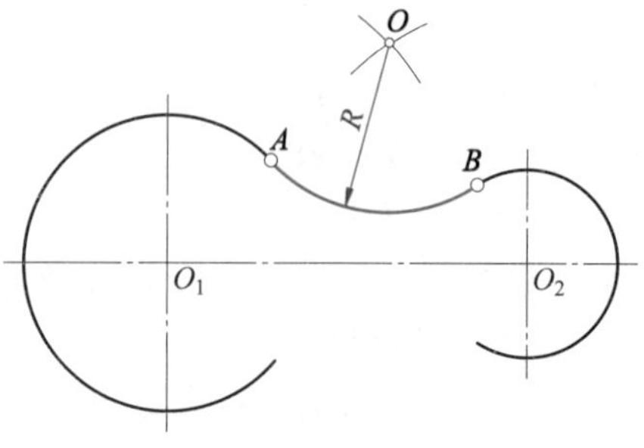 |

表 1-15　　　　　　　　　　　用圆弧内连接两已知圆弧的步骤

| 作图要求与步骤 | 图示 |
|---|---|
| 作图要求：作半径为 $R$ 的连接弧，与半径分别为 $R_1$、$R_2$ 的圆弧内切 | 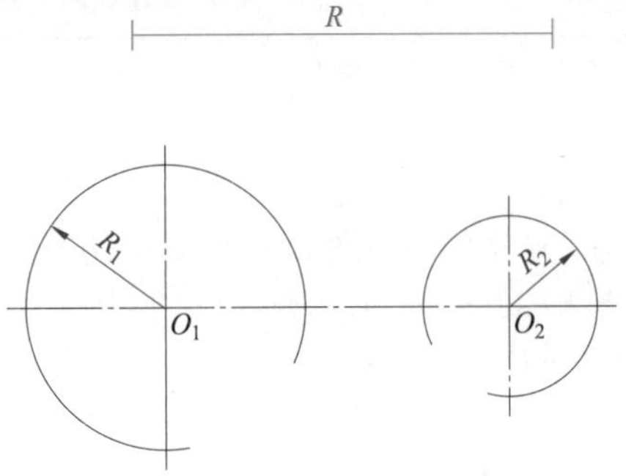 |
| 作图步骤 | 1. 分别以点 $O_1$、$O_2$ 为圆心，以 $R-R_1$ 和 $R-R_2$ 为半径画弧，交点 $O$ 为连接弧圆心 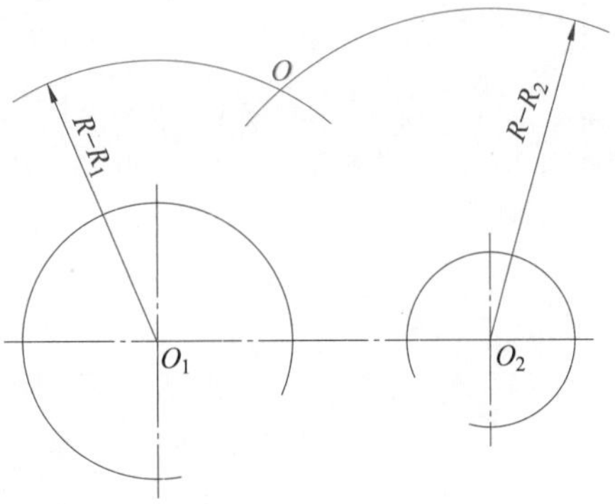 |
| | 2. 连接 $OO_1$ 并延长，交已知弧于点 $A$；连接 $OO_2$ 并延长，交已知弧于点 $B$ 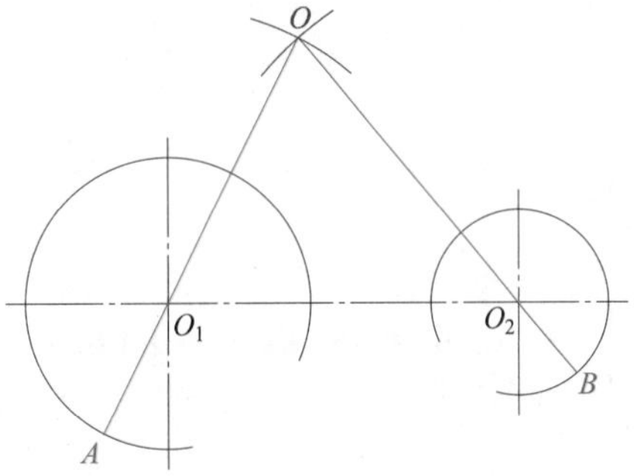 |
| | 3. 以点 $O$ 为圆心、$R$ 为半径，在点 $A$、$B$ 间画弧 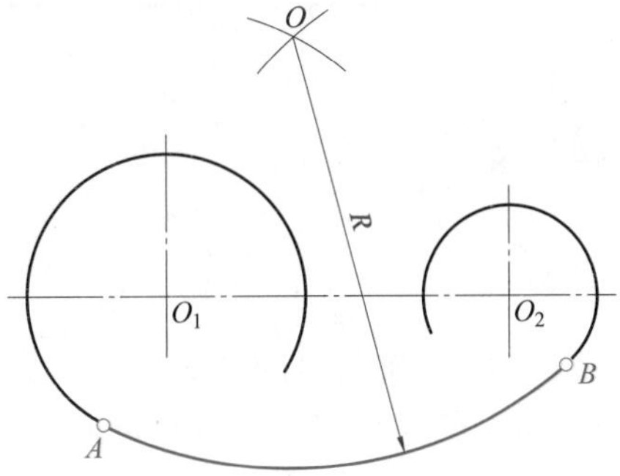 |

### 3. 用圆弧分别内外连接两已知圆弧

用圆弧分别内外连接两已知圆弧的步骤见表 1–16。

表 1–16　　　　　　　　　　　用圆弧分别内外连接两已知圆弧的步骤

| 作图要求与步骤 | | 图示 |
|---|---|---|
| 作图要求：画半径为 $R$ 的圆弧，使其与圆心为点 $O_1$、半径为 $R_1$ 的圆弧外切，与圆心为点 $O_2$、半径为 $R_2$ 的圆弧内切 | | 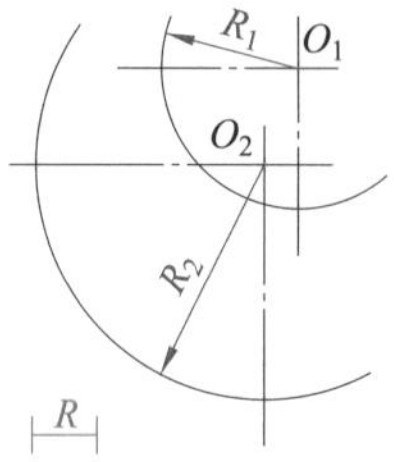 |
| 作图步骤 | 1. 分别以点 $O_1$、$O_2$ 为圆心，以 $R_1+R$ 和 $R_2-R$ 为半径画弧，交点 $O$ 为连接弧圆心 | 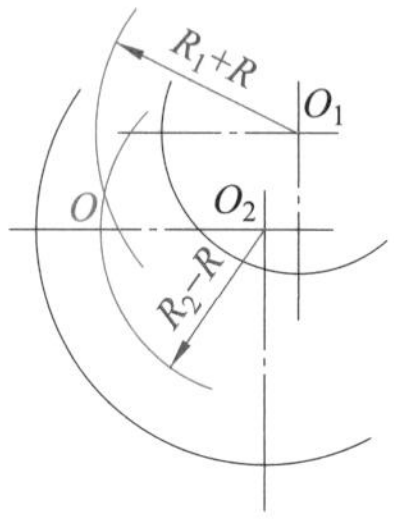 |
| | 2. 连接 $OO_1$ 交已知弧于点 $A$，连接 $O_2O$ 并延长，交已知弧于点 $B$ | 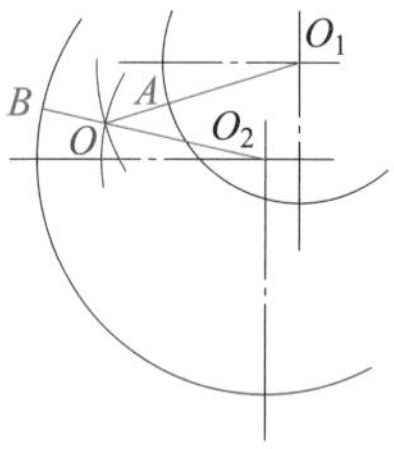 |
| | 3. 以点 $O$ 为圆心、$R$ 为半径，在点 $A$、$B$ 间画弧 | 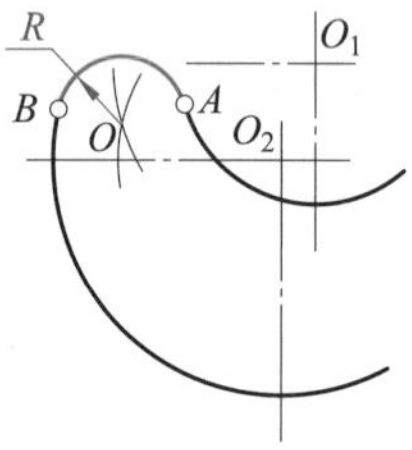 |

**任务实施**

一、图形分析

图 1–24 所示平面图由四个圆、三段圆弧和一条线段组成。上侧的 $R90$ 圆弧与 $\phi50$ 圆和 $\phi32$ 圆外切；左侧的 $R25$ 圆弧与 $\phi50$ 圆和左侧的 $\phi40$ 圆外切；右侧的 $R50$ 圆弧与右侧的 $\phi40$ 圆外切，与 $\phi32$ 圆内切。

## 二、绘制平面图

绘制图 1-24 所示平面图时，可先绘制四个圆的中心线，再绘制四个圆的轮廓线，然后进行圆弧连接，最后绘制下侧的公切线。绘制公切线时，可将三角板的某边慢慢靠近两圆，使三角板的某边与两圆共切，然后绘制线段。绘制平面图的步骤见表 1-17。

表 1-17　　　　　　　　　　　绘制平面图的步骤

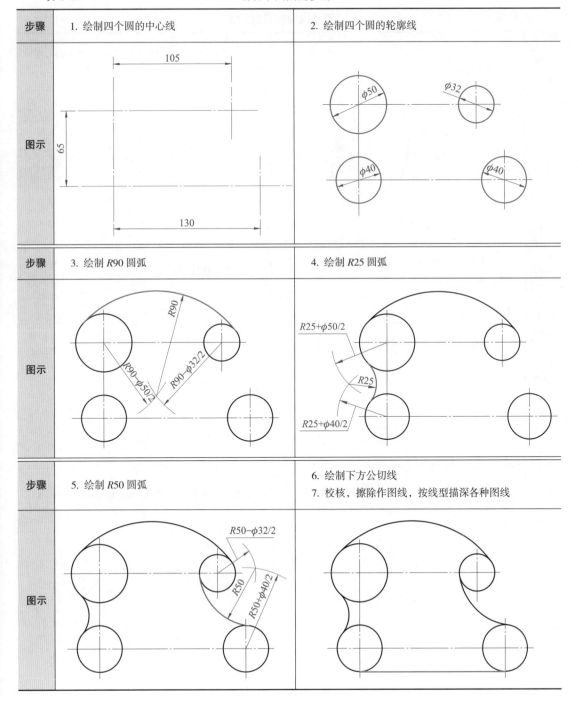

**知识拓展**

# 椭圆的画法

在用绘图工具绘制椭圆时，一般用四段圆弧近似代替椭圆，这种作图方法称为四心圆法，作图步骤见表 1–18。

**表 1–18**　　　　　　　　　　　　　　　　四心圆法绘制椭圆的步骤

| 步骤 | 1. 定出椭圆长、短轴上的四个顶点 $A$、$B$、$C$、$D$<br>2. 连接点 $A$、$C$ | 3. 以点 $O$ 为圆心画圆弧 $\overparen{AE}$，再以点 $C$ 为圆心画圆弧 $\overparen{EF}$ |
|---|---|---|
| 图示 | | |

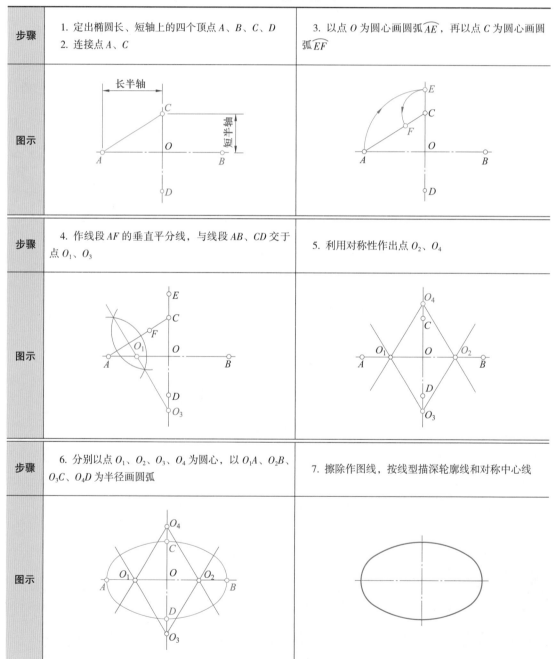

| 步骤 | 4. 作线段 $AF$ 的垂直平分线，与线段 $AB$、$CD$ 交于点 $O_1$、$O_3$ | 5. 利用对称性作出点 $O_2$、$O_4$ |
|---|---|---|
| 图示 | | |

| 步骤 | 6. 分别以点 $O_1$、$O_2$、$O_3$、$O_4$ 为圆心，以 $O_1A$、$O_2B$、$O_3C$、$O_4D$ 为半径画圆弧 | 7. 擦除作图线，按线型描深轮廓线和对称中心线 |
|---|---|---|
| 图示 | | |

# 任务三 绘制拉楔

1. 掌握斜度的画法及标注。
2. 掌握锥度的画法及标注。

## 任务描述

绘制如图 1-25 所示拉楔的平面图，并标注斜度、锥度和尺寸。

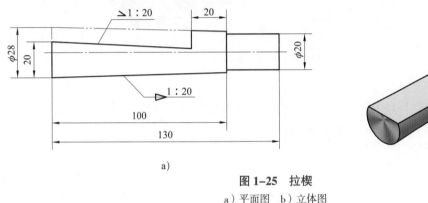
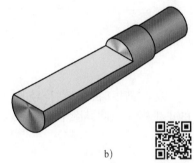

a)　　　　　　　　　　　　　　　　b)

**图 1-25　拉楔**

a）平面图　b）立体图

## 任务分析

图 1-25 所示拉楔由圆柱体和圆锥体组成，在圆锥体上加工了一个斜面。在绘制拉楔的平面图时，必须了解斜度和锥度的概念，掌握圆锥和斜面的画法，以及斜度和锥度标注方法。

## 相关知识

一、斜度

1. 斜度的概念

斜度是指一直线（或平面）对另一直线（或平面）的倾斜程度。大小用其夹角的正切表示，如图 1-26 所示，斜度 $=\tan\alpha=AC/AB=H/L$。在图样上斜度用 $1:n$ 的形式表示。

2. 斜度的标注

斜度符号的形状及尺寸如图 1-27 所示，图中所注尺寸 $h$ 为字高，斜度符号的线宽为 $h/10$。斜度的标注如图 1-28 所示。

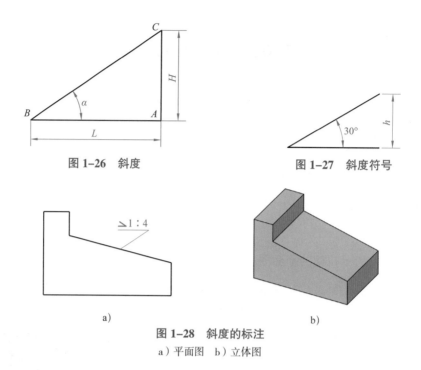

图 1-26　斜度

图 1-27　斜度符号

图 1-28　斜度的标注

a）平面图　b）立体图

标注斜度时，斜度符号的斜线所示方向应与所标斜度的方向一致。图 1-29a 所示为斜度的正确标注示例，图 1-29b 所示为错误注法。

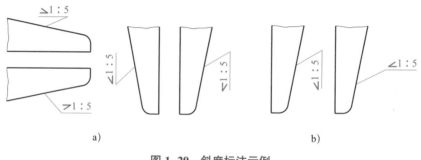

图 1-29　斜度标注示例

a）正确注法　b）错误注法

## 二、锥度

### 1. 锥度的概念

锥度是指正圆锥底圆直径与圆锥高之比，对于圆台，其锥度则为两底圆直径之差与圆台高度之比。在图 1-30 中，锥度 $=D/L=(D-d)/l=2\tan(\alpha/2)$。在图样上锥度也用 $1:n$ 的形式表示。

### 2. 锥度的标注

锥度符号的形状及尺寸如图 1-31 所示，图中所注尺寸 $h$ 为字高。锥度的标注方法如图 1-32 所示。

在标注锥度的符号时，应注意使锥度符号的方向与图形的大小端方向一致。

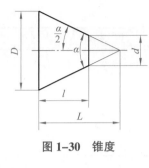

图 1-30 锥度

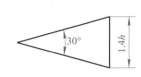

图 1-31 锥度符号

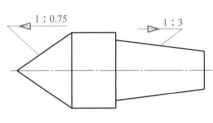

a)

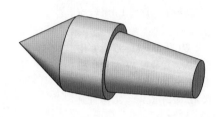

b)

图 1-32 锥度的标注

a）平面图 b）立体图

**任务实施**

绘制拉楔平面图的步骤见表 1-19。

表 1-19 绘制拉楔平面图的步骤

| 步骤 | 图示 |
|---|---|
| 1. 画基准线<br>2. 画右侧 φ20 圆柱 | |
| 3. 绘制锥度为 1 : 20 的小圆锥<br>从点 M 开始在轴线上取 20 个单位长得到点 N，沿竖直基准线截取 AB=1 个单位长（MA=MB），连接 AN、BN 即得所求小圆锥 | |
| 4. 绘制左侧锥度为 1 : 20 的大圆锥<br>取线段 CD 为 28 mm，过点 C、D 分别作线段 AN、BN 的平行线，与矩形左侧竖线交于 E、F 两点，即得所求锥度为 1 : 20 的圆锥 | |

| 步骤 | 图示 |
|---|---|
| 5. 绘制斜度为 1:20 的斜线<br><br>从点 *M* 沿竖直基准线向上截取线段 *MG*=1 个单位长，连接 *GN* 得到斜度为 1:20 的斜线 | 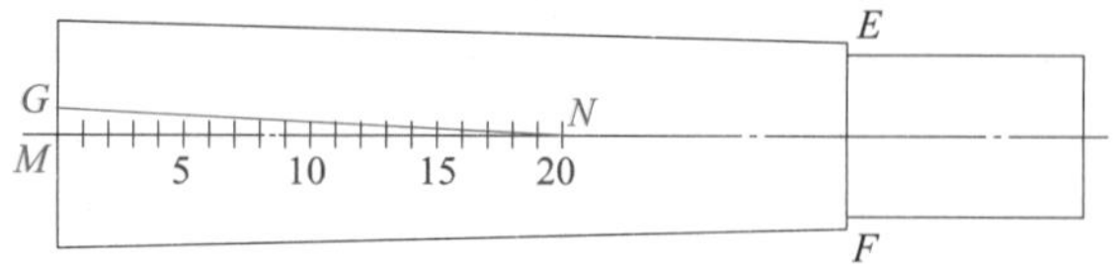 |
| 6. 绘制拉楔上斜度为 1:20 斜面的轮廓线<br><br>取线段 *KD* 为 20 mm，过点 *K* 作 *GN* 的平行线，在线段 *EF* 左侧作相距 *EF* 为 20 mm 的竖线，两线交点为 *H*，线段 *KH* 即斜度为 1:20 的斜面的轮廓线 | 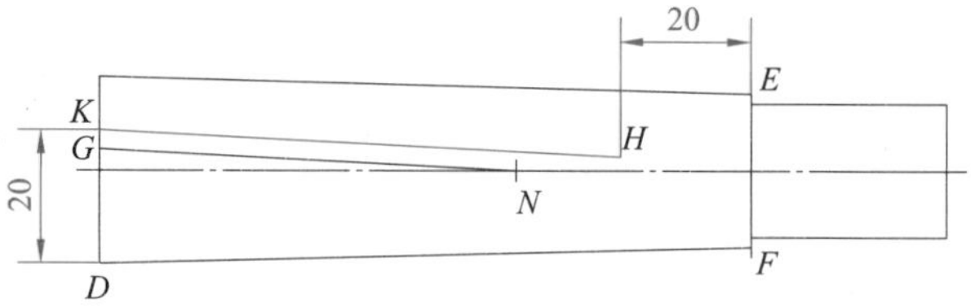 |
| 7. 校核图形，擦除多余图线，按线型描深各种图线<br>8. 标注斜度、锥度和尺寸 | 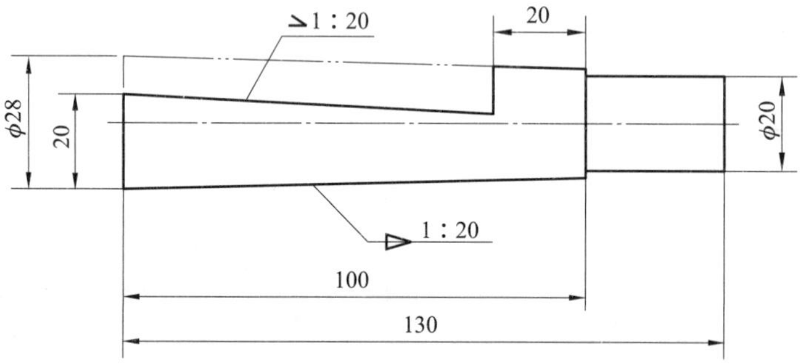 |

---

**课题三** 　**绘制平面图**

## 任务一　绘制手柄

**学习目标**

1. 了解平面图上线段的种类。
2. 掌握平面图的绘图方法。
3. 了解尺寸标注的注意事项。

绘制如图 1-33 所示的手柄的平面图，要求符合国家制图标准的有关规定。

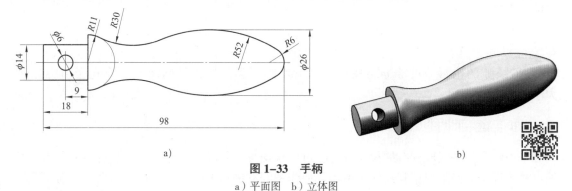

图 1-33 手柄

a）平面图 b）立体图

## 任务分析

如图 1-33 所示平面图是由线段、圆弧连接而成的。要想正确地绘制该图样，首先必须对图样上的尺寸和线段进行分析，确定绘图顺序，并采用正确的绘图方法绘图，然后按照国家标准的规定描图，最后正确地标注尺寸。

## 任务实施

### 一、分析手柄平面图的尺寸基准

一般情况下，尺寸基准也是作图的基准，在绘制平面图时，首先要分析尺寸基准。手柄平面图左端的轮廓线为长度基准，对称中心线为高度基准，如图 1-34 所示。

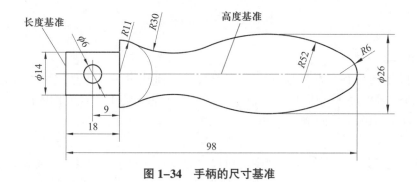

图 1-34 手柄的尺寸基准

### 二、分析手柄平面图的尺寸

尺寸是作图的依据，绘制平面图时要认真分析图样上每个几何要素的定形尺寸和定位尺寸。

在如图 1-34 所示手柄的平面图中，左侧圆柱的定形尺寸是 $\phi$14 和 18；左侧小圆孔的定形尺寸是 $\phi$6，定位尺寸是 9；左侧圆弧的定形尺寸是 R11；右侧圆弧的定形尺寸是 R6，其圆心位置由总长 98 确定。$\phi$26 是确定了 R52 圆弧圆心位置的一个定位尺寸。R30 在图上没有标注定位尺寸。

在平面图的尺寸中，尺寸的分类并不是绝对的，有些尺寸既有定形尺寸的作用，又有定位尺寸的作用。如图 1-34 中的尺寸 98 既确定了图形在水平方向上的大小，又确定了 R6 圆弧的位置。尺寸 $\phi$26 既确定了 R52 圆弧的位置，又确定了图形在竖直方向的大小。

### 三、分析手柄平面图的线段

平面图中的各线段，有的尺寸齐全，可以根据其定形尺寸、定位尺寸直接作图画出；有的尺寸不齐全，必须根据其连接关系用几何作图的方法画出。按尺寸是否齐全，平面图上的线段分为已知线段、中间线段和连接线段三类。

#### 1. 已知线段

已知线段是指定形尺寸和定位尺寸均齐全的线段。如图 1-35 所示，左侧的线段、$\phi$6 圆、R11 圆弧、R6 圆弧为已知线段。

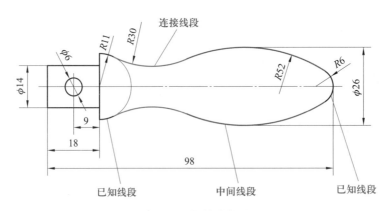

图 1-35　手柄的线段分析

#### 2. 中间线段

中间线段是指只有定形尺寸和一个定位尺寸，而缺少另一定位尺寸的线段。这类线段要在其相邻一端的线段画出后，再根据连接关系（如相切）用几何作图的方法画出。在图 1-35 中，R52 圆弧为中间线段。

#### 3. 连接线段

连接线段是指只有定形尺寸而缺少定位尺寸的线段。画连接线段时，需要先绘制出连接线段两端的线段，然后根据连接关系用几何作图的方法画出。在图 1-35 中，R30 圆弧属于连接线段。

### 四、绘制手柄平面图

绘制图 1-33 所示手柄的步骤见表 1-20。

表 1-20　　　　　　　　　　　　　　　　　　绘制手柄的步骤

| 步骤 | 图示 |
|---|---|
| 1. 画基准线 |  |
| 2. 画已知线段 | 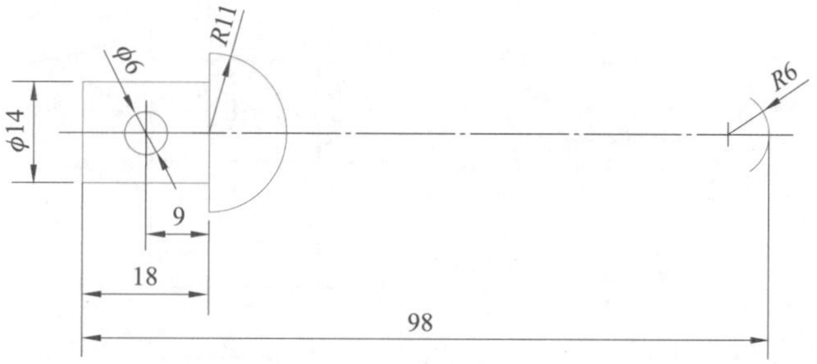 |
| 3. 画中间线段 $R52$ 圆弧<br><br>　$R52$ 圆弧的圆心由两个条件确定：圆心到对称中心线的距离为 39 mm（由 52-26/2 计算而来），以及 $R52$ 圆弧与 $R6$ 圆弧内切 | 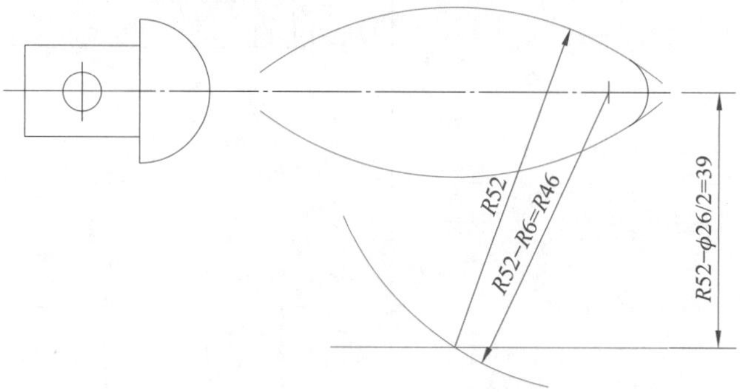 |
| 4. 画连接线段 $R30$ 圆弧<br><br>　$R30$ 圆弧与 $R11$ 圆弧和 $R52$ 圆弧外切 | 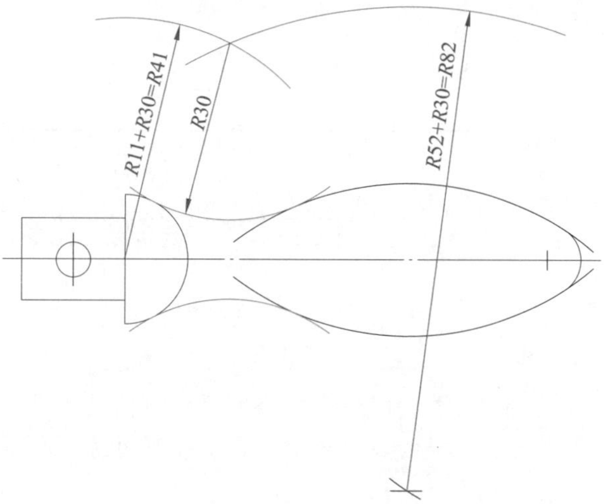 |
| 5. 擦除作图线，检查图线<br>6. 按线型描深各种图线 | 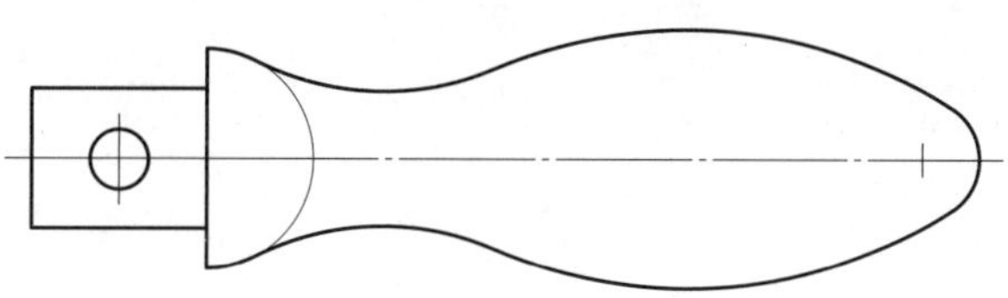 |

## 五、标注手柄的尺寸

标注手柄尺寸的步骤见表 1–21。

**表 1–21**　　　　　　　　　　　　　标注手柄尺寸的步骤

| 步骤 | 图示 |
|---|---|
| 1. 标注左侧圆柱的尺寸 | 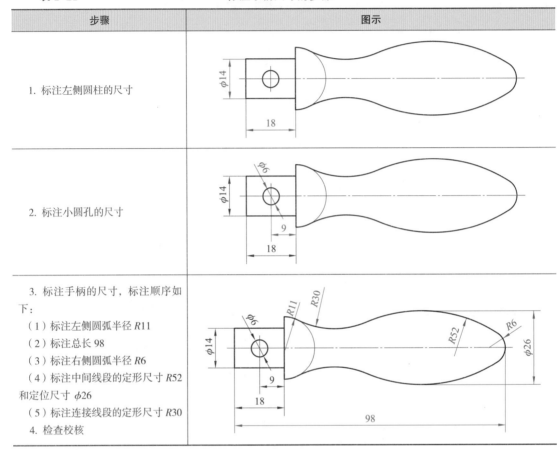 |
| 2. 标注小圆孔的尺寸 | |
| 3. 标注手柄的尺寸，标注顺序如下：<br>（1）标注左侧圆弧半径 R11<br>（2）标注总长 98<br>（3）标注右侧圆弧半径 R6<br>（4）标注中间线段的定形尺寸 R52 和定位尺寸 $\phi$26<br>（5）标注连接线段的定形尺寸 R30<br>4. 检查校核 | |

# 任务二　绘制挂轮架平面图

**学习目标**

1. 了解图纸幅面、图框格式、标题栏的相关知识。
2. 掌握绘制图样的基本步骤，具备按照国家标准绘制图样的能力。

**任务描述**

选择适当幅面的图纸，绘制如图 1–36 所示的挂轮架平面图，要求所绘图样符合制图国家标准的有关规定。

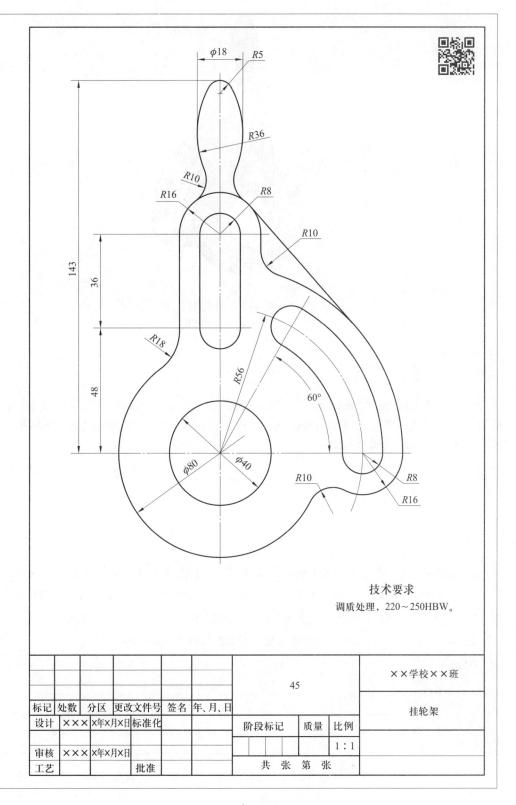

技术要求

调质处理，220~250HBW。

| 标记 | 处数 | 分区 | 更改文件号 | 签名 | 年、月、日 | | | ××学校××班 |
|---|---|---|---|---|---|---|---|---|
| | | | | | | | 45 | |
| 设计 | ××× | x年x月x日 | 标准化 | | | | | 挂轮架 |
| | | | | | | 阶段标记 | 质量 | 比例 |
| 审核 | ××× | x年x月x日 | | | | | | 1：1 |
| 工艺 | | | 批准 | | | 共 张 第 张 | | |

a)

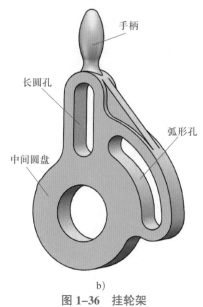

图 1–36　挂轮架

a）平面图　b）立体图

**任务分析**

　　一张完整的图样一般由图框、标题栏、图形、尺寸、技术要求等组成，图 1–36a 所示挂轮架平面图就是一张比较完整的机械图样。绘制该图样需要了解图纸幅面、图框格式和标题栏格式等国家标准的相关内容。

**相关知识**

## 一、图纸幅面

　　图纸宽度（$B$）和长度（$L$）组成图纸幅面。绘制图样时，应优先选用表 1–22 中规定的图纸基本幅面。基本幅面共有 A0、A1、A2、A3、A4 五种，其尺寸关系如图 1–37 所示。表 1–22 中 $a$、$c$、$e$ 的含义如图 1–38、图 1–39 所示。

表 1–22　　　　　　　　图纸基本幅面及尺寸（摘自 GB/T 14689—2008）　　　　　　　　mm

| 幅面代号 | A0 | A1 | A2 | A3 | A4 |
|---|---|---|---|---|---|
| $B \times L$ | $841 \times 1\,189$ | $594 \times 841$ | $420 \times 594$ | $297 \times 420$ | $210 \times 297$ |
| $a$ | 25 | | | | |
| $c$ | 10 | | | 5 | |
| $e$ | 20 | | 10 | | |

　　图 1–37 中粗实线所示为基本幅面，为优先选用的幅面；细实线所示为第二选择的加长幅面；细虚线所示为第三选择的加长幅面。绘制图样时，一般采用基本幅面；当采用基本幅面绘制有困难时（特别是在电气图中），可采用加长幅面。

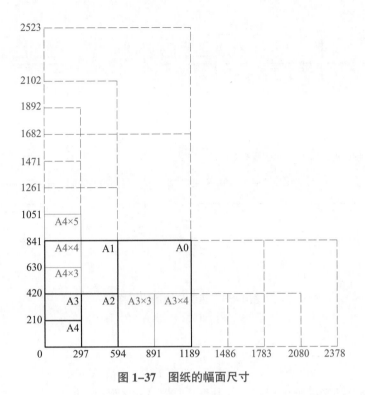

图 1-37　图纸的幅面尺寸

## 二、图框格式

图框按格式分为不留装订边和留装订边两种，如图 1-38 和图 1-39 所示。图框用粗实线绘制，图框的周边尺寸 $a$、$c$、$e$ 可查表 1-22。同一产品的图样只能采用一种图框格式。

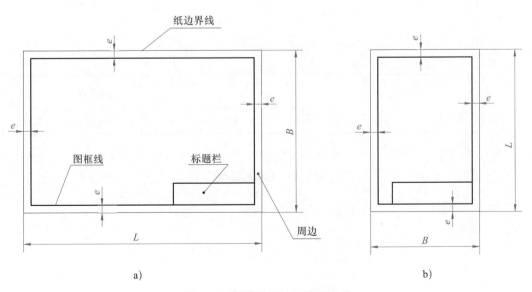

a)　　　　　　　　　　　　　　　b)

图 1-38　不留装订边的图框格式

a）横向布置　b）纵向布置

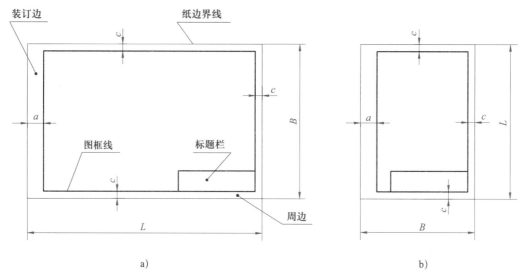

**图 1-39　留装订边的图框格式**

a）横向布置　b）纵向布置

## 三、标题栏

在每张图纸上都必须画出标题栏，其格式如图 1-40 所示，标题栏应位于图纸的右下角。一般情况下，看图的方向与看标题栏的方向一致。

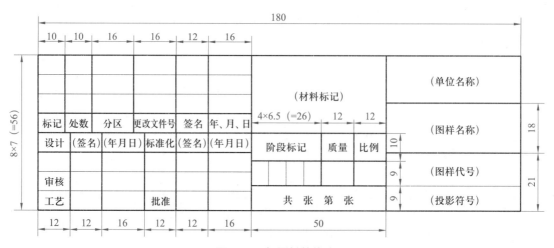

**图 1-40　标题栏的格式**

在实际绘图时，可以适当简化标题栏中的内容，如图 1-41 所示。

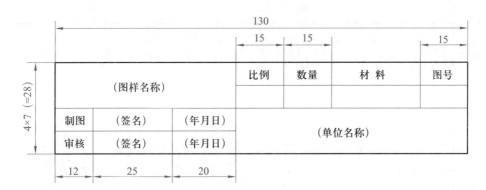

图 1-41 标题栏简化格式

## 任务实施

### 一、准备工作

根据图形的复杂程度和尺寸大小确定作图比例，该图样的图形比较简单，尺寸大小适合选用 1∶1 的比例绘图。因此选择 A4 幅面的图纸，根据图形及尺寸确定图纸采用纵向布置。

### 二、绘制图形

1. 绘制图框和标题栏

根据国家标准规定的格式绘制图框和标题栏，如图 1-42 所示。

2. 绘制作图基准线

选择 $\phi40$ 的竖直中心线作为长度基准，水平中心线作为高度基准，绘制作图基准线，如图 1-42 所示。

3. 绘制中心圆盘

绘制中心圆盘的 $\phi40$ 圆和 $\phi80$ 圆弧，如图 1-43 所示。

4. 绘制长圆孔及相邻部分

（1）先绘制长圆孔两个半圆的中心线，再绘制长圆孔的轮廓线，如图 1-44 所示。

（2）绘制 $R16$ 圆弧及两侧的竖线，如图 1-44 所示。

（3）绘制 $R18$ 连接弧，如图 1-44 所示。

5. 绘制弧形孔及相邻部分

（1）绘制两个 $R8$ 圆弧的中心线，如图 1-45 所示。

（2）绘制两个 $R8$ 圆弧，如图 1-45 所示。

（3）绘制两个 $R8$ 圆弧的连接弧，如图 1-45 所示。

（4）绘制右下侧的 $R16$ 圆弧，如图 1-45 所示。

（5）绘制 $R16$ 右侧大连接弧，如图 1-45 所示。

（6）绘制两个 $R10$ 连接弧，如图 1-45 所示。

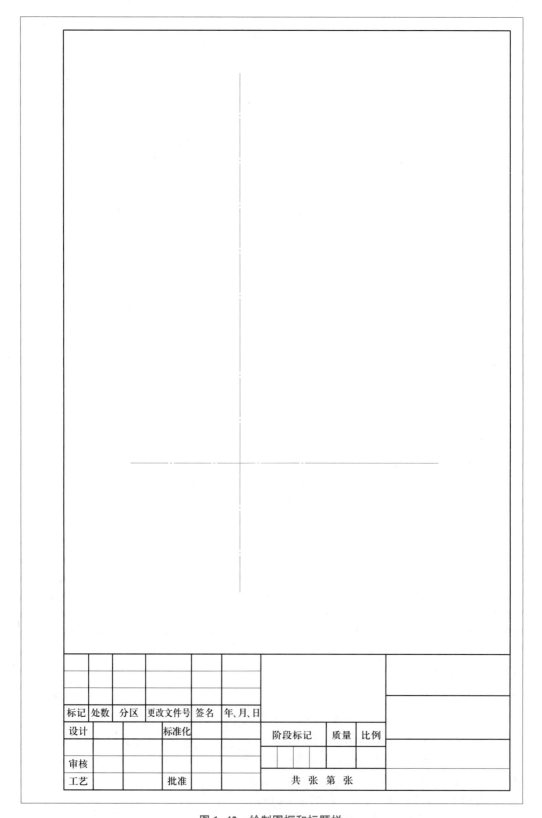

**图 1-42　绘制图框和标题栏**

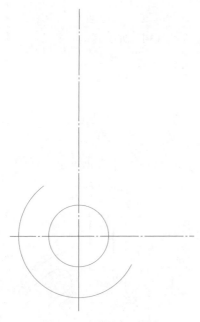

图 1-43 绘制中心圆盘

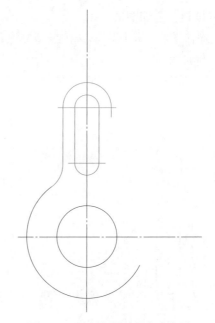

图 1-44 绘制长圆孔及相邻部分

（7）绘制右上侧的公切线，如图 1-45 所示。

6. 绘制手柄

（1）绘制 R5 圆弧，如图 1-46 所示。

（2）绘制 R36 圆弧，如图 1-46 所示。

（3）绘制 R10 连接弧，如图 1-46 所示。

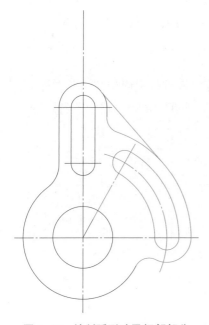

图 1-45 绘制弧形孔及相邻部分

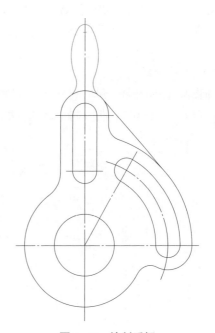

图 1-46 绘制手柄

7. 校核、描深图形

擦除作图线，校核图形，按线型描深各种图线，如图 1-47 所示。

8. 标注尺寸

依据绘图步骤，标注各几何要素的定形尺寸、定位尺寸，如图 1-48 所示。

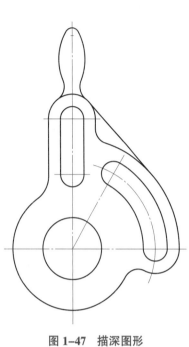

图 1-47　描深图形

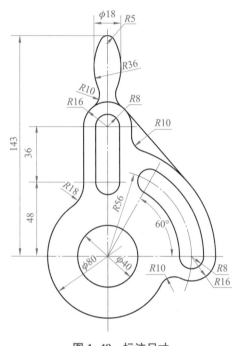

图 1-48　标注尺寸

9. 编写技术要求和填写标题栏

在图样的右下角编写技术要求，在标题栏中填写图样名称、绘图比例、绘图单位等内容。

10. 校核图样

对图样上的图形、尺寸、技术要求和标题栏等内容进行全面校核，并在标题栏"设计"栏中填写姓名及绘图日期。同学之间互相校核图样，并在"审核"栏中签名。

# 投影与三视图

在机械设计、生产过程中，需要用图来准确地表达机器和零件的形状。虽然立体图富有立体感，能给人以直观的印象，但是它在表达物体时，某些结构的形状发生了变形。如图2-1所示的支承座，零件上的矩形变成了平行四边形，圆变成了椭圆，因此立体图很难准确地表达物体的真实形状。如何才能完整、准确地表达物体的形状呢？学完本课题就可以找到答案。

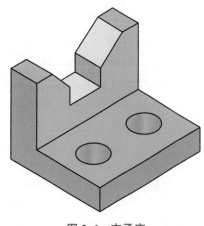

图2-1　支承座

## 任务一　绘制长方体的三视图

**学习目标**

1. 了解投影的概念，掌握正投影法的概念。
2. 掌握三投影面体系、三视图的概念和三视图的投影规律。

　　长方体是最简单的几何形体之一，如图 2-2 所示为长方体的立体图，本任务要求按照图 2-2 所示尺寸制作一个长方体，并绘制长方体的三视图，分析三视图的投影规律。

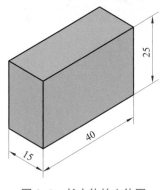

图 2-2　长方体的立体图

　　长方体上有六个平面，其前面和后面的形状相同，上面和下面的形状相同，左面和右面的形状相同，因此准确地表达其形状需要三个图形。

## 投影及正投影法

　　如图 2-3 所示，太阳光照射在人身上，在地面上产生影子。影子在某些方面反映了人的形状特征，这种现象称为投影现象，将其加以抽象和总结就形成了投影法。投影法是指投射线通过物体向选定的面投射，并在该面上得到图形的方法，得到的图形称为投影。投影法有多种，机械图样中用的最多的是正投影法。正投影法是指投射线互相平行且与投影面垂直的投影方法，如图 2-4 所示。根据有关标准和规定，用正投影法绘制出的物体的图形称为视图。

图 2-3　人和地面上的影子

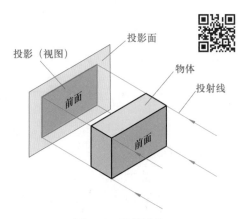

图 2-4　正投影法

# 任务实施

## 一、制作长方体

准备一张图纸，按照图 2-5 所示尺寸裁剪，然后粘贴成图 2-2 所示长方体。

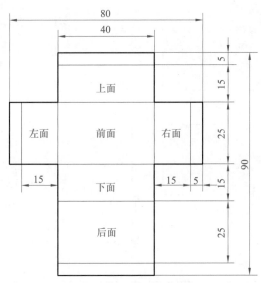

**图 2-5　制作长方体的尺寸**

## 二、制作三投影面体系

如图 2-4 所示，用正投影法得到了一个视图，该视图只能准确地反映长方体前面（或后面）的形状，上下左右的四个平面都投影成线段，如何表达长方体上面（或下面）和左面（或右面）的形状？

要想表达长方体的完整形状，可以在长方体后方、下方和右侧设立三个投影面，如图 2-6 所示。

一般把正对着观察者的投影面称为正投影面（用 $V$ 表示），水平放置的投影面称为水平投影面（用 $H$ 表示），右边侧立的投影面称为侧投影面（用 $W$ 表示），这三个投影面构成了三投影面体系。

在三投影面体系中，两投影面的交线称为投影轴。其中 $V$ 面与 $H$ 面的交线为 $OX$ 轴，$H$ 面与 $W$ 面的交线为 $OY$ 轴，$V$ 面与 $W$ 面的交线为 $OZ$ 轴；三条投影轴构成了一个空间直角坐标系，三轴的交点称为坐标原点（用 $O$ 表示）。

准备一张 A4 纸，裁剪成一个 150 mm × 150 mm 的正方形，按照表 2-1 所示的步骤裁剪和折叠。并在正投影面上标注字母 $V$，在水平投影面上标注字母 $H$，在侧投影面上标注字母 $W$。同时标注坐标系的字母 $O$、$X$、$Y$、$Z$。

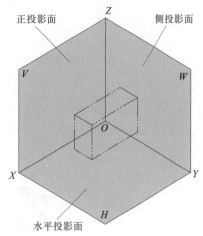

**图 2-6　三投影面体系**

表 2-1                                       制作三投影面体系的步骤

| 步骤 | 图示 | 步骤 | 图示 |
|---|---|---|---|
| 1. 准备好裁剪为正方形的纸 | | 3. 按图示折叠 | |
| 2. 按图示裁剪 | | 4. 按图示标注字母 | |

## 三、绘制长方体的三视图

将物体放在三投影面体系中，用正投影法分别向三个投影面投射，得到物体的三视图，如图 2-7 所示。

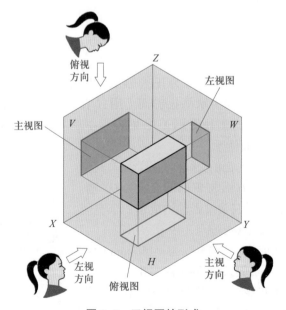

图 2-7　三视图的形成

主视图：将物体由前向后向正投影面投射得到的视图称为主视图。

俯视图：将物体由上向下向水平投影面投射得到的视图称为俯视图。

左视图：将物体由左向右向侧投影面投射得到的视图称为左视图。

实际上，三视图是人"正对着"物体观察得到的。从前面"正对着"物体观察得到主视图，从上面"正对着"物体观察得到俯视图，从左面"正对着"物体观察得到左视图。

下面在自己制作的三投影面体系上绘制图 2-2 所示形体的三视图。

1. 绘制主视图

按照图 2-7 所示位置摆放长方体，测量长方体的长和高，在正投影面的适当位置按 1：1 的比例绘制长方体的主视图，如图 2-8 所示。

2. 绘制俯视图

测量长方体的长和宽，按 1：1 的比例在水平投影面的适当位置绘制长方体的俯视图，作图时要注意保证俯视图与主视图在长度方向对齐，如图 2-9 所示。

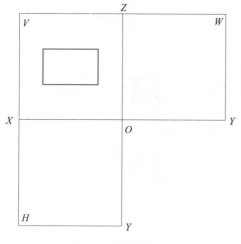

图 2-8 绘制主视图

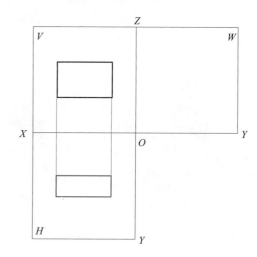

图 2-9 绘制俯视图

3. 绘制左视图

测量长方体的高和宽，在侧投影面上绘制长方体的左视图，作图时要保证左视图与主视图在高度方向对齐，左视图上前面（后面）的投影到 Z 轴的距离与俯视图上前面（后面）的投影到 X 轴的距离相等，如图 2-10 所示。

4. 折叠三个投影面

将三个投影面按照相互垂直的关系进行折叠，并使正投影面正对着自己，水平投影面在下侧，侧投影面在右侧，如图 2-11 所示。

## 四、展开三投影面体系

为了能在一张图纸上同时绘制这三个视图，需要将三个投影面展开。三投影面体系的展开过程如图 2-12 所示，正投影面保持不动，使水平投影面沿 OX 轴顺时针旋转 90°，侧投影面沿 OZ 轴逆时针旋转 90°。三投影面体系展开时，OY 轴变成了两条。在绘制三视图时，一般不画投影面，只画投影轴，也可以省略投影轴。

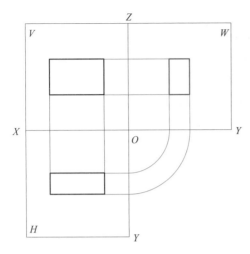

图 2-10　绘制左视图

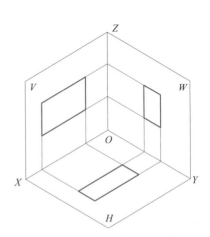

图 2-11　折叠三投影面

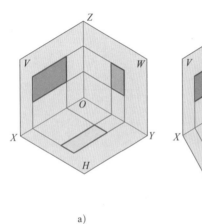

a)

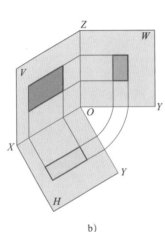

b)

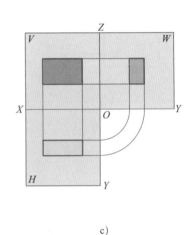

c)

图 2-12　三投影面体系的展开过程

a）展开前　b）展开过程中　c）展开后

## 五、分析三视图的投影规律

　　空间物体有前、后、左、右、上、下六个方位，如图 2-13a 所示。物体六个方位在三视图中的位置如图 2-13b 所示。

　　图 2-14 表达的是三视图之间的位置关系，对比分析图 2-14a、图 2-14b 可知，主视图反映了物体的长和高，俯视图反映了物体的长和宽，左视图反映了物体的高和宽。从图 2-14b 中还可以看出，俯视图在主视图的下方，主视图、俯视图相应部分的连线为互相平行的竖线，即其对应要素的长度相等，且左右两端对正；左视图在主视图右侧，主、左视图相应部分的连线为横线，即其对应要素的高度相等，且上下平齐；俯视图与左视图均可反映物体的宽度，所以俯视图、左视图对应部分的宽度相等。可归纳出三视图的投影规律：主、俯视图长对正，主、左视图高平齐，俯、左视图宽相等，可概括为"长对正、高平齐、宽相等"。

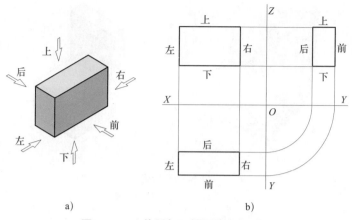

a)                    b)

**图 2-13 立体图与三视图的方位对照**
a）立体图 b）三视图

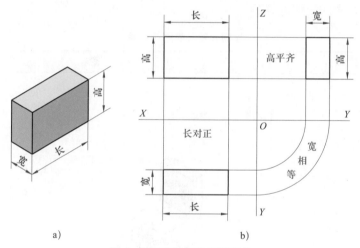

a)                    b)

**图 2-14 三视图的投影规律**
a）立体图 b）三视图

知识拓展

## 绘制沙发的三视图

如图 2-15 所示为沙发的实物图和简化外形的正等轴测图（正等轴测图的投影原理和画法见模块三），在绘制三视图时可以量取正等轴测图上与投影轴平行的棱边的长度作为绘制三视图的依据，试根据沙发简化外形的正等轴测图绘制三视图。

### 一、分析形体

在绘制或识读三视图时，首先要进行形体分析，弄清楚形体的组成及形成过程，形体上各要素形状和位置关系等。沙发由靠背和底座两部分组成，它们都是长方体，靠背和底座的长度相等，靠背叠加在底座之上，两者的后面平齐。

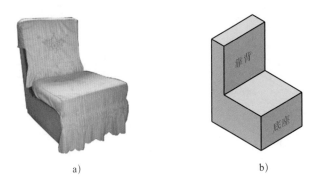

a)                                b)

**图 2-15　沙发**

a）实物图　b）简化外形图

## 二、绘制三视图

绘制沙发三视图的步骤见表 2-2。

**表 2-2**　　　　　　　　　　　　**绘制沙发三视图的步骤**

| 步骤 | 图示 |
|---|---|
| 1. 绘制投影轴<br>2. 测量底座的长和高，绘制底座的主视图<br>3. 测量底座的宽，并根据"长对正"的投影规律绘制底座的俯视图 | |
| 4. 根据"高平齐、宽相等"的投影规律，绘制底座的左视图 | |

续表

| 步骤 | 图示 |
|------|------|
| 5. 测量靠背的高，绘制靠背的主视图<br><br>6. 测量靠背的宽，绘制靠背的俯视图 | 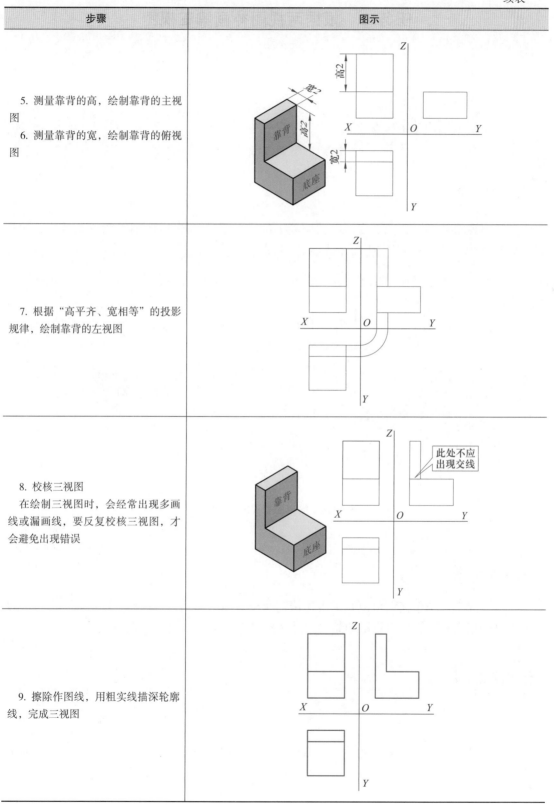 |
| 7. 根据"高平齐、宽相等"的投影规律，绘制靠背的左视图 | |
| 8. 校核三视图<br><br>在绘制三视图时，会经常出现多画线或漏画线，要反复校核三视图，才会避免出现错误 | |
| 9. 擦除作图线，用粗实线描深轮廓线，完成三视图 | |

# 任务二 根据两视图补画第三视图

1. 掌握根据两视图补画第三视图的方法。
2. 初步具有空间想象能力和空间思维能力。

## 任务描述

根据两视图补画第三视图是提高读图能力的重要手段。图 2-16 所示为支架的主、俯视图，试根据其两视图想象立体形状，补画左视图。

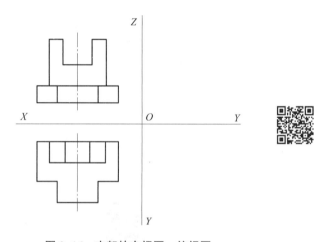

图 2-16 支架的主视图、俯视图

## 任务分析

一般情况下，两个视图可以基本表达清楚简单形体的结构，根据两视图补画第三视图实际上就是根据两视图想象出物体的结构，并按照投影关系绘制出第三视图。

## 任务实施

一、分析形体

分析支架的主视图、俯视图可知，该形体由底板和竖板组成。底板和竖板均由长方体切割而成，在竖板上切割了一个矩形槽，在底板的左前方和右前方各切割了一个小长方体，如图 2-17 所示。

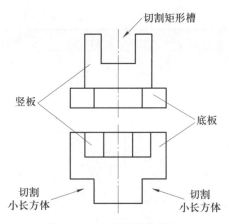

图 2-17 支架的形体分析

## 二、补画左视图

补画支架左视图的步骤见表 2-3。

表 2-3 补画支架左视图的步骤

| 步骤 | 图示 |
| --- | --- |
| 1. 绘制底板割角前的左视图 | 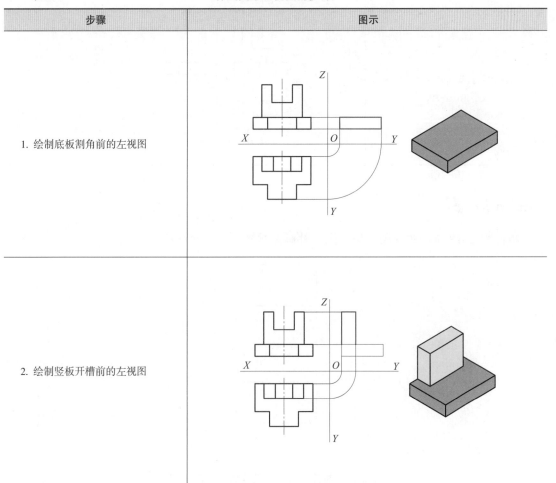 |
| 2. 绘制竖板开槽前的左视图 | |

续表

| 步骤 | 图示 |
|---|---|
| 3. 绘制底板割角后的左视图 | 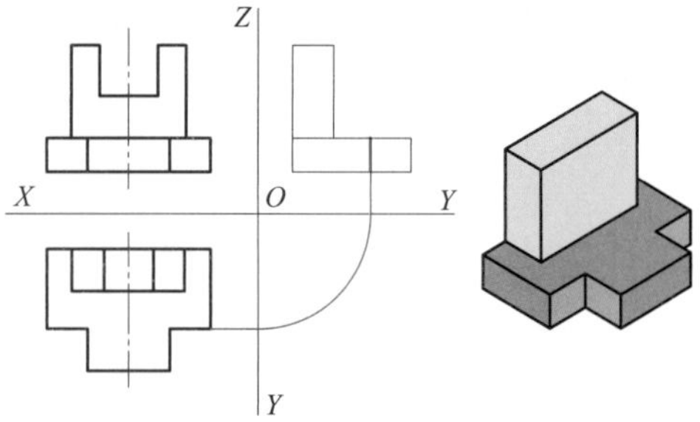 |
| 4. 绘制竖板开槽后的左视图（不可见棱边线用细虚线绘制） | 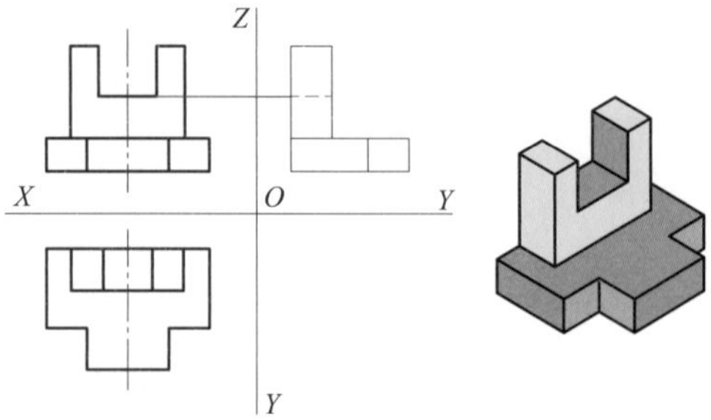 |
| 5. 擦除作图线等多余线条，校核所绘视图，按线型描深各种图线 | 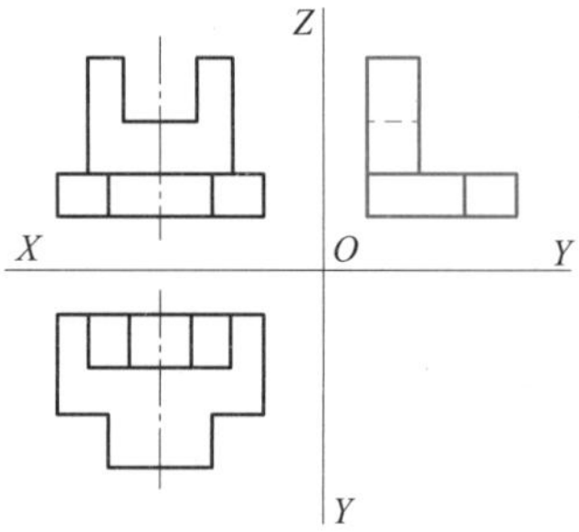 |

**知识拓展**

根据图 2-18 所示主视图、俯视图，补画左视图。

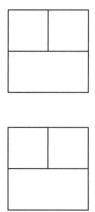

**图 2-18　根据主视图、俯视图补画左视图**

## 一、分析形体

任何复杂的形体都是由简单的形体演变而来的，分析图 2-18 不难看出，该形体是由立方体经过切割得到的。该形体看起来有些复杂，但是如果大脑中有图 2-19 所示形体的形象储备，就不难解决问题了。

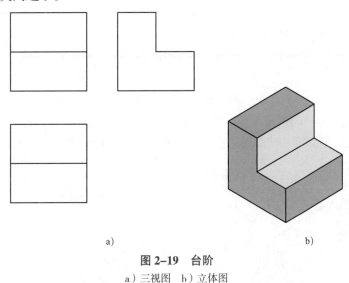

a)                                                          b)

**图 2-19　台阶**

a）三视图　b）立体图

## 二、补画左视图

比较图 2-18 与图 2-19 可知，在图 2-18 主视图的上方和俯视图的后方多了两条竖线，要想形成这两条竖线，就需要有两个不同位置的平面，如图 2-20 所示。

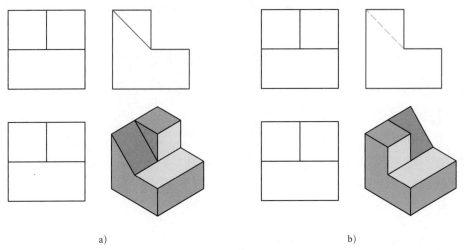

a)                                                          b)

**图 2-20　补画左视图答案**

a）答案一　b）答案二

在学习机械制图的过程中要注意以下三点：

1. 要记忆所接触过的形体的结构，这是提高看图能力的关键。

2. 要通过练习不断提高空间想象能力和空间思维能力。

3. 在有些情况下，根据两视图补画第三视图会得到多个不同的答案，要注意培养自己的发散性思维。

## 课题二　绘制点的投影

任何物体都可以认为是由点、线、面等几何要素组成的。如图 2-21 所示的梯形块由六个四边形平面围成，每个四边形平面由四段线段围成，每段线段由两个端点连接而成。由此可见，研究点、直线、平面等几何要素的投影，对画图和看图都具有非常重要的理论指导意义。

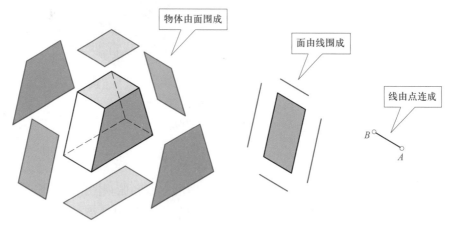

物体由面围成

面由线围成

线由点连成

图 2-21　物体与点、线、面的关系

## 任务一　绘制点的三面投影

**学习目标**

1. 了解点的表示方法。
2. 掌握绘制点的投影的方法。
3. 掌握点的投影规律。

**任务描述**

如图 2-22a 所示，将点 $A$ 向三个投影面投射，得到点 $A$ 的正面投影 $a'$、水平投影 $a$、侧面投影 $a''$，已知点 $A$ 到侧投影面的距离为 30 mm，到正投影面的距离为 16 mm，到水平投影面的距离为 24 mm。试在图 2-22b 所示的三投影面体系中绘制点 $A$ 的三面投影，并分析点的投影规律。

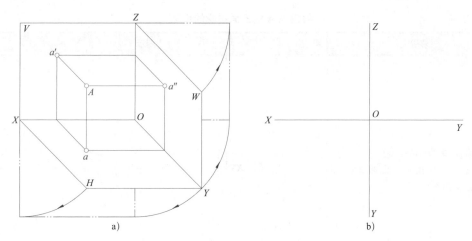

**图 2-22　点的投影**

a）立体图　b）投影图

## 任务分析

分析图 2-22a 可以看出，点 A 的正面投影的位置由点到侧投影面的距离和点到水平投影面的距离确定，水平投影的位置由点到侧投影面的距离和点到正投影面的距离确定，侧面投影的位置由点到正投影面的距离和点到水平投影面的距离确定。

## 相关知识

### 一、点的表示方法

一般情况下，空间点用大写拉丁字母表示，如 $A$、$B$、$S$、$M$、$N$ 等；点的水平投影用相应的小写字母表示，如 $a$、$b$、$s$、$m$、$n$ 等；点的正面投影用相应的小写字母加 "′" 表示，如 $a'$、$b'$、$s'$、$m'$、$n'$ 等；点的侧面投影用相应的小写字母加 "″" 表示，如 $a''$、$b''$、$s''$、$m''$、$n''$ 等。

### 二、点的坐标

在三投影面体系中，点的位置可由点到三个投影面的距离来确定。如果将三个投影面作为三个坐标面，投影轴作为坐标轴，空间点的位置坐标为 $(x, y, z)$，正面投影坐标为 $(x, z)$，水平投影坐标为 $(x, y)$，侧面投影坐标为 $(y, z)$。如点 $B$ 的坐标为 $B(50, 30, 40)$，则点 $B$ 正面投影的坐标为 $b'(50, 40)$，水平投影的坐标为 $b(50, 30)$，侧面投影的坐标为 $b''(30, 40)$。

## 任务实施

### 一、绘制点的三面投影

点 $A$ 的坐标为 $A(30, 16, 24)$，根据点 $A$ 的坐标可绘制点 $A$ 的三面投影，绘制步骤见表 2-4。

**表 2–4**                               绘制点 $A$ 的三面投影的步骤

| 步骤 | 图示 |
| --- | --- |
| 1. 绘制点 $A$ 的正面投影<br>根据点 $A$ 正面投影的坐标 $a'$（30，24）绘制正面投影 $a'$ | 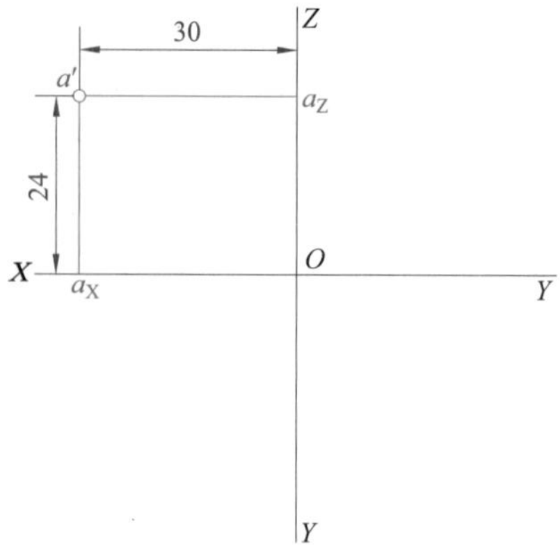 |
| 2. 绘制点 $A$ 的水平投影<br>根据点 $A$ 水平投影的坐标 $a$（30，16）绘制水平投影 $a$ | 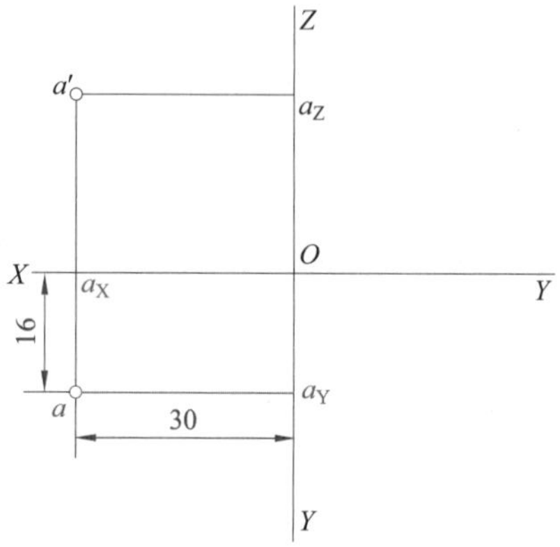 |
| 3. 绘制点 $A$ 的侧面投影<br>根据点 $A$ 侧面投影的坐标 $a''$（16，24）绘制侧面投影 $a''$ | 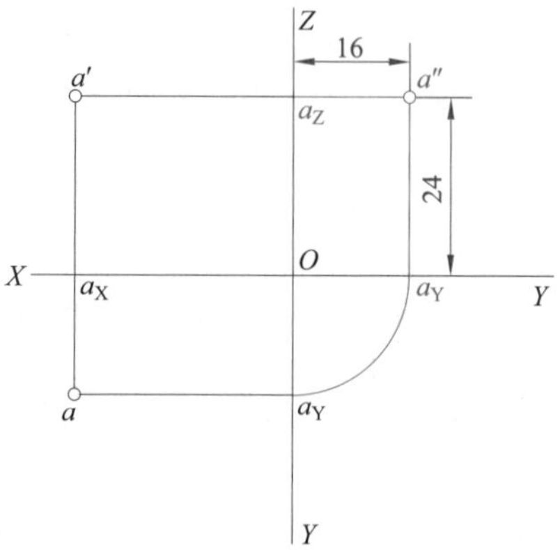 |

## 二、分析点的三面投影规律

观察表 2–4 中的图，可得点的三面投影规律：$a'a \perp OX$，即点的正面投影和水平投影的连线垂直于 $OX$ 轴；$a'a'' \perp OZ$，即点的正面投影和侧面投影的连线垂直于 $OZ$ 轴；

$aa_X=a''a_Z$，即点的水平投影到 $OX$ 轴的距离等于其侧面投影到 $OZ$ 轴的距离。

很显然，点的三面投影符合三视图的投影规律。

# 任务二 绘制点的第三投影

**学习目标**

1. 掌握根据点的两个已知投影绘制第三投影的方法。
2. 能根据点的投影判断点的空间位置。
3. 了解重影点的概念及表示方法。

**任务描述**

图 2-23 所示为点 $A$、$B$、$C$ 的两面投影，试绘制其第三投影，并分析点的空间位置。

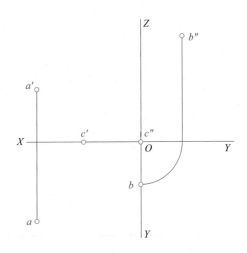

**图 2-23 点的两面投影**

**任务分析**

在点的投影图中，任意一个投影都包含了两个坐标，所以一个点的两个投影就包含了确定该点空间位置的三个坐标，即确定了点的空间位置。换言之，若已知某点的两个投影，则可求出其第三投影。

**任务实施**

绘制点 $A$、$B$、$C$ 第三投影及分析点的空间位置的步骤见表 2-5。

表 2-5 绘制点 *A*、*B*、*C* 第三投影及分析点的空间位置的步骤

| 步骤 | 图示 | 点的空间位置 |
|---|---|---|
| 1. 按照"高平齐、宽相等"的投影规律求作点 *A* 的侧面投影 *a″* | 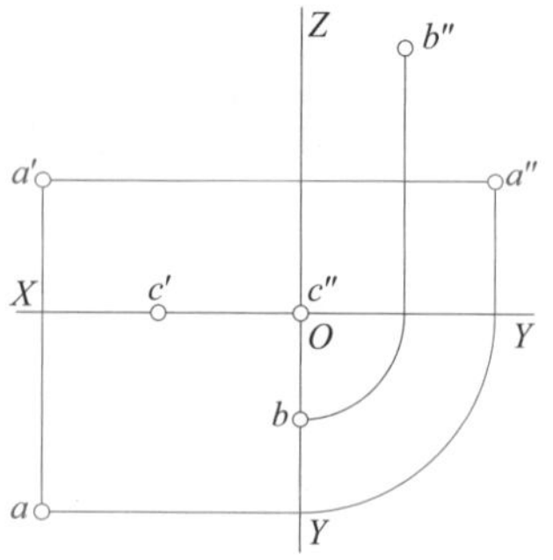 | 点 *A* 在空间一般位置 |
| 2. 按照"长对正、高平齐"的投影规律求作点 *B* 的正面投影 *b′* | 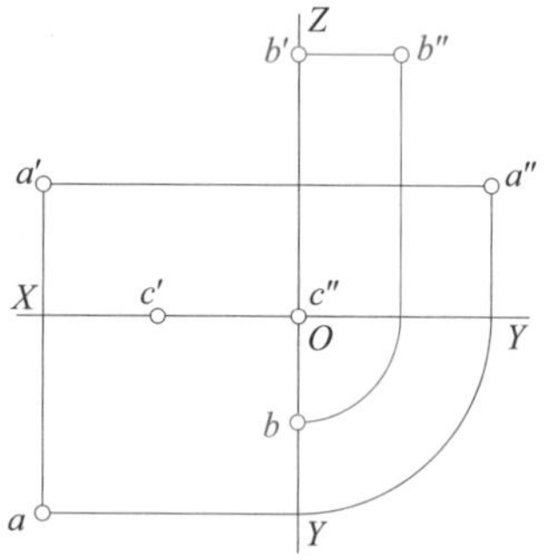 | 点 *B* 在侧投影面上 |
| 3. 按照"长对正、宽相等"的投影规律求作点 *C* 的水平投影 *c* | 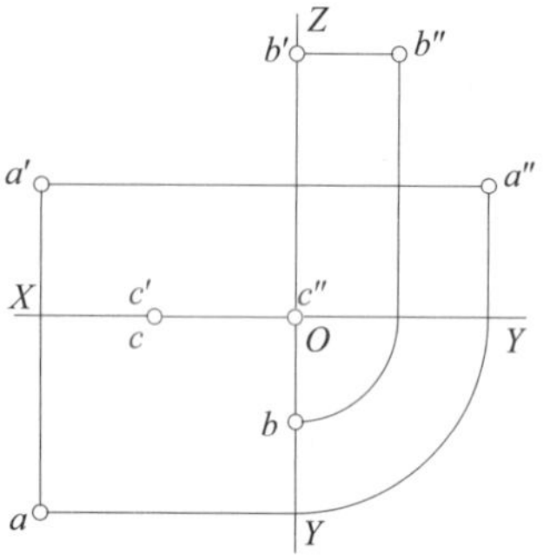 | 点 *C* 在 *X* 轴上 |

**知识拓展**

## 重影点的概念及表示方法

在图 2-24 所示点 *E*、*F* 的投影中，*e′* 和 *f′* 重合，这说明 *E*、*F* 两点的 *X*、*Z* 坐标相同，即 $x_E=x_F$、$z_E=z_F$，*E*、*F* 两点处于垂直于正投影面的同一条投射线上。由此可见，共处于同一条投射线上的两点，必在相应的投影面上具有重合的投影，这两个点称为对该投影面的一对重影点。重影点的可见性需根据这两点不重影的投影坐标的大小来判别。例如，在图 2-24 中，*e′*、*f′* 重合，但水平投影不重合，且 *e* 在前、*f* 在后，即 $y_E>y_F$。所以对 *V* 面来说，点 *E* 可见，点 *F* 不可见。在投影图中，对不可见的点，需加圆括号表示。在图 2-24 中，对 *V* 面上不可见点 *F* 的投影，加圆括号表示为 (*f′*)。

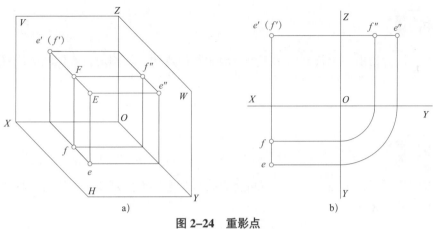

**图 2-24 重影点**

a）立体图　b）投影图

## 课题三　绘制直线的投影

# 任务一　分析直线的投影

### 学习目标

1. 了解直线的种类。
2. 掌握各种位置直线的投影规律。

### 任务描述

楔块的结构如图 2-25 所示，试根据立体图，在三视图上标注点 $A$、$B$、$C$、$D$ 的投影，分析棱线（立体上两表面之间的交线称为棱边线或棱线）$AB$、$AC$、$AD$、$CD$ 的空间位置和三面投影，判断其类别。

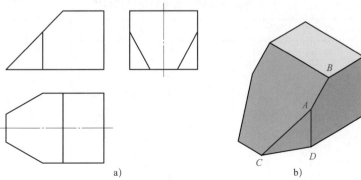

**图 2-25 楔块**

a）三视图　b）立体图

楔块可以认为是由一个长方体用三个平面切割而成的。切割前长方体的棱线垂直于某一个投影面，同时平行于另外两个投影面。切割后的棱线则与某两个或三个投影面倾斜。完成该任务首先需要了解直线的类别，掌握各种位置直线的投影规律。

根据直线相对于投影面的不同位置可将直线分为投影面垂直线、投影面平行线和一般位置直线三种，见表 2-6。

表 2-6　　　　　　　　　　　　　　　直线的类别

| 类别 | 概念 | 种类及性质 |
|---|---|---|
| 投影面垂直线 | 垂直于某投影面的直线 | 1. 正垂线：垂直于 $V$ 面，平行于 $H$ 面，平行于 $W$ 面<br>2. 铅垂线：垂直于 $H$ 面，平行于 $V$ 面，平行于 $W$ 面<br>3. 侧垂线：垂直于 $W$ 面，平行于 $V$ 面，平行于 $H$ 面 |
| 投影面平行线 | 平行于某投影面，倾斜于另外两投影面的直线 | 1. 正平线：平行于 $V$ 面，倾斜于 $H$ 面，倾斜于 $W$ 面<br>2. 水平线：平行于 $H$ 面，倾斜于 $V$ 面，倾斜于 $W$ 面<br>3. 侧平线：平行于 $W$ 面，倾斜于 $V$ 面，倾斜于 $H$ 面 |
| 一般位置直线 | 与三个投影面都倾斜的直线 | 倾斜于 $V$ 面，倾斜于 $H$ 面，倾斜于 $W$ 面 |

## 一、投影面垂直线

图 2-26 所示长方体上的三条棱线 $AB$、$AC$、$AD$ 分别垂直于正投影面、水平投影面和侧投影面。因此 $AB$ 是正垂线，$AC$ 是铅垂线，$AD$ 是侧垂线，投影面垂直线的三面投影及投影规律见表 2-7。

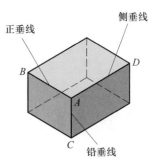

图 2-26　投影面垂直线

表 2-7　　　　　　　　　　投影面垂直线的三面投影及投影规律

| 名称 | 正垂线 | 铅垂线 | 侧垂线 |
|---|---|---|---|
| 立体图 | | | |

| 名称 | 正垂线 | 铅垂线 | 侧垂线 |
|---|---|---|---|
| 投影图 | 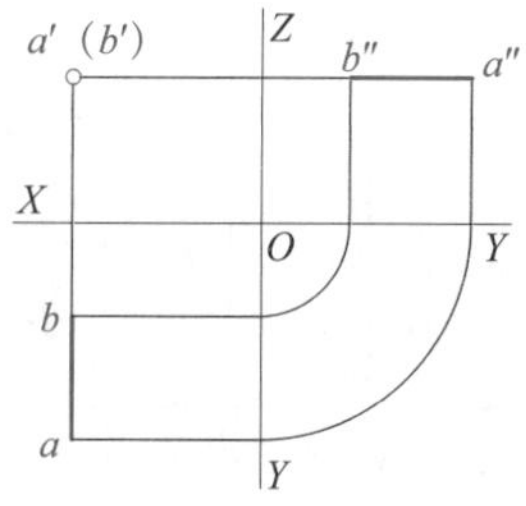 | 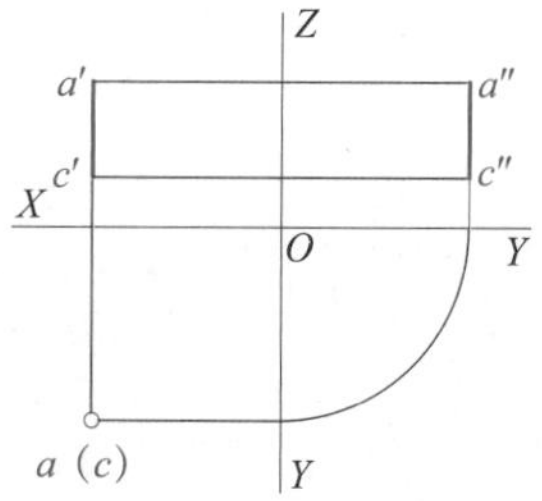 | 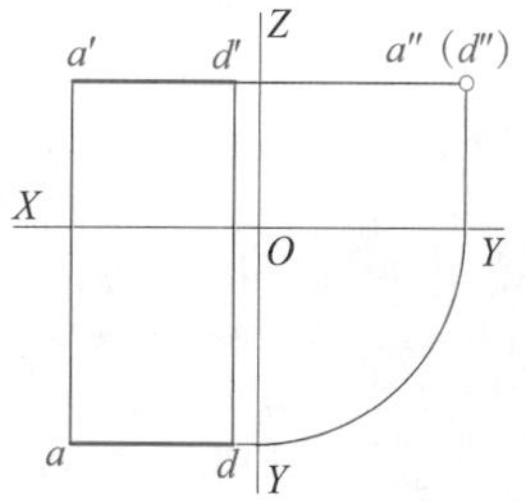 |
| 投影规律 | （1）在与直线垂直的投影面上的投影积聚为一点<br>（2）在与直线平行的两个投影面上的投影为反映实长的横线或竖线 | | |

在表 2-7 中，正垂线 AB 两个端点的正面投影重合，该两点称为 V 面的重影点。点 A 和点 B 在向正投影面投影时，先投影到点 A，可认为点 A 为可见的，后投影到点 B，点 B 被认为不可见。所以点 B 正面投影的标记在图中注写为"（b'）"。同理，铅垂线 AC 的两个端点的水平投影重合，点 C 的水平投影在图中注写为"（c）"；侧垂线 AD 的两个端点的侧面投影重合，点 D 的侧面投影在图中注写为"（d"）"。

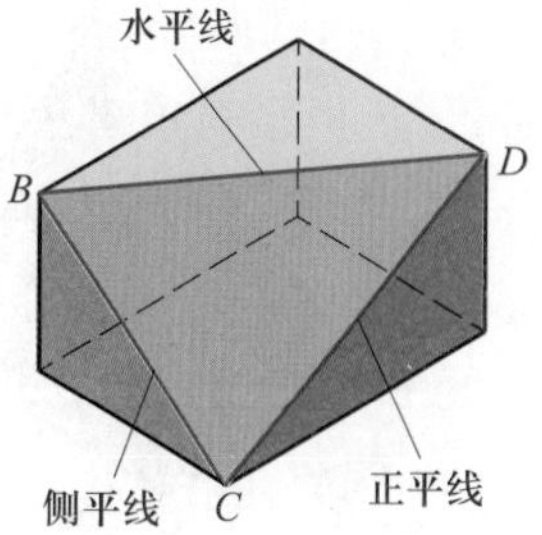

图 2-27 投影面平行线

## 二、投影面平行线

图 2-27 所示割角长方体上三条棱线 CD、BD、BC 分别平行于正投影面、水平投影面和侧投影面。因此 CD 是正平线，BD 是水平线，BC 是侧平线，其三面投影及投影规律见表 2-8。

表 2-8　　　　　　　　　　投影面平行线的三面投影及投影规律

| 名称 | 正平线 | 水平线 | 侧平线 |
|---|---|---|---|
| 立体图 | 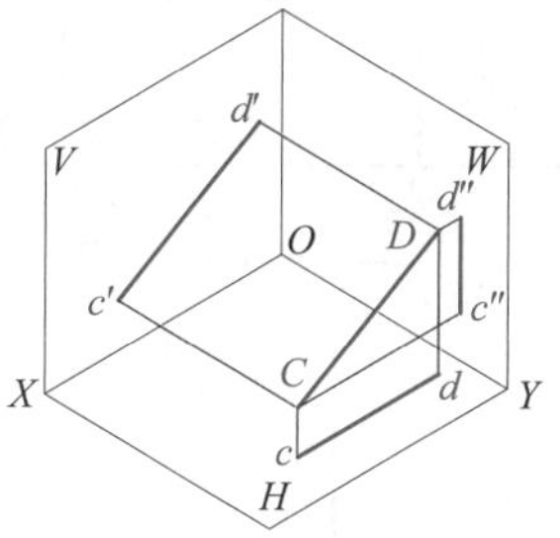 | 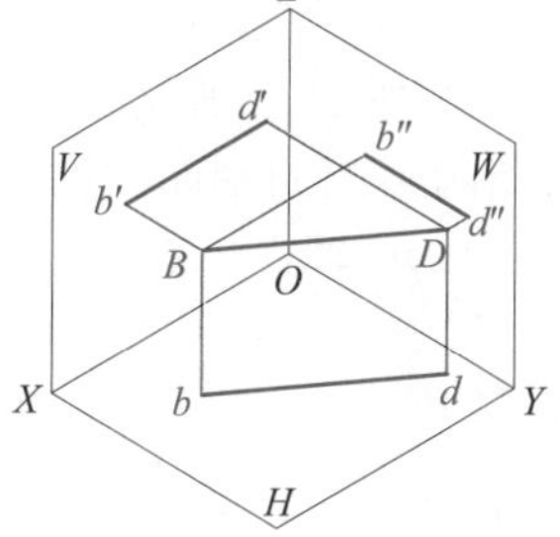 | 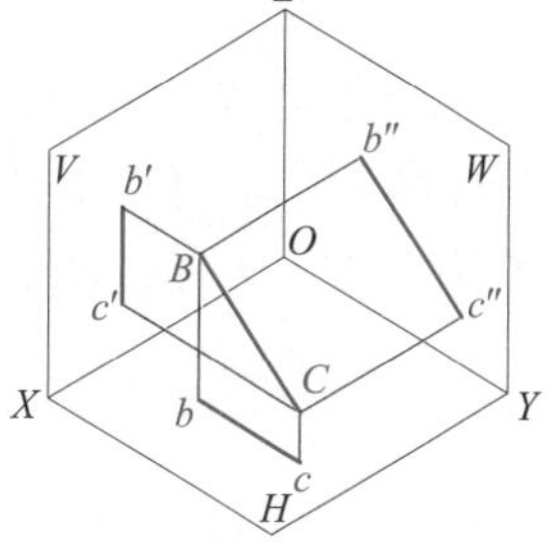 |

| 名称 | 正平线 | 水平线 | 侧平线 |
|------|--------|--------|--------|
| 投影图 | 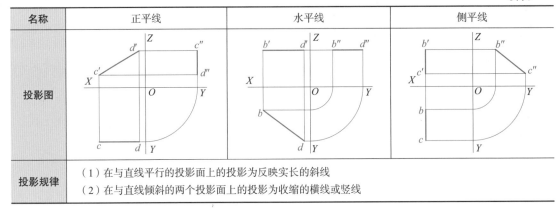 | | |
| 投影规律 | （1）在与直线平行的投影面上的投影为反映实长的斜线<br>（2）在与直线倾斜的两个投影面上的投影为收缩的横线或竖线 | | |

### 三、一般位置直线

图 2-28a 所示顶尖上有一条与三个投影面都倾斜的一般位置直线 *CE*，其立体图如图 2-28b 所示，其三面投影如图 2-28c 所示。不难看出，一般位置直线的三面投影皆为收缩的斜线。

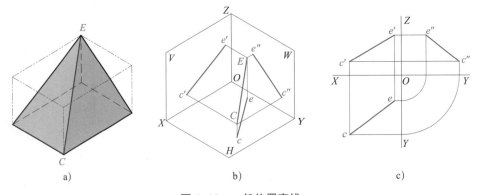

**图 2-28 一般位置直线**
a）顶尖　b）*CE* 的立体图　c）*CE* 的三面投影

## 任务实施

### 一、分析形体，标注点的投影

该形体是将一个长方体用一个垂直于正投影面的平面和两个垂直于水平投影面的平面切割而成的，点 *A*、*B*、*C*、*D* 的三面投影如图 2-29 所示。

### 二、分析棱线的投影，判断其类别

棱线 *AB* 的正面投影 *a'b'* 为斜线，水平投影 *ab* 为横线，侧面投影 *a"b"* 为竖线，因此棱线 *AB* 为正平线。

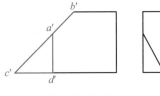
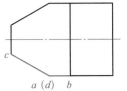

**图 2-29 标注点的投影**

棱线 *AD* 的水平投影 *ad* 积聚为一点，正面投影 *ad′* 为竖线，侧面投影 *a″d″* 也是竖线，因此棱线 *AD* 为铅垂线。

棱线 *CD* 的水平投影 *cd* 为斜线，正面投影 *c′d′* 和侧面投影 *c″d″* 为横线，因此棱线 *CD* 为水平线。

棱线 *AC* 的三面投影 *ac*、*a′c′*、*a″c″* 都是斜线，因此棱线 *AC* 为一般位置直线。

# 任务二　绘制直线及直线上点的投影

## 学习目标

1. 能根据直线的两个已知投影绘制第三投影。
2. 能根据直线上点的一个投影绘制另外两个投影。

### 任务描述

直线 *AB* 的两面投影如图 2-30 所示，试绘制：

1. 直线 *AB* 的水平投影。
2. 直线上点 *C* 的正面投影和水平投影。

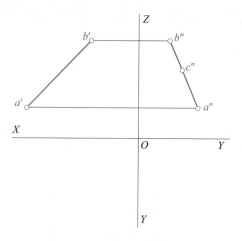

图 2-30　直线和点的投影

### 任务分析

绘制直线的投影实际上就是绘制直线的两个端点的投影，作图时可先根据点的投影规律作出端点的未知投影，然后连接两端点的投影即可。如果点在直线上，则其三面投影都在直线的投影上（见图 2-31），可以利用这一规律绘制直线上点的未知投影。

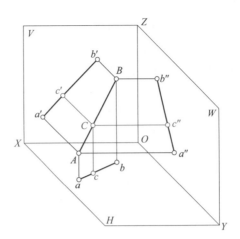

**图 2-31  直线上点的投影**

## 任务实施

### 一、绘制直线的水平投影

绘制直线的水平投影的步骤见表 2-9。

表 2-9 绘制直线的水平投影的步骤

| 步骤 | 图示 |
| --- | --- |
| 1. 绘制点 A 的水平投影 a | 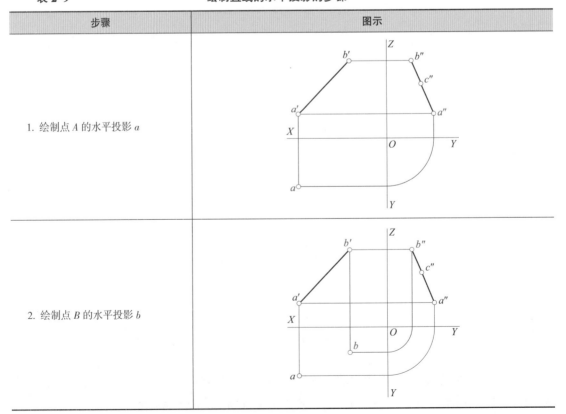 |
| 2. 绘制点 B 的水平投影 b | |

| 步骤 | 图示 |
|---|---|
| 3. 用粗实线连接 *ab* | 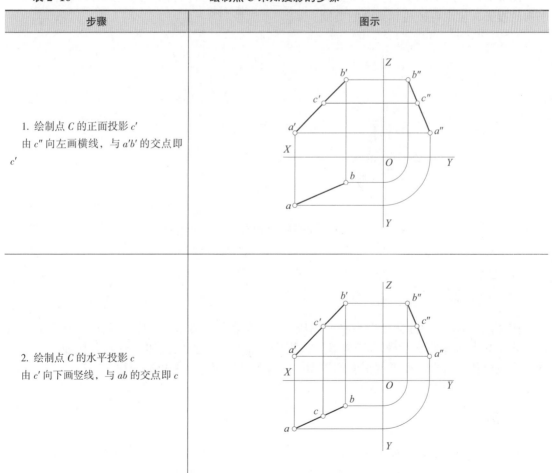 |

## 二、绘制点 *C* 的未知投影

绘制点 *C* 未知投影的步骤见表 2-10。

表 2-10　　　　　　　　　　绘制点 *C* 未知投影的步骤

| 步骤 | 图示 |
|---|---|
| 1. 绘制点 *C* 的正面投影 *c′*<br>由 *c″* 向左画横线，与 *a′b′* 的交点即 *c′* | |
| 2. 绘制点 *C* 的水平投影 *c*<br>由 *c′* 向下画竖线，与 *ab* 的交点即 *c* | |

课题四　绘制平面的投影

# 任务一　分析平面的投影

**学习目标**

1. 了解平面的种类。
2. 掌握各种位置平面的投影规律。

**任务描述**

图 2-32 所示为正四面体，试根据立体图在三视图上标注各顶点的投影，分析各棱线和平面的投影，说出各棱线和平面的类别。

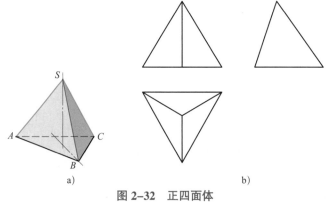

a)　　　　　　　　　　　　　　　b)

**图 2-32　正四面体**

a）立体图　b）三视图

**任务分析**

图 2-32 所示正四面体由四个平面围成，各平面都是大小相同的正三角形，其底面三角形与水平投影面平行，后侧的三角形与侧投影面垂直。该正四面体上有六条棱线，位置各异。完成该任务首先需要了解平面的类别，掌握各种位置平面的投影规律。

**相关知识**

根据平面相对于投影面的不同位置可将平面分为投影面垂直面、投影面平行面和一般位置平面三种，具体见表 2-11。各种位置平面的位置如图 2-33 所示。

表 2-11                                                    平面的类别

| 类别 | 概念 | 种类及性质 |
|---|---|---|
| 投影面平行面 | 平行于某投影面的平面 | 1. 正平面：平行于 $V$ 面，垂直于 $H$ 面，垂直于 $W$ 面<br>2. 水平面：平行于 $H$ 面，垂直于 $V$ 面，垂直于 $W$ 面<br>3. 侧平面：平行于 $W$ 面，垂直于 $V$ 面，垂直于 $H$ 面 |
| 投影面垂直面 | 垂直于某投影面，倾斜于另外两投影面的平面 | 1. 正垂面：垂直于 $V$ 面，倾斜于 $H$ 面，倾斜于 $W$ 面<br>2. 铅垂面：垂直于 $H$ 面，倾斜于 $V$ 面，倾斜于 $W$ 面<br>3. 侧垂面：垂直于 $W$ 面，倾斜于 $V$ 面，倾斜于 $H$ 面 |
| 一般位置平面 | 与三个投影面都倾斜的平面 | 倾斜于 $V$ 面，倾斜于 $H$ 面，倾斜于 $W$ 面 |

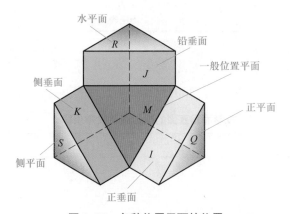

图 2-33　各种位置平面的位置

## 一、投影面平行面

图 2-33 所示形体上的平面 $Q$、$R$、$S$ 为投影面平行面，其投影图及投影规律见表 2-12。

表 2-12                                          投影面平行面的投影图及投影规律

| 名称 | 正平面 | 水平面 | 侧平面 |
|---|---|---|---|
| 立体图 | | | |

续表

| 名称 | 正平面 | 水平面 | 侧平面 |
|---|---|---|---|
| 投影图 | | | |
| 投影规律 | （1）在与平面平行的投影面上的投影反映实形<br>（2）在与平面垂直的两个投影面上的投影积聚为横线或竖线 | | |

## 二、投影面垂直面

图 2-33 所示形体上的平面 $I$、$J$、$K$ 为投影面垂直面，其投影图及投影规律见表 2-13。

表 2-13　　　　　　　　　投影面垂直面的投影图及投影规律

| 名称 | 正垂面 | 铅垂面 | 侧垂面 |
|---|---|---|---|
| 立体图 | | | |
| 投影图 | | | |
| 投影规律 | （1）在与平面垂直的投影面上的投影积聚为斜线<br>（2）在与平面倾斜的两个投影面上的投影为实形的类似形 | | |

### 三、一般位置平面

如图 2-34 所示,平面 $M$ 为一般位置平面,其空间实形为三角形,投影也为三角形。所以说,一般位置平面的三面投影皆为实形的类似形。

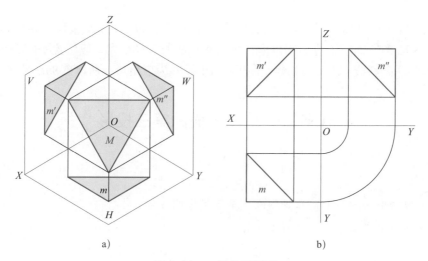

a)　　　　　　　　　　　　　　b)

**图 2-34　一般位置平面**
a)立体图　b)投影图

---

## 任务实施

### 一、在四面体的三视图上标注各顶点的投影

根据图 2-32a 所示正四面体的立体图,在三视图上标注各顶点的投影,如图 2-35 所示。

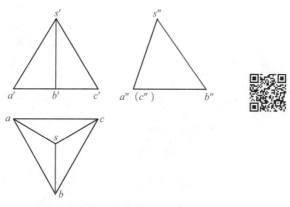

**图 2-35　标注各顶点的投影**

### 二、分析四面体上各条棱线的投影及类别

如图 2-35 所示,棱线 $AC$ 的侧面投影积聚为一点 $a''(c'')$,所以 $AC$ 为侧垂线。棱线

*AB*、*BC* 的正面投影和侧面投影皆为横线，水平投影为斜线，所以棱线 *AB* 和 *BC* 为水平线。棱线 *SA*、*SC* 的三面投影皆为斜线，所以棱线 *SA* 和 *SC* 为一般位置直线。棱线 *SB* 的正面投影和水平投影为竖线，侧面投影为斜线，所以棱线 *SB* 为侧平线。

### 三、分析四面体上各个平面的投影及类别

底面 △*ABC* 的正投影和侧投影均为横线，水平投影为三角形，因此 △*ABC* 为水平面。△*SAB* 和 △*SBC* 的三面投影皆为三角形，所以 △*SAB* 和 △*SBC* 为一般位置平面。△*SAC* 的侧面投影积聚为一条斜线 *s″a″*（*c″*），水平投影和正投影为三角形，所以 △*SAC* 为侧垂面。

# 任务二　绘制平面的第三投影

**学习目标**

1. 掌握根据平面的两个已知投影求作第三投影的方法。
2. 掌握绘制平面上点的投影的方法。

**任务描述**

如图 2-36 所示，已知平面 *ABC* 的正面投影和水平投影，以及平面上点 *D* 的正面投影。

1. 试绘制平面 *ABC* 的侧面投影。
2. 分析平面 *ABC* 的投影及类别，分析直线 *AB*、*BC* 和 *AC* 的投影及类别。
3. 试绘制平面上点 *D* 的水平投影和侧面投影。

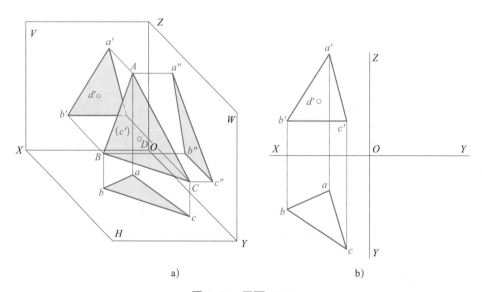

a) b)

**图 2-36　平面 *ABC***
a）立体图　b）投影图

## 任务分析

平面 *ABC* 由三条直线围成，作平面的投影，可先求出各端点的投影，然后依次连接即可得平面的投影。

求平面上点 *D* 的投影时，由于点 *D* 在一个一般位置平面上，可以参照求直线上点的方法，过 *d'* 作一条辅助线，先求作辅助线的投影，然后利用投影规律和直线上点的投影规律求作点 *D* 的其他投影。

## 任务实施

### 一、绘制平面 *ABC* 的侧面投影

绘制平面 *ABC* 的侧面投影的步骤见表 2–14。

表 2–14　　　　　　　　绘制平面 *ABC* 的侧面投影的步骤

| 步骤 | 图示 |
|---|---|
| 1. 绘制点 *A*、点 *B* 和点 *C* 的侧面投影 *a″*、*b″* 和 *c″* | 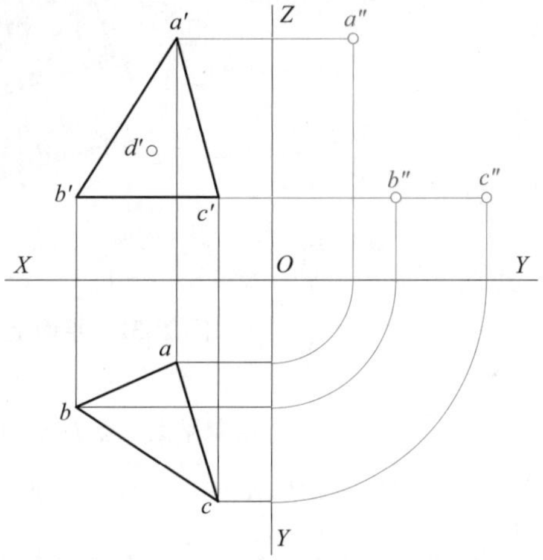 |
| 2. 依次连接 *a″*、*b″* 和 *c″* | 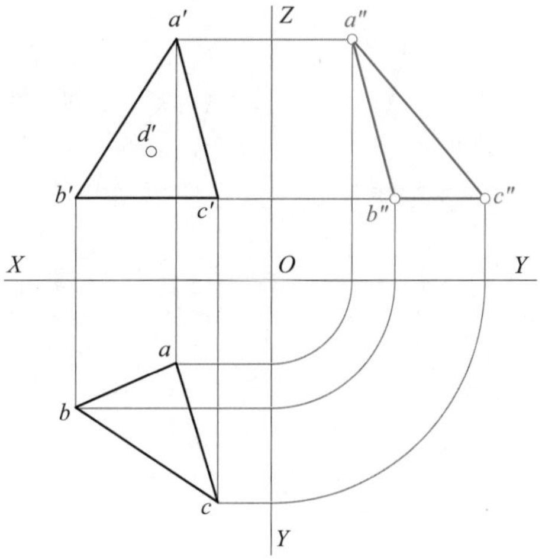 |

## 二、分析平面和直线的类别

由表 2-14 可以看出，平面 $ABC$ 的三面投影都是三角形（实形的类似形），因此平面 $ABC$ 属于一般位置平面。直线 $AB$ 和 $AC$ 的三面投影都是斜线，因此它们是一般位置直线，直线 $BC$ 的正面投影和侧面投影是横线，水平投影是斜线，因此直线 $BC$ 是水平线。

## 三、绘制平面上点 $D$ 的未知投影

绘制平面 $ABC$ 上点 $D$ 的未知投影的方法如图 2-37 所示，过点 $D$ 在平面 $ABC$ 上做一条辅助直线。由于点 $D$ 在辅助直线上，所以点 $D$ 的三面投影都在辅助直线的投影上，绘制步骤见表 2-15。

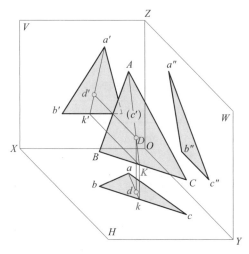

图 2-37　平面上点的投影

表 2-15　　　　　　　　　　绘制平面上点 $D$ 未知投影的步骤

| 步骤 | 1. 过点 $D$ 作一条辅助直线 $AK$，作出 $AK$ 的正面投影 $a'k'$ | 2. 作辅助直线 $AK$ 的水平投影 $ak$ |
|---|---|---|
| 图示 | | |

续表

| 步骤 | 3. 过 d′ 向水平投影面引竖线，与直线 ak 的交点即为 d | 4. 利用点的投影规律求作 d″ |
|---|---|---|
| 图示 | 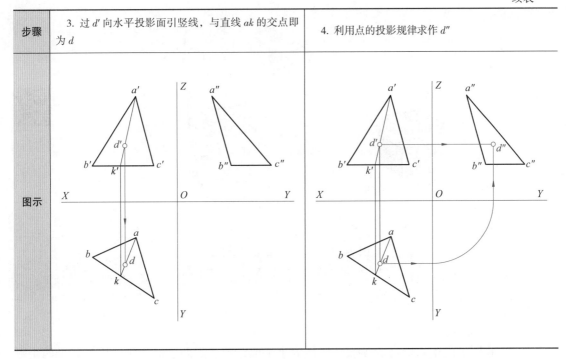 | |

---

课题五　绘制基本几何体的三视图

## 任务一　绘制正六棱柱的三视图

### 学习目标

1. 了解正六棱柱的结构。
2. 能绘制正六棱柱的三视图，分析其投影规律，标注尺寸。

### 任务描述

　　正六棱柱的结构如图 2-38a 所示，它由顶面、底面和六个侧面组成。其顶面和底面为正六边形，六个侧面均为矩形，两侧面间的交线（即棱线）互相平行。若正六棱柱的正六边形顶面的外接圆直径为 24 mm，六棱柱高为 12 mm，将其按图 2-38b 所示位置投影，试绘制其三视图，分析投影规律，并在三视图上标注尺寸。

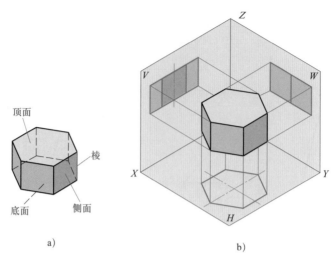

**图 2-38 正六棱柱的结构及投影**

a）正六棱柱的结构　b）正六棱柱的三面投影

## 任务分析

图 2-38 所示的正六棱柱的顶面和底面为水平面，前、后两侧面为正平面，其余四个侧面为铅垂面。绘制该正六棱柱的三视图时，首先要绘制反映形体主要特征的俯视图，然后绘制主视图和左视图。

## 相关知识

任何复杂的物体都可以认为是由一些基本、简单的形体所组成的，图 2-39 所示为几种常见的基本形体，一般称为基本几何体。基本几何体一般分为平面立体和曲面立体两类。

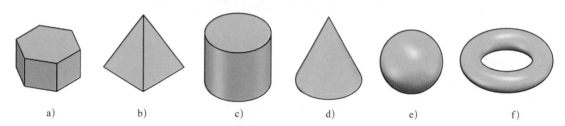

**图 2-39 常见的基本几何体**

a）棱柱　b）棱锥　c）圆柱　d）圆锥　e）球　f）圆环

平面立体是由若干个多边形平面所围成的多面体（如棱柱、棱锥等），平面之间的交线称为棱线，棱线的交点称为顶点。

曲面立体是由曲面或曲面和平面所围成的立体，回转体是曲面立体中常见的形式之一，它的曲面是一条线段或曲线绕着一根轴线旋转形成的。通常把形成曲面的线称为母线，而曲面上任意一个位置的母线称为素线。常见的回转体有圆柱、圆锥、球、圆环等。

**任务实施**

## 一、绘制正六棱柱的三视图

绘制正六棱柱三视图的步骤见表 2-16。

表 2-16                         绘制正六棱柱三视图的步骤

| 步骤 | 图示 |
|---|---|
| 1. 绘制投影轴<br>2. 在水平投影面上绘制中心线，并绘制直径为 24 mm 的圆<br>3. 绘制圆的内接正六边形，该六边形即六棱柱的俯视图 | 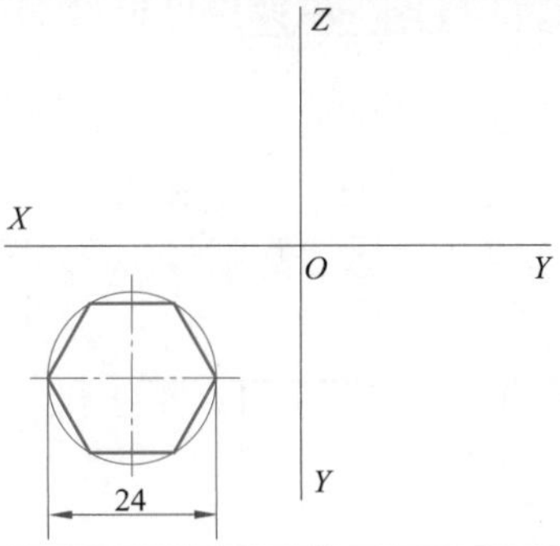 |
| 4. 按照"长对正"的投影规律绘制主视图，作图时取高为 12 mm | 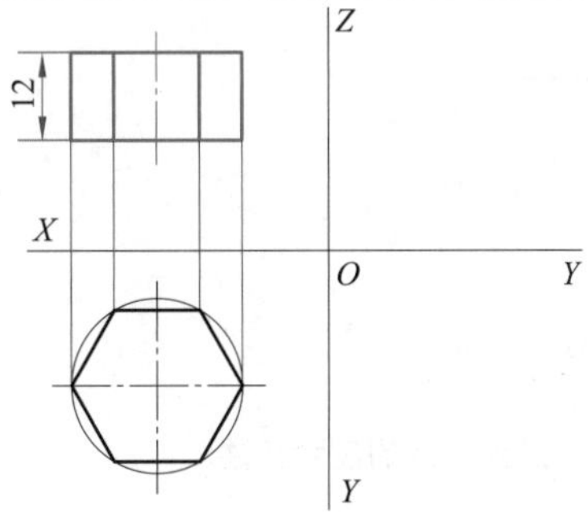 |
| 5. 利用"高平齐"和"宽相等"的投影规律绘制正六棱柱的左视图 | 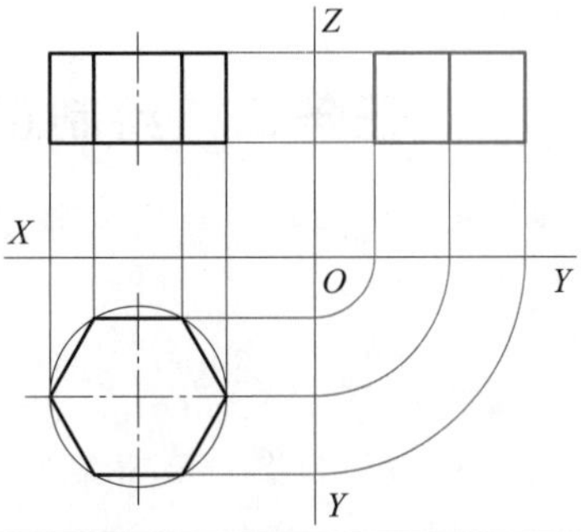 |

## 二、分析正六棱柱的投影规律

1. 分析正六棱柱的水平投影

表 2-16 中所绘制的正六棱柱的水平投影是正六边形，为正六棱柱顶面和底面的投影。正六棱柱的六个侧面在水平投影面上积聚成六条线段。

2. 分析正六棱柱的正面投影

表 2-16 中所绘制的正六棱柱的正面投影由三个矩形拼成，它们为前方三个侧面的投影。

中间的大矩形为正前方侧面的投影，因其为正平面，故正面投影反映实形。主视图上两边的矩形为前方左、右两侧面的投影，因为它们都是铅垂面，故正面投影为原实形的类似形。

3. 分析正六棱柱的侧面投影

表 2–16 中所绘制的正六棱柱的侧面投影由两个矩形拼合而成，它们分别为左侧两个侧面的投影，它们皆为原实形的类似形。前后两个侧面在左视图上分别积聚为前、后两条竖线。

顶面和底面的正面投影和侧面投影分别积聚为上、下两条横线。

### 三、在正六棱柱的三视图上标注尺寸

确定正六棱柱的大小需要两个尺寸，尺寸标注如图 2–40 所示。

在实际图样上，为了便于加工和测量，正六边形的尺寸一般标注对边尺寸，并标注对角尺寸作为参考尺寸（尺寸数字加括号），如图 2–41 所示。

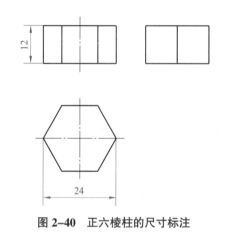

图 2–40　正六棱柱的尺寸标注

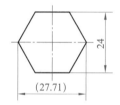

图 2–41　正六边形的尺寸标注

## 任务二　绘制正四棱锥的三视图

**学习目标**

1. 了解正四棱锥的结构。
2. 能绘制正四棱锥的三视图，分析其投影规律，标注尺寸。

**任务描述**

正四棱锥的结构如图 2–42a 所示，它由一个底面和四个侧面组成。它的底面为正方形，四个侧面均为等腰三角形，两侧面间的交线（即棱线）相交于一点。若正四棱锥的底面正方形的边长为 21 mm，锥高为 25 mm，且按图 2–42b 所示位置投影，试绘制其三视图，分析投影规律，并在三视图上标注尺寸。

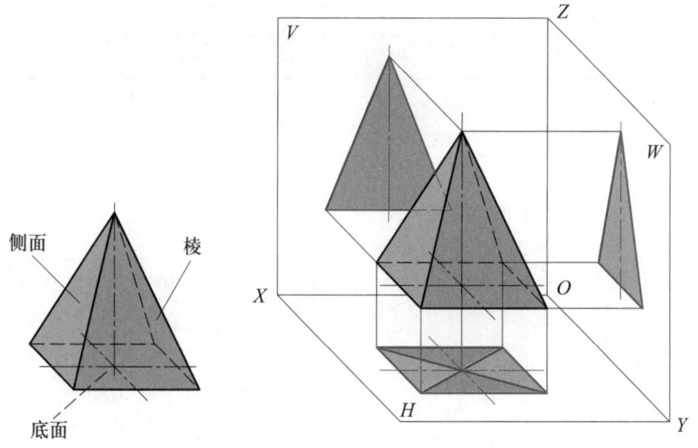

**图 2-42 正四棱锥的结构及投影**

a）正四棱锥的结构　b）正四棱锥的三面投影

## 任务分析

图 2-42 所示正四棱锥的底面为水平面，前、后两个侧面为侧垂面，左、右两个侧面为正垂面。绘制正四棱锥的三视图时，要注意分析正四棱锥底面和四个侧面的投影。

## 任务实施

### 一、绘制正四棱锥的三视图

绘制正四棱锥三视图的步骤见表 2-17。

表 2-17　　　　　　　　　　绘制正四棱锥三视图的步骤

| 步骤 | 图示 |
|---|---|
| 1. 绘制投影轴<br>2. 在水平投影面上的适当位置绘制对称中心线和边长为 21 mm 的正方形 | 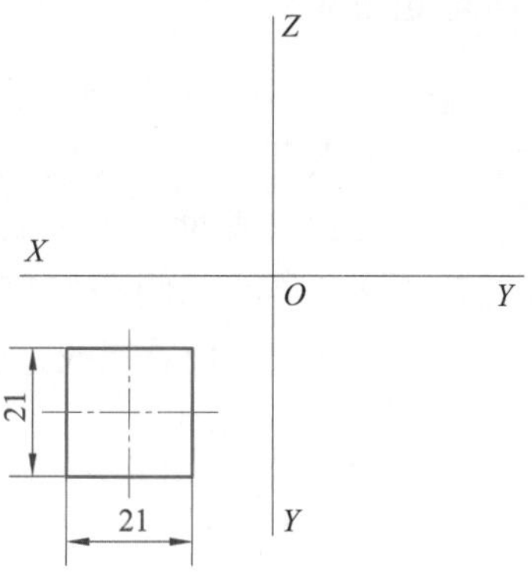 |

续表

| 步骤 | 图示 |
| --- | --- |
| 3. 绘制正方形的对角线（四个侧面的棱线），完成俯视图 | 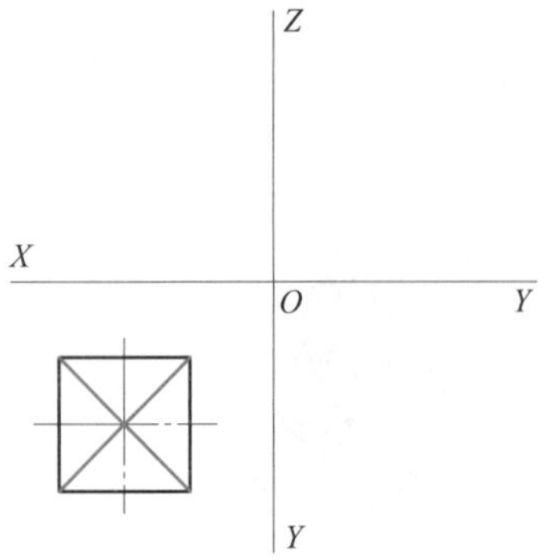 |
| 4. 按照"长对正"的投影规律绘制主视图，作图时取高为 25 mm | 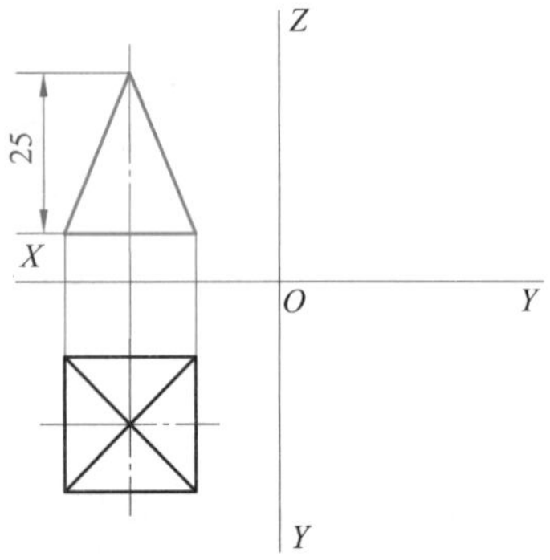 |
| 5. 利用"高平齐"和"宽相等"的投影规律绘制正四棱锥的左视图 | 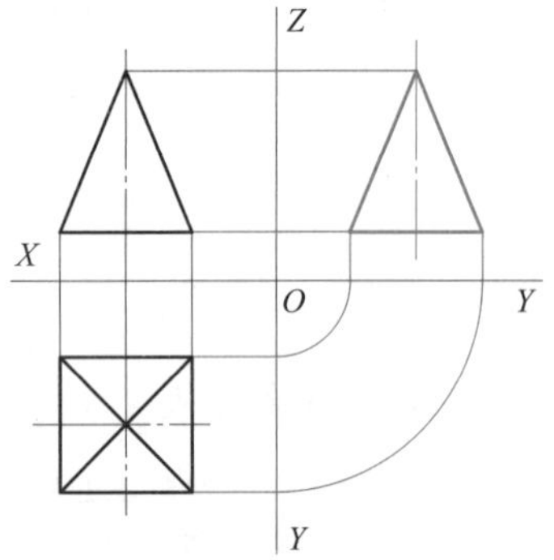 |

## 二、分析正四棱锥的投影规律

表 2-17 中所绘制的正四棱锥三视图的投影规律：

1. 正四棱锥的底面为水平面，其水平投影为正方形，正面投影和侧面投影为横线。

2. 正四棱锥的左、右两个侧面为正垂面，正面投影积聚为斜线，其他投影为实形的类似形；正四棱锥的前、后两个侧面为侧垂面，侧面投影积聚为斜线，其他投影为实形的类似形。

3. 正四棱锥的四条棱为一般位置直线，三面投影皆为收缩的斜线。

## 三、在正四棱锥的三视图上标注尺寸

确定正四棱锥的大小需要标注底面的边长和棱锥的高度，正四棱锥的尺寸标注如图 2-43 所示。

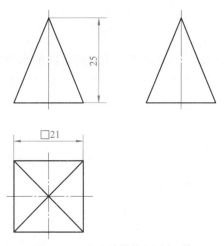

**图 2-43 正四棱锥的尺寸标注**

# 任务三 绘制圆柱的三视图

## 学习目标

1. 了解圆柱的结构。
2. 能绘制圆柱的三视图，分析其投影规律，标注尺寸。

## 任务描述

如图 2-44 所示，圆柱面可看作是一条直线（母线）绕着与它平行的一条轴线旋转一周形成的。圆柱体由圆柱面和两个底面围成，若圆柱体底面圆的直径为 24 mm，圆柱的高为 21 mm，且按图 2-45 所示位置投影，试绘制其三视图，分析投影规律，并在三视图上标注尺寸。

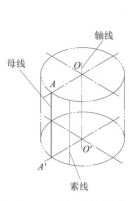

**图 2-44 圆柱面的形成**

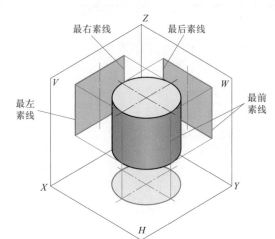

**图 2-45 圆柱的三面投影**

**任务分析**

图 2-45 所示圆柱的轴线垂直于水平投影面，圆柱面的水平投影积聚为圆。在圆柱面上有四条特殊位置的素线，分别为最前素线、最后素线、最左素线、最右素线。圆柱的主视图是上、下底面和最左、最右素线的投影，圆柱的左视图是上、下底面和最前、最后素线的投影。

**任务实施**

一、绘制圆柱的三视图

绘制圆柱三视图的步骤见表 2-18。

表 2-18                                    绘制圆柱三视图的步骤

| 步骤 | 图示 |
| --- | --- |
| 1. 绘制各视图的轴线或中心线 | 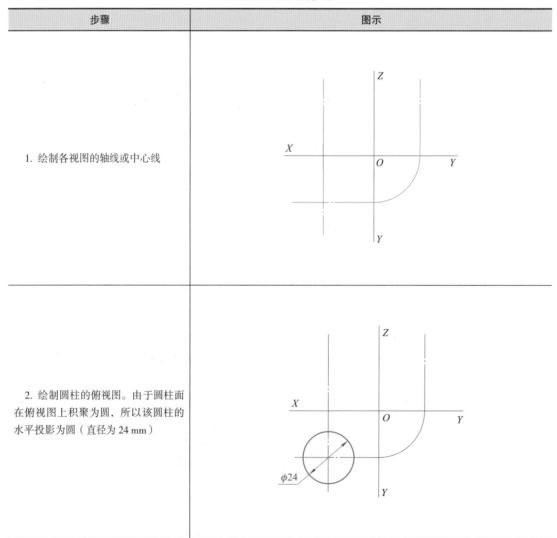 |
| 2. 绘制圆柱的俯视图。由于圆柱面在俯视图上积聚为圆，所以该圆柱的水平投影为圆（直径为 24 mm） | |

续表

| 步骤 | 图示 |
|---|---|
| 3. 利用"长对正"的投影规律绘制圆柱的主视图，作图时取高为 21 mm | |
| 4. 利用"高平齐"和"宽相等"的投影规律绘制圆柱的左视图 | |

## 二、分析圆柱的投影规律

表 2-18 中所绘制的圆柱三视图的投影规律：

1. 圆柱的水平投影为圆，圆围成的区域为两底平面的投影，圆周为圆柱面的积聚投影。

2. 圆柱的正面投影为矩形线框，其中的两条竖线分别为圆柱面最左素线和最右素线的投影（最左素线和最右素线是圆柱面的前、后分界线）。两条横线为两底面的投影。

3. 圆柱的侧面投影为矩形线框，虽然其形状与主视图相同，但是含义不同。其中的两条竖线分别为圆柱面最前素线和最后素线的投影。

## 三、在圆柱的三视图上标注尺寸

确定圆柱的大小需要两个尺寸，一个是圆柱的高，另一个是圆柱的底面圆直径，尺寸标注如图 2-46 所示。

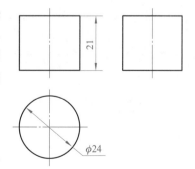

图 2-46　圆柱的尺寸标注

# 任务四　绘制圆锥的三视图

## 学习目标

1. 了解圆锥的结构。
2. 能绘制圆锥的三视图，分析其投影规律，标注尺寸。

### 任务描述

如图 2-47 所示，圆锥面可看作是一条与轴线相交的直线（母线）绕轴线旋转一周形成的。圆锥由一个圆锥面和圆形的底面围成，若圆锥底面圆的直径为 24 mm，圆锥的高为 27 mm，且按图 2-48 所示位置投影，试绘制其三视图，分析投影规律，并在三视图上标注尺寸。

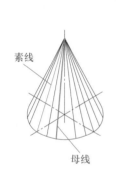

图 2-47　圆锥面的形成

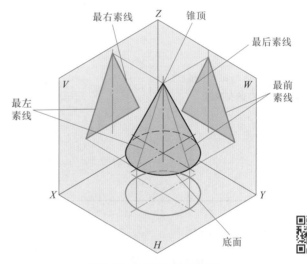

图 2-48　圆锥的三面投影

### 任务分析

图 2-48 所示圆锥的轴线垂直于水平投影面，圆锥面的水平投影没有积聚性。在圆锥面上有四条特殊位置的素线，分别为最前素线、最后素线、最左素线、最右素线。圆锥的主视图是底面和最左、最右素线的投影，圆锥的左视图是底面和最前、最后素线的投影。

### 任务实施

一、绘制圆锥的三视图

绘制圆锥三视图的步骤见表 2-19。

表 2-19　　　　　　　　　　　　绘制圆锥三视图的步骤

| 步骤 | 1. 绘制各视图的轴线或中心线 | 2. 绘制圆锥的俯视图（直径为 24 mm） |
|---|---|---|
| 图示 | | |

| 步骤 | 3. 利用"长对正"的投影规律绘制圆锥的主视图，作图时取高为 27 mm | 4. 利用"高平齐、宽相等"的投影规律绘制圆锥的左视图 |
|---|---|---|
| 图示 | | |

## 二、分析圆锥的投影规律

表 2-19 中所绘制的圆锥三视图的投影规律：

1. 圆锥的水平投影为圆，圆围成的区域既是圆锥面的投影，也是底面的投影。

2. 圆锥的正面投影为等腰三角形，其中两腰为圆锥面最左素线和最右素线的投影，下面的横线为底面的投影。

3. 圆锥的侧面投影为与主视图相同的等腰三角形，两腰为圆锥面最前素线和最后素线的投影。

## 三、在圆锥的三视图上标注尺寸

确定圆锥的大小需要两个尺寸，一个是圆锥的高，另一个是圆锥的底圆直径，尺寸标注如图 2-49 所示。

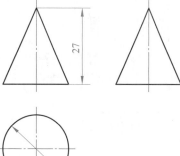

图 2-49　圆锥的尺寸标注

# 任务五　绘制球的三视图

**学习目标**

1. 了解球的结构。
2. 能绘制球的三视图，分析其投影规律，标注尺寸。

### 任务描述

如图 2-50 所示，球面可看成是一个半圆（母线）绕通过圆心的轴线旋转一周形成的。若球的直径为 25 mm，且按图 2-51 所示位置投影，试绘制其三视图，分析投影规律，并在三视图上标注尺寸。

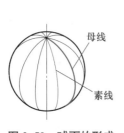

图 2-50　球面的形成

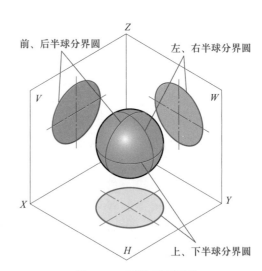

前、后半球分界圆　　左、右半球分界圆

上、下半球分界圆

图 2-51　球的三面投影

### 任务分析

在球面上有三条特殊位置的素线圆，分别是前、后半球分界圆，左、右半球分界圆，上、下半球分界圆。球的三视图实际上就是这三个素线圆的投影。

### 任务实施

一、绘制球的三视图

该球的三面投影皆为直径为 25 mm 的圆，如图 2-52 所示。

### 二、分析球的投影规律

球的三面投影分别为三个特殊位置素线圆的投影，其中正面投影为前、后半球分界圆的投影，水平投影为上、下半球分界圆的投影，侧面投影为左、右半球分界圆的投影。

### 三、在球的三视图上标注尺寸

确定球的大小只需要确定球的直径（小于半球的球冠标注半径）。国家标准规定，在尺寸数字前面加注"$S\phi$"或"$SR$"表示球的直径或半径，尺寸标注如图 2-53 所示。

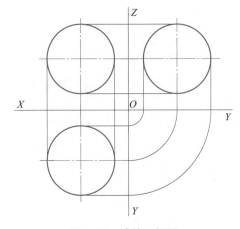

图 2-52　球的三视图

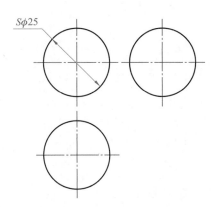

图 2-53　球的尺寸标注

# 任务六　绘制圆环的三视图

**学习目标**

1. 了解圆环的结构。
2. 能绘制圆环的三视图，分析其投影规律，标注尺寸。

**任务描述**

如图 2-54 所示，圆环可看成是一个圆（母线）绕同一平面上不通过圆心的轴线旋转一周形成的。已知圆环母线圆直径为 8 mm，母线圆心轨迹圆直径为 25 mm，圆环的三面投影如图 2-55 所示。试绘制圆环的三视图，分析投影规律，并标注尺寸。

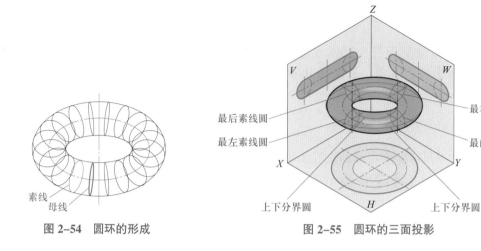

图 2-54　圆环的形成

图 2-55　圆环的三面投影

## 任务分析

在圆环面上有六个特殊位置的圆，分别是最左、最右素线圆，最前、最后素线圆，上下分界圆（两个）。圆环的主视图是最左、最右素线圆和上、下轮廓圆的投影，左视图是最前、最后素线圆和上、下轮廓圆的投影，俯视图是上下分界圆的投影。

## 任务实施

一、绘制圆环的三视图

绘制圆环三视图的步骤见表 2-20。

表 2-20　　　　　　　　　　　　　　绘制圆环三视图的步骤

| 步骤 | 1. 绘制作图基准线和中心线 | 2. 绘制俯视图 |
|------|---------------------------|---------------|
| 图示 | 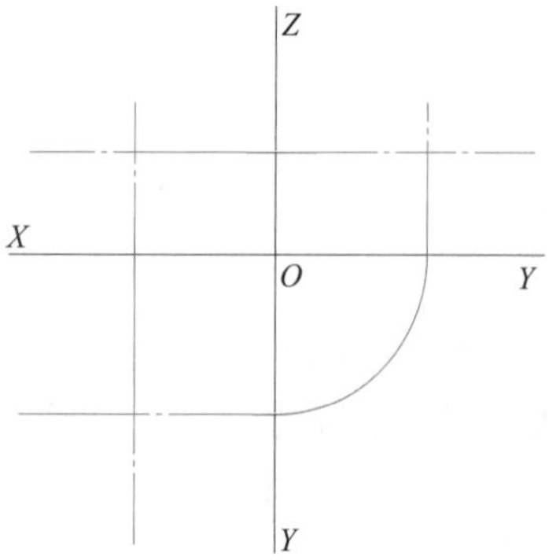 （图：Z、X、O、Y 基准线和中心线） | 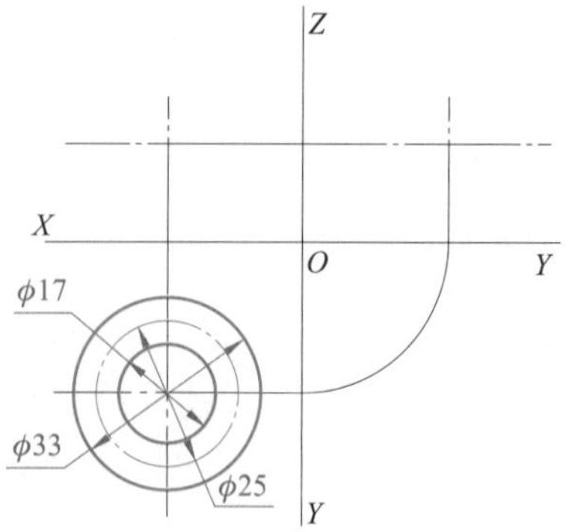 （图：Z、X、O、Y 坐标，俯视图含 $\phi17$、$\phi33$、$\phi25$ 同心圆） |

续表

| 步骤 | 3. 绘制主视图 | 4. 绘制左视图 |
|---|---|---|
| 图示 | 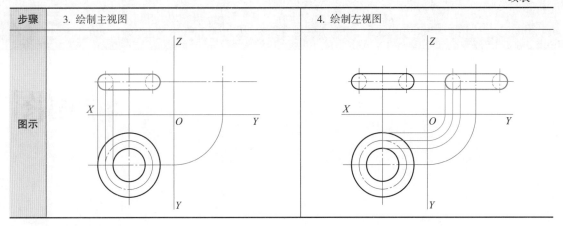 | |

## 二、分析圆环的投影规律

表 2-20 中所绘制的圆环三视图的投影规律：

圆环的俯视图为两个同心轮廓圆，它是上下分界圆的投影；主视图由最左、最右素线圆（内半圈不可见）和上、下两条轮廓线组成；左视图由最前、最后素线圆（内半圈不可见）和上、下两条轮廓线组成。

## 三、在圆环的三视图上标注尺寸

确定圆环的大小需要两个尺寸，一个是圆环母线圆直径，另一个是母线圆心轨迹圆直径，尺寸标注如图 2-56 所示。

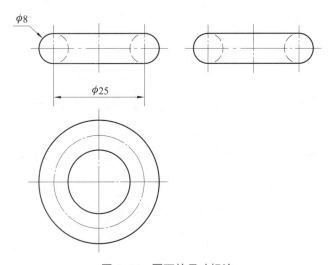

图 2-56　圆环的尺寸标注

# 轴测图

　　用正投影法绘制的三视图，可以准确地表达物体的结构形状，但缺乏立体感，直观性差。轴测图是一种立体图，可以弥补这一缺点。如图 3-1 所示为两种常见的轴测图，正等轴测图和斜二等轴测图。轴测图是物体在平行投影下形成的一种单面投影图，可用于辅助表达形体的结构。因为它能在一个图形上同时反映物体长、宽、高三个方向的形状，所以具有较好的直观性。轴测图广泛地应用于设计构思、产品介绍、帮助读图及进行外观设计等，绘制和识读轴测图是工程技术人员必备的能力之一。

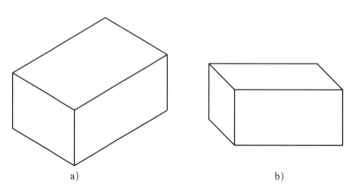

a)　　　　　　　　　　　　　　　　　　　b)

**图 3-1　长方体的轴测图**

a）正等轴测图　b）斜二等轴测图

课题一　　绘制正等轴测图

## 任务一　绘制长方体的正等轴测图

**学习目标**

1. 了解正等轴测图的形成过程，掌握正等轴测图的轴间角和轴向伸缩系数。
2. 掌握绘制正等轴测图的方法。
3. 了解轴测图的投影规律。

**任务描述**

图 3-2 所示为长方体的三视图，试绘制其正等轴测图。

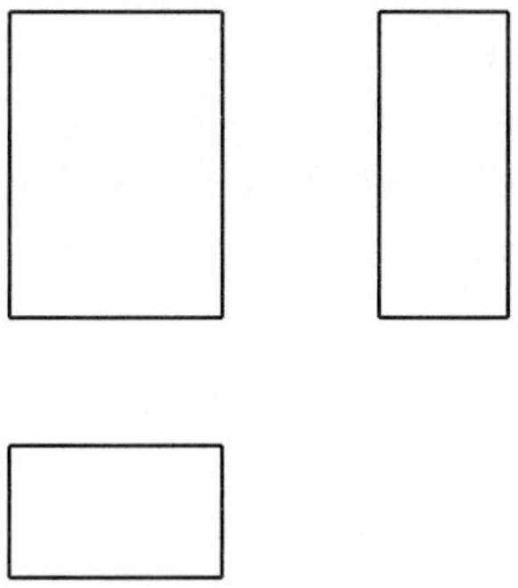

图 3-2　长方体的三视图

**任务分析**

长方体共有八个顶点，如果确定了各顶点在正等轴测图中的位置，连接各顶点间的棱线即得长方体的正等轴测图。

**相关知识**

一、正等轴测图的形成

如图 3-3a 所示，在长方体上建立空间直角坐标系 $O_1$—$X_1Y_1Z_1$，使长方体的前面和正投影面平行，用正投影的方法得到主视图。此时，长方体上的空间直角坐标轴和投影面的关系是 $O_1X_1$ 轴和 $O_1Z_1$ 轴平行于正投影面，$O_1Y_1$ 轴垂直于正投影面。如果将长方体旋转至图 3-3b 所示位置，使空间直角坐标系的三个坐标轴 $O_1X_1$、$O_1Y_1$、$O_1Z_1$ 和正投影面成一个相同的夹角（约为35°16′），再进行正投影，即得正等轴测图（简称正等测）。显然，在正等轴测图中，可以同时反映长方体前面、上面和左面的形状。

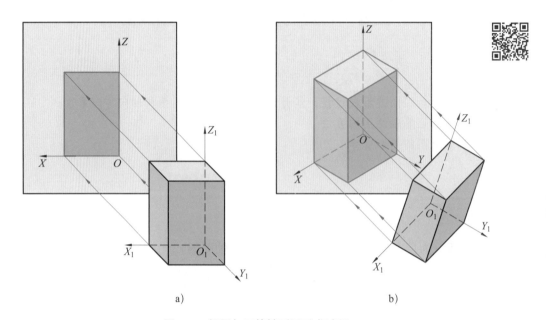

a)          b)

**图 3-3　视图与正等轴测图形成过程**

a）视图的形成　b）正等轴测图的形成

## 二、轴间角和轴向伸缩系数

### 1. 轴间角

在进行正等测投影时，物体上空间直角坐标轴 $O_1X_1$、$O_1Y_1$、$O_1Z_1$ 在投影面上的投影 $OX$、$OY$、$OZ$ 称为轴测轴，轴测轴之间的夹角称为轴间角。由于在形成正等轴测图时，各空间直角坐标轴和投影面的夹角相等，所以正等轴测图的轴间角皆为120°。即：$\angle XOZ = \angle YOZ = \angle XOY = 120°$，如图 3-4 所示。

### 2. 轴向伸缩系数

轴测轴上单位长度与相应投影轴上单位长度的比值称为轴向伸缩系数。由于在形成正等轴测图时各空间直角坐标轴和投影面倾斜，所以和空间直角坐标轴平行的线段在正等轴测图上要缩短。通过计算可得，三个轴测轴的轴向伸缩系数约为0.82。为了作图方便，国家标准规定，将正等轴测图的轴向伸缩系数简化为1。

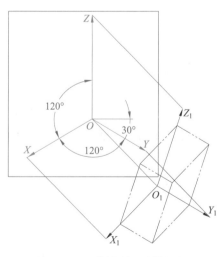

**图 3-4　正等轴测图的轴间角**

**任务实施**

首先选取长方体的后、下、右顶点为坐标原点，如图 3-5 所示，然后绘制轴测轴，再依次绘制底面、竖棱和顶面的轴测图，绘图步骤见表 3-1。

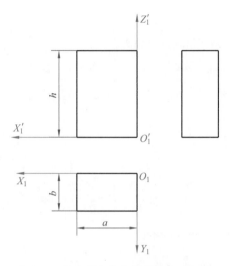

图 3-5　长方体上的坐标原点与坐标轴

表 3-1　　　　　　　　　　长方体正等轴测图的绘图步骤

| 步骤 | 图示 |
| --- | --- |
| 1. 绘制轴测轴<br><br>将 $OZ$ 轴画成竖直线，将 $OX$ 轴、$OY$ 轴画成与水平方向成 $30°$ 角的斜线 | |
| 2. 绘制底面<br><br>在俯视图上分别量取长方体的长度尺寸 $a$ 和宽度尺寸 $b$，按 $1:1$ 的比例在相应的轴测轴上截取，绘制长方体底面的正等轴测图 | |

续表

| 步骤 | 图示 |
|---|---|
| 3. 绘制竖棱<br>从底面四个顶点分别绘制 $OZ$ 轴的平行线，并按 $1:1$ 的比例取其高度 $h$ | 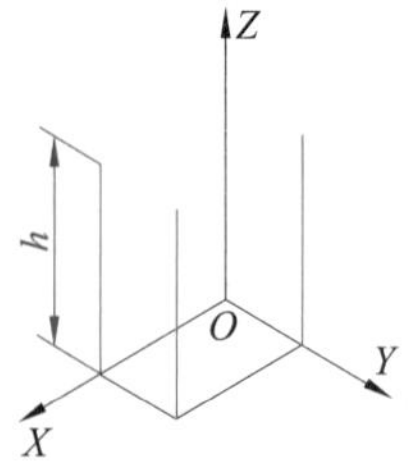 |
| 4. 绘制顶面<br>依次连接各竖棱的上端点，即得顶面的正等轴测图 | 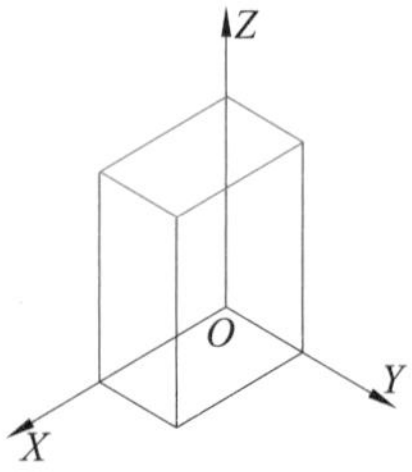 |
| 5. 完成长方体的正等轴测图<br>擦除作图线，加深可见轮廓线<br>注意：轴测图一般只绘制物体可见部分的轮廓 | 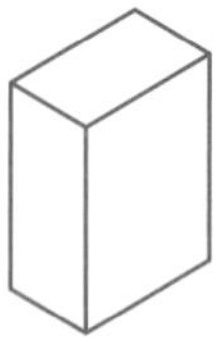 |

**知识拓展**

## 轴测图的投影规律

轴测图是用平行投影法得到的图形，它具有以下三条投影规律：

1. 物体上互相平行的线段，在轴测图上仍然平行。

2. 三视图上平行于坐标轴的线段，在轴测图上平行于相应的轴测轴。

3. 三视图上平行于坐标轴的线段长度在轴测图上可以度量，不平行于坐标轴的线段长度在轴测图上不能度量。

说明：这三条投影规律同时适用于正等轴测图和斜二等轴测图。在根据三视图绘制轴测图，或根据轴测图绘制三视图时，可以依据这三条轴测图的投影规律进行绘图。

## 知识拓展

### 一、绘制棱台座的正等轴测图

棱台座的主视图、俯视图如图 3-6 所示，试绘制其正等轴测图。

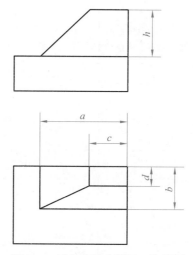

**图 3-6　棱台座的主视图、俯视图**

#### 1. 分析形体

分析主视图、俯视图，可知该形体由上、下两部分组成，下部为长方体，上部为四棱台。

#### 2. 绘制正等轴测图

绘制棱台座的正等轴测图时，可首先绘制下部长方体，然后绘制上部四棱台，绘图步骤见表 3-2。

表 3-2　　　　　　　　　　　　绘制棱台座正等轴测图的步骤

| 步骤 | 图示 |
| --- | --- |
| 1. 绘制长方体的正等轴测图 | |
| 2. 绘制四棱台底面<br>在俯视图上测量尺寸 $a$、$b$，在正等轴测图上绘制四棱台底面矩形 | |

| 步骤 | 图示 |
|---|---|
| 3. 绘制四棱台顶面<br>首先在主视图上测量四棱台的高度 $h$，找到四棱台顶面右后顶点在正等轴测图上的位置，然后在俯视图上测量尺寸 $c$、$d$，绘制顶面的正等轴测图 | 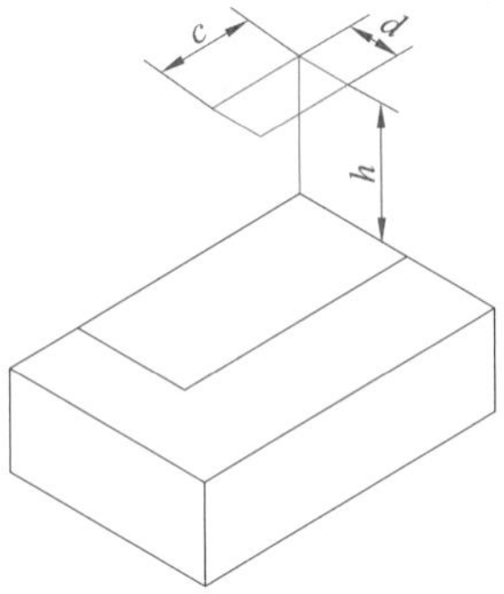 |
| 4. 完成四棱台<br>连接四棱台各棱边线 | 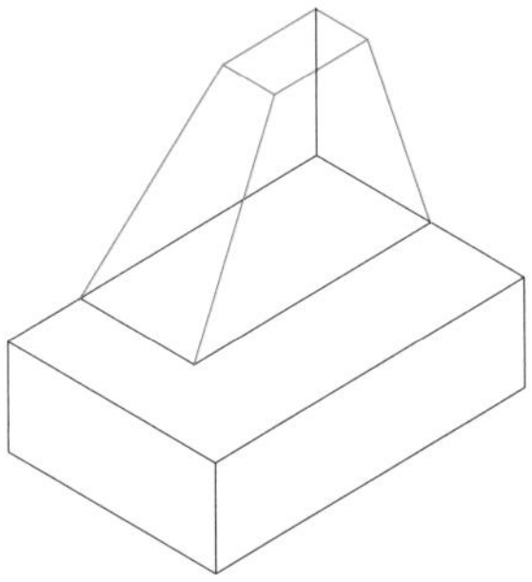 |
| 5. 完成棱台座的正等轴测图<br>擦除不必要的图线，加深可见轮廓线 | 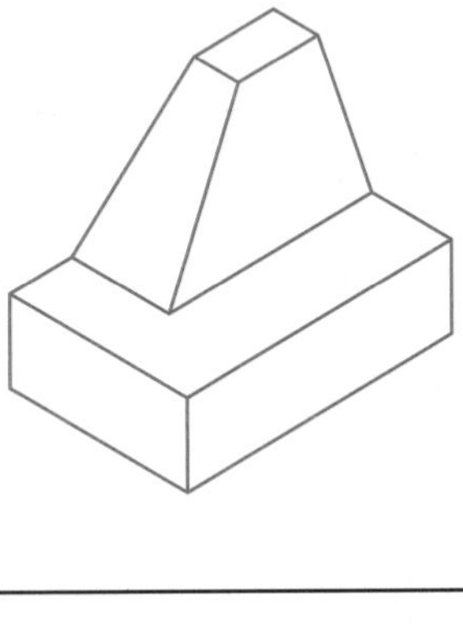 |

## 二、绘制正六棱柱的正等轴测图

正六棱柱的主视图、俯视图如图 3-7 所示，试绘制其正等轴测图。

1. 分析形体

正六棱柱的顶面是正六边形，将顶面正六边形的中心作为坐标原点，以便于测量正六边形各个顶点相对原点的位置，如图 3-8 所示。

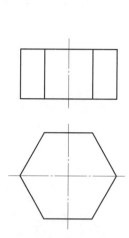

图 3-7　正六棱柱的主视图、俯视图

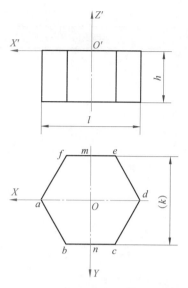

图 3-8　正六棱柱上的坐标原点与坐标轴

## 2. 绘制正等轴测图

绘制正六棱柱正等轴测图的步骤见表 3-3。

表 3-3　　　　　　　　　　　　　绘制正六棱柱正等轴测图的步骤

| 步骤 | 图示 |
|---|---|
| 1. 绘制轴测轴 $OX$、$OY$、$OZ$<br>2. 求作点 $A$、$D$ 的轴测投影<br>　在 $OX$ 轴上沿原点 $O$ 向两侧分别量取 $l/2$，得到 $A$、$D$ 两点<br>　3. 求作点 $M$、$N$ 的轴测投影<br>　在 $OY$ 轴上沿原点 $O$ 向两侧分别量取 $k/2$，得到 $M$、$N$ 两点 | |
| 4. 求作点 $B$、$C$、$E$、$F$ 的轴测投影<br>　过点 $M$、$N$ 作 $OX$ 轴平行线，沿 $X$ 轴方向量取 $NB=NC=ME=MF=l/4$，得到点 $B$、$C$、$E$、$F$ | |

| 步骤 | 图示 |
|---|---|
| 5. 绘制顶面正六边形的正等轴测图<br>连接 AB、AF、CD、DE，即得顶面正六边形的正等轴测图 | 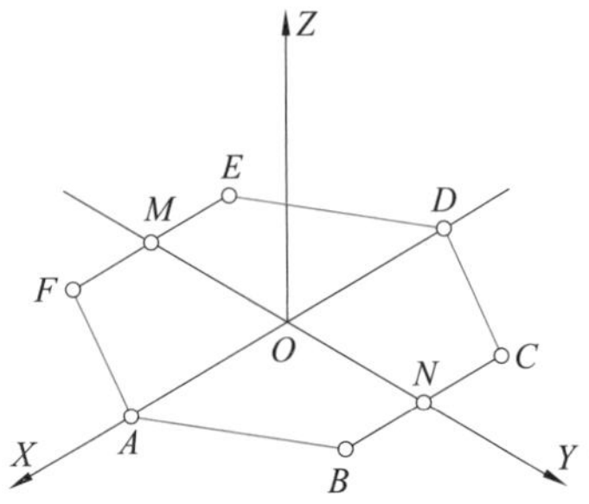 |
| 6. 绘制可见棱线<br>过点 A、B、C、F 绘制高度为 h 的竖线 | 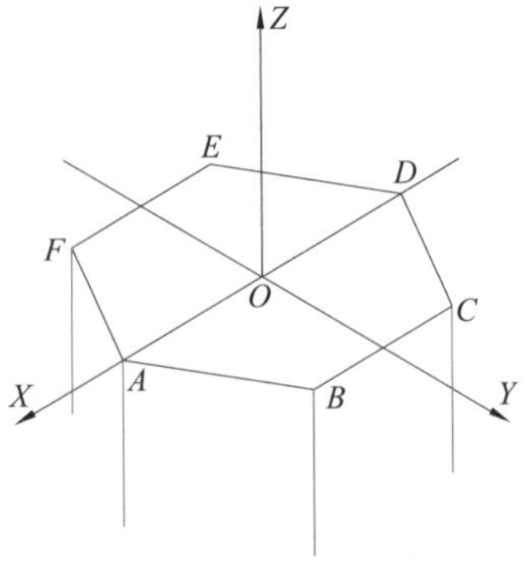 |
| 7. 绘制底面的可见部分<br>8. 完成正六棱柱的正等轴测图<br>擦除作图线，用粗实线描深可见轮廓线 | 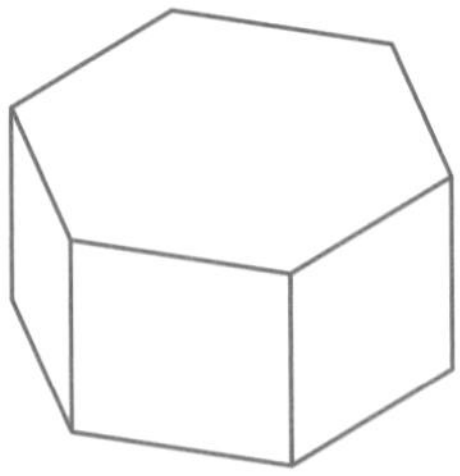 |

# 任务二　绘制圆柱的正等轴测图

## 学习目标

1. 掌握圆柱正等轴测图的画法。
2. 能绘制简单形体的正等轴测图。

## 任务描述

直立圆柱的主视图、俯视图如图 3-9 所示，试绘制其正等轴测图。

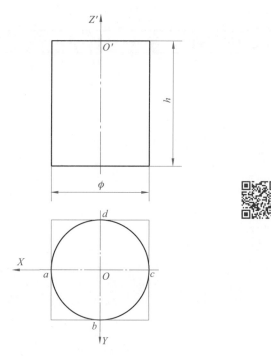

图 3-9 直立圆柱的主视图、俯视图

**任务分析**

三视图上平行于坐标面的正方形，在正等轴测图中投影为菱形；三视图上平行于坐标面的圆，在正等轴测图中投影为内切于菱形的椭圆。绘制直立圆柱正等轴测图的关键是绘制圆柱上的两个轮廓圆的正等测投影（椭圆）。在用尺规绘制椭圆时，可用"四心法"，即用四段光滑连接的圆弧近似代替椭圆。

**任务实施**

绘制直立圆柱正等轴测图的步骤见表 3-4。

表 3-4　　　　　　　　　　绘制直立圆柱正等轴测图的步骤

| 步骤 | 图示 |
|---|---|
| 1. 绘制轴测轴<br>2. 选取顶面的圆心作为原点，在俯视图上作圆的外接正方形，得切点 $a$、$b$、$c$、$d$（见图 3-9）<br>3. 绘制正方形 $ABCD$ 的正等轴测图（菱形）<br>作出切点 $a$、$b$、$c$、$d$ 的轴测投影 $A$、$B$、$C$、$D$，过这四个点分别作 $OX$、$OY$ 轴的平行线，得顶圆外切正方形的正等轴测图（菱形） |  |

续表

| 步骤 | 图示 |
|---|---|
| 4. 绘制上、下圆弧<br>　以菱形短对角线的顶点 1、2 为圆心，点 1 和 C 的距离为半径画圆弧 $\overset{\frown}{CD}$ 和 $\overset{\frown}{AB}$ | 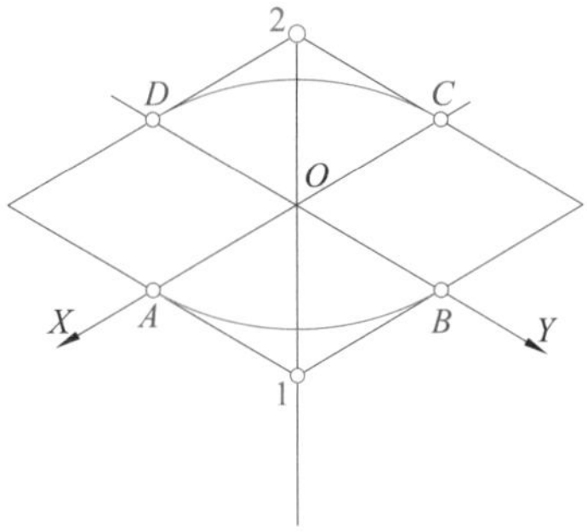 |
| 5. 求作左、右圆弧的圆心<br>　画菱形的长对角线，连接 1C、1D，交菱形的长对角线于 3、4 两点<br>　6. 绘制左、右圆弧<br>　以点 3、4 为圆心，点 3、B 的距离为半径画圆弧 $\overset{\frown}{BC}$ 和 $\overset{\frown}{DA}$，即得顶圆的正等测投影（椭圆） | 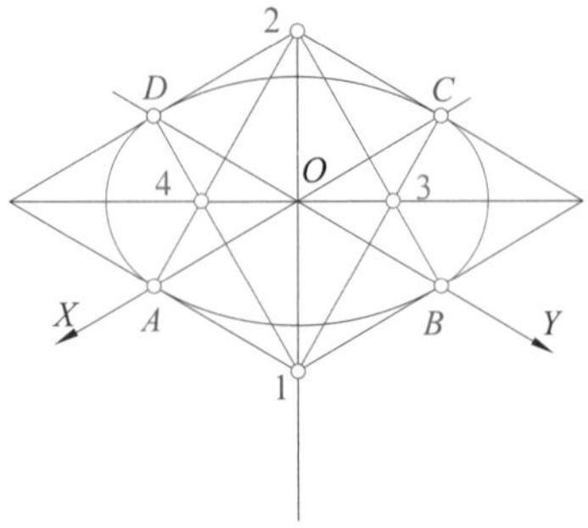 |
| 7. 绘制底圆的正等轴测图<br>　将三个圆心 2、3、4 向下平移高度 h，得到底面椭圆绘图圆心 5、6、7，以此为圆心分别画圆弧（方法同顶面椭圆），作出底面椭圆（底面椭圆不可见的一半不必画出） | 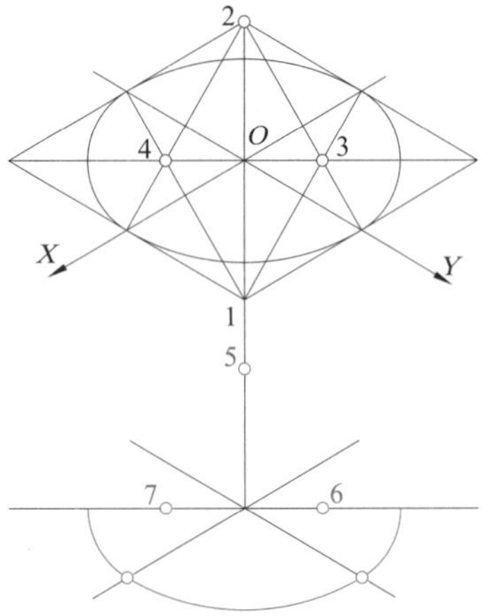 |
| 8. 作两椭圆的公切线<br>　9. 擦除作图线，绘制轴线和中心线，描深可见轮廓线 | 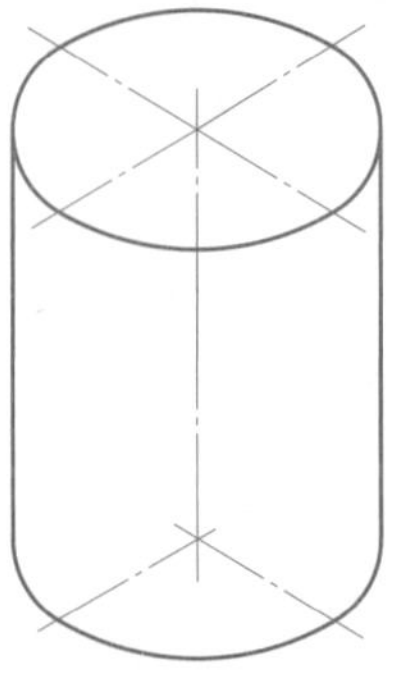 |

知识拓展

## 不同方向圆柱的正等轴测图

当圆柱轴线垂直于侧投影面或正投影面时，轴测图的画法与直立圆柱相同，其图形如图 3-10 所示。

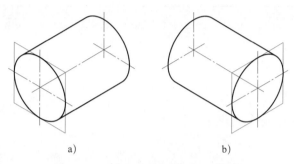

a)        b)

**图 3-10 不同方向圆柱的正等轴测图**
a）轴线垂直于侧投影面    b）轴线垂直于正投影面

知识拓展

一、绘制锥台座的正等轴测图

图 3-11 所示为锥台座的主视图、俯视图，试绘制其正等轴测图。

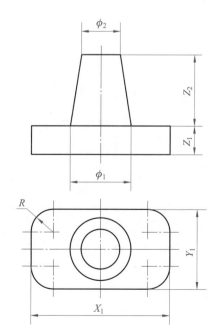

**图 3-11 锥台座的主视图、俯视图**

### 1. 分析形体

锥台座由底板和锥台两部分组成，底板在四个角上倒圆角。

### 2. 绘制正等轴测图

绘制锥台座的正等轴测图时，可首先绘制下部底板，然后绘制上部锥台，绘图步骤见表 3–5。

表 3–5　　　　　　　　　　　　绘制锥台座正等轴测图的步骤

| 步骤 | 图示 |
|---|---|
| 1. 绘制底板倒圆角前的长方体的正等轴测图<br>在图 3–11 上测量尺寸 $X_1$、$Y_1$、$Z_1$，绘制长方体的正等轴测图 | 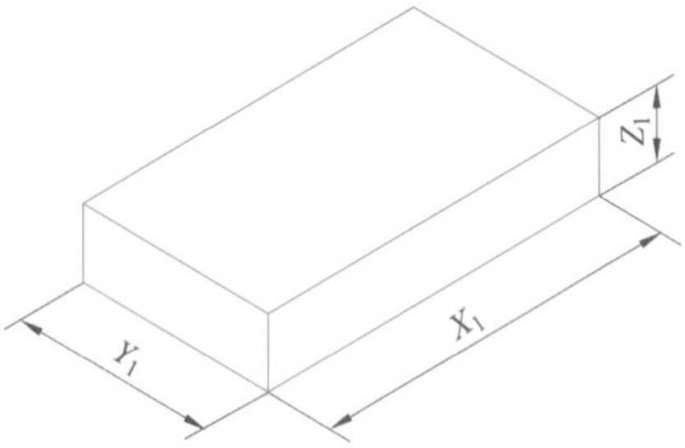 |
| 2. 绘制底板左前侧圆角<br><br>（1）在图 3–11 的俯视图上量取尺寸 $R$<br>（2）在正等轴测图上定出顶面上圆弧与线段的切点 $A$、$B$<br>（3）过点 $A$、$B$ 分别作相应棱线的垂线，交点 $O_1$ 即圆心 | |
| | （4）以点 $O_1$ 为圆心、$O_1A$ 为半径画圆弧<br>（5）将圆心 $O_1$ 下移 $Z_1$ 的距离，得到圆心 $O_2$<br>（6）绘制底面上的圆角 | 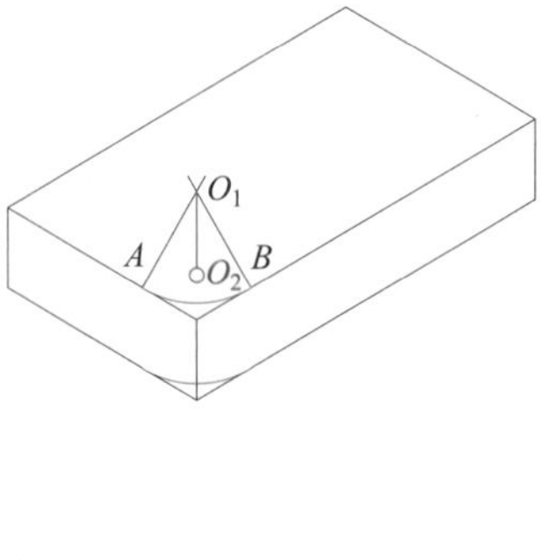 |

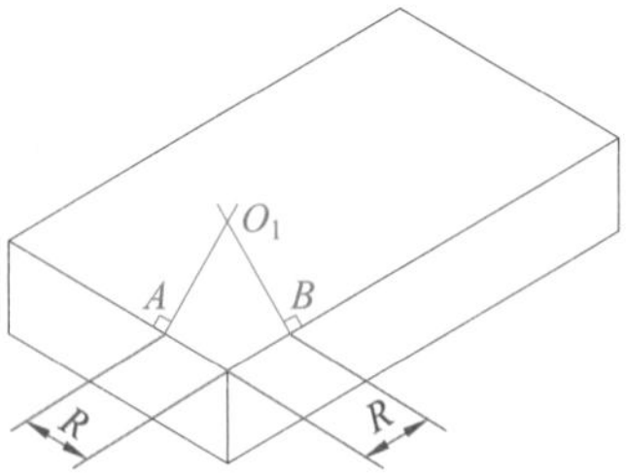

续表

| 步骤 | 图示 |
|---|---|
| 3. 绘制底板右前侧圆角 | （1）根据半径 $R$，在正等轴测图上定出顶面上圆弧与线段的切点 $C$、$D$<br>（2）过点 $C$、$D$ 分别作相应棱线的垂线，交点 $O_3$ 即圆心 |
| | （3）以点 $O_3$ 为圆心、$O_3C$ 为半径画圆弧<br>（4）将圆心 $O_3$ 下移 $Z_1$ 距离，得到圆心 $O_4$<br>（5）绘制底面上的圆角<br>（6）作两段圆弧的公切线 |
| 4. 绘制左后侧和右后侧圆角<br>作图步骤与方法和绘制前侧的圆角相同，不再赘述，绘图完成后擦除多余图线和作图线 | 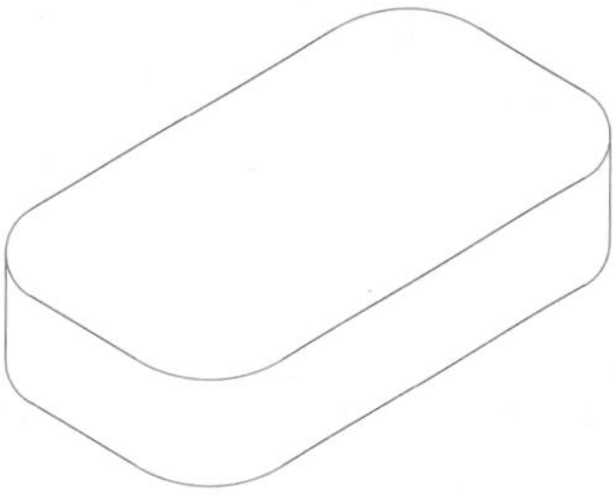 |
| 5. 绘制圆台顶面的椭圆<br>（1）在底板的顶面上作出对称线的轴测投影，交点为 $O_5$<br>（2）在图 3-11 的主视图上量取尺寸 $Z_2$<br>（3）过点 $O_5$ 向上画竖线，长度等于 $Z_2$，得到圆台顶面椭圆的中心 $O_6$<br>（4）用四心法画椭圆 | 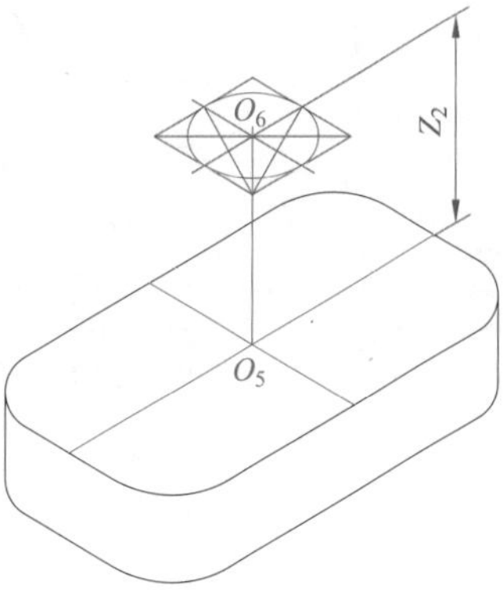 |

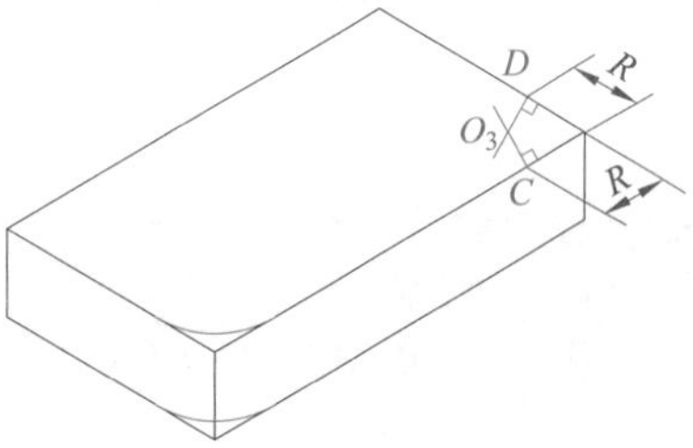

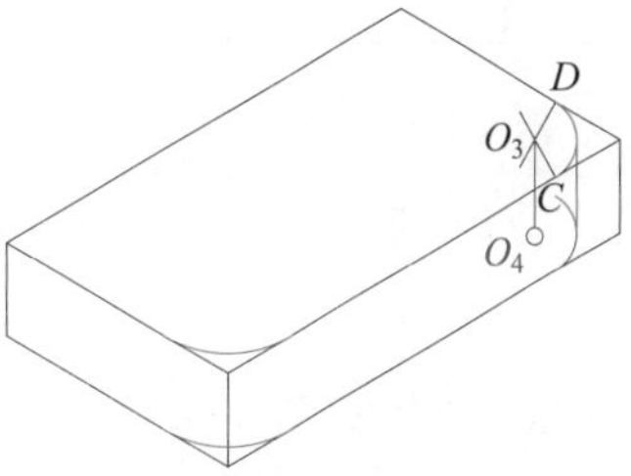

续表

| 步骤 | 图示 |
|------|------|
| 6. 绘制圆台底面的椭圆<br>后侧不可见部分不必绘制<br>7. 绘制圆台顶面椭圆与底面椭圆的公切线 | |
| 8. 完成锥台座的正等轴测图<br>擦除不必要的图线，加深可见轮廓线 | |

## 二、绘制支架的正等轴测图

支架的主视图、俯视图如图 3-12 所示，试绘制其正等轴测图。

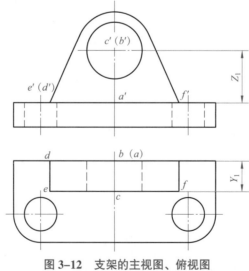

图 3-12 支架的主视图、俯视图

1. 分析形体

支架由底板和竖板两部分组成，左右对称，竖板的后面与底板的后面平齐。底板上有两个小圆孔，在底板的左前方和右前方倒圆角，圆角与小圆孔同轴线。竖板顶部为圆柱面，两侧平面与圆柱面相切，在竖板上有一个大圆孔，大圆孔与外圆柱面同轴线。

2. 绘制支架的正等轴测图

绘制支架的正等轴测图的步骤见表 3-6。

表 3-6                     绘制支架的正等轴测图的步骤

| 步骤 | 图示 |
|---|---|
| 1. 绘制底板<br>测量底板的长、宽、高，绘制底板的正等轴测图 | 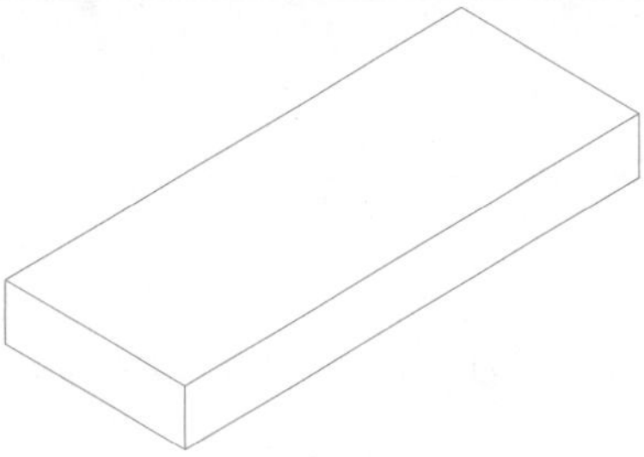 |
| 2. 绘制竖板外圆柱面的轴测椭圆弧    （1）找到底板上表面后侧棱线的中点 A<br>（2）向上量取尺寸 $Z_1$，确定点 B<br>（3）沿着 Y 轴方向向前量取尺寸 $Y_1$，确定点 C，C、B 即竖板外圆柱面轴测椭圆弧中心 | |
|  | （4）作出竖板顶部圆柱面的轴测椭圆弧 |
| 3. 绘制竖板其余的外侧轮廓线<br>（1）画出竖板与底板的交线 DE、EF<br>（2）过点 D、E、F 作相应椭圆弧的切线<br>（3）在竖板的右上方作两椭圆弧的公切线 | 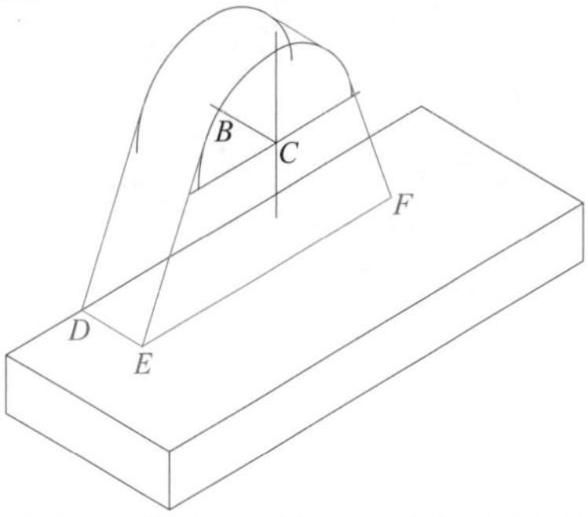 |

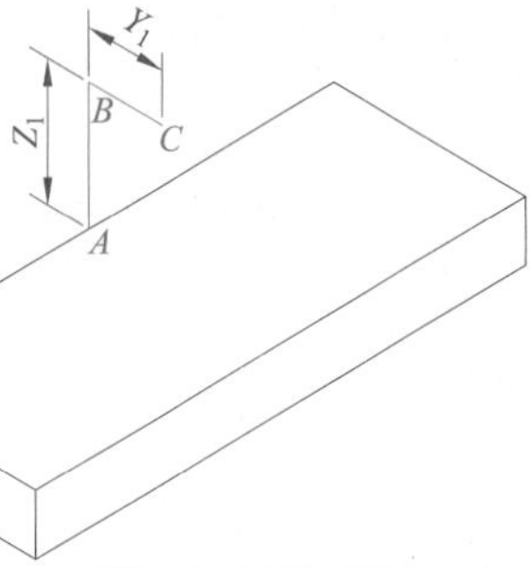

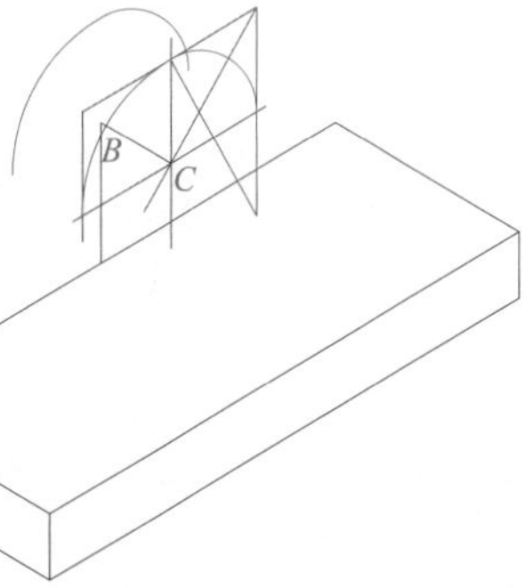

续表

| 步骤 | 图示 |
|---|---|
| 4. 绘制竖板上的圆孔 | 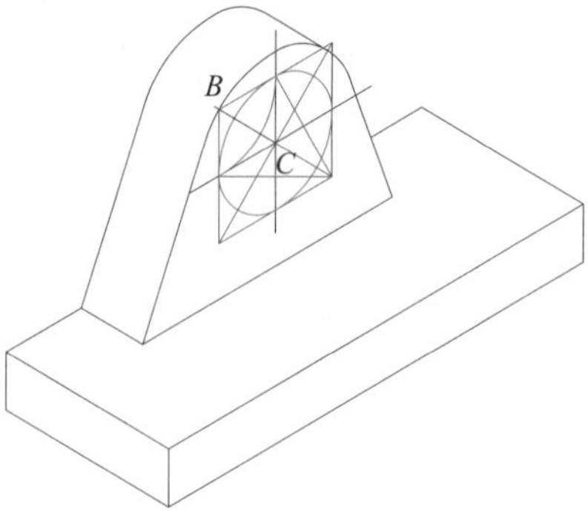 |
| 5. 绘制底板上的两个小圆孔 | 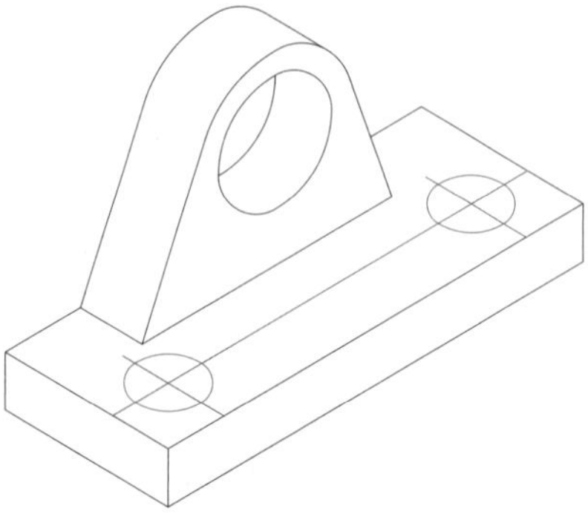 |
| 6. 绘制底板上的两个圆角 | 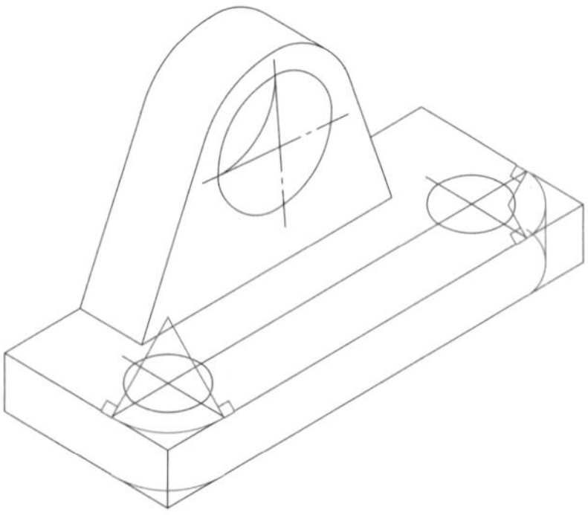 |
| 7. 完成正等轴测图<br>擦除作图线，描深可见轮廓线 | 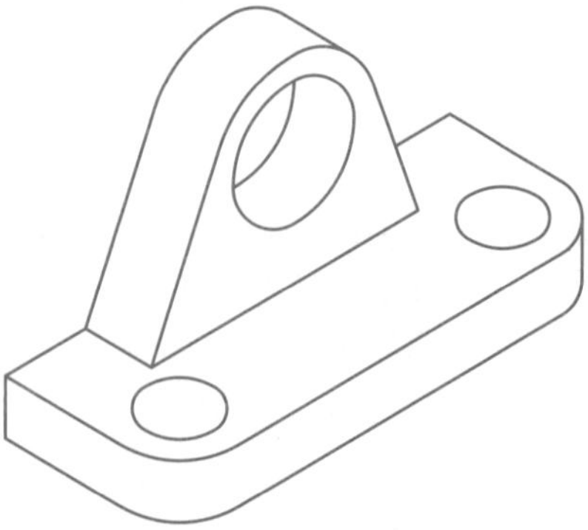 |

| 课题二 | 绘制斜二等轴测图 |

## 任务一　绘制端盖的斜二等轴测图

**学习目标**

1. 了解斜二等轴测图的形成过程，掌握斜二等轴测图的轴间角和轴向伸缩系数。
2. 掌握绘制斜二等轴测图的方法。

**任务描述**

图 3-13 所示为端盖的两视图，试绘制其斜二等轴测图。

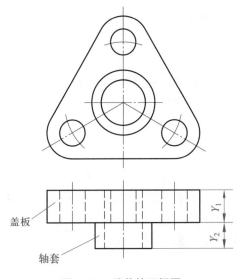

盖板

轴套

$Y_1$

$Y_2$

图 3-13　端盖的两视图

**任务分析**

端盖由盖板和轴套两部分组成，盖板的外形为正三棱柱倒圆角，其有三个小孔，中央有一个贯穿的大孔。在进行平行投影时，即使投影线与投影面倾斜，与投影面平行的平面，其投影也不发生变形。

**相关知识**

### 一、斜二等轴测图的形成

如图 3-14a 所示，使物体上的 $X_1O_1Z_1$ 坐标面平行于正投影面（$O_1Y_1$ 坐标轴和正投影面垂直），将物体向正投影面进行投影，则得到主视图。如图 3-14b 所示，若互相平行的投影线从物体的斜上方倾斜于投影面投射，则可在投影面上得到一个能反映物体形状的斜二等轴测图（简称斜二测）。

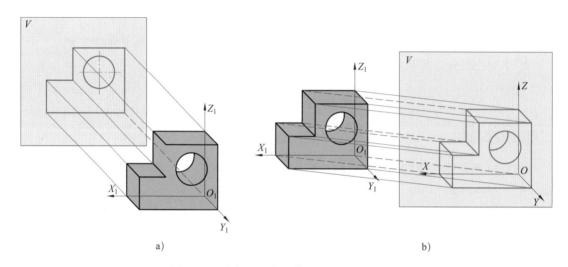

a)　　　　　　　　　　　　　　　　　b)

**图 3-14　主视图和斜二等轴测图的形成比较**

a）主视图的形成　b）斜二等轴测图的形成

### 二、斜二等轴测图的轴间角和轴向伸缩系数

在进行斜二测投影时，由于 $OX$、$OZ$ 坐标轴和投影面平行，所以斜二等轴测图的轴间角 $\angle XOZ=90°$，且 $OX$、$OZ$ 轴的轴向伸缩系数都为 1。调整投射方向，可使 $\angle XOY=\angle YOZ=135°$，且使 $OY$ 轴的轴向伸缩系数为 1/2，如图 3-15 所示。因此在三视图宽度方向上量取的尺寸，在画斜二等轴测图时应减半。

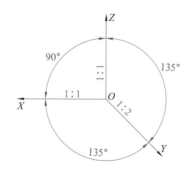

**图 3-15　斜二等轴测图的轴间角和轴向伸缩系数**

### 任务实施

绘制端盖斜二等轴测图的步骤见表 3–7。

表 3–7　　　　　　　　　　　绘制端盖斜二等轴测图的步骤

| 步骤 | 图示 |
|------|------|
| 1. 绘制盖板前面的斜二等轴测图 | 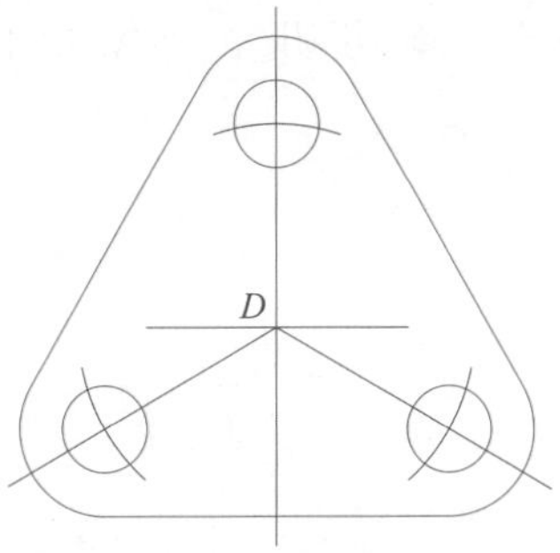 |
| 2. 绘制盖板后面的斜二等轴测图<br>作图时取 $AA_1=BB_1=CC_1=Y_1/2$<br>3. 绘制盖板左下侧和右上侧两圆弧的公切线 | 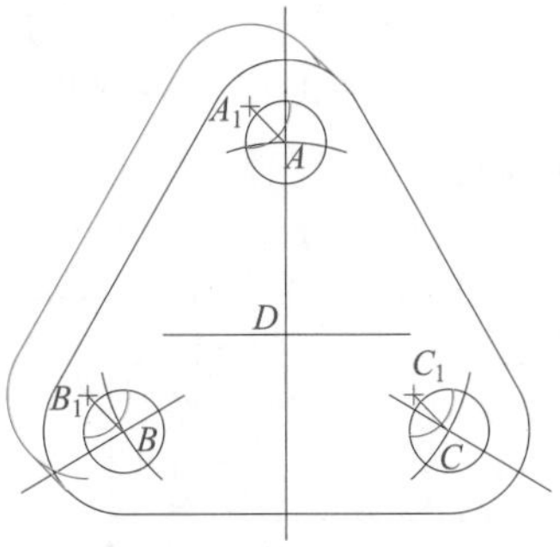 |
| 4. 绘制轴套的斜二等轴测图<br>过点 $D$ 沿 $Y$ 轴方向绘制一条线段 $D_1D_2$，使 $DD_1=Y_2/2$，$DD_2=Y_1/2$，分别以 $D_1$、$D_2$、$D$ 为圆心画圆或圆弧 | 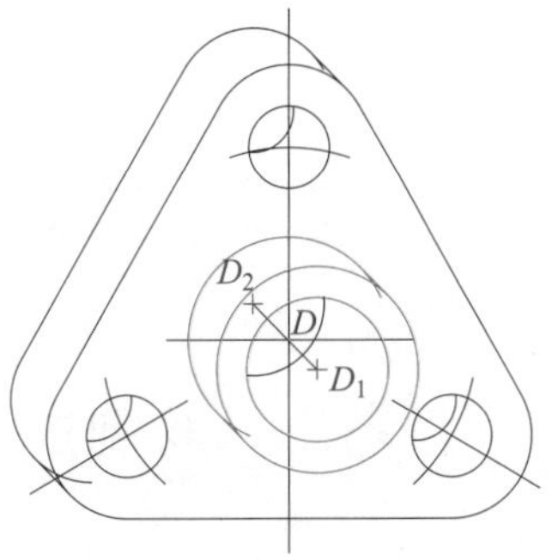 |
| 5. 擦除不必要的图线，加深可见轮廓线，即得端盖的斜二等轴测图 | 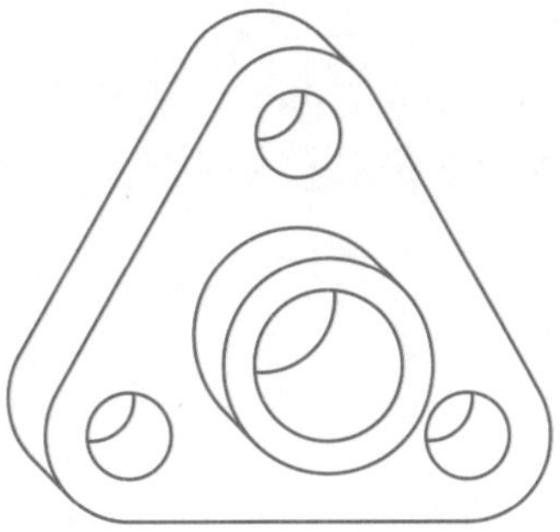 |

**知识拓展**

## 斜等轴测图

斜等轴测图是一种斜轴测图，其投影原理与斜二等轴测图相同，因此斜等轴测图的轴间角与斜二等轴测图相同，其区别是斜等轴测图 $OY$ 轴方向的轴向伸缩系数为 1，如图 3-16 所示。斜等轴测图与斜二等轴测图的差异如图 3-17 所示。

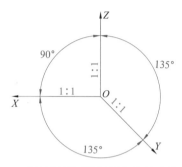

图 3-16  斜等轴测图的轴间角和轴向伸缩系数

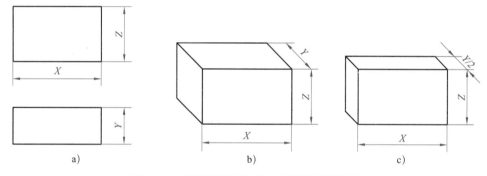

图 3-17  斜等轴测图与斜二等轴测图的差异

a）两视图　b）斜等轴测图　c）斜二等轴测图

# 任务二　绘制支承座的斜二等轴测图

**学习目标**

1. 掌握水平圆和侧平圆斜二等轴测图的画法。
2. 能绘制简单形体的斜二等轴测图。

**任务描述**

支承座的三视图如图 3-18 所示，试绘制其斜二等轴测图。

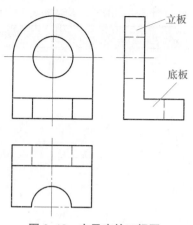

图 3-18 支承座的三视图

**任务分析**

　　支承座由立板和底板两部分组成，立板上加工了一个圆孔，底板上开了一个半圆槽。绘制斜二等轴测图时，可先绘制出立板的斜二等轴测图，然后绘制出底板的斜二等轴测图。绘制底板上的半圆槽时，需要掌握水平圆的斜二等轴测图的画法。

**相关知识**

## 水平圆和侧平圆斜二等轴测图的画法

　　图 3-19 所示为平行于三个坐标面的圆的斜二等轴测图，不难看出，平行于 *XOZ* 坐标面的圆在斜二等轴测图中仍然投影为圆；而平行于 *XOY* 和 *YOZ* 坐标面的圆投影为椭圆，且形状相同，只是长短轴的方向不同。*XOY* 和 *YOZ* 面上的椭圆的长轴与椭圆所在坐标面上的一根轴测轴成 7°1′ 的夹角。绘图时，可用四段圆弧代替椭圆曲线，绘制 *XOY* 坐标面上圆的斜二等轴测图的步骤见表 3-8。

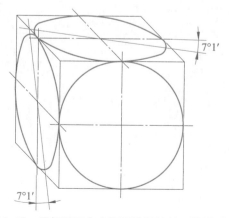

图 3-19 平行于三个坐标面的圆的斜二等轴测图

表 3–8                    绘制 *XOY* 面上圆的斜二等轴测图的步骤

| 步骤 | 图示 |
|---|---|
| 1. 绘制轴测轴<br><br>2. 绘制圆的外切正方形的斜二等轴测图。圆的外切正方形的斜二等轴测图与 *OX*、*OY* 轴相交，交点 A、B、C、D 即为椭圆与平行四边形的切点 | 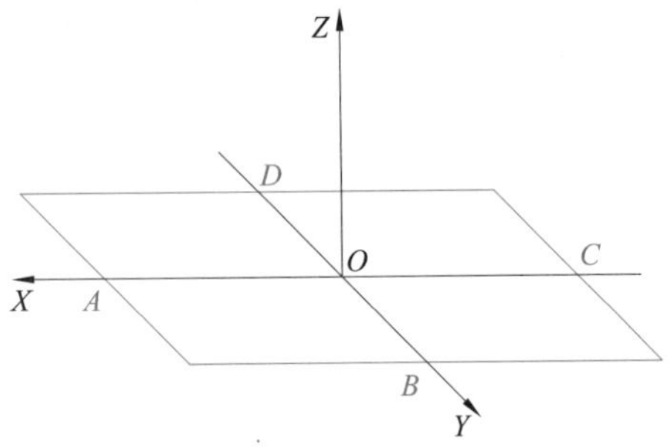 |
| 3. 确定长短轴方向<br><br>作直线 *EF* 与 *OX* 轴成 7°1′ 的夹角，*EF* 即长轴方向；作 *GH* ⊥ *EF*，*GH* 即短轴方向 | 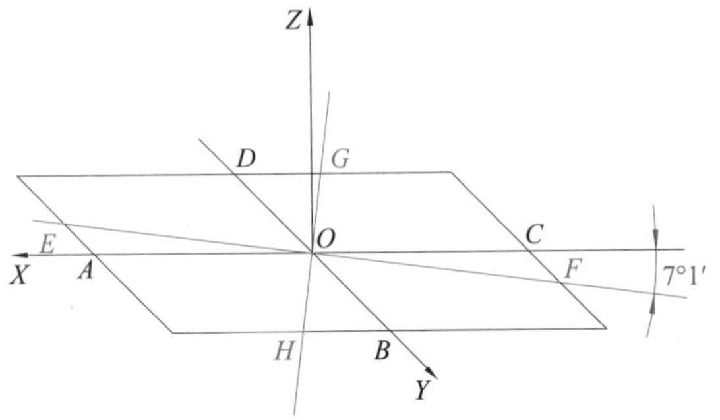 |
| 4. 确定四段圆弧的圆心<br><br>在短轴的延长线上取 $OO_1=OO_2=d$（圆的直径），点 $O_1$、$O_2$ 即大圆弧的圆心；连接 $O_1A$、$O_2C$ 与长轴交于点 $O_3$、$O_4$，此即小圆弧的圆心 | 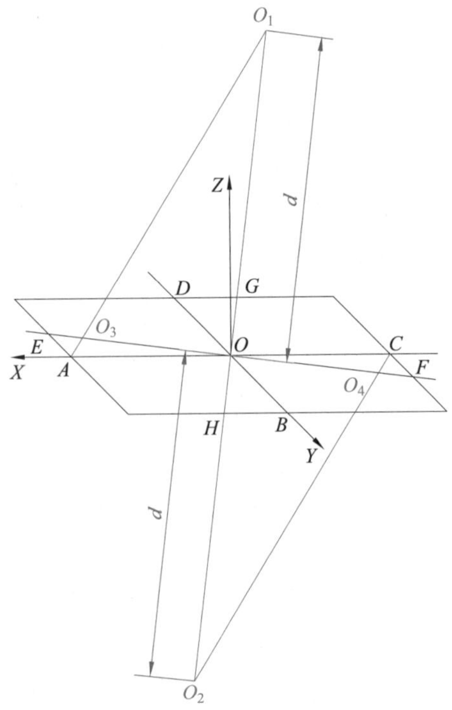 |

续表

| 步骤 | 图示 |
|---|---|
| 5. 画圆弧<br>　　连接 $O_2O_3$ 并延长，连接 $O_1O_4$ 并延长。以点 $O_1$、$O_2$ 为圆心，$O_1B$（或 $O_2D$）为半径画大圆弧。以点 $O_3$、$O_4$ 为圆心，$O_3A$（或 $O_4C$）为半径画小圆弧。大、小圆弧相切于点 $A$、$M$、$C$、$N$ | 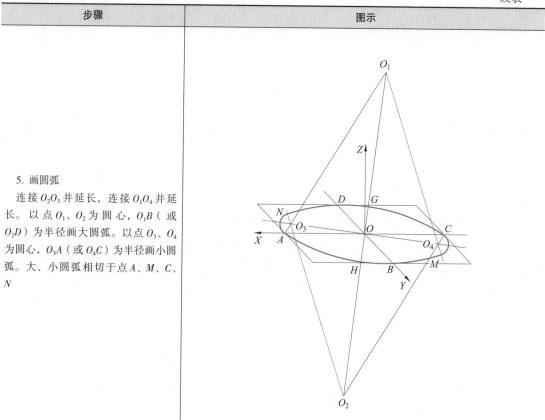 |

任务实施

绘制支承座斜二等轴测图的步骤见表 3-9。

表 3-9　　　　　　　　　　绘制支承座斜二等轴测图的步骤

| 步骤 | 图示 |
|---|---|
| 1. 绘制立板前面的斜二等轴测图<br>2. 完成立板的斜二等轴测图<br>　作图时注意：按 1：2 的比例取立板宽度尺寸 | 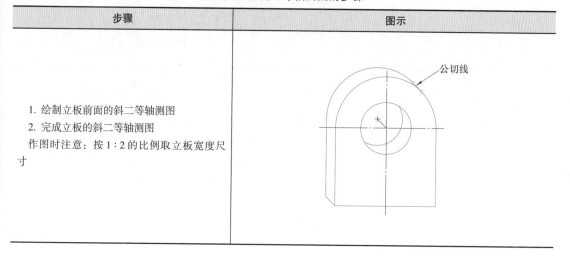 |

续表

| 步骤 | 图示 |
|---|---|
| 3. 绘制长方体底板的斜二等轴测图 | 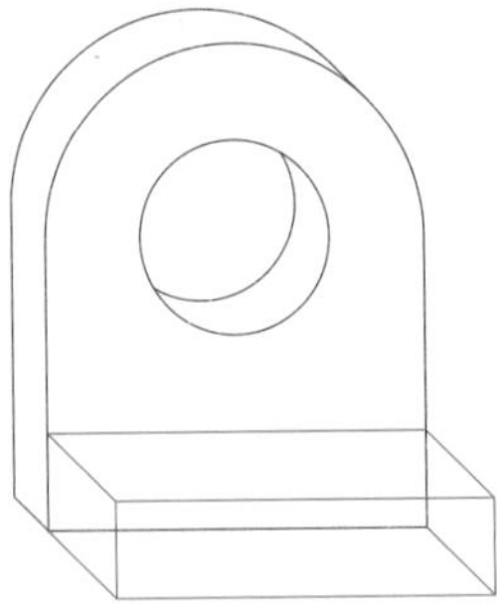 |
| 4. 擦除两板连接处的多余图线<br>5. 绘制底板上的半圆槽 | 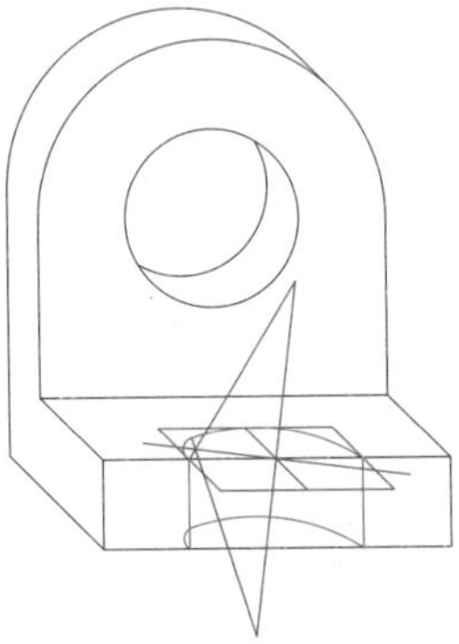 |
| 6. 擦除作图线，描深可见轮廓线 | 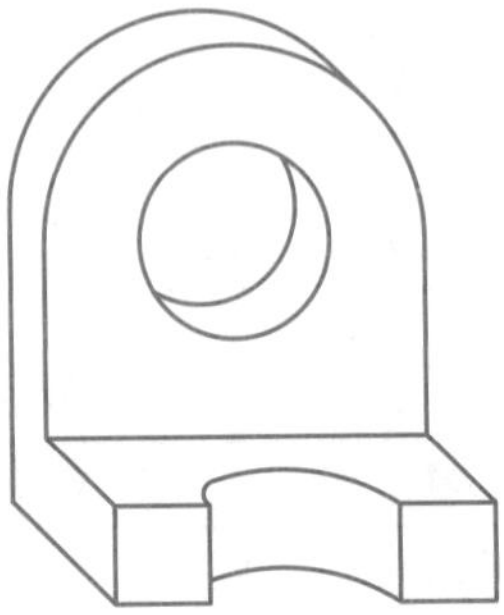 |

# 截交线与相贯线

## 任务一　绘制棱柱面上点的投影

### 学习目标

掌握绘制投影面平行面和投影面垂直面上点的投影的方法。

### 任务描述

如图 4-1 所示，已知正六棱柱表面上点 $M$ 的水平投影 $m$ 和点 $N$ 的正面投影 $n'$，试绘制其他两个投影。

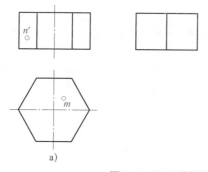

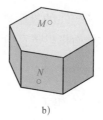

**图 4-1　正六棱柱表面上的点**

a）三视图　b）立体图

**任务分析**

图 4-1 所示的正六棱柱的顶面和底面是水平面，前后两个侧面是正平面，左右两侧的四个侧面为铅垂面，求正六棱柱表面上点的投影实际上就是求水平面和铅垂面上点的投影。

**任务实施**

在绘制立体表面上点的投影时，要先明确一个从属关系：若点在线段或平面上，则点的投影一定在点所在线段或平面的投影上。

一、绘制作图基准线

将俯视图的横向对称中心线向右延长，沿左视图的对称中心位置向下绘制竖线，过交点绘制 45° 斜线，作为保证"宽相等"的基准线，如图 4-2a 所示。

二、绘制点 M 的未知投影

由于点 M 在六棱柱的顶面上，顶面的正面投影和侧面投影皆为横线，所以过 m 向上引竖线与顶面的投影相交即得 m'，过 m 按"宽相等"的投影规律向左视图引线，即得 m"，如图 4-2b 所示。

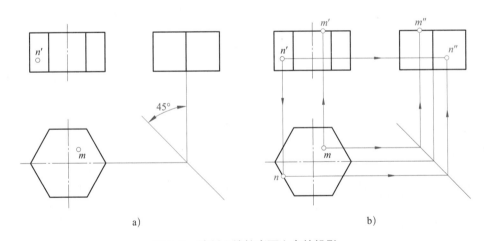

a)                                    b)

图 4-2　绘制六棱柱表面上点的投影

在根据"宽相等"的投影规律绘图时，45° 斜线不能随便绘制，必须过某一要素水平投影的横向引线和侧面投影竖直引线的交点，否则无法保证"宽相等"。

三、绘制点 N 的未知投影

由于点 N 在一个铅垂面上，该铅垂面的水平投影积聚成一条斜线，所以过 n' 向俯视图引竖线，与该铅垂面水平投影的交点即点 N 的水平投影 n，然后根据点的投影规律求得 n"，如图 4-2b 所示。

## 任务二　绘制棱锥面上点的投影

**学习目标**

掌握绘制棱锥面一般位置平面上点的投影的方法。

**任务描述**

如图 4-3 所示，已知正三棱锥表面上点 $A$ 的正面投影 $a'$，试绘制其他两面投影。

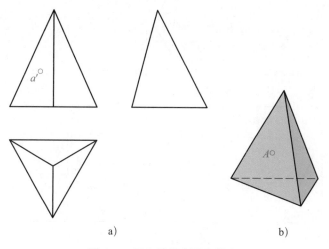

a)　　　　　　　　　　　　b)

**图 4-3　正三棱锥表面上的点**

a）三视图　b）立体图

**任务分析**

由于点 $A$ 在一个一般位置平面上，所以不能用前面求正六棱柱表面上点的投影的方法求点 $A$ 的投影。为此，可以采用辅助线法，即过点 $A$ 在其所在的表面上作一条辅助直线，由于点 $A$ 在辅助直线上，所以点 $A$ 的三面投影都在辅助直线的投影上。只要能求出辅助直线的三面投影，点的投影就很容易作出了。

**任务实施**

绘制图 4-3 所示正三棱锥表面上点的未知投影的步骤见表 4-1。

表 4–1　　　　　　　　绘制正三棱锥表面上点的未知投影的步骤

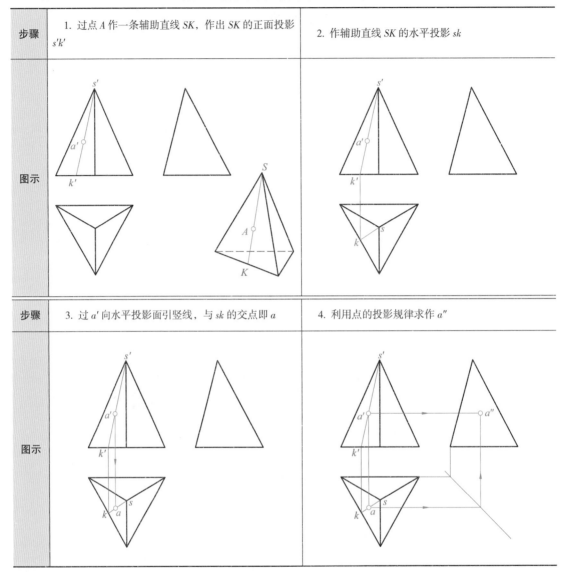

| 步骤 | 1. 过点 A 作一条辅助直线 SK，作出 SK 的正面投影 s'k' | 2. 作辅助直线 SK 的水平投影 sk |
|------|------|------|
| 图示 | | |
| 步骤 | 3. 过 a' 向水平投影面引竖线，与 sk 的交点即 a | 4. 利用点的投影规律作 a" |
| 图示 | | |

# 任务三　绘制圆柱面上点的投影

## 学习目标

掌握绘制圆柱面上点的投影的方法。

## 任务描述

如图 4-4 所示，已知圆柱面上点 A 的正面投影 a'，试绘制其他两个投影。

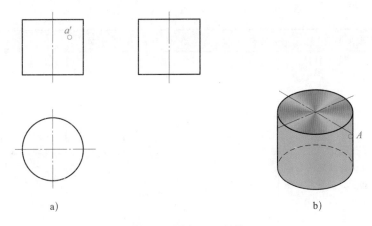

图 4-4  圆柱面上的点
a）三视图  b）立体图

---

**任务分析**

由于该圆柱面的水平投影具有积聚性，所以在绘制点 $A$ 的未知投影时，应利用圆柱面在水平投影面上积聚成圆的投影规律及点的投影规律两个条件，先作出点在圆柱面具有积聚性的投影面上的投影，然后绘制其他投影。

**任务实施**

绘制图 4-4 所示圆柱面上点的未知投影的步骤见表 4-2。

表 4-2                         绘制圆柱面上点的未知投影的步骤

| 步骤 | 图示 |
| --- | --- |
| 1. 绘制作图基准线<br>2. 绘制点 $A$ 的水平投影 $a$<br>由于 $a'$ 可见，所以点 $A$ 在圆柱的前半部分上 | |

续表

| 步骤 | 图示 |
|------|------|
| 3. 绘制点 A 的侧面投影 $a''$<br><br>根据 $a$ 可以判断点 A 在圆柱的右半部分上，所以 $a''$ 不可见，故在左视图中标记为（$a''$） | 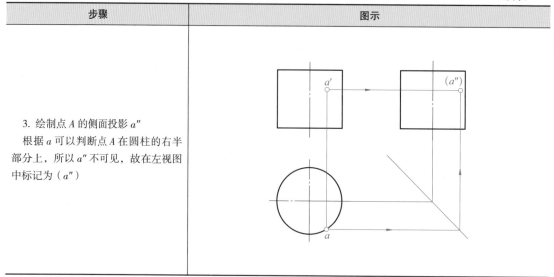 |

# 任务四　绘制圆锥面上点的投影

## 学习目标

1. 掌握用辅助素线法绘制圆锥面上点的投影的方法。
2. 掌握用辅助平面法绘制圆锥面上点的投影的方法。

## 任务描述

如图 4-5 所示，已知圆锥面上点 A 的正面投影 $a'$，试绘制其他两面投影。

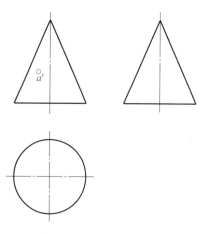

图 4-5　圆锥面上的点

**任务分析**

由于圆锥面的任何投影都没有积聚性，所以不能用求圆柱面上点的投影的方法求作圆锥面上点的投影。在圆锥面上，素线是直线，垂直于圆锥面轴线的平面与圆锥面的交线是圆。因此绘制圆锥面上点的投影的方法有辅助素线法和辅助平面法两种。

**任务实施**

## 一、用辅助素线法绘制圆锥面上点的投影

如图 4-6 所示，在圆锥面上作过点 $A$ 的辅助素线 $SK$，则点 $A$ 的三面投影在辅助素线 $SK$ 的三面投影上。

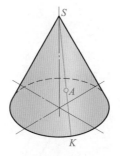

**图 4-6　过圆锥面上的点 $A$ 作辅助素线**

用辅助素线法绘制图 4-5 所示圆锥面上点的未知投影的步骤见表 4-3。

表 4-3　　　　　　　用辅助素线法绘制圆锥面上点的未知投影的步骤

| 步骤 | 1. 过 $a'$ 作 $s'k'$ | 2. 求作 $sk$ |
|---|---|---|
| 图示 | | |

续表

| 步骤 | 3. 求作 $a$ | 4. 求作 $a''$ |
|------|------------|--------------|
| 图示 | 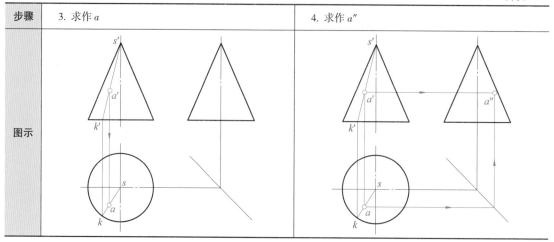 | |

## 二、用辅助平面法绘制圆锥面上点的投影

用一个垂直于圆锥轴线的平面截割圆锥，平面与圆锥面的交线是圆（圆是唯一可利用手工绘图工具准确绘出的曲线），如图 4-7 所示。用辅助平面法绘制图 4-5 所示圆锥面上点的未知投影的步骤见表 4-4。

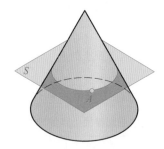

图 4-7　过圆锥面上的点 $A$ 作辅助平面

表 4-4　　　　　　　　　　用辅助平面法绘制圆锥面上点的未知投影的步骤

| 步骤 | 1. 过 $a'$ 作水平辅助平面，它与圆锥面的交线圆为水平圆 $s'$ | 2. 求作交线圆的水平投影 $s$ |
|------|------------------------------------------------------------|------------------------------|
| 图示 | | |

续表

| 步骤 | 3. 求作 a | 4. 求作 a″ |
|------|-----------|-----------|
| 图示 | 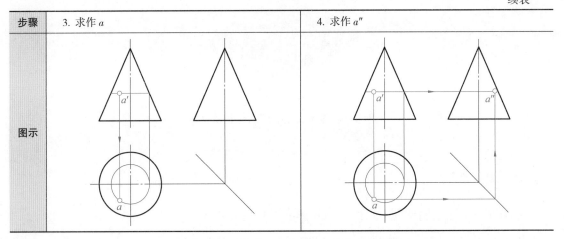 | |

# 任务五　绘制球面上点的投影

**学习目标**

掌握用辅助平面法绘制球面上点的投影的方法。

**任务描述**

如图 4-8 所示，已知球面上点 $A$ 的正面投影 $a'$，试绘制其他两面投影。

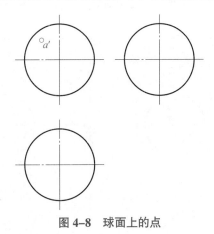

图 4-8　球面上的点

**任务分析**

　　球面的任何投影都没有积聚性，球面的素线也不是直线，所以只能用作辅助平面的方法求作球面上点的投影。如图 4-9 所示，在绘制点 $A$ 的未知投影时，可过点 $A$ 作水平辅助平面 $S$。

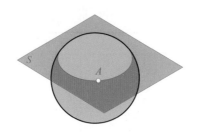

**图 4-9　过球面上的点 A 作辅助平面**

**任务实施**

用辅助平面法绘制球面上点的未知投影的步骤见表 4-5。

表 4-5　　　　　　　　　用辅助平面法绘制球面上点的未知投影的步骤

| 步骤 | 1. 过 a′ 作水平辅助平面，它与球面的交线圆为水平圆 s′ | 2. 绘制交线圆的水平投影 s |
|---|---|---|
| 图示 | | |
| 步骤 | 3. 求作 a | 4. 求作 a″ |
| 图示 | | |

在用作辅助平面的方法求作球面上点的未知投影时，根据已知条件不同，除了可以作水平辅助平面外，也可作正平辅助平面和侧平辅助平面。

## 任务六　绘制圆环面上点的投影

### 学习目标

掌握用辅助平面法绘制圆环面上点的投影的方法。

**任务描述**

如图 4-10 所示，已知圆环面上点 A 的水平投影 a，试绘制其他两面投影。

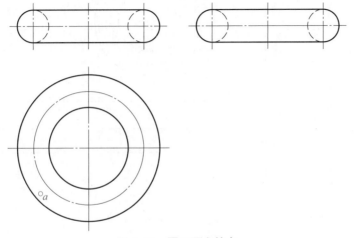

图 4-10　圆环面上的点

**任务分析**

用垂直于圆环轴线的平面截切圆环时，交线为圆，所以可用辅助平面法求圆环表面上点的投影。如图 4-11 所示，在绘制点 A 的未知投影时，可作水平辅助平面。在作图时，可先作出水平辅助平面与圆环的交线圆的水平投影，然后利用投影规律作出水平辅助平面的正面投影，最后利用点的投影规律求出点的侧面投影。

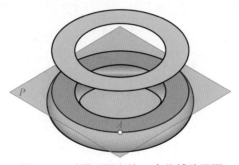

图 4-11　过圆环面上的 A 点作辅助平面

**任务实施**

用辅助平面法求作圆环表面上点的投影的步骤见表4-6。

表4-6    用辅助平面法求作圆环表面上点的投影的步骤

| 步骤 | 图示 |
|---|---|
| 1. 以点 $O$ 为圆心过点 $a$ 画圆。此圆为水平辅助平面与圆环的交线圆的水平投影 | 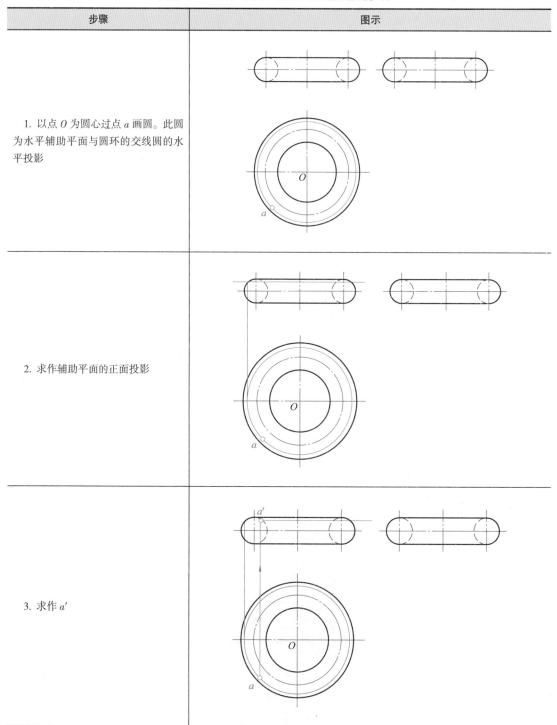 |
| 2. 求作辅助平面的正面投影 | |
| 3. 求作 $a'$ | |

续表

| 步骤 | 图示 |
|------|------|
| 4. 求作 $a''$ | 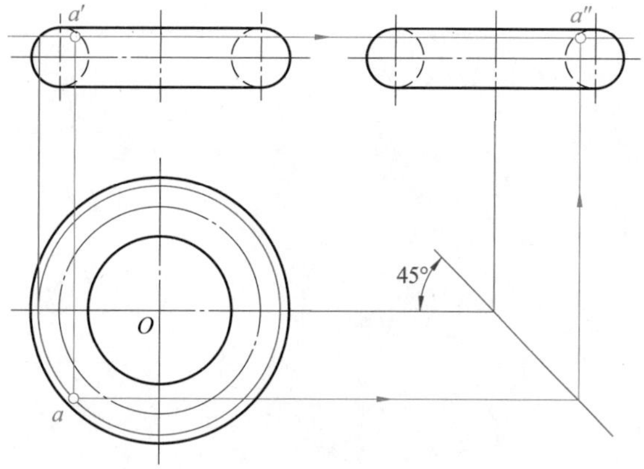 |

---

## 课题二　绘制截交线的投影

### 任务一　绘制平面截平面立体的截交线

**学习目标**

1. 了解截交线的概念和基本规律。
2. 掌握绘制平面截平面立体的截交线的方法。

**任务描述**

如图 4-12 所示为平面截割正六棱锥，试绘制截交线的水平投影和侧面投影，完成三视图。

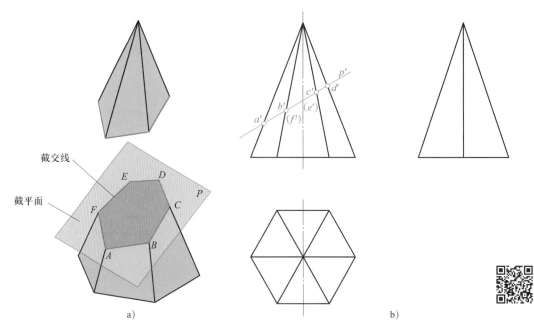

**图 4-12　绘制平面截割正六棱锥的截交线**

a）立体图　b）三视图

## 任务分析

图 4-12a 所示的正六棱锥被正垂面截割，截平面 $P$ 与正六棱锥的六个侧面都相交，所以截交线是一个六边形。六边形的顶点为各棱线与截平面 $P$ 的交点，边是截平面与正六棱锥侧面的交线。因此，绘制该正六棱锥上截交线的投影，实质上就是求截平面与正六棱锥各被截棱线的交点的投影。如图 4-12b 所示，截交线的正面投影积聚在 $p'$ 上，$a'$、$b'$、$c'$、$d'$、$e'$、$f'$ 分别为各棱线与 $p'$ 的交点，截交线的水平投影和侧面投影为六边形，根据截交线的正面投影可作出其水平投影和侧面投影。

## 相关知识

### 一、截交线的概念

如图 4-12a 所示，平面截割立体时，截割立体的平面称为截平面，平面与立体表面的交线称为截交线。

### 二、截交线的基本性质

因为立体的形状和截平面的位置不同，所以截交线的形状也各不相同，但均具有以下两个基本性质。

1. 截交线为平面图形。

2. 截交线既在截平面上，又在立体表面上，是截平面与立体表面的共有线，截交线上的点均为截平面与立体表面的共有点。

因此，绘制截交线的实质就是先求作截平面与立体表面的共有点，然后按顺序依次连接各共有点的同面投影。

绘制正六棱锥截交线的步骤见表4–7。

表 4–7                     绘制正六棱锥截交线的步骤

| 步骤 | 1. 利用投影规律求作各顶点的水平投影 | 2. 利用投影规律求作各顶点的侧面投影 |
| --- | --- | --- |
| 图示 | 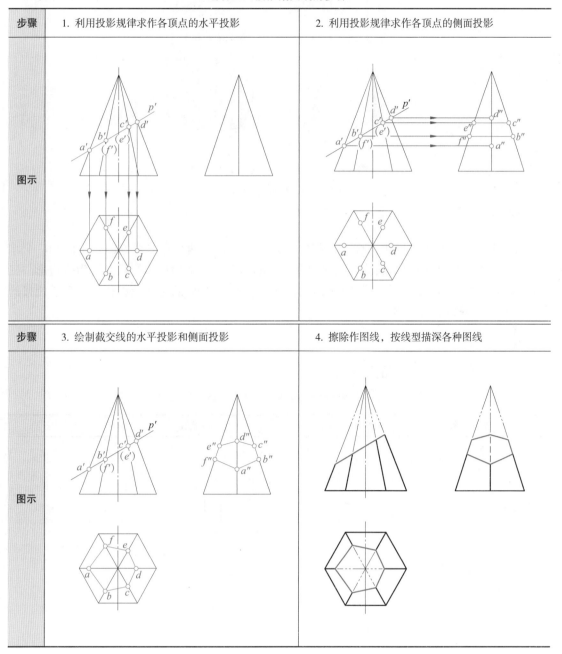 | |
| 步骤 | 3. 绘制截交线的水平投影和侧面投影 | 4. 擦除作图线，按线型描深各种图线 |
| 图示 | | |

## 补画开槽六棱柱的左视图

开槽六棱柱的主视图、俯视图和立体图如图 4-13 所示，试补画其左视图。

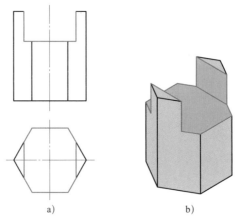

a)　　　　　　　　　　b)

**图 4-13**　补画开槽六棱柱的左视图
a）主视图、俯视图　b）立体图

### 一、分析形体

图 4-13 所示形体是在正六棱柱上部中间开矩形槽，由两个左右对称的侧平面和一个水平面切割而成。侧平面切出的截交线为两个相等的矩形，水平面切出的截交线为八边形。三个截平面都垂直于正投影面，截平面的交线为正垂线。截平面的正面投影积聚为三条相接的线段，显现出槽的形状特征。

### 二、补画左视图

补画开槽六棱柱左视图的步骤见表 4-8。

表 4-8　　　　　　　　　　　　　　补画开槽六棱柱左视图的步骤

| 步骤 | 图示 |
|---|---|
| 1. 绘制正六棱柱的左视图 |  |

续表

| 步骤 | 图示 |
|---|---|
| 2. 绘制矩形槽的左视图<br>作图时注意，槽底被遮挡的部分画成细虚线 | 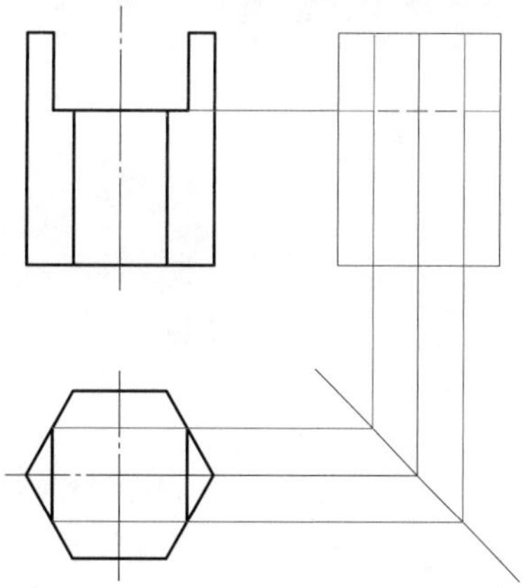 |
| 3. 擦除作图线和开槽后消失的轮廓线，按线型描深各种图线 | 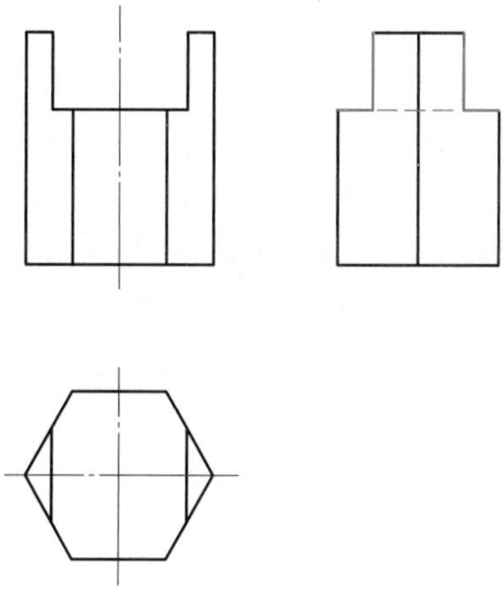 |

# 任务二　绘制圆柱上的截交线

**学习目标**

1. 了解截交线的概念，掌握圆柱截交线的类型。
2. 掌握绘制圆柱上的截交线的方法。

**任务描述**

如图 4-14 所示为圆柱被正垂面截割，已知斜割圆柱的主视图、俯视图，试绘制其左视图。

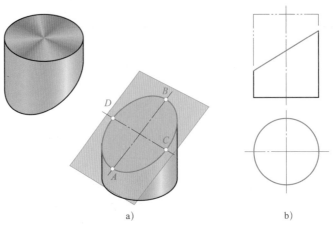

图 4-14　平面斜割圆柱

a）立体图　b）主视图、俯视图

## 任务分析

在截交线上的最高、最低、最前、最后、最左、最右点及在回转体最外素线上的点称为特殊点，在其他位置的点称为一般点。观察图 4-14a 可以看出，平面斜割圆柱时，平面与圆柱面的截交线为椭圆。在该椭圆上有四个特殊点：最低点 $A$、最高点 $B$、最前点 $C$、最后点 $D$。

由于平面斜割圆柱的截交椭圆是圆柱面和截平面的共有线，因此它具有两个性质：一是该椭圆在圆柱面上具有圆柱面的投影规律——水平投影为圆；二是该椭圆在正垂截平面上具有正垂面的投影规律——正面投影积聚成线段。因此，该截交线的正面投影和水平投影都是已知的。

## 任务实施

已知椭圆的两个投影求第三投影，可先求椭圆上多个点的第三投影，再依次连接各点的投影，作图步骤见表 4-9。

表 4-9　　　　　　　　　　　　绘制斜割圆柱的左视图的步骤

| 步骤 | 图示 |
| --- | --- |
| 1. 绘制斜割前圆柱的左视图<br>2. 找出椭圆四个特殊位置点的正面投影和水平投影，求作其侧面投影 | |

续表

| 步骤 | 图示 |
|------|------|
| 3. 在俯视图适当位置找四个一般点的水平投影，按投影规律求出其正面投影，再求出其侧面投影 | 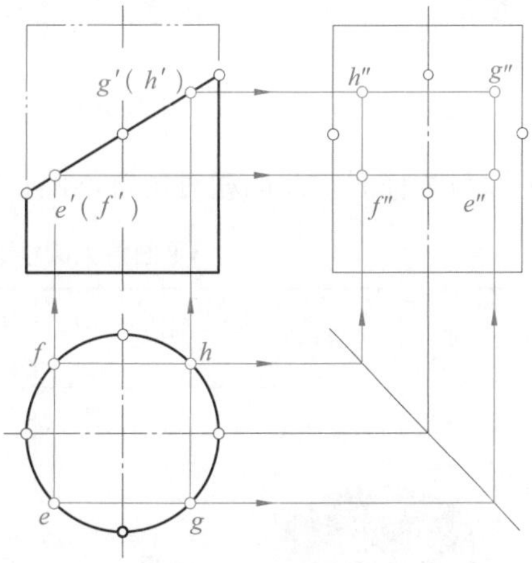 |
| 4. 光滑连接各点的侧面投影 | 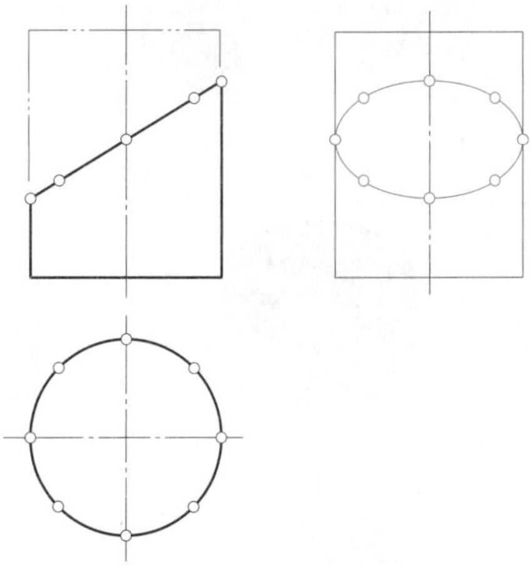 |
| 5. 擦除作图线和被切割部分的轮廓线，按线型描深各种图线，绘制椭圆的中心线 | 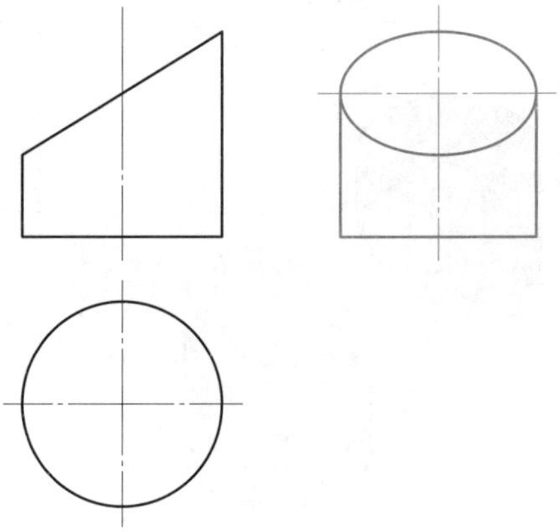 |

如果图 4-14 中的截平面与圆柱面的轴线成 45° 夹角，则截交线在左视图中的投影为圆。

知识拓展

## 圆柱截交线的类型

根据截平面与圆柱面轴线的相对位置不同，圆柱截交线有三种情况，见表 4-10。

表 4-10　　　　　　　　　　平面截割圆柱的截交线

| 截平面位置 | 立体图 | 三视图 | 截交线形状 |
|---|---|---|---|
| 平行于圆柱轴线 | 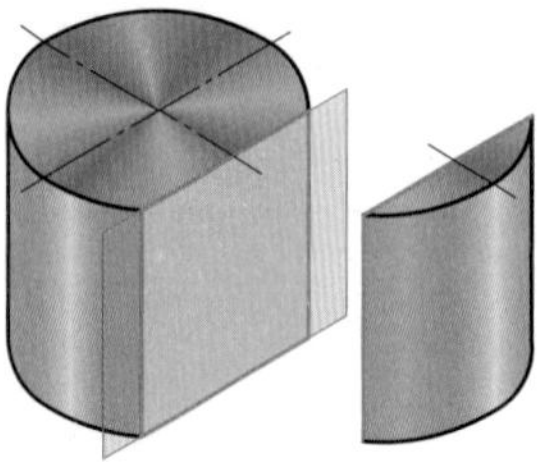 | 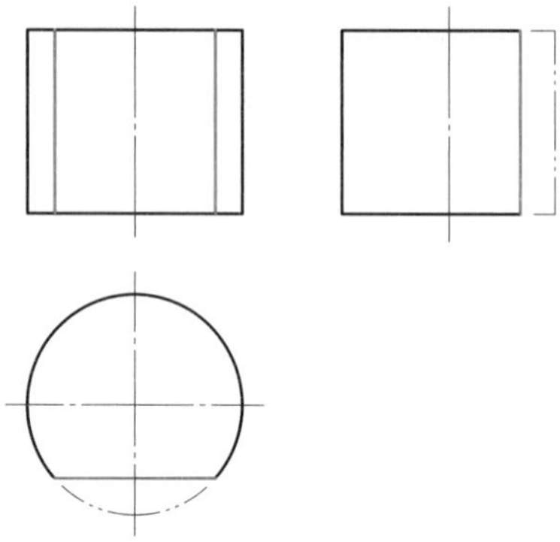 | 矩形 |
| 垂直于圆柱轴线 | 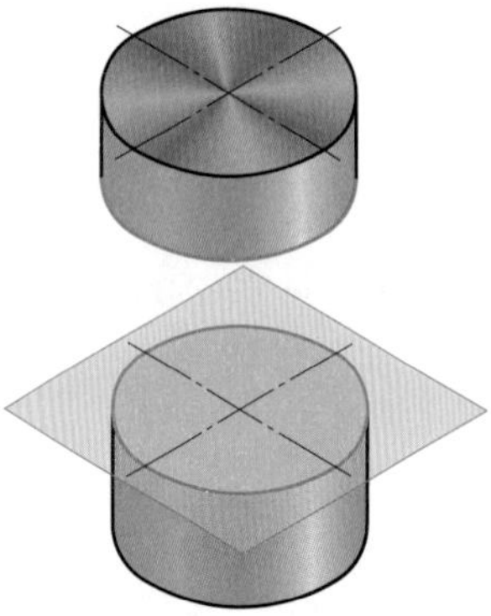 | 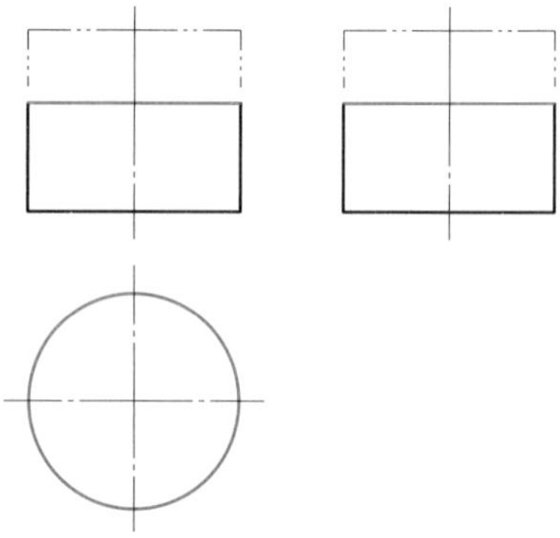 | 直径等于圆柱直径的圆 |
| 倾斜于圆柱轴线 | 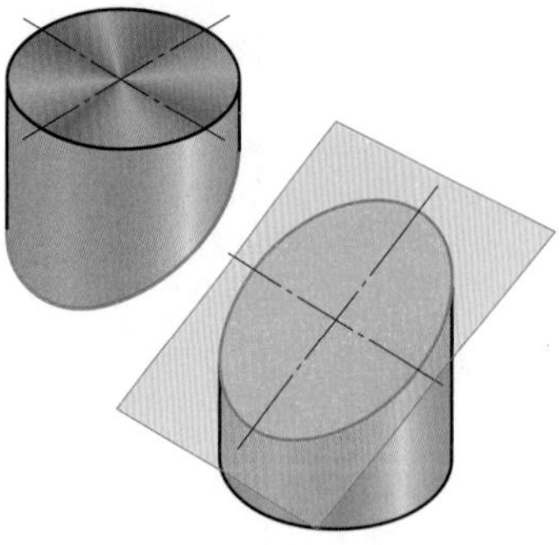 | 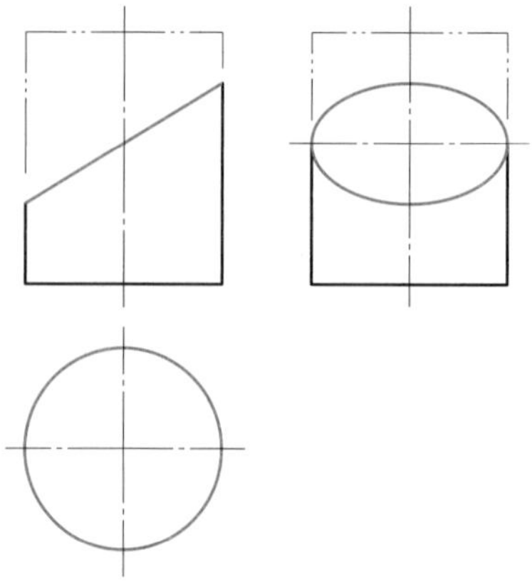 | 椭圆 |

**任务拓展**

## 绘制接头的主视图

根据图 4-15 所示的接头的俯视图、左视图和立体图,分析截交线的形状,求作接头的主视图。

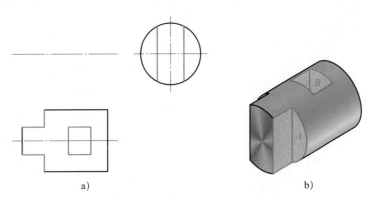

**图 4-15 绘制接头的主视图**
a)俯视图、左视图 b)立体图

1. 形体分析

图 4-15 所示接头是在圆柱体的左侧割肩,中间开槽。截割圆柱体所用的截平面为正平面(平行于圆柱体的轴线)和侧平面(垂直于圆柱体的轴线),各截平面截割圆柱产生的截交线为线段或圆弧,截交线的水平投影和侧面投影是已知的,根据截交线的两个已知投影,可以求出其第三投影。

2. 绘制接头主视图

绘制接头主视图的步骤见表 4-11。

表 4-11 绘制接头主视图的步骤

| 步骤 | 图示 |
| --- | --- |
| 1. 画截割前圆柱的正面投影<br>2. 绘制左侧割肩时正平截平面与圆柱面的截交线 | |

续表

| 步骤 | 图示 |
|---|---|
| 3. 绘制左侧割肩时侧平截平面 $A$ 的正面投影<br><br>作图时注意：主视图上，侧平截平面 $A$ 的投影 $a'$ 的两端和圆柱面最外素线间有间隙 | 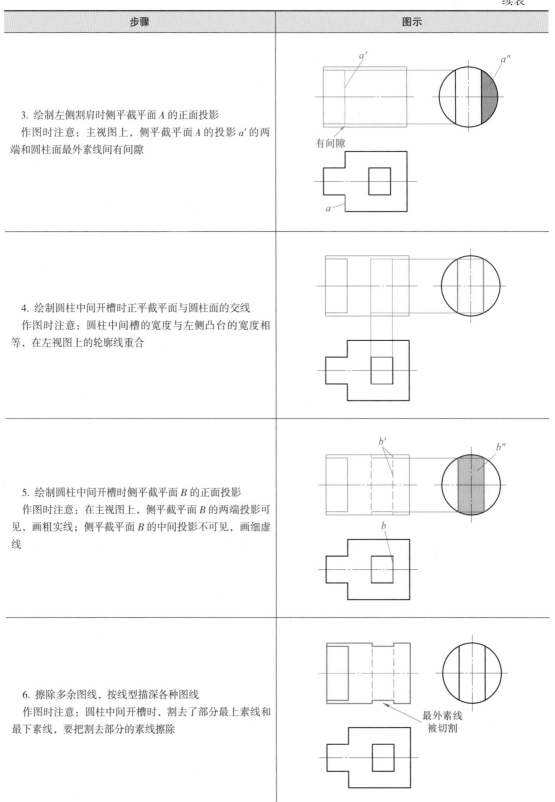 |
| 4. 绘制圆柱中间开槽时正平截平面与圆柱面的交线<br><br>作图时注意：圆柱中间槽的宽度与左侧凸台的宽度相等，在左视图上的轮廓线重合 | |
| 5. 绘制圆柱中间开槽时侧平截平面 $B$ 的正面投影<br><br>作图时注意：在主视图上，侧平截平面 $B$ 的两端投影可见，画粗实线；侧平截平面 $B$ 的中间投影不可见，画细虚线 | |
| 6. 擦除多余图线，按线型描深各种图线<br><br>作图时注意：圆柱中间开槽时，割去了部分最上素线和最下素线，要把割去部分的素线擦除 | |

# 任务三　绘制圆锥上的截交线

**学习目标**

1. 了解圆锥上的截交线的类型。
2. 掌握绘制圆锥上的截交线的方法。

**任务描述**

如图 4-16 所示，圆锥被正垂面截割，试完成俯视图和左视图。

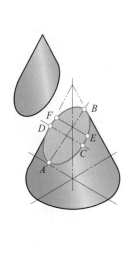
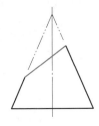

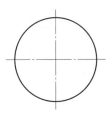

a)                                                  b)

图 4-16　正垂面截割圆锥

a）立体图　b）三视图

**任务分析**

由图 4-16a 可以看出，在该圆锥上的截交线为一封闭曲线（椭圆），该曲线是截平面与圆锥面的共有线，因此其正面投影与正垂面的正面投影重合，同时具备圆锥表面上线的特性。根据椭圆的正面投影求作水平投影和侧面投影，可用辅助平面法求该椭圆曲线上点的投影。

**任务实施**

绘制图 4-16b 上斜切圆锥截交线时，可先求作椭圆上特殊点的未知投影，然后根据情况选取适当的一般点，求作一般点的未知投影，绘制步骤见表 4-12。

**表 4–12**　　　　　　　　　　绘制正垂面截割圆锥的截交线的步骤

| 步骤 | 图示 |
|---|---|
| 1. 作椭圆最上（右）点 B、最下（左）点 A 的水平投影和侧面投影<br><br>　A、B 两点分别为圆锥最左素线和最右素线上的点，可直接利用投影规律求得其水平投影和侧面投影 | 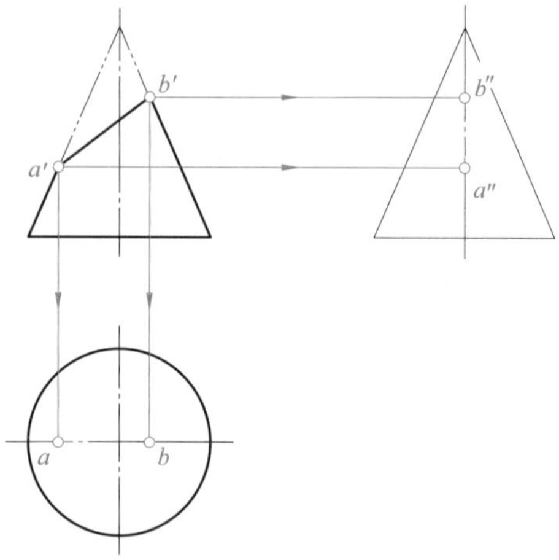 |
| 2. 作最前点 C、最后点 D 的水平投影和侧面投影<br><br>　说明：$c'（d'）$ 点在线段 $a'b'$ 的中间。先利用辅助平面法求得 $c$、$d$，然后利用投影规律求得 $c''$、$d''$ | 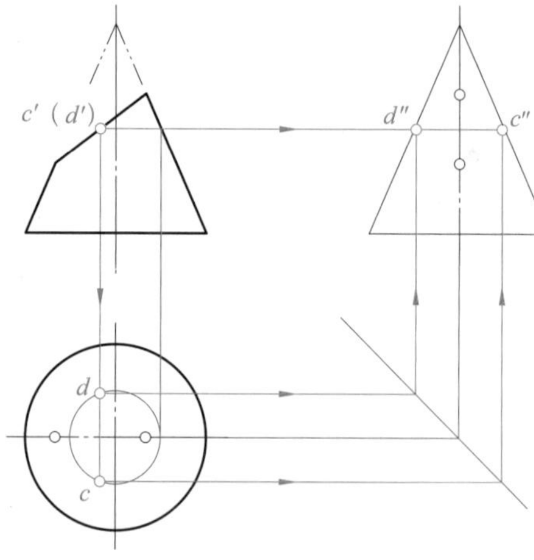 |
| 3. 作椭圆与最前（最后）素线的交点 E（F）的水平投影和侧面投影<br><br>　根据 $e'（f'）$，利用投影规律求得 $e''$ 和 $f''$，然后利用辅助平面法求得 $e$ 和 $f$ | 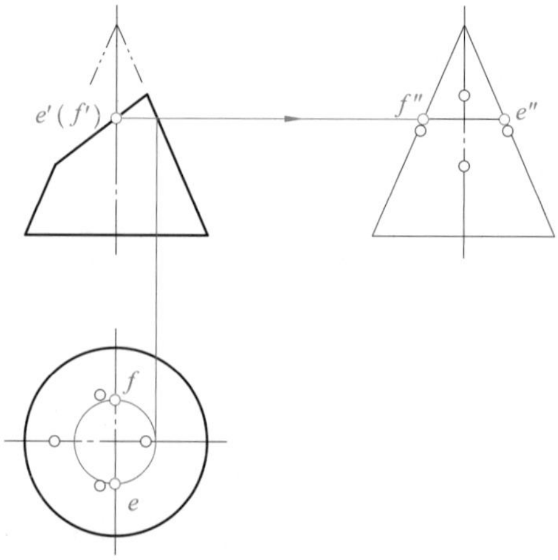 |

续表

| 步骤 | 图示 |
|---|---|
| 4. 作一般点的投影<br><br>在主视图上找适当的一般点的正面投影 $i'$ $(j')$，作其水平投影和侧面投影<br><br>作图时注意：先利用辅助平面法求得 $i$、$j$，然后利用投影规律求得 $i''$、$j''$ | 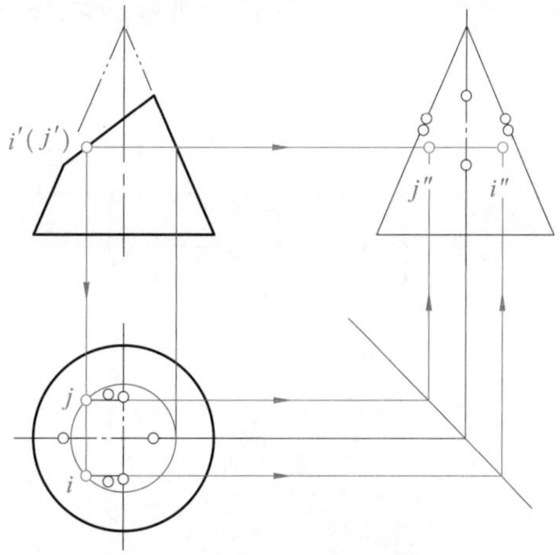 |
| 5. 依次连接各点的同面投影，完成椭圆 | 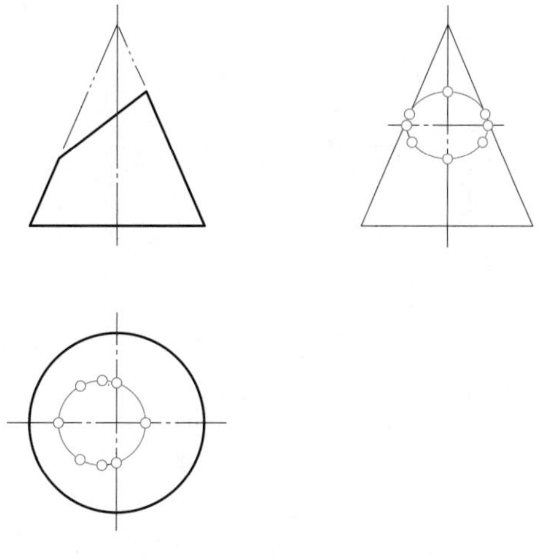 |
| 6. 补全左视图上的轮廓线，绘制中心线<br><br>7. 擦除作图线，按线型描深各种图线 | 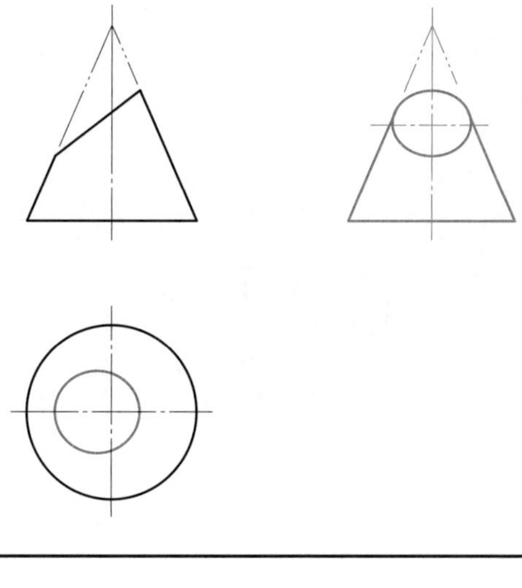 |

**知识拓展**

## 圆锥截交线的类型

平面截割圆锥时，根据截平面与圆锥轴线相对位置的不同，截交线有六种情况，见表 4–13。

表 4–13 平面截割圆锥

| 截平面位置 | 立体图 | 三视图 | 截交线形状 |
|---|---|---|---|
| 截平面垂直于轴线（$\theta=90°$） | 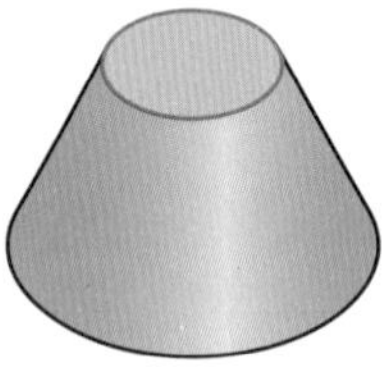 | 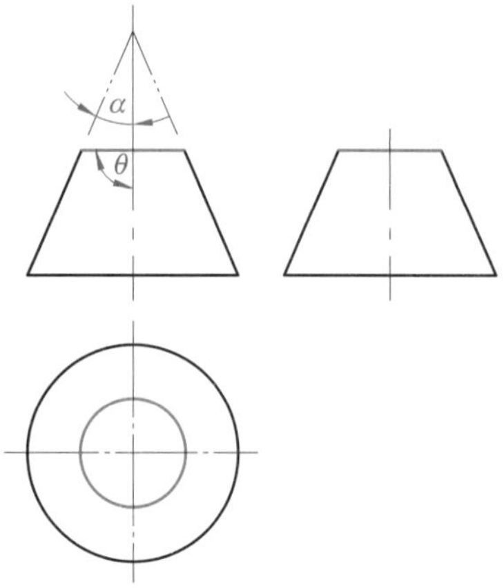 | 圆 |
| 截平面倾斜于轴线，且 $\theta>\alpha$ | 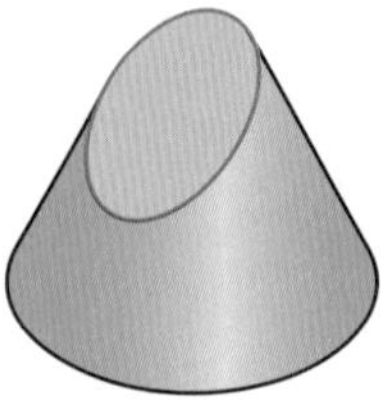 | 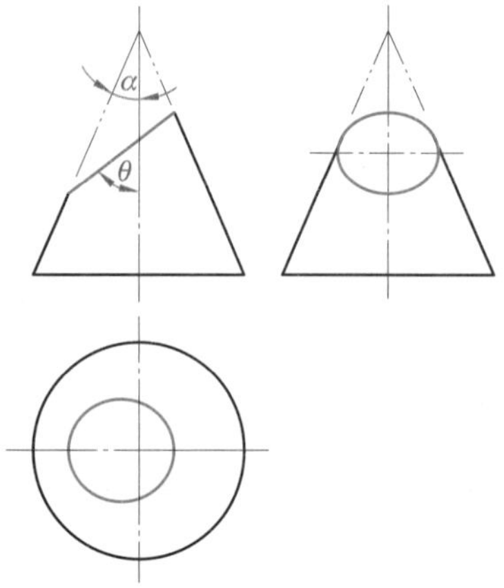 | 椭圆 |
| 截平面平行于某素线（$\theta=\alpha$） | 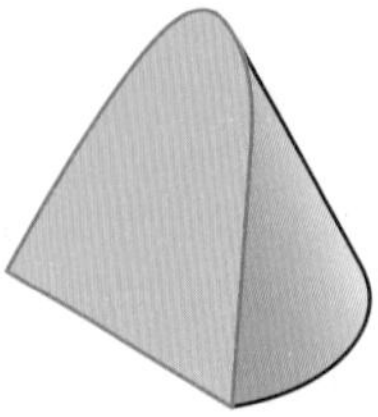 | 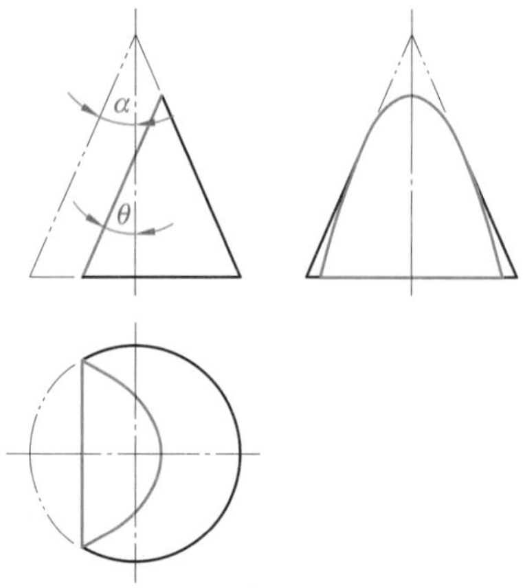 | 抛物线 |

续表

| 截平面位置 | 立体图 | 三视图 | 截交线形状 |
|---|---|---|---|
| 截平面过锥顶 | | | 两相交素线 |
| 截平面倾斜于轴线且 $\theta < \alpha$ | | | 双曲线 |
| 截平面平行于轴线 | | | 双曲线 |

**任务拓展**

## 绘制侧平面竖割圆锥的截交线

如图 4-17 所示，绘制侧平面竖割圆锥的截交线在左视图上的投影。

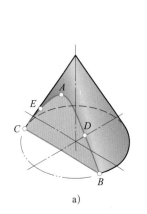
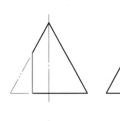
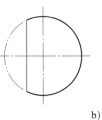

a)                                    b)

**图 4-17　绘制侧平面竖割圆锥的截交线**

a）立体图　b）三视图

由于侧平面平行于圆锥的轴线，所以截交线为双曲线，其正面投影和水平投影与截平面（侧平面）的投影重合，绘制侧面投影的步骤见表 4-14。

表 4-14　　　　　　　绘制侧平面竖割圆锥的截交线在左视图上投影的步骤

| 步骤 | 图示 |
| --- | --- |
| 1. 绘制最高点 A 的侧面投影<br>点 A 在最左素线上，可利用点的投影规律直接求出 a″ | |

| 步骤 | 图示 |
|------|------|
| 2. 绘制最低点 B（也是最前点）、C（也是最后点）的侧面投影<br><br>点 B、C 在底圆上，可利用点的投影规律直接求出 b″ 和 c″ | 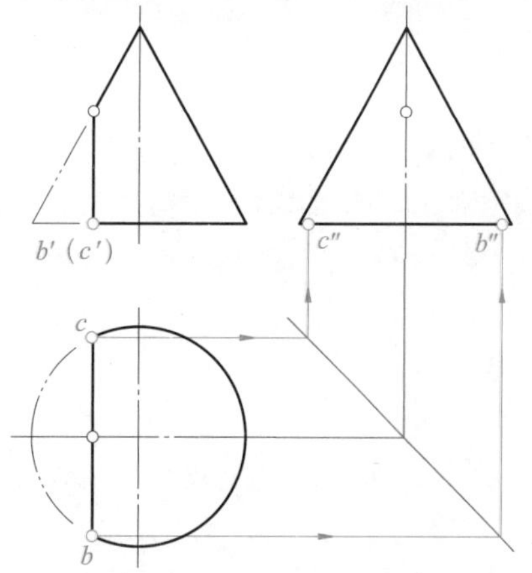 |
| 3. 绘制一般点 D、E 的侧面投影<br><br>过 d′(e′) 作水平辅助平面，先求出 d、e，再求出 d″、e″ | 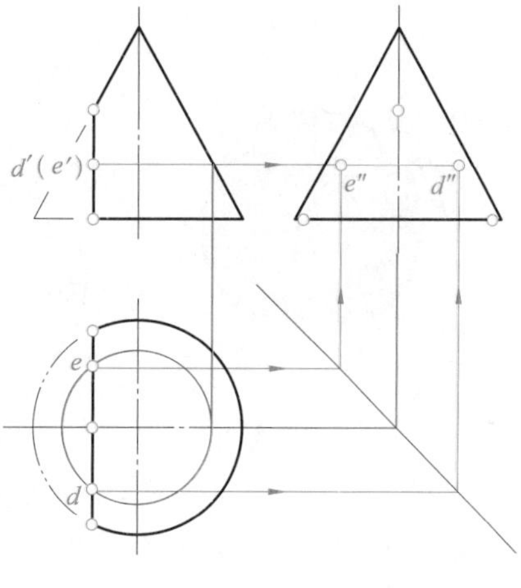 |
| 4. 连接各点，擦除作图线，按线型描深各种图线 | 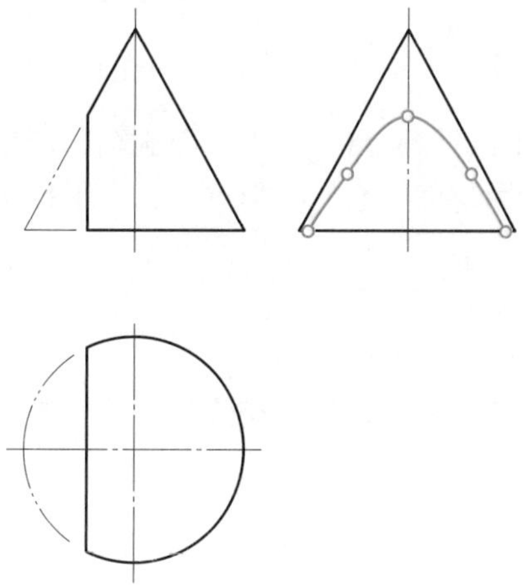 |

# 任务四 绘制球上的截交线

## 学习目标

1. 了解球上的截交线的类型。
2. 掌握绘制球上的截交线的步骤。

**任务描述**

如图 4-18 所示，球被正垂面截割，试完成俯视图和左视图。

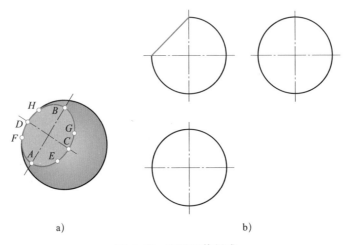

a)                                        b)

**图 4-18 正垂面截割球**
a）立体图 b）三视图

**任务分析**

由图 4-18a 可以看出，用正垂面截割球产生的截交线为圆，该圆是截平面与球面的共有线。其正面投影与截平面的投影重合，水平投影和侧面投影为椭圆。

**任务实施**

绘制用正垂面截割球的截交线的步骤见表 4-15。

表 4-15　　　　　　　　　　　绘制用正垂面截割球的截交线的步骤

| 步骤 | 图示 |
| --- | --- |
| 1. 求作椭圆上最左点（最低点）*A* 和最右点（最高点）*B* 的水平投影和侧面投影<br><br>点 *A*、*B* 在球的前后半球分界圆上，可直接利用投影规律求得其水平投影和侧面投影 | 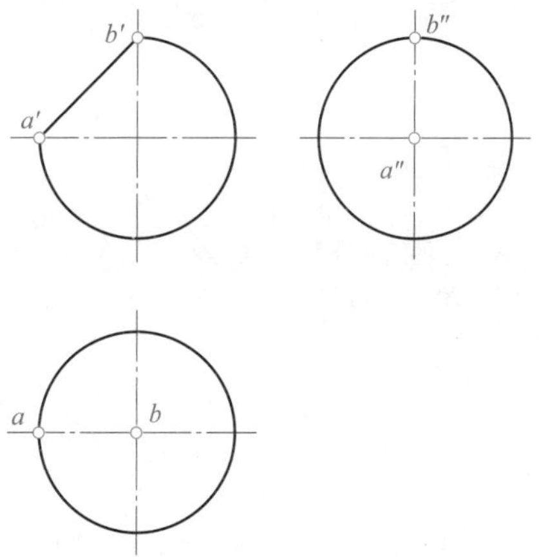 |
| 2. 求作椭圆的最前点 *C*、最后点 *D* 的水平投影和侧面投影<br><br>过 *c'*（*d'*）作水平辅助平面，先求出 *c*、*d*，再利用投影规律求出 *c"*、*d"*<br><br>提示：辅助平面可以是水平面，也可以是侧平面或正平面 | 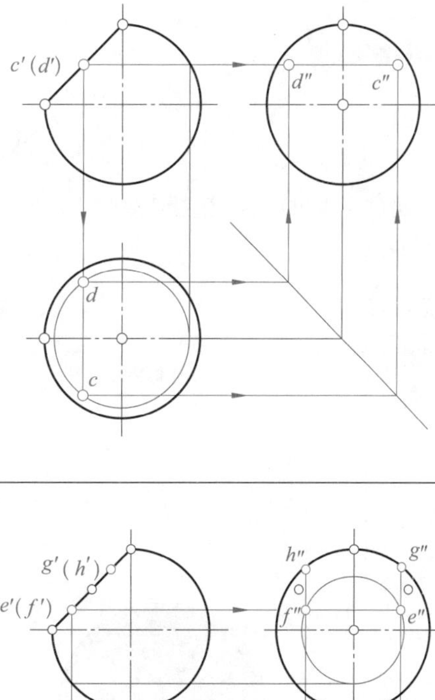 |
| 3. 作一般点的水平投影和侧面投影<br>（1）过点 *E*、*F* 作侧平辅助平面，先求其侧面投影 *e"*、*f"*，然后利用投影规律求水平投影 *e*、*f*<br>（2）用同样的方法可求出一般点 *G*、*H* 的侧面投影和水平投影 | 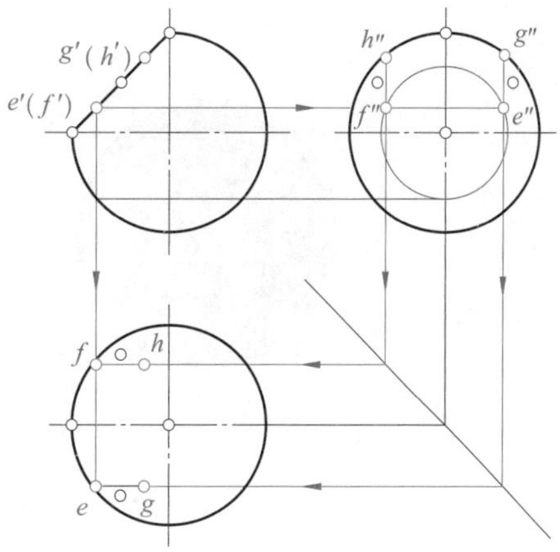 |

续表

| 步骤 | 图示 |
|---|---|
| 4. 连接各点的同面投影，完成椭圆<br>5. 擦除作图线，按线型描深各种图线 | 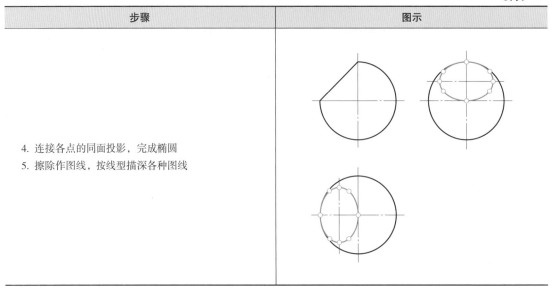 |

## 球上的截交线

平面截割球时，截交线为圆。截平面与投影面的相对位置不同，截交线的投影也不同，见表 4-16。

表 4-16 球上的截交线

| 截平面位置 | 立体图 | 三视图 |
|---|---|---|
| 截平面为正平面 |  | |

续表

| 截平面<br>位置 | 立体图 | 三视图 |
|---|---|---|
| 截平面为<br>水平面 |  |  |
| 截平面为<br>正垂面 |  |  |

**知识拓展**

## 绘制半球开槽的截交线

图 4-19 所示为半球开槽的立体图和三视图，试补画半球开槽的俯视图、左视图。

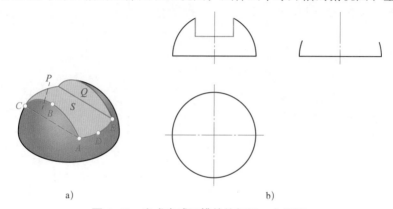

a)                                                b)

**图 4-19 完成半球开槽的俯视图、左视图**

a）立体图　b）三视图

**1. 形体分析**

如图 4-19a 所示，半球开槽用了两个左右对称的侧平面（$P$、$Q$）和一个水平面（$S$），它们与球面相交得到的截交线都是圆弧，完成本任务的关键是求出截交圆弧的半径。

**2. 补画俯视图、左视图**

补画半球开槽俯视图、左视图的步骤见表 4-17。

表 4-17　　　　　　　　　　　补画半球开槽俯视图、左视图的步骤

| 步骤 | 图示 |
|---|---|
| 1. 补画侧平面 $P$、$Q$ 与球面的截交线的未知投影<br>（1）侧平面 $P$ 与球面的截交线（$ABC$）为圆弧，侧面投影（$a''b''c''$）为圆弧，水平投影（$abc$）为竖线<br>（2）先利用投影规律作侧面投影，再求作水平投影<br>（3）圆弧 $a''b''c''$ 的半径 $R_1$ 在主视图上确定<br>（4）侧平面 $Q$ 和侧平面 $P$ 与球面的截交线的形状相同，侧面投影重合，水平投影相对于竖直中心线左右对称 | |
| 2. 补画水平面 $S$ 与球面的截交线的未知投影<br>（1）前边的截交线为 $\overparen{ADE}$，先求其水平投影 $ade$（圆弧），再求其侧面投影 $a''d''e''$（横线）<br>（2）圆弧 $ade$ 的半径 $R_2$ 在主视图上确定<br>（3）后边的截交线的投影画法同前边的截交线 $\overparen{ADE}$ 的投影画法 | 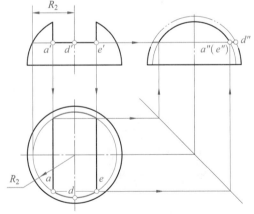 |

续表

| 步骤 | 图示 |
|------|------|
| 3. 补画截平面 *P* 和 *S* 的交线 *AC* 的侧面投影（不可见）<br>4. 补画半球在左视图上的轮廓线<br>5. 擦除作图线，按线型描深各种图线 | 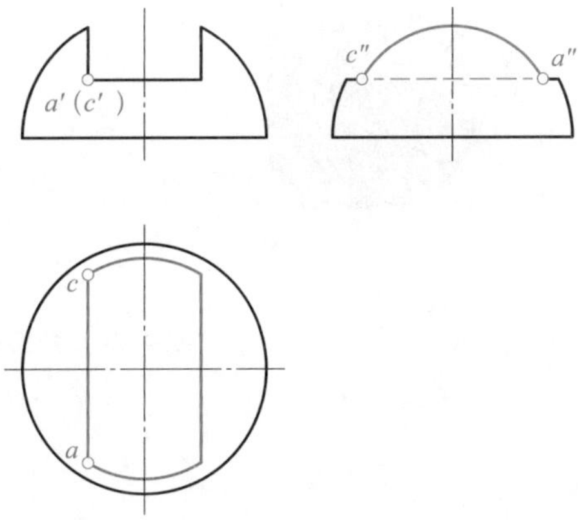 |

---

## 课题三 绘制相贯线的投影

### 任务一 绘制圆柱与圆柱正交的相贯线

**学习目标**

1. 了解相贯线的概念和基本性质。
2. 了解两圆柱轴线正交相贯的类型和常见圆柱穿孔相贯线的画法。
3. 掌握绘制圆柱与圆柱正交的相贯线的方法。

**任务描述**

图 4–20 所示为两圆柱正交相贯，试补画图 4–20b 所示主视图上两圆柱面交线的投影。

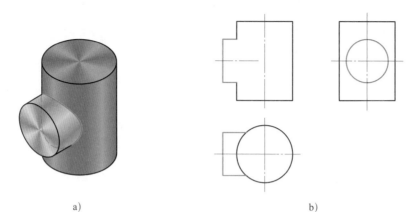

**图 4-20 两圆柱正交相贯**

a）立体图　b）三视图

**任务分析**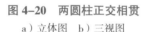

　　由图 4-20b 可知，两圆柱直径不同，轴线垂直相交（正交），其中大圆柱的轴线垂直于水平投影面，故大圆柱面的水平投影为圆；小圆柱的轴线垂直于侧投影面，故小圆柱面的侧面投影为圆。两圆柱面的交线是两圆柱面的共有线，因此具有两圆柱面的投影规律，即相贯线的水平投影与大圆柱面的投影重合（为圆的一部分圆弧），相贯线的侧面投影与小圆柱的侧面投影重合（为整圆）。

**相关知识**

**一、相贯线的概念**

　　两立体相交称为相贯，其表面交线称为相贯线。最常见的相贯形式是平面立体与曲面立体和曲面立体与曲面立体相贯，如图 4-21 所示。求作平面立体与曲面立体的相贯线时，可以参照求截交线的方法。

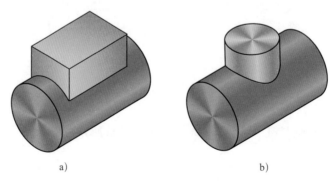

**图 4-21 常见的相贯形式**

a）平面立体与曲面立体相贯　b）曲面立体与曲面立体相贯

## 二、相贯线的基本性质

1. 相贯线一般为空间曲线，特殊情况下为平面曲线或平面内的折线。

2. 相贯线是两立体表面的共有线，也是相交两立体表面的分界线，相贯线上的各点都是两立体表面上的共有点。

因此，求作相贯线的实质就是求作两立体表面上一系列共有点的投影，然后按顺序依次连接各共有点的同面投影。

### 任务实施

图 4-20b 所示圆柱相贯线的水平投影和侧面投影是已知的。在作图时，可以先找出相贯线上的特殊点，再在适当位置选取一般点，并根据点的投影规律求作未知投影，光滑连接各点即得相贯线的未知投影，绘制步骤见表 4-18。

表 4-18　　　　　　　　　　　　　　绘制正交两圆柱相贯线的步骤

| 步骤 | 图示 |
| --- | --- |
| 1. 作特殊点的投影<br>在视图上找出相贯线上的最高点 A 和最低点 C（该两点同时是最左点）、最前点 B 和最后点 D（该两点同时是最右点）的侧面投影和水平投影，求出正面投影 | 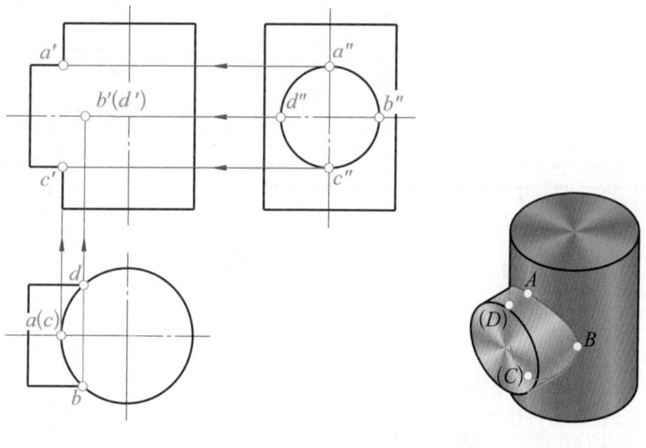 |
| 2. 作一般点的投影<br>在适当位置选取一般点 E、F、G、H，画出其侧面投影，利用点的投影规律和相贯线上点的水平投影在大圆上两个条件，求出其水平投影，然后根据点的两面投影作其正面投影 | 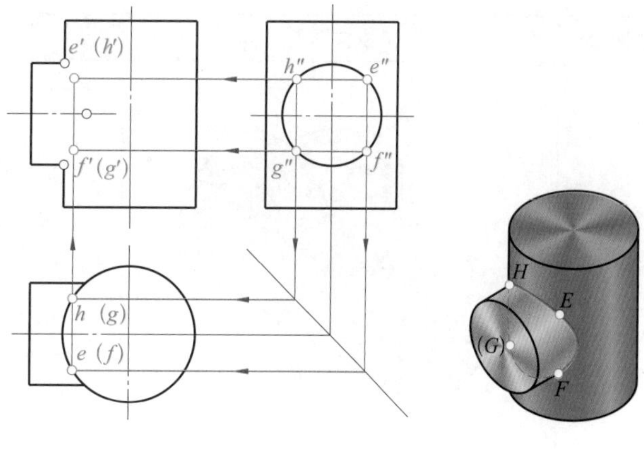 |

续表

| 步骤 | 图示 |
|---|---|
| 3. 光滑连接各点 | 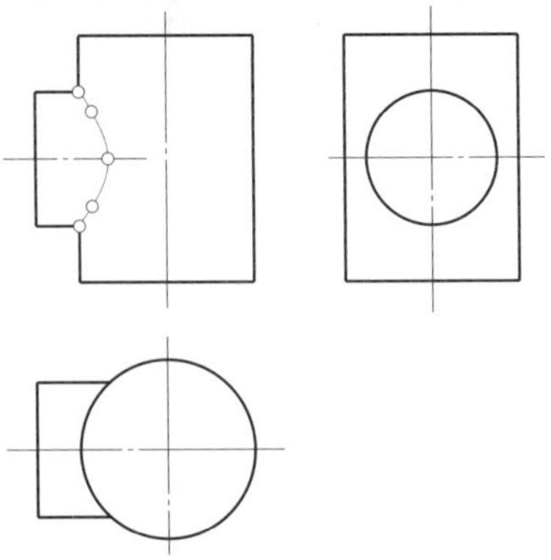 |
| 4. 擦除作图线，按线型描深各种图线 | 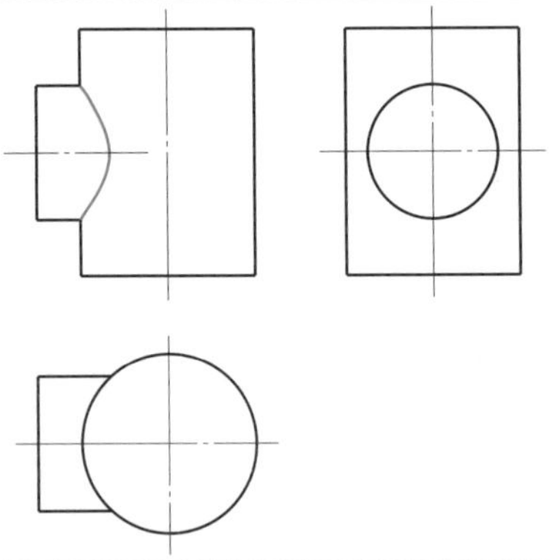 |

**知识拓展**

## 一、两圆柱正交相贯的类型

两圆柱正交相贯的类型见表 4-19。

表 4-19　　　　　　　　两圆柱正交相贯的类型

| 尺寸变化 | 立体图 | 三视图 |
|---|---|---|
| $D_1>D_2$ | 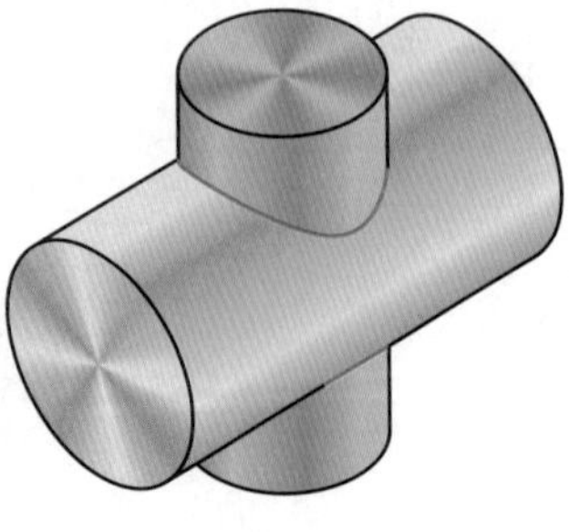 | 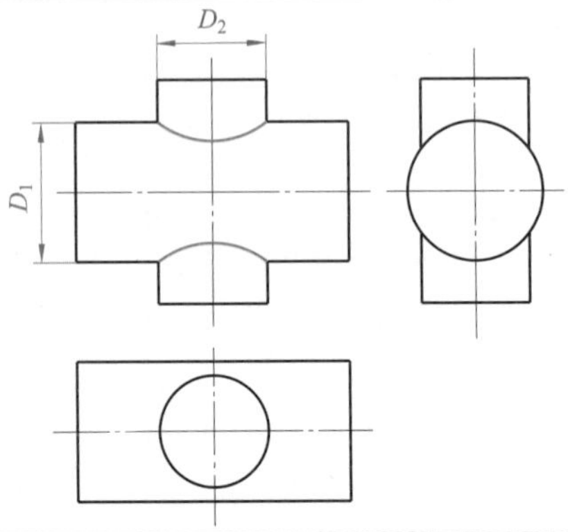 |

| 尺寸变化 | 立体图 | 三视图 |
| --- | --- | --- |
| $D_1=D_2$ | | $D_2$ $D_1$<br>相贯线为椭圆 |
| $D_1<D_2$ | | $D_2$ $D_1$ |

二、常见圆柱穿孔的相贯线

常见圆柱穿孔的相贯线见表 4-20。圆柱相贯时，圆柱面上相贯处的最外素线不再存在。

表 4–20　　　　　　　　　　　　　常见圆柱穿孔的相贯线

| 类型 | 立体图 | 三视图 |
|---|---|---|
| 圆柱与圆柱孔相贯 | | |
| 不等径圆柱孔相贯 | | |
| 等径圆柱孔相贯 | | |

## 任务拓展

### 一、绘制偏交两圆柱的相贯线

图 4-22 所示为两圆柱偏交，试补画主视图上相贯线的投影。

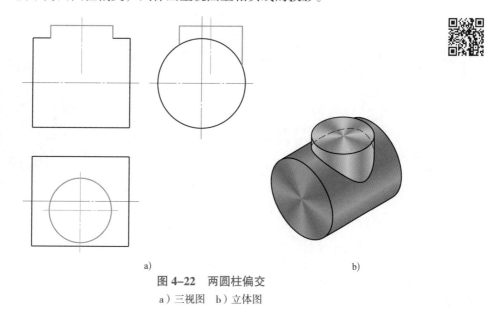

a)

b)

**图 4-22    两圆柱偏交**

a）三视图    b）立体图

**1. 形体分析**

由图 4-22 可见，小圆柱和大圆柱的轴线相互垂直但不相交，相贯线是一条封闭的空间曲线。由于两圆柱的轴线分别垂直于水平投影面和侧投影面，相贯线的水平投影为圆、侧面投影为圆弧，故只需求作相贯线的正面投影。

**2. 绘制偏交两圆柱的相贯线**

绘制偏交两圆柱相贯线的步骤见表 4-21。

表 4-21                绘制偏交两圆柱相贯线的步骤

| 步骤 | 图示 |
| --- | --- |
| 1. 作相贯线上最前点 A、最后点 C、最左点 B 和最右点 D 的投影<br>（1）小圆柱最前素线上的点 A 是相贯线的最前（最低）点，最后素线上的点 C 是相贯线的最后点<br>（2）小圆柱最左素线上的点 B 是相贯线的最左点，最右素线上的点 D 是相贯线的最右点（但不是最高点）<br>注意：作图时先找出点的水平投影和侧面投影，然后求作正面投影 | 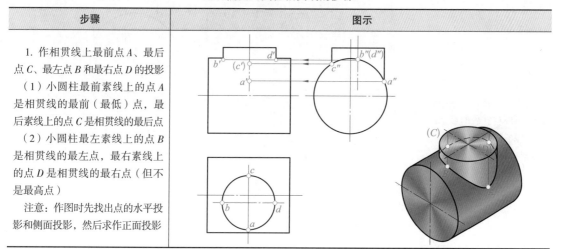 |

| 步骤 | 图示 |
|---|---|
| 2. 作相贯线上左侧最高点 $E$ 和右侧最高点 $F$ 的投影<br><br>大圆柱的最上素线和小圆柱面的交点 $E$ 是相贯线左侧的最高点、交点 $F$ 是相贯线右侧的最高点 | 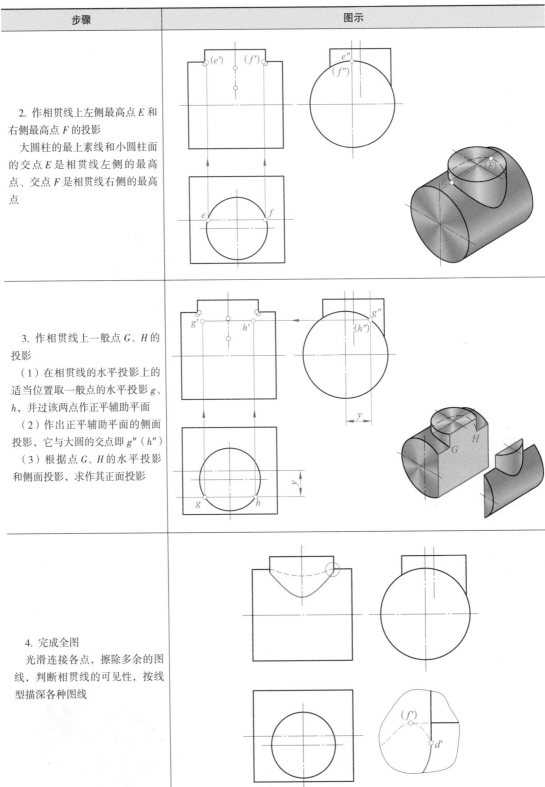 |
| 3. 作相贯线上一般点 $G$、$H$ 的投影<br><br>（1）在相贯线的水平投影上的适当位置取一般点的水平投影 $g$、$h$，并过该两点作正平辅助平面<br>（2）作出正平辅助平面的侧面投影，它与大圆的交点即 $g''$（$h''$）<br>（3）根据点 $G$、$H$ 的水平投影和侧面投影，求作其正面投影 | |
| 4. 完成全图<br><br>光滑连接各点，擦除多余的图线，判断相贯线的可见性，按线型描深各种图线 | |

### 二、绘制斜交两圆柱的相贯线

如图 4-23 所示，两圆柱斜交，绘制相贯线的投影。

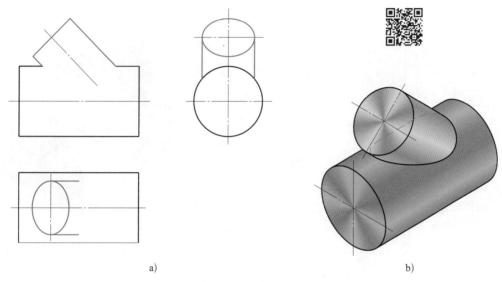

**图 4-23 两圆柱斜交**

a）三视图　b）立体图

#### 1. 分析形体

分析图 4-23 可知，两圆柱直径不同，两轴线斜交且平行于正投影面，相贯线是一条前后对称的空间曲线。其侧面投影为与大圆柱面投影重合的一段圆弧，需求出其正面投影和水平投影。

#### 2. 绘制斜交两圆柱的相贯线

绘制斜交两圆柱相贯线的步骤见表 4-22。

表 4-22　　　　　　　　　　　　绘制斜交两圆柱相贯线的步骤

| 步骤 | 图示 |
| --- | --- |
| 1. 作相贯线上特殊点的投影<br>（1）在左视图上找出斜圆柱面上四条最外素线和水平圆柱面的交点，此即相贯线上的特殊点<br>（2）利用投影规律依次作出其正面投影和水平投影 | |

续表

| 步骤 | 图示 |
|---|---|
| 2. 作相贯线上一般点的投影<br>（1）作辅助平面 $P$（正平面）与两圆柱相交，与斜圆柱的交线为 $L_1$、$L_2$，与水平圆柱的交线为 $L_3$<br>（2）$L_3$ 与 $L_1$、$L_2$ 分别交于点 $E$ 和点 $F$，此即相贯线的一般点。根据点 $E$ 和点 $F$ 的侧面投影求出其正面投影，然后求出其水平投影<br>（3）同理可求出点 $G$ 和点 $H$ 的侧面投影、正面投影和水平投影 | 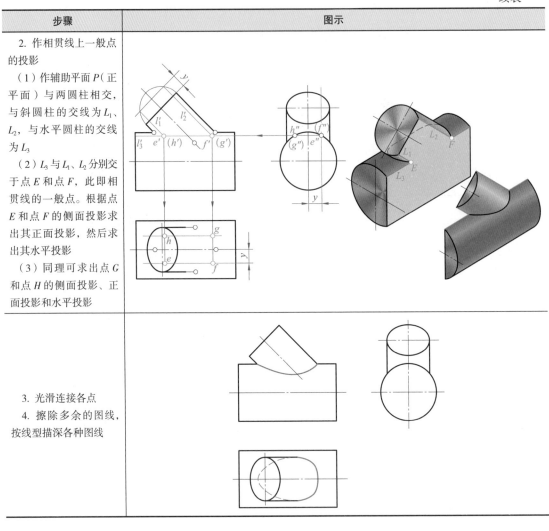 |
| 3. 光滑连接各点<br>4. 擦除多余的图线，按线型描深各种图线 | |

# 任务二　绘制圆柱与圆锥正交的相贯线

**学习目标**

1. 了解圆锥与圆柱正交相贯的类型。
2. 掌握圆柱与圆锥正交时相贯线的画法。

**任务描述**

图 4-24 所示为圆柱和圆锥正交相贯，两立体相交产生了一条封闭的空间曲线，试分析该圆柱与圆锥正交相贯线的画法，补画主视图、俯视图上的相贯线投影。

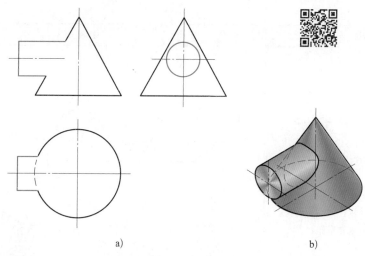

图 4-24　圆柱和圆锥正交相贯

a）三视图　b）立体图

**任务分析**

由图 4-24 可知，圆柱和圆锥的轴线垂直相交（正交），其中圆柱的轴线垂直于侧投影面，圆锥的轴线垂直于水平投影面。由于该相贯线是圆柱面上的线，故其侧面投影为圆（与圆柱面的投影重合）。但是，因为圆锥面不像圆柱面那样具有积聚性，所以该相贯线只有一个投影（侧面投影）是已知的。

**任务实施**

绘制图 4-24 所示圆柱和圆锥正交的相贯线时，一般用辅助平面法求相贯线上点的投影，作图步骤见表 4-23。

表 4-23　　　　　　　　　绘制圆柱与圆锥正交的相贯线的步骤

| 步骤 | 图示 |
| --- | --- |
| 1. 求作最高点 A 和最低点 B 的投影<br>在左视图上找出最高点和最低点的侧面投影 a″、b″，利用投影规律依次作出其正面投影和水平投影 | 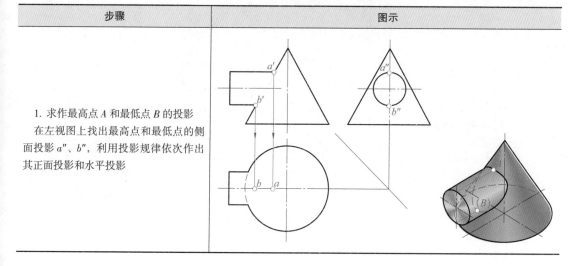 |

| 步骤 | 图示 |
|---|---|
| 2. 求作最前点 C 和最后点 D 的投影<br>（1）在左视图上找出最前点和最后点的投影 c″ 和 d″，过这两点作水平辅助平面<br>（2）求作辅助圆的水平投影<br>（3）利用投影规律求作 c、d<br>（4）利用点的投影规律求作 c′、d′ | 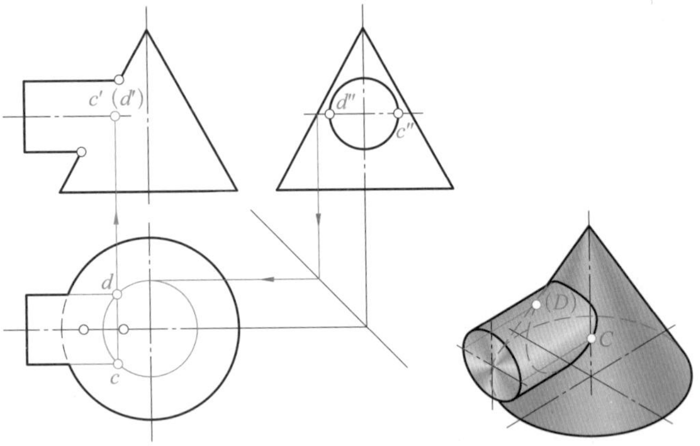 |
| 3. 求作相贯线最右点的投影<br>（1）在左视图上，过 o″ 作圆锥最前素线的垂线，与相贯线的侧面投影（圆）交于点 e″、f″（点 E、F 为相贯线的最右点）<br>（2）过 e″（或 f″）作水平辅助平面<br>（3）求作辅助圆的水平投影<br>（4）利用投影规律求作 e、f<br>（5）利用点的投影规律求作 e′、f′ | 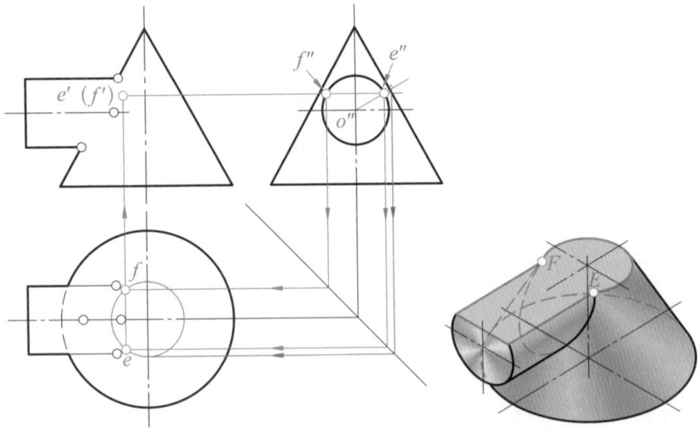 |
| 4. 求作一般点的投影<br>（1）在相贯线的适当位置找一般点 G、H，作出其侧面投影 g″、h″<br>（2）过 g″、h″ 作水平辅助平面<br>（3）求辅助圆的水平投影<br>（4）利用投影规律求作水平投影 g、h<br>（5）利用点的投影规律求作 g′、h′ | 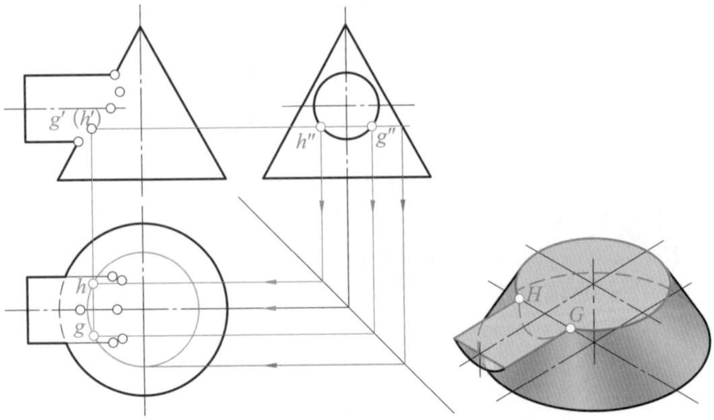 |

续表

| 步骤 | 图示 |
|---|---|
| 5. 光滑连接各点的同面投影<br>注意将相贯线的可见部分画成粗实线，不可见部分（下半圆柱体上相贯线的水平投影）画成细虚线<br>6. 擦除多余的图线，按线型描深各种图线<br>在俯视图上补全圆柱的最外素线 | 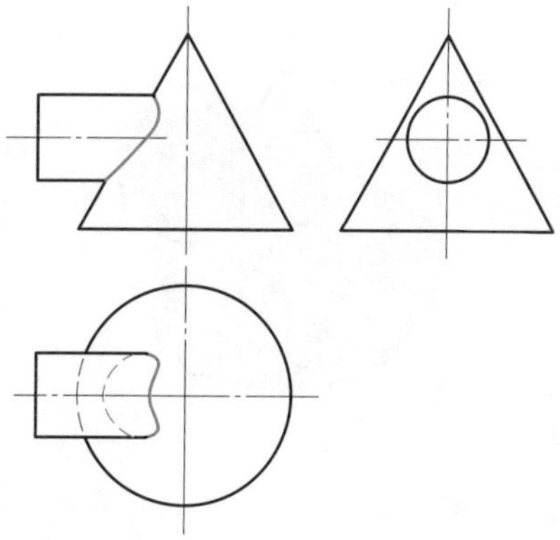 |

知识拓展

## 圆柱与圆锥正交相贯的类型

圆柱与圆锥正交相贯的类型见表 4-24。

表 4-24 圆柱与圆锥正交相贯的类型

| 类型 | 立体图 | 三视图 |
|---|---|---|
| 圆柱穿过圆锥 | 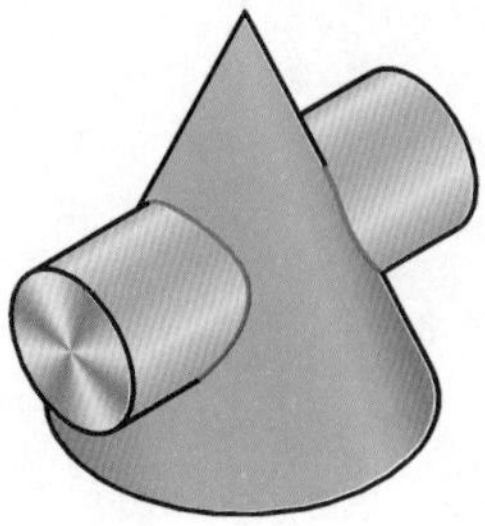 | 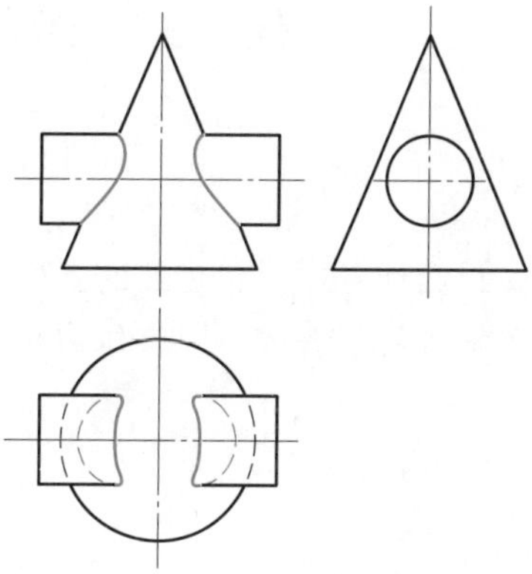 |

续表

| 类型 | 立体图 | 三视图 |
|---|---|---|
| 圆柱和圆锥共切于一个球 | 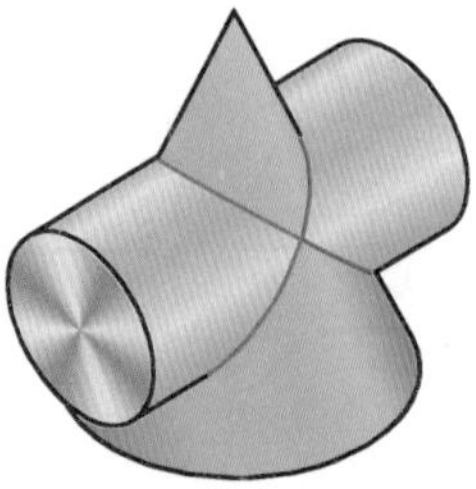 | 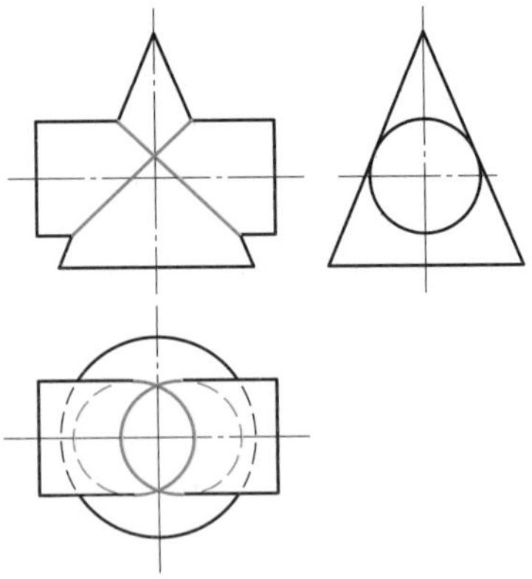 <br>相贯线为平面曲线（椭圆） |
| 圆锥穿过圆柱 | 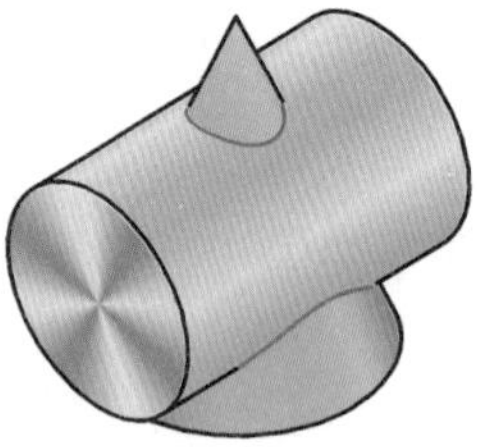 | 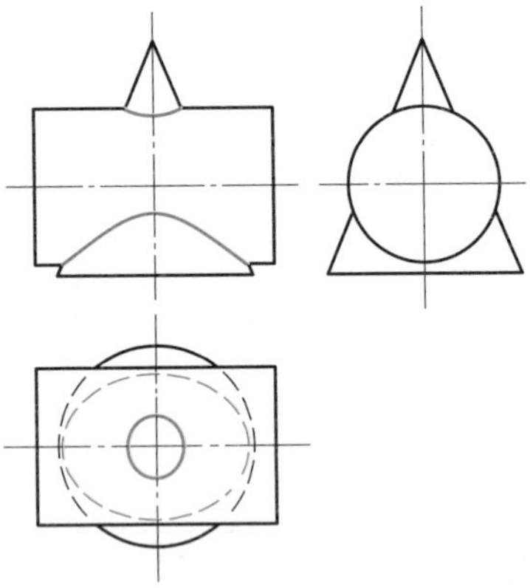 |

# 任务三　绘制圆柱与球偏交的相贯线

**学习目标**

1. 掌握圆柱与球的相贯线的画法。
2. 了解轴线重合的两回转体的相贯线的形状及画法。

**任务描述**

图 4-25 所示为一圆柱和一半球相交，两立体的轴线互相平行，其相贯线为一条封闭的空间曲线，试补画主视图、左视图上的相贯线投影。

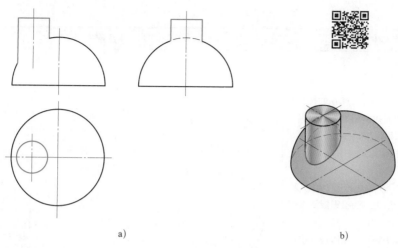

**图4-25 圆柱和球偏交相贯**

a）三视图 b）立体图

## 任务分析

由图4-25可知，圆柱和球的轴线互相平行，该相贯线的水平投影与圆柱面的投影重合，故相贯线的水平投影是已知的；正面投影为非圆曲线，其前半部分与后半部分重合；侧面投影为非圆曲线，其左半部分可见，右半部分不可见。

## 任务实施

绘制图4-25所示圆柱和球偏交的相贯线时，可以用辅助平面法求相贯线上点的投影，作图步骤见表4-25。

表4-25 绘制圆柱与球偏交的相贯线的步骤

| 步骤 | 图示 |
|---|---|
| 1. 求作最低点 A 和最高点 B 的投影<br>（1）在俯视图上找出相贯线的最低点 A 和最高点 B 的水平投影 a、b<br>（2）利用"长对正"的投影规律求作 a'、b'<br>（3）利用"高平齐"的投影规律求作 a"、b" |  |

| 步骤 | 图示 |
|---|---|
| 2. 求作最前点 $C$ 和最后点 $D$ 的投影<br>（1）在俯视图上找出相贯线最前点 $C$ 和最后点 $D$ 的水平投影 $c$、$d$<br>（2）以点 $o$ 为圆心，过点 $c$（或 $d$）画圆。该圆为水平辅助平面与球面的交线<br>（3）作出辅助平面在主视图上的投影<br>（4）利用"长对正"的投影规律求作 $c'$、$d'$<br>（5）利用"高平齐"的投影规律求作 $c''$、$d''$ | |
| 3. 求一般点 $E$、$F$ 的投影<br>（1）在相贯线的水平投影上选取适当的一般点的水平投影 $e$、$f$<br>（2）以点 $o$ 为圆心，过点 $e$（或 $f$）画圆（该圆为水平辅助平面与球面交线圆的水平投影）<br>（3）作出辅助平面的正面投影<br>（4）求作 $e'$、$f'$<br>（5）求作 $e''$、$f''$ | |
| 4. 求一般点 $G$、$H$ 的投影<br>方法与上步骤相同 | |

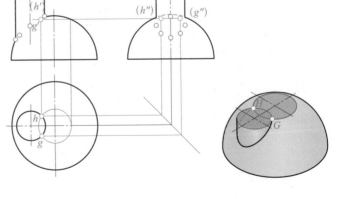

续表

| 步骤 | 图示 |
|---|---|
| 5. 光滑连接各点的同面投影<br><br>将相贯线的可见部分画成粗实线，不可见部分（右半圆柱上的相贯线的侧面投影）画成细虚线<br><br>6. 擦除多余的图线，按线型描深各种图线<br><br>在左视图上补全圆柱的最外素线 | 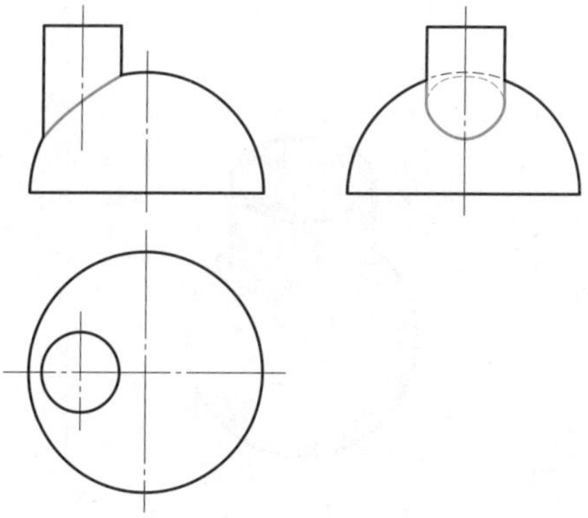 |

知识拓展

## 轴线重合的两回转体相贯的相贯线画法

轴线重合的两回转体相贯的相贯线为圆，见表 4-26。

表 4-26　　　　　　　　　　　轴线重合的两回转体相贯的相贯线

| 类型 | 立体图 | 三视图 |
|---|---|---|
| 圆锥和圆柱相贯 | 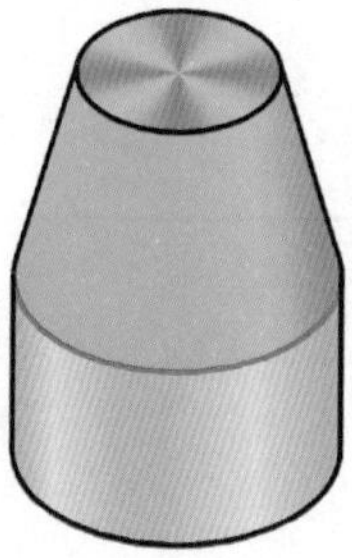 | 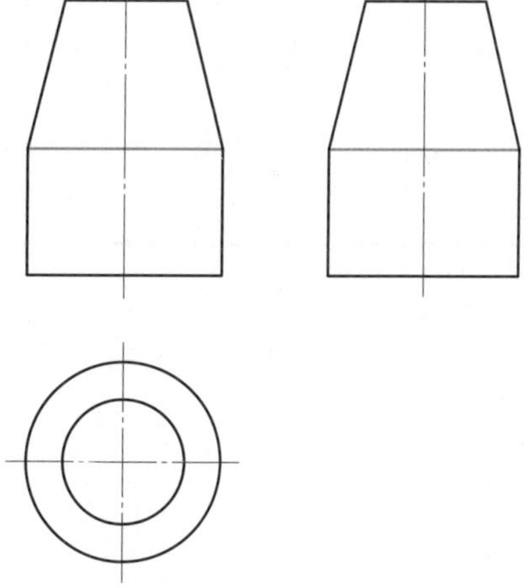 |

| 类型 | 立体图 | 三视图 |
|------|--------|--------|
| 圆柱和球相贯 | | |
| 圆锥和球相贯 | | |

# 组合体的视图

课题一　绘制组合体的三视图

## 任务一　绘制支架的三视图

### 学习目标

1. 了解组合体的类型。
2. 掌握叠加类组合体的绘图方法。
3. 掌握组合体的表面连接关系。

**任务描述**

图 5-1 所示为支架的正等轴测图，试绘制其三视图。

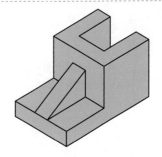

图 5-1　支架的正等轴测图

## 任务分析

图 5-1 所示支架可以认为是由平板、肋板、连接板和竖板（两块）等基本形体叠加而成的（见图 5-2）。在绘制其三视图时首先要分析每个基本形体的结构形状和它们之间的相对位置关系。支架的结构特点是前后对称，各形体之间的位置关系是平板和连接板同宽，连接板和竖板同高，平板、连接板和竖板的部分面共面，肋板下靠平板，右靠连接板。

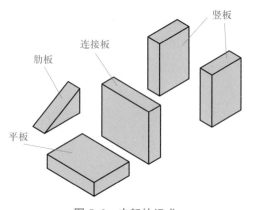

图 5-2　支架的组成

## 相关知识

### 一、组合体的类型

绝大多数机械零件是由两个或两个以上的基本几何体组合而成的。由两个或两个以上的基本几何体组成的形体称为组合体。按照形体特征，组合体可分为叠加类组合体、切割类组合体、综合类组合体，见表 5-1。

表 5-1　组合体的类型

| 类型 | 概念 | 图示 |
|---|---|---|
| 叠加类组合体 | 由几个基本几何体叠加而成的组合体 | |
| 切割类组合体 | 在一个基本几何体上切割去除某些形体而形成的组合体 | |

| 类型 | 概念 | 图示 |
|---|---|---|
| 综合类组合体 | 既有叠加又有切割的组合体 | 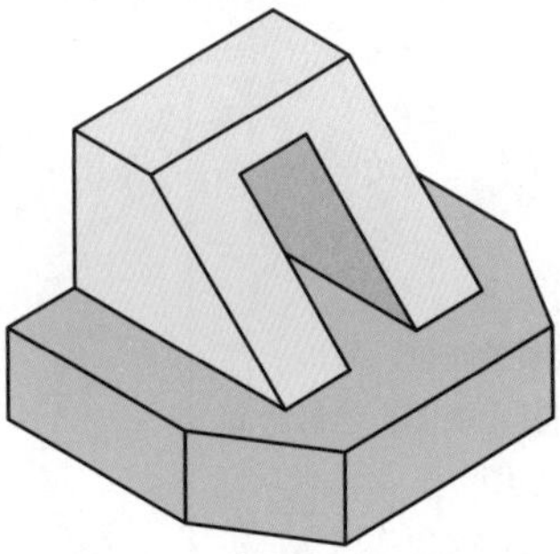 |

## 二、绘制组合体三视图的基本原则

由于组合体的结构比较复杂，在绘制其三视图时，要按照一定的顺序进行绘制，以保证绘制的三视图正确无误，具体绘图时可参照以下原则。

1. 先绘主要部分，后绘次要部分。
2. 先绘大形体，后绘小结构。
3. 先绘可见部分，后绘不可见部分。
4. 先绘特殊位置直线（或平面），后绘一般位置直线（或平面）。
5. 三个视图要同时绘制，不要先画完主视图再画其他视图。

**任务实施**

在绘制支架三视图时，应先绘制三视图的基准线，然后逐一绘制连接板、平板、竖板和肋板的三视图，最后校核、描深图形。绘制支架三视图的步骤见表 5-2。

表 5-2 绘制支架三视图的步骤

| 步骤 | 图示 |
|---|---|
| 1. 绘制作图基准线<br>绘制主视图、左视图的高度基准线。绘制连接板左侧平面在主视图、俯视图上的投影，并以此作为长度基准线。绘制俯视图、左视图的前后对称中心线，并以此作为宽度基准线 | 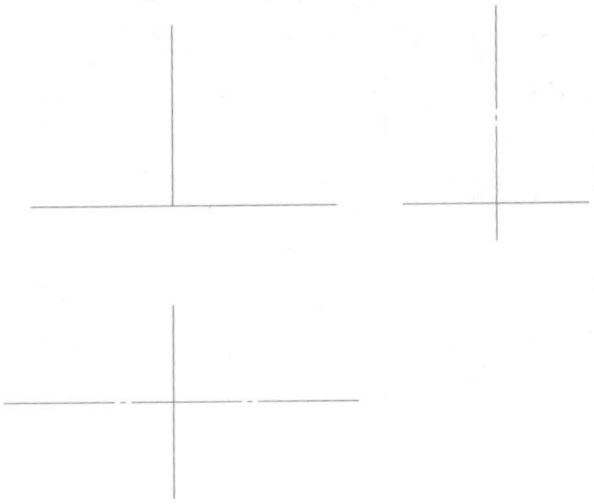 |

| 步骤 | 图示 |
|---|---|
| 2. 绘制连接板<br>　测量连接板的长度、宽度、高度，先绘制其主视图，然后绘制俯视图、左视图 | 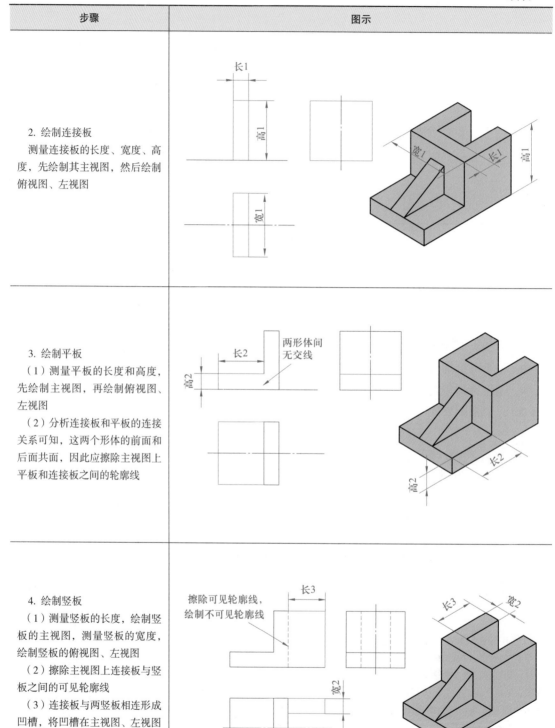 |
| 3. 绘制平板<br>（1）测量平板的长度和高度，先绘制主视图，再绘制俯视图、左视图<br>（2）分析连接板和平板的连接关系可知，这两个形体的前面和后面共面，因此应擦除主视图上平板和连接板之间的轮廓线 | |
| 4. 绘制竖板<br>（1）测量竖板的长度，绘制竖板的主视图，测量竖板的宽度，绘制竖板的俯视图、左视图<br>（2）擦除主视图上连接板与竖板之间的可见轮廓线<br>（3）连接板与两竖板相连形成凹槽，将凹槽在主视图、左视图上的投影用细虚线表达 | |

续表

| 步骤 | 图示 |
|---|---|
| 5. 绘制肋板<br>（1）测量肋板的高度，绘制肋板的主视图<br>（2）测量肋板的宽度，绘制肋板的俯视图<br>（3）依据"高平齐、宽相等"的投影规律绘制肋板的左视图 | |
| 6. 校核三视图<br>对照立体形状，根据投影规律，反复校核三视图，要重点检查各基本形体之间的表面连接情况。通过校核发现，在俯视图上没有擦除连接板与竖板之间的可见轮廓线 | 不应该<br>有交线 |
| 7. 描深图形<br>擦除多余作图线，按线型描深各种图线 | |

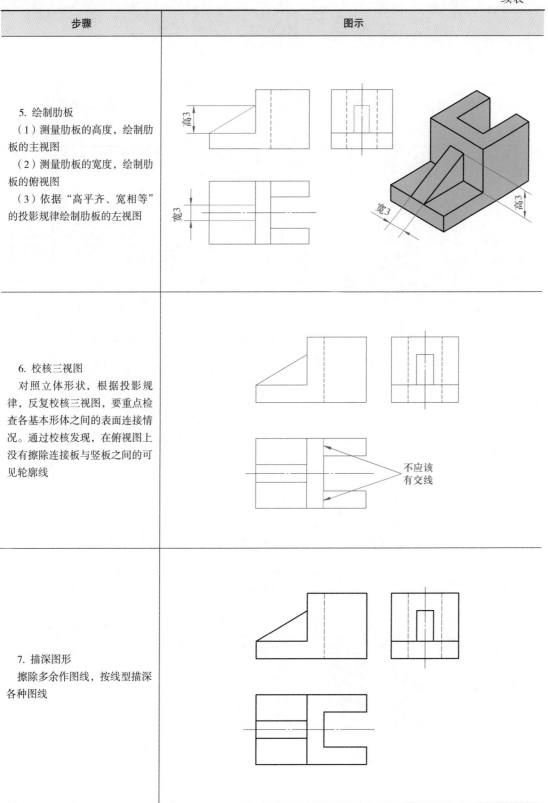

### 知识拓展

## 组合体的表面连接关系

在绘制组合体的三视图时，必须分析清楚形体相邻表面之间的关系，才能保证既不多画线又不漏画线。形体上相邻两表面的连接关系有共面、相错、相切、相交等，见表5-3。

表 5-3            组合体的表面连接关系

| 形式 | 形体 | 正确画法 | 错误画法 |
|---|---|---|---|
| 1. 共面<br>两立体表面处于同一平面内，两相邻表面之间无分界线 | 上下长方体的前面共面 | 无交线 | 多线 |
| 2. 相错<br>两表面不在同一平面内，两相邻表面之间有分界线 | 上下长方体的前面异面 | 有交线 | 少线 |
| 3. 相切<br>相邻两表面光滑过渡，在相切处不存在轮廓线，即在视图上的相切处不画线 | 平面和圆柱面相切 | 切点<br>无交线<br>切点 | 多线 |

续表

| 形式 | 形体 | 正确画法 | 错误画法 |
|------|------|----------|----------|
| 4. 相交<br>相邻两表面之间在相交处产生交线（截交线或相贯线） | 平面和圆柱面相交 | 有交线 | 少线 |

# 任务二　绘制支座的三视图

**学习目标**

掌握切割类组合体的绘图方法。

**任务描述**

图 5-3 所示为支座的正等轴测图，试绘制其三视图。

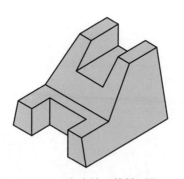

图 5-3　支座的正等轴测图

**任务分析**

由于切割类组合体是将一个基本几何体（一般为长方体）进行一系列的切割得到的，在分析形体时，要弄清楚形体切割前基本形体的形状和切割过程。支座是由长方体经过一系列切割而成的，其具体切割步骤与方法如图 5-4 所示。

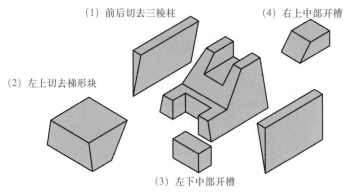

（1）前后切去三棱柱　　　　（4）右上中部开槽

（2）左上切去梯形块

（3）左下中部开槽

图 5-4　支座的形成过程

## 任务实施

在绘制切割类组合体的三视图时，一般先绘制切割前基本几何体的三视图，然后根据切割步骤逐步绘制出组合体的三视图。绘制支座三视图的步骤见表 5-4。

表 5-4　　　　　　　　　　　绘制支座三视图的步骤

| 步骤 | 图示 |
|---|---|
| 1. 绘制切割前长方体的三视图<br>测量支座上的尺寸"长 1""宽 1"和"高 1"<br>注意：在轴测图上，不平行于轴测轴的线段不能度量 | 高1　长1　宽1　高1　宽1　长1 |
| 2. 绘制在长方体的前后各切割一个三棱柱后的三视图<br>在俯视图、左视图上绘制对称中心线。测量切割后梯形块上部的尺寸"宽 2"，绘制切割后形体的左视图，然后利用投影规律补画俯视图上的缺线 | 宽2　宽2 |

续表

| 步骤 | 图示 |
| --- | --- |
| 3. 绘制在形体的左上方切去一个梯形块后的三视图<br><br>　　测量切割后形体的尺寸"长2""长3"和"高2"，绘制切割后形体的主视图，然后绘制左视图，再绘制俯视图 | 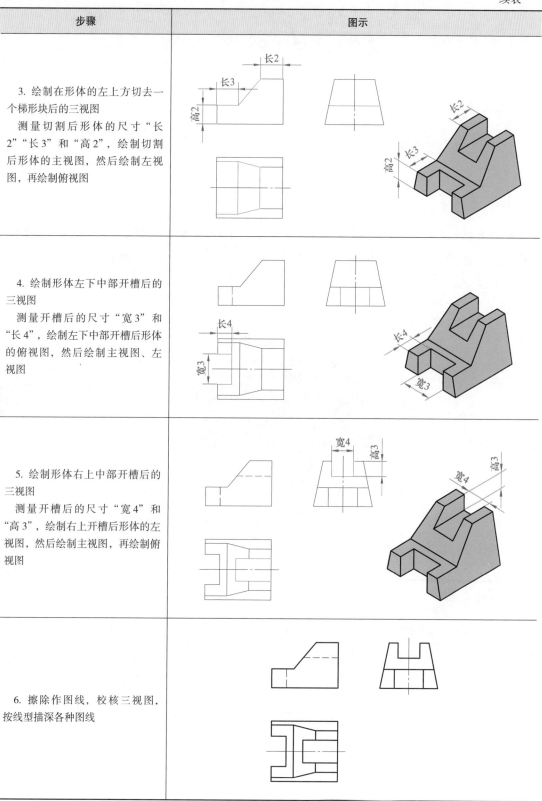 |
| 4. 绘制形体左下中部开槽后的三视图<br><br>　　测量开槽后的尺寸"宽3"和"长4"，绘制左下中部开槽后形体的俯视图，然后绘制主视图、左视图 | |
| 5. 绘制形体右上中部开槽后的三视图<br><br>　　测量开槽后的尺寸"宽4"和"高3"，绘制右上开槽后形体的左视图，然后绘制主视图，再绘制俯视图 | |
| 6. 擦除作图线，校核三视图，按线型描深各种图线 | |

# 任务三　绘制座体的三视图

## 学习目标

掌握综合类组合体的绘图方法。

图 5-5 所示为座体的正等轴测图，它是既有叠加又有切割的综合类组合体，试绘制其三视图。

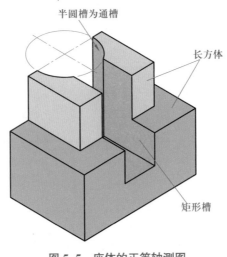

半圆槽为通槽

长方体

矩形槽

图 5-5　座体的正等轴测图

图 5-5 所示座体由两个长方体叠加而成，在形体的后面开半圆槽，中间开矩形槽。

综合类组合体大都以叠加为主，绘制其三视图一般采用"先叠加、后切割"的方法，绘制图 5-5 所示座体三视图的步骤见表 5-5。

表 5-5                  绘制座体三视图的步骤

| 步骤 | 图示 |
|---|---|
| 1. 绘制上、下长方体的三视图<br>　　注意：该形体左右对称，在主、俯视图上需绘制左右对称线 | |
| 2. 绘制形体后面割半圆槽后形成的轮廓线<br>　（1）先绘制半圆槽的俯视图，然后绘制主视图、左视图<br>　（2）擦除俯视图上割半圆槽后消失的轮廓线<br>　（3）绘制半圆槽的水平中心线 | |
| 3. 绘制形体中间割矩形槽后的轮廓线<br>　（1）先绘制矩形槽的主视图，再绘制俯视图，最后绘制左视图。矩形槽和半圆孔相交产生截交线，注意绘制截交线的侧面投影<br>　（2）擦除割矩形槽后消失的轮廓线 | |
| 4. 擦除作图线，校核三视图，按线型描深各种图线 | |

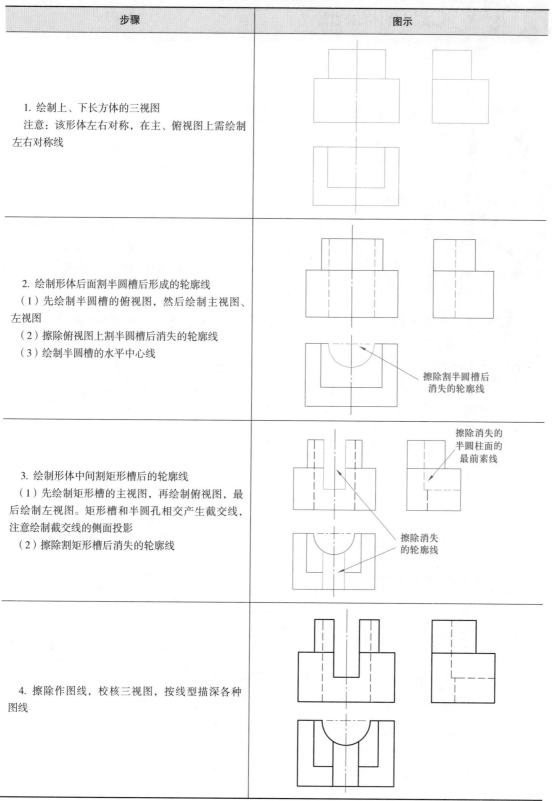

## 课题二　识读组合体的视图

# 任务一　识读轴承座的视图

**学习目标**

1. 了解读图的基本要领。
2. 掌握形体分析法，能运用形体分析法识读叠加类组合体的视图。

**任务描述**

看懂图 5-6 所示轴承座的主视图、俯视图，想象出立体的形状，补画左视图。

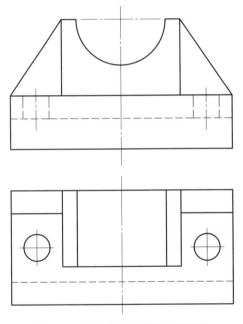

图 5-6　轴承座的主视图、俯视图

**任务分析**

看图是画图的逆过程，画图是运用正投影法把空间的物体表达在平面上，而看图是运用正投影原理，根据视图想象出空间物体的结构形状。培养和提高读图能力首先要了解读图的基本要领和看图的基本原则。图 5-6 所示轴承座是以叠加为主的综合类组合体，补画左视图时应采用形体分析法，首先看懂两视图，分析组成组合体的各基本形体的投影，想象其结构形状，然后运用投影规律补画各基本形体的左视图，最后分析各形体之间的表面连接关系，校核视图。

## 相关知识

### 一、读图的基本要领

#### 1. 几个视图同时看

一般情况下，两个视图可以基本确定物体的形状，但是在有些情况下是不能确定物体的形状的，表 5-6 中列出了几种两视图相同但物体结构形状不一样的情况。由此可知，在某些情况下两个视图不一定能确定物体的形状，在看图时一定要将三视图联系起来分析才能确定物体的形状。

表 5-6　　　　　　　　　　　　两视图相同但物体结构形状不一样的情况

| 序号 | 物体三视图及轴测图 | | 三视图比较 |
|---|---|---|---|
| 1 | | | 主视图和左视图相同 |
| 2 | | | 主视图和俯视图相同 |

#### 2. 重点分析特征视图

物体的特征视图分为形状特征视图和位置特征视图。

形状特征视图是指最能反映物体形状特征的视图。图 5-7 所示底板的俯视图是形状特征视图。

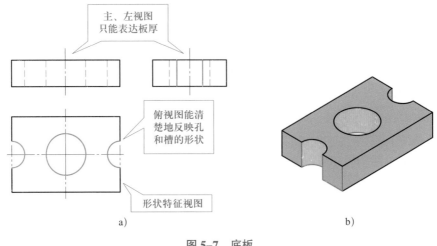

主、左视图
只能表达板厚

俯视图能清
楚地反映孔
和槽的形状

形状特征视图

a)

b)

图 5-7 底板

a）三视图 b）立体图

位置特征视图是指最能反映组合体各形体间相互位置关系的视图。图 5-8a 所示支架的主视图、俯视图无法确定结构 1、2 的凸凹，它表示的可能是图 5-8b 所示的形体，也可能是图 5-8c 所示的形体。图 5-9 给出形体的主视图、左视图，在左视图上结构 1、2 的凸凹表达得十分清楚，所以该左视图就是位置特征视图。

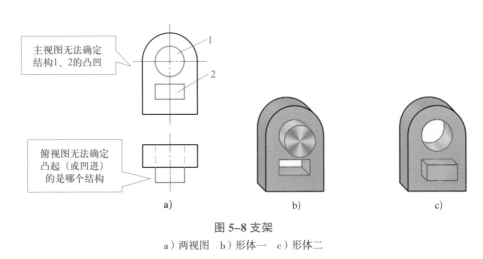

主视图无法确定
结构1、2的凸凹

俯视图无法确定
凸起（或凹进）
的是哪个结构

a)

b)

c)

图 5-8 支架

a）两视图 b）形体一 c）形体二

看图时，应抓住反映物体主要形状特征和位置特征的视图，运用三视图的投影规律，将几个视图联系起来进行识读。在看组合体的三视图时，要把表达物体形状的三视图作为一个整体来看待，切忌只抓住其中的一个视图不放，或把三个视图孤立看待。

## 二、看图的基本原则

看组合体的视图时，应遵循以下基本原则：

1. 先看主要部分，后看次要部分。
2. 先看容易看懂的部分，后看难以确定的部分。
3. 先看整体形状，后看细小结构。
4. 先看外部结构，后看内部形状。

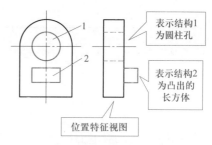

图 5-9　支架的位置特征视图

## 三、形体分析法

在看组合体的视图时，仅仅依靠空间想象能力是不够的，还需要掌握必要的看图方法。形体分析法是看图的最基本方法，它是指：从最能反映物体形状、位置特征的主视图入手，将复杂的视图按线框分成几个部分；然后运用三视图的投影规律，找出各线框在其他视图上的投影，从而分析各组成部分的形状和它们之间的位置；最后综合起来，想象组合体的整体形状。

**任务实施**

形体分析法主要用于看叠加类组合体的视图。运用形体分析法看图时，要把视图上的每一个线框都看成是一个基本形体的投影。补画图 5-6 所示轴承座的左视图的步骤见表 5-7。

表 5-7　　　　　　　　　　　补画轴承座左视图的步骤

| 步骤 | 图示 | |
| --- | --- | --- |
| 1. 按线框分部分<br><br>从最能反映该组合体形状和位置特征的主视图入手，将其划分成Ⅰ、Ⅱ、Ⅲ、Ⅳ四个部分 | （图） | |
| 2. 对投影，想形状<br><br>运用投影规律，分别找出主视图上的四个线框在俯视图上的投影，然后逐一想象它们的形状，并分别绘制左视图 | （1）分析线框Ⅲ所对应的主视图、俯视图可知，线框Ⅲ所表达的形体为在长方体底板的下面后部割去了一个小长方体，并在左、右各钻了一个小孔 | （图） |

续表

| 步骤 | 图示 |
|---|---|
| **2. 对投影，想形状**<br>运用投影规律，分别找出主视图上的四个线框在俯视图上的投影，然后逐一想象它们的形状，并分别绘制左视图 | （2）分析线框 I 所对应的主视图、俯视图可知，线框 I 所表达的形体是一个带有半圆槽的长方体。该形体在底板Ⅲ的上面中间位置，后面与底板后面平齐<br><br>（3）分析线框Ⅳ所对应的主视图、俯视图可知，其形状为三棱柱，其后面和形体 I 、Ⅲ的后面同面<br>（4）线框Ⅱ所表达的形体形状与线框Ⅳ相同 |
| **3. 综合起来，想象整体形状**<br>在看懂每个基本形体的基础上，想象它们的相互位置，在大脑中逐渐形成物体的整体形状 | |

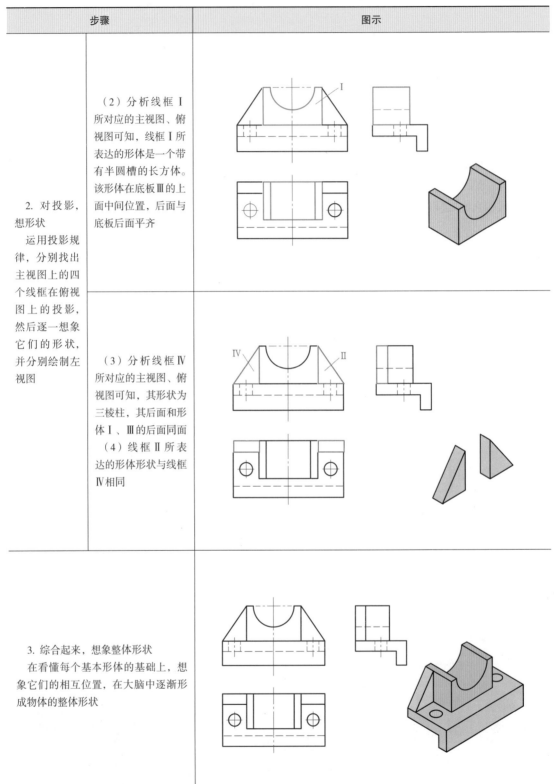

## 任务二　识读定位挡块的视图

**学习目标**

掌握线面分析法，能运用线面分析法识读切割类组合体的视图。

**任务描述**

图 5–10 所示为定位挡块的主视图、左视图，试识读主视图、左视图，补画俯视图。

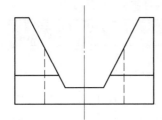 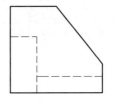 

**图 5–10　定位挡块的主视图、左视图**

**任务分析**

图 5–10 所示定位挡块属于典型的切割类组合体，由长方体切割而成。在其左视图上，上方有一条斜线，可以设想该形体的前上方用侧垂面切割，通过对投影，可知在主视图上的相应位置有一条横线（见图 5–11 中投影线①），因此设想成立。在主视图上有一个 V 形槽，可以设想在形体的中间用两个正垂面和一个水平面开槽，通过对投影可知，在左视图上的相应位置有一条横向细虚线（见图 5–11 中投影线②），因此该设想也成立。在主视图上有两条竖的细虚线，通过对投影可知，在左视图相应位置有个矩形线框（见图 5–11 中投影线③），由此可以断定在形体的后面开矩形槽。绘制定位挡块的俯视图时，应该先绘制切割前长方体的俯视图，然后按照切割步骤逐步绘制切割后的俯视图，绘图时要注意分析切割后产生的线的位置和面的形状。

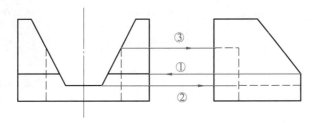

**图 5–11　对投影，分析切割情况**

## 相关知识

### 线面分析法

识读切割类组合体的视图，一般应采用线面分析法，即假想把物体分解成点、线、面，运用点、线、面的投影规律，分析视图中线条、线框的含义和空间位置，以达到看懂视图的目的。

## 任务实施

识读定位挡块的视图应采用线面分析法，识读定位挡块主视图、左视图，补画俯视图的步骤见表 5–8。

表 5–8　　识读定位挡块视图并补画俯视图的步骤

| 步骤 | 图示 |
| --- | --- |
| 1. 想象出切割之前的形体，绘制其俯视图<br>主视图、左视图的外围轮廓以矩形为主，因此该形体由长方体切割而成。绘制切割前长方体的俯视图 | 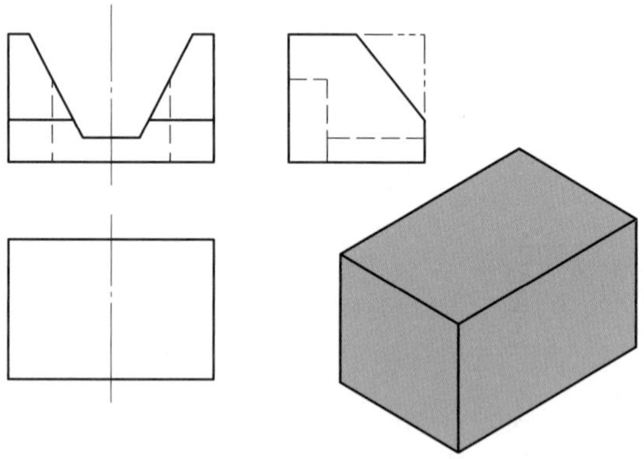 |
| 2. 绘制在形体前上方用侧垂面割去一个三棱柱的俯视图<br>分析切割后侧垂面 $P$ 的正面投影和侧面投影，作其水平投影 | 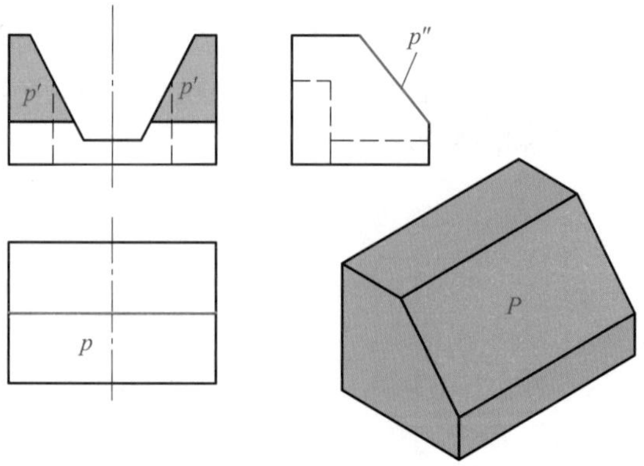 |

续表

| 步骤 | 图示 |
|---|---|
| 3. 绘制用两个正垂面和一个水平面开槽后的俯视图 | （1）面分析<br>1）分析平面 $Q$ 的正面投影和侧面投影，可知该平面为水平面，其形状为长方形<br>2）根据水平面 $Q$ 的正面投影和侧面投影，作水平投影<br>3）绘制上方两个矩形平面的水平投影<br>4）擦除多余图线 |
| | （2）线分析<br>1）分析正垂面 $R$ 和侧垂面 $P$ 的交线 $AB$ 的正面投影和侧面投影，可知该线段的位置为一般位置<br>2）根据线段 $AB$ 的两面投影求作其水平投影<br>3）用同样的方法绘制左侧正垂面与侧垂面交线的水平投影 |
| 4. 绘制形体后面开矩形槽后的俯视图，完成定位挡块的俯视图<br>矩形槽的长由主视图确定，宽由左视图确定<br>5. 检查校核<br>6. 综合想象立体的整体形状 | 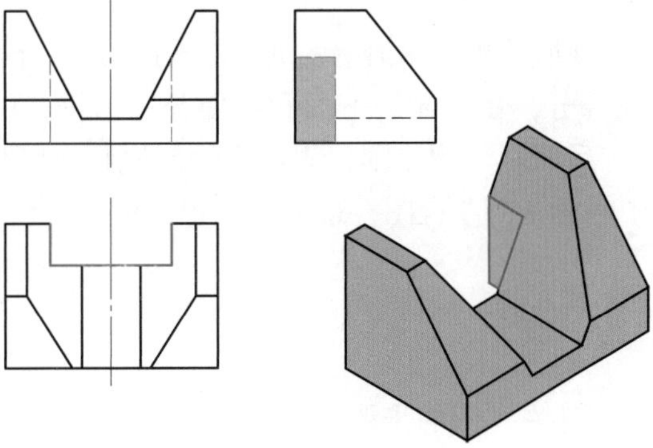 |

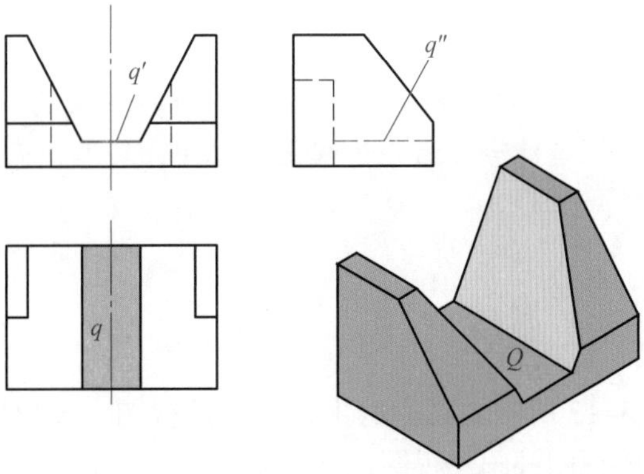

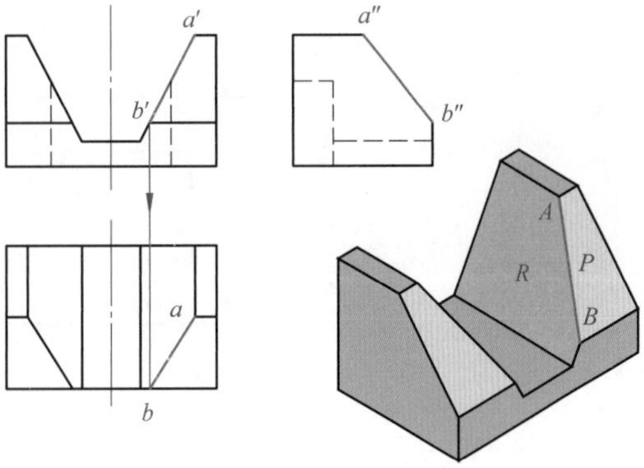

## 任务三　识读机座的视图

**学习目标**

掌握识读综合类组合体视图的方法，培养识读组合体三视图的能力。

**任务描述**

图 5-12 所示为机座的主视图、俯视图，该形体是一个典型的综合类组合体，试根据主视图、俯视图补画左视图。

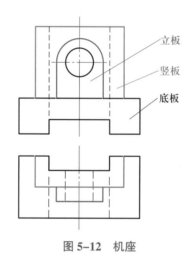

立板

竖板

**底板**

**图 5-12　机座**

**任务分析**

图 5-12 所示机座是既有叠加又有切割的综合类组合体，机座可分为底板、竖板、立板三个组成部分，在形体的下面和后面开矩形槽，中间前后钻孔。绘制其左视图时，应遵循"先叠加、后切割"的原则，先依次绘制底板、竖板和立板的左视图，然后绘制后面和下方凹槽及中间圆孔的左视图，最后综合想象形体，校核左视图。

**任务实施**

补画机座左视图的步骤见表 5-9。

表 5-9                          补画机座左视图的步骤

| 步骤 | 图示 |
| --- | --- |
| 1. 绘制底板的左视图<br>底板在主视图、俯视图中都是矩形线框，显然其形状是长方体 | |
| 2. 绘制竖板的左视图<br>竖板在主视图、俯视图中都是矩形线框，其形状也是长方体。分析俯视图可知，竖板和底板的后面对齐 | |
| 3. 绘制立板的左视图<br>立板在俯视图上是矩形线框，主视图为上圆下方的线框，其形状是半圆柱与长方体的组合 | |

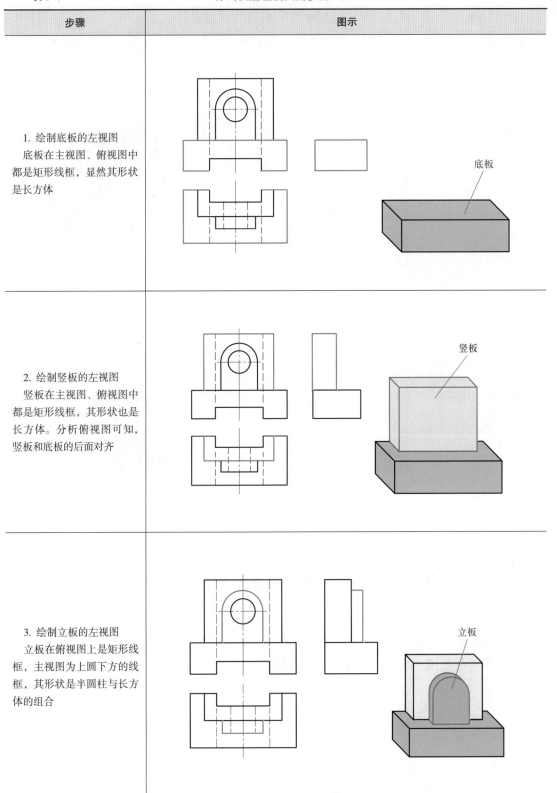

续表

| 步骤 | 图示 |
|------|------|
| 4. 绘制后面和下面开槽的左视图<br>在底板后面和下面有等宽的凹槽 | 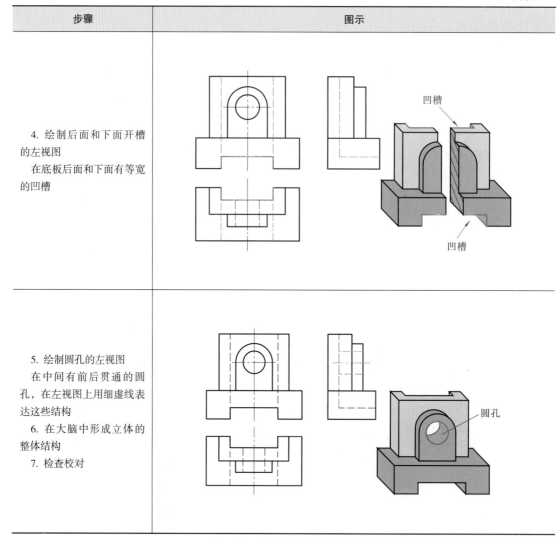 |
| 5. 绘制圆孔的左视图<br>在中间有前后贯通的圆孔，在左视图上用细虚线表达这些结构<br>6. 在大脑中形成立体的整体结构<br>7. 检查校对 | |

# 任务四　补画活动钳身三视图上的缺线

## 学习目标

掌握补画三视图上缺线的方法及校核三视图的方法。

## 任务描述

如图 5-13 所示为机用虎钳活动钳身的三视图，在三视图中漏画了许多图线，试根据三视图上的已知图线想象形体结构，补画缺漏的图线。

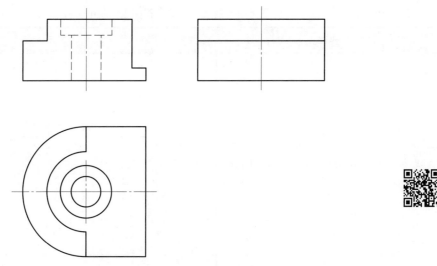

图 5-13 漏画图线的机用虎钳活动钳身

**任务分析**

补缺线是根据三视图上的已知图线，看懂视图，想象物体的形状，找出并补画缺漏的图线。根据图 5-13 所示三视图中的已知线条，想象形体各部分的大致形状，可将该形体分解为大长方体、小长方体、大半圆柱、小半圆柱四部分，在中间位置有一个阶梯孔，如图 5-14 所示。

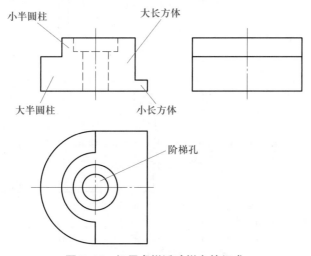

图 5-14 机用虎钳活动钳身的组成

**任务实施**

补画图 5-13 所示机用虎钳活动钳身三视图上缺线的步骤见表 5-10。

表 5–10 补画机用虎钳活动钳身三视图上缺线的步骤

| 步骤 | 图示 |
|---|---|
| 1. 补画大、小长方体之间交线的水平投影和侧面投影 | |
| 2. 补画中间阶梯孔的侧面投影 | |
| 3. 补画小半圆柱在主视图上漏画的图线 | |

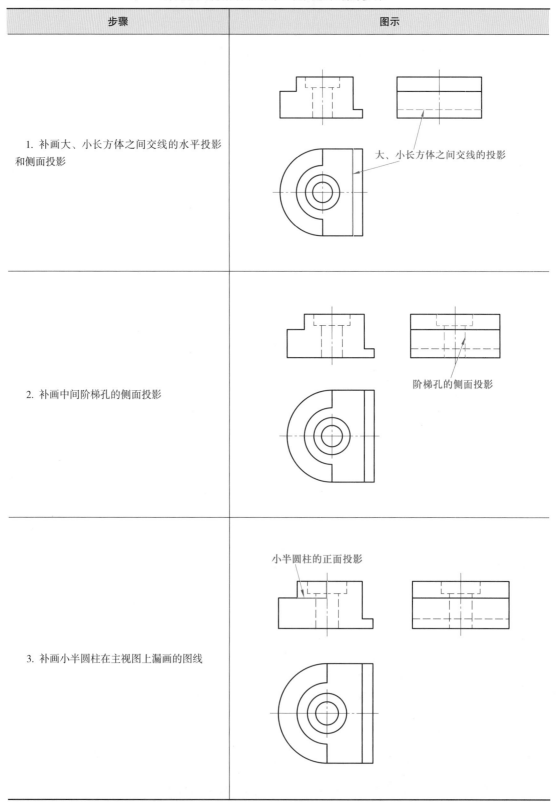

大、小长方体之间交线的投影

阶梯孔的侧面投影

小半圆柱的正面投影

续表

| 步骤 | 图示 |
|---|---|
| 4. 综合想象立体形状 | 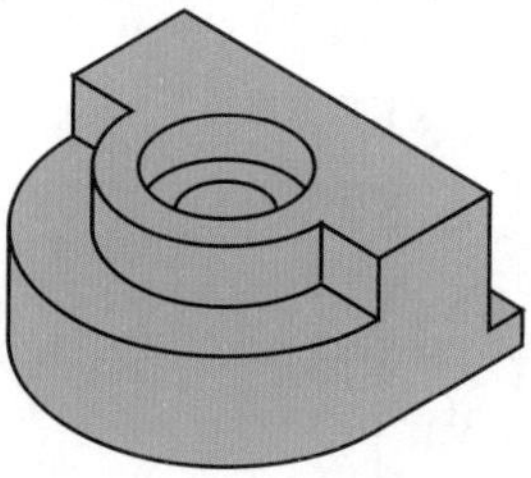 |
| 5. 检查与校核<br>经检查发现，在左视图上漏画了小半圆柱的投影<br>注意：大半圆柱和大长方体相切，相切处不画线 | 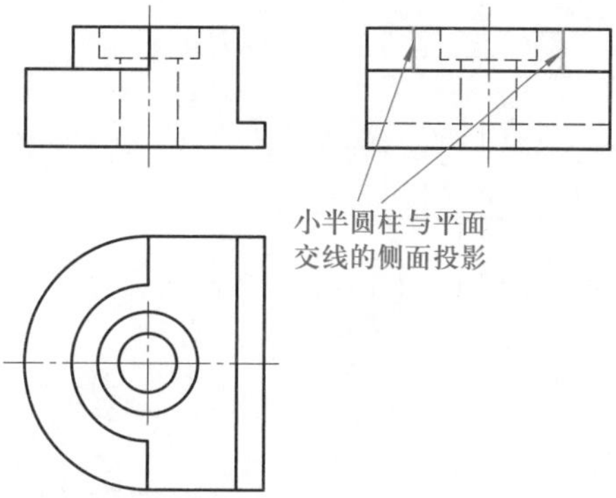 小半圆柱与平面交线的侧面投影 |

补缺线容易出现的问题是不能找出所有漏画的图线，补缺线时要按照先易后难的原则补画图线，要反复检查、校核三视图才能保证将漏画的图线补全。

## 课题三 识读与标注组合体的尺寸

### 任务一 识读支架三视图上的尺寸

**学习目标**

1. 了解三视图上的尺寸基准的概念及选择原则。
2. 掌握定形尺寸、定位尺寸和总体尺寸的概念，能正确识读三视图上的尺寸。
3. 了解常见尺寸注法。

图 5-15 所示为支架的三视图及尺寸标注，试识读三视图上的尺寸。

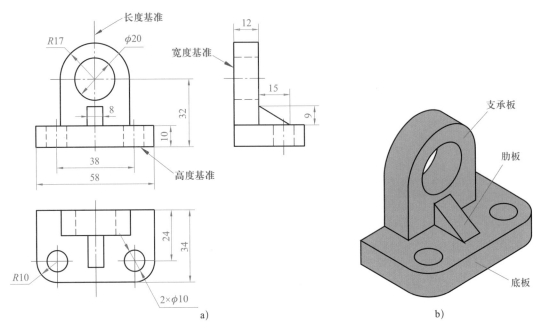

**图 5-15　支架的三视图及尺寸标注**

a）三视图　b）轴测图

### 一、三视图上的尺寸基准

三视图上的尺寸基准就是在三视图上标注尺寸的起始位置，或者说是度量尺寸的起始点。由于空间的组合体都有长、宽、高三个方向的尺寸，所以每个方向至少要有一个尺寸基准。选择基准时，一般把物体上较大的加工平面（底面或端面）、轴线、对称平面等几何要素作为尺寸基准。图 5-15 中，长度方向的尺寸基准（长度基准）为组合体的左右对称面，高度方向的尺寸基准（高度基准）为组合体的底面，宽度方向的尺寸基准（宽度基准）为组合体的后面。

### 二、组合体尺寸的种类

图 5-15 所示为支架的三视图和轴测图，为确定形体大小，在三视图上标注了尺寸，下面以此为例分析组合体三视图上的尺寸。

组合体三视图上的尺寸分为定形尺寸、定位尺寸和总体尺寸等。

1. 定形尺寸

确定各基本形体大小的尺寸称为定形尺寸。如轴孔的尺寸 $\phi20$、肋板的长度尺寸 8 等属于定形尺寸。

2. 定位尺寸

确定形体间相对位置的尺寸称为定位尺寸。如确定底板上小圆孔长度方向位置的尺寸 38 和宽度方向位置的尺寸 24 等都属于定位尺寸。

3. 总体尺寸

确定组合体总长、总宽和总高的尺寸称为总体尺寸。总体尺寸一般是某一个结构的定形尺寸，一般情况下优先标注，但是当端部结构为回转体（或其中的一部分）时，为避免重复标注尺寸，也可以不标注。在图 5-15 中，标注了零件的总长 58 和总宽 34，但是考虑到轴孔的定位尺寸 32 比较重要，故没有标注总高尺寸。

## 任务实施

### 一、识读底板的尺寸

在图 5-15 中，标注了底板的长度尺寸 58、宽度尺寸 34、高度尺寸 10、圆角半径 R10、两个小圆孔的直径尺寸 2×φ10，它们都属于定形尺寸。还标注了两个定位尺寸，它们是 2×φ10 孔长度方向的定位尺寸 38 和宽度方向的定位尺寸 24。

### 二、识读支承板的尺寸

在图 5-15 中，标注了支承板的上侧半圆柱的圆弧半径 R17、轴孔直径 φ20 及支承板的宽度尺寸 12，它们是定形尺寸。确定支承板上轴孔相对于底面位置的尺寸 32 属于定位尺寸。

### 三、识读肋板的尺寸

在图 5-15 中，标注了肋板的长度尺寸 8、高度尺寸 9 和宽度尺寸 15，它们属于定形尺寸。因为肋板的位置在图中非常明确，所以没有标注肋板的定位尺寸。

## 知识拓展

### 一、常见薄板的尺寸标注

对于图 5-16 所示的薄板，除了标注定形尺寸外，确定孔、槽位置的定位尺寸是必不可少的。由于板的基本形状和孔、槽的分布形式不同，孔、槽定位尺寸的标注形式也不一样。图 5-16d 中，四个小孔的定位尺寸按长、宽方向标注；图 5-16e、f 中，标注了小孔中心定位圆的直径。断续的圆弧一般标注直径，而不是半径，如图 5-16b、c 所示。

### 二、截割体的尺寸标注

截割体的尺寸标注如图 5-17a 所示，截交线是平面和圆柱面相交时自然产生的图线，所以在截交线上不允许标注尺寸，图 5-17b 所示左视图上的尺寸标注是错误的。

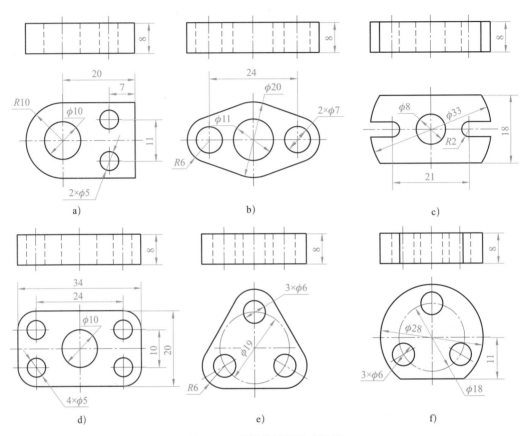

图 5-16　常见薄板的尺寸标注

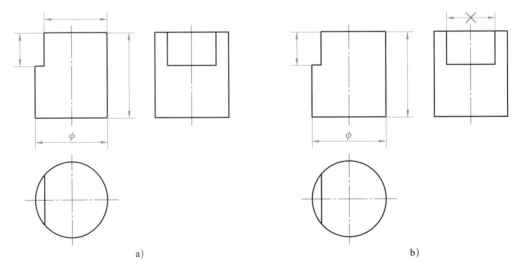

图 5-17　截割体的尺寸标注
a）正确　b）错误

### 三、相贯体的尺寸标注

相贯体的尺寸标注如图 5-18a 所示，相贯线是两曲面立体相交自然产生的交线，所以在相贯线上也不能标注尺寸，图 5-18b 所示主视图上标"×"的尺寸是错误的。

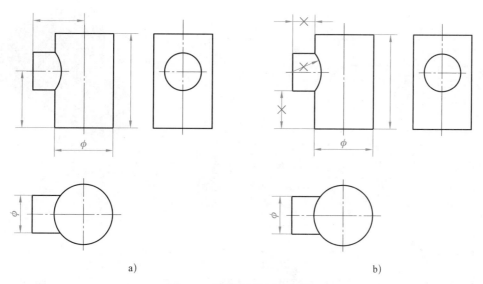

图 5-18　相贯体的尺寸标注
a）正确　b）错误

## 任务二　标注轴承架三视图上的尺寸

**学习目标**

1. 掌握组合体尺寸标注的基本要求。
2. 能选择尺寸基准。
3. 能标注简单组合体的尺寸。

**任务描述**

如图 5-19 所示为轴承架的三视图和轴测图，试在其三视图上标注尺寸。

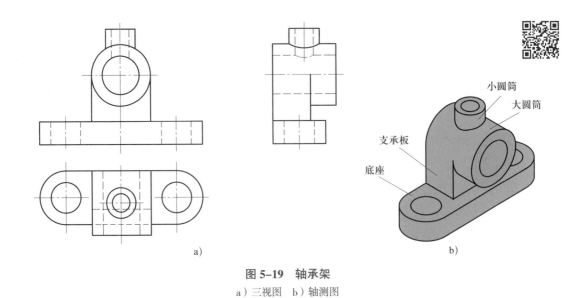

**图 5-19　轴承架**

a）三视图　b）轴测图

　　标注组合体的尺寸之前，首先要进行形体分析，看懂三视图。分析图 5-19 可以看出，该轴承架由底座、支承板、大圆筒和小圆筒四部分组成。

　　合理地选择尺寸基准是正确标注尺寸的前提，要根据形体的结构合理选择尺寸基准。标注尺寸容易出现的问题是重复标注尺寸或漏注尺寸。为避免出现类似问题，标注尺寸时，应参照组合体的绘图步骤进行，并对标注的尺寸进行反复校核。

## 组合体尺寸标注的基本要求

标注组合体尺寸必须做到正确、完整、清晰。

一、正确

所谓正确就是所注的尺寸数值要正确无误，注法要严格遵守相关国家标准的规定。

二、完整

要求所注的尺寸必须能完全确定组合体的形状、大小及各部分之间的相对位置，不遗漏，不重复。

三、清晰

清晰就是尺寸要恰当布局，便于查找和看图，不至于发生误解和混淆。

**任务实施**

## 一、选择尺寸基准

根据轴承架的结构和用途，选择轴承架的左右对称面为长度方向的尺寸基准，零件的后面为宽度方向的尺寸基准，零件的底面为高度方向的尺寸基准，如图 5-20 所示。

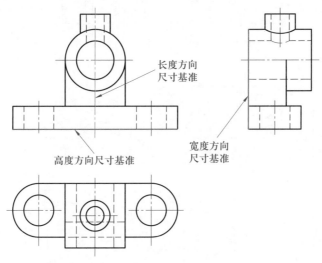

图 5-20 轴承架的尺寸基准

## 二、标注尺寸

轴承架尺寸标注步骤见表 5-11。

表 5-11　　　　　　　　　　　　　　　轴承架尺寸标注步骤

| 步骤 | 图示 | 注意事项 |
|---|---|---|
| 1. 标注底座的尺寸<br>标注底座两侧半圆头的圆弧半径 $R17$、圆孔直径 $2 \times \phi20$、圆孔的定位尺寸 75 和底座的高度 15 | | 虽然在底座的左右两端各有一个半圆，但是一般不标注成"$2 \times R17$" |

续表

| 步骤 | 图示 | 注意事项 |
|---|---|---|
| 2. 标注大圆筒的尺寸<br>（1）标注大圆筒的定形尺寸，包括内圆孔的直径 φ25、外圆直径 φ40、宽度尺寸 42<br>（2）标注大圆筒高度方向的定位尺寸 45 | 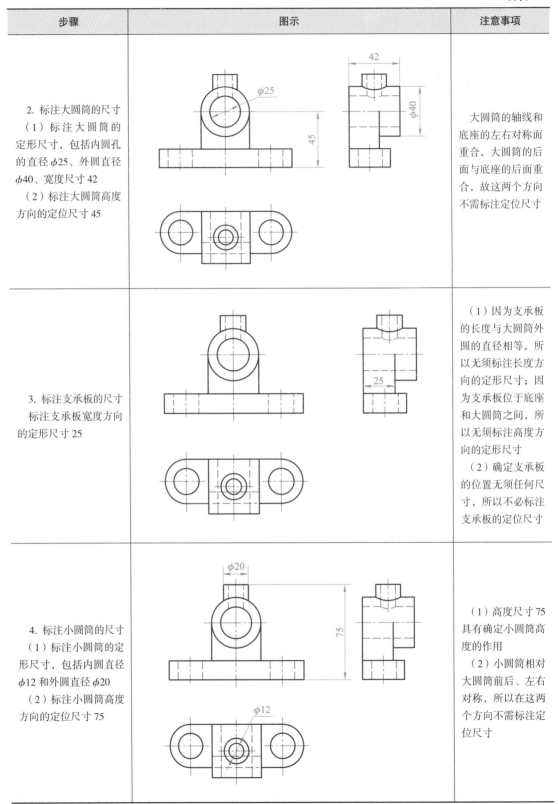 | 大圆筒的轴线和底座的左右对称面重合，大圆筒的后面与底座的后面重合，故这两个方向不需标注定位尺寸 |
| 3. 标注支承板的尺寸<br>标注支承板宽度方向的定形尺寸 25 | | （1）因为支承板的长度与大圆筒外圆的直径相等，所以无须标注长度方向的定形尺寸；因为支承板位于底座和大圆筒之间，所以无须标注高度方向的定形尺寸<br>（2）确定支承板的位置无须任何尺寸，所以不必标注支承板的定位尺寸 |
| 4. 标注小圆筒的尺寸<br>（1）标注小圆筒的定形尺寸，包括内圆直径 φ12 和外圆直径 φ20<br>（2）标注小圆筒高度方向的定位尺寸 75 | | （1）高度尺寸 75 具有确定小圆筒高度的作用<br>（2）小圆筒相对大圆筒前后、左右对称，所以在这两个方向不需标注定位尺寸 |

续表

| 步骤 | 图示 | 注意事项 |
|---|---|---|
| 5. 校核尺寸 | 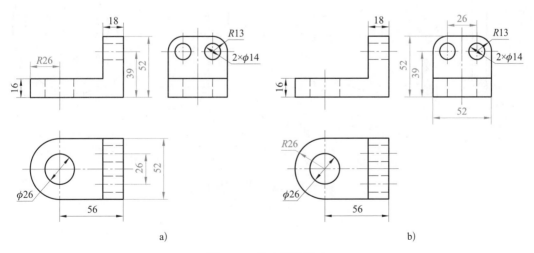 | 反复校核尺寸,补全漏注的尺寸,擦除多余的尺寸,使之达到"正确、完整、清晰"的要求 |

**知识拓展**

## 标注尺寸的注意事项

为了便于读图和查找相关尺寸,尺寸的布置必须整齐、清晰,在标注尺寸时应注意以下几点:

1. 同一形体的定形尺寸和相关的定位尺寸要尽量集中标注,以便于看图,如图 5-21 所示。

a)                                                                    b)

**图 5-21 集中标注尺寸**

a)不好   b)清晰

一般情况下，相同直径的孔集中标注，如标注"$2 \times \phi 14$"，但是相同半径的圆弧一般只标注一次，如一般不标注"$2 \times R13$"，如图5-21所示。

2. 尺寸应尽量标注在表达该结构形体特征最明显的视图上，并尽量避免标注在细虚线上，如图5-22所示。

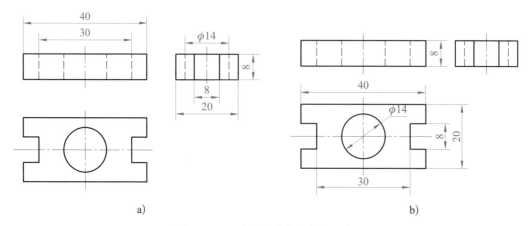

图 5-22　尺寸应标注在特征视图上

a）不好　b）清晰

3. 同心圆柱的直径尺寸尽量标注在非圆视图上，如图5-23所示。

4. 尺寸应尽量标注在视图外部，高度尺寸应尽量标注在主视图、左视图之间，长度尺寸应尽量标注在主视图、俯视图之间，以保持两视图之间的联系，如图5-24所示。

以上各点有时不能兼顾，在标注尺寸时，应根据实际情况灵活掌握。

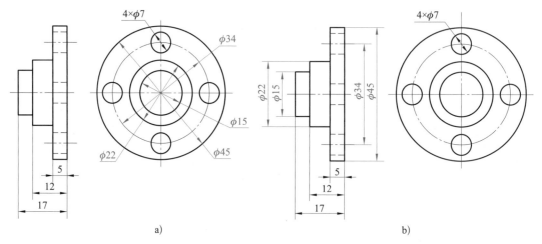

图 5-23　直径尺寸的标注

a）不好　b）清晰

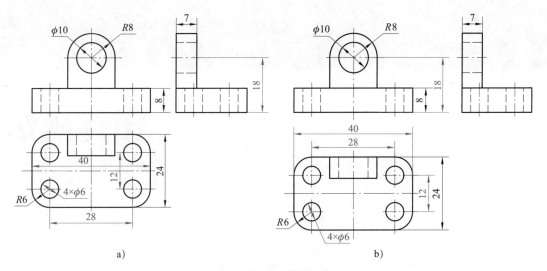

图 5-24  尺寸的布置

a）不好  b）正确

# 图样画法

在生产实际中，机件的结构形状往往是多种多样、千变万化的。有些机件的结构比较简单，仅需一个或两个视图，再标注上尺寸就可以表达清楚，不必采用三视图表达；而有些机件的结构比较复杂，即使用三个视图也难以清楚地表达其内外结构，还须采用一些其他的表达方法，如各种视图、剖视图、断面图和局部放大图等。

## 课题一　绘制视图

### 任务一　绘制定位块的基本视图

**学习目标**

1. 掌握基本视图的概念、投影规律和画法规定。
2. 具备绘制基本视图的能力。

**任务描述**

表达物体结构最常用的方法是三视图，但有时仅仅用三视图表达物体形状是不够的，需要绘制从其他方向对物体进行投射的视图。如图 6-1 所示，根据定位块的两视图，绘制其左视图、右视图、仰视图和后视图。为了清晰地表达外形，所绘视图中的细虚线省略不画。

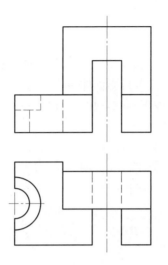

图 6-1 定位块的主视图、俯视图

**任务分析**

如图 6-2 所示，定位块由底板和立板两部分组成，其外形都是长方体。在形体上有一个自下而上的矩形槽，把底板切割成左底板和右底板两部分。定位块的左视图、右视图、仰视图和后视图分别是从左侧、右侧、下侧和后侧投射得到的视图。

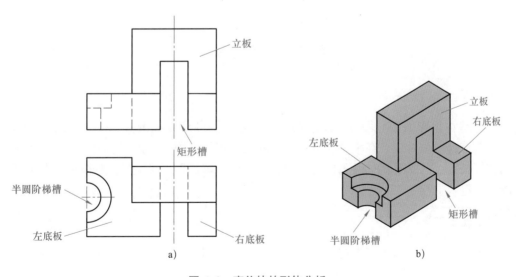

图 6-2 定位块的形体分析
a）主视图、俯视图 b）立体图

相关知识

## 一、基本视图的概念

物体在三投影面体系中得到三视图，如果在原有三投影面体系的三个投影面的基础上，再增设三个互相垂直的投影面，使其构成一个正六面体，这六个投影面统称为基本投影面，如图 6-3 所示。将物体放入六个基本投影面体系中，分别由前、后、左、右、上、下六个方向向六个基本投影面投射，即得六个基本视图。除主视图、俯视图、左视图外，新增加的三个基本视图如下。

右视图：将物体由右向左投射所得的视图。

仰视图：将物体由下向上投射所得的视图。

后视图：将物体由后向前投射所得的视图。

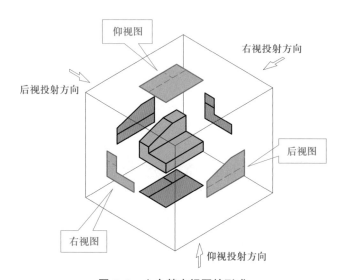

**图 6-3　六个基本视图的形成**

## 二、基本视图的视图关系

六个基本投影面按照图 6-4 所示展开后，各视图的位置如图 6-5 所示，六个基本视图之间仍然符合"长对正、高平齐、宽相等"的投影规律，即：主视图、俯视图、仰视图、后视图"等长"，主视图、左视图、右视图、后视图"等高"，俯视图、左视图、右视图、仰视图"等宽"。

## 三、基本视图的画法规定

国家标准规定，六个基本视图在同一张图纸内按图 6-5 所示的视图关系配置时，不需标注视图的名称。

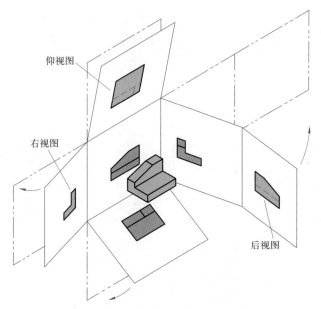

**图 6-4 六个基本投影面的展开**

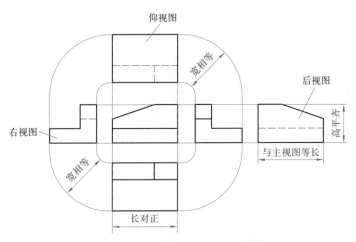

**图 6-5 六个基本视图及投影规律**

## 任务实施

### 一、绘制左视图

左视图如图 6-6 中的图①所示，绘图时注意使立板的左视图与主视图保持"高平齐"的投影关系，与俯视图保持"宽相等"的投影关系。

### 二、绘制右视图

右视图如图 6-6 中的图②所示，它绘制在主视图左侧，并与主视图保持"高平齐"的投影关系，与俯视图保持"宽相等"的投影关系。

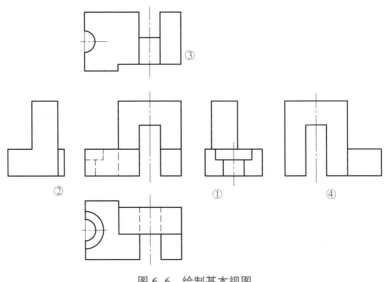

图 6-6　绘制基本视图

### 三、绘制仰视图

仰视图如图 6-6 中的图③所示，仰视图绘制在主视图上方，并与主视图保持"长对正"的投影关系，与左视图保持"宽相等"的投影关系。

### 四、绘制后视图

后视图如图 6-6 中的图④所示，后视图绘制在左视图右侧，并与主视图和左视图保持"高平齐"的投影关系，与主视图保持"等长"的投影关系。

## 任务二　绘制滑座的向视图

**学习目标**

1. 掌握向视图的概念和画法规定。
2. 具备绘制向视图的能力。

**任务描述**

如图 6-7 所示为旋转支架，根据其三视图，参照立体图，绘制箭头 $A$ 和箭头 $B$ 所指方向的向视图。

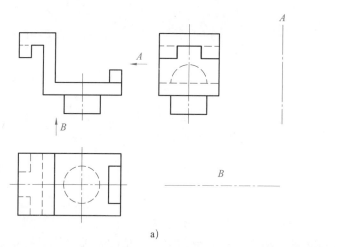

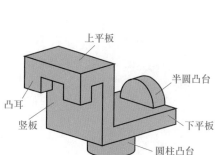

a)                                        b)

**图 6-7　旋转支架**

a）三视图　b）立体图

如图 6-7 所示，旋转支架由圆柱凸台、下平板、竖板、上平板、左侧的两个凸耳和右侧的半圆凸台组成。箭头 A 指示的投射方向为右视图的投射方向，箭头 B 指示的投射方向为仰视图的投射方向。

相关知识

## 一、向视图的概念

可自由配置的视图称为向视图，如图 6-8 所示。

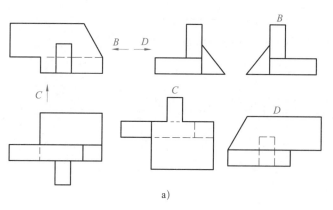

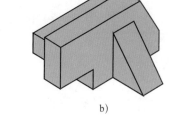

a)                                        b)

**图 6-8　向视图及其立体图**

a）向视图　b）立体图

## 二、向视图的画法规定

国家标准规定，在向视图的上方标注 ×（× 为大写拉丁字母），在相应视图的附近用箭头指明投射方向，并标注相同的字母，如图 6-8 所示。

图 6-8 中，B 向视图是自由配置的右视图，C 向视图是自由配置的仰视图，D 向视图是自由配置的后视图。

**任务实施**

### 一、绘制 A 向视图

图 6-7a 所示的 A 向视图是自由配置的右视图，由图 6-7b 可知，右侧的凸台为半圆柱形，A 向视图可以清晰地表达半圆凸台的形状和位置；向视图中不可见的轮廓线可以省略不画，如图 6-9 所示。

### 二、绘制 B 向视图

图 6-7 所示的 B 向视图是自由配置的仰视图，如图 6-9 所示，B 向视图可以清晰地表达圆柱凸台和两个凸耳的形状和位置。

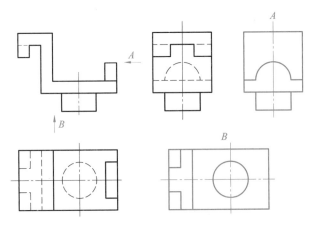

图 6-9　旋转支架的 A 向视图和 B 向视图

## 任务三　绘制阀体的局部视图

**学习目标**

1. 掌握局部视图的概念和画法规定。
2. 具备绘制局部视图的能力。

**任务描述**

图 6-10 所示为阀体的四个基本视图和立体图，试分析其视图表达方法中存在的问题，重新选择合理的表达方法，并绘制其相应的视图。

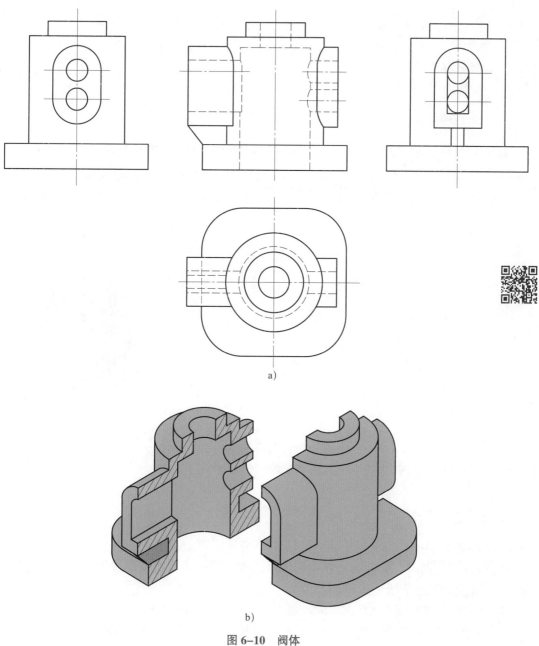

a)

b)

**图 6-10 阀体**

a）基本视图 b）立体图

**任务分析**

　　在图6-10a所示的阀体的四个基本视图中，主视图和俯视图已将形体的主要结构表达清楚，只有左、右凸台的形状和左侧肋板的厚度需要表达，图6-10a用左视图表达左侧凸台和肋板，用右视图表达右侧凸台，既烦琐又重复，显然是不合理的。为此，可以采用两个局部视图表达主视图、俯视图未表达清楚的左侧凸台和肋板、右侧凸台等结构。

**相关知识**

**一、局部视图的概念**

　　将物体的某一部分向基本投影面投射所得的视图称为局部视图，如图6-11所示。

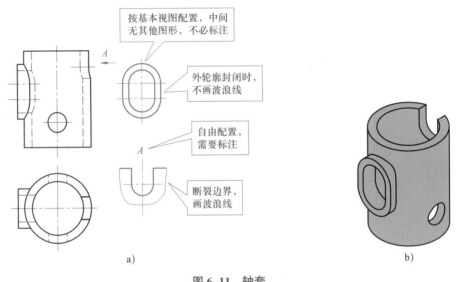

a) 　　　　　　　　　　　　　　　　　　b)

**图6-11　轴套**

a）局部视图　　b）立体图

**二、局部视图的画法规定**

　　国家标准规定：

　　1. 画局部视图时，其断裂边界用波浪线绘制。当所表示的局部视图的外轮廓封闭时，则不必画出其断裂边界线，如图6-11所示。

　　2. 当局部视图按基本视图配置时，则不必标注，如图6-11所示。

　　3. 当局部视图按向视图配置时，则按向视图的形式标注，如图6-11所示。

　　4. 局部视图的断裂边界也可以用双折线绘制，如图6-12所示。

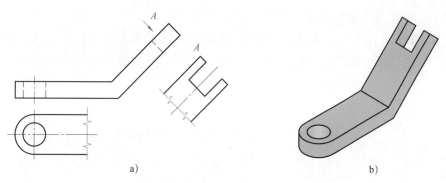

**图 6-12 用双折线绘制局部视图和斜视图的断裂边界**

a）视图 b）立体图

## 任务实施

### 一、确定表达方案

保留主视图、俯视图两基本视图，采用左视方向的局部视图表达左端凸台及肋板的结构，采用右视方向的局部视图表达右端凸台的结构，这样的表达方案既简练又能突出重点。

### 二、绘制局部视图

#### 1. 绘制左视方向的局部视图

如图 6-13 所示，左视方向的局部视图绘制在左视图位置上，因此不需要标注，因为该图除了表达左侧凸台外，还需要表达肋板的宽度，因此其断裂边界绘制波浪线。

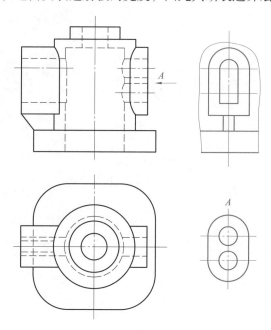

**图 6-13 阀体的表达方案**

2. 绘制右视方向的局部视图

如图 6-13 所示，为了合理布图，将右视方向的局部视图绘制在右下角，因此图形按向视图的标注方式标注了视图名称及投射方向。因为凸台的外轮廓封闭，所以没有绘制断裂边界线。

# 任务四　绘制挂架的斜视图

## 学习目标

1. 掌握斜视图的概念和画法规定。
2. 具备绘制斜视图的能力。

## 任务描述

图 6-14 所示为挂架的主视图、俯视图和立体图，试分析主视图、俯视图表达方法中存在的问题，重新选择合理的表达方法，并绘制相应的视图。

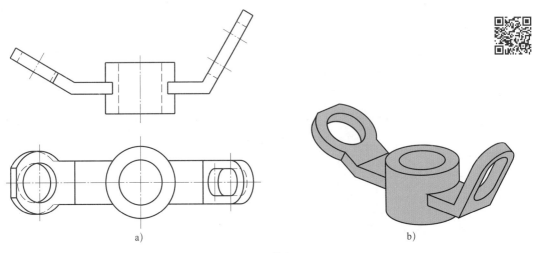

**图 6-14　挂架**

a）主视图、俯视图　b）立体图

## 任务分析

图 6-14 所示挂架中有左右两个挂环，因为其结构倾斜于水平投影面，所以水平投影产生了变形，给绘图和看图带来了困难。为此，可将左、右两侧倾斜部分的结构分别向与能反映其实形的投影面投射，得到反映实形的视图。

相关知识

## 斜视图的概念、画法及标注

将物体向不平行于基本投影面的平面投射所得的视图称为斜视图。弯板斜视图的形成如图 6-15 所示，其画法和标注如图 6-16a 所示。一般情况下，斜视图是物体局部结构的投影，其断裂边界的画法与局部视图相同。斜视图的标注与向视图的标注相同，即：无论斜视图是否按投影关系配置，都应该在斜视图的上方标注大写拉丁字母，在相应视图的附近用箭头指明投射方向，并标注相同的字母。斜视图可以按投影关系配置，也可以配置在其他位置，必要时，允许将斜视图旋转配置，此时应在斜视图上方绘制旋转符号（带箭头的弧线），表示该斜视图名称的大写拉丁字母应靠近旋转符号的箭头端，如图 6-16b 所示。

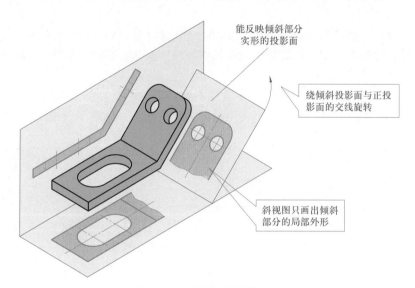

能反映倾斜部分实形的投影面

绕倾斜投影面与正投影面的交线旋转

斜视图只画出倾斜部分的局部外形

图 6-15 弯板斜视图的形成

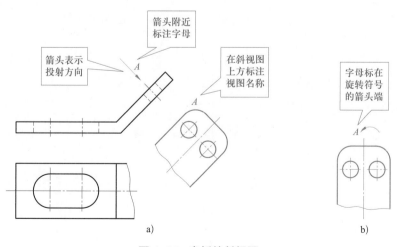

箭头附近标注字母

箭头表示投射方向

在斜视图上方标注视图名称

字母标在旋转符号的箭头端

a) b)

图 6-16 弯板的斜视图

a）按投影关系配置的斜视图 b）旋转

**任务实施**

## 一、确定表达方案

保留主视图，将俯视图改画成局部视图，用以表达中间部分没有变形的结构，分别用两个斜视图表达左右两侧倾斜部分的结构。

## 二、绘制局部视图和斜视图

**1. 绘制俯视方向的局部视图**

俯视方向的局部视图主要用于表达中间圆筒形状及其水平连接板的形状及位置，如图 6–17 所示。该局部视图配置在俯视图位置上，因此不必标注视图名称。

**2. 绘制 A 方向的斜视图**

箭头 A 所指示方向的斜视图主要用于表达左侧挂环的形状，如图 6–17 所示。该斜视图上，用波浪线绘制断裂边界，并绘制了表示投射方向的箭头，标注了斜视图的名称 A。

**3. 绘制 B 方向的斜视图**

箭头 B 所指示方向的斜视图主要用于表达右侧挂环的形状，如图 6–17 所示。该斜视图上，用波浪线绘制断裂边界，并绘制了表示投射方向的箭头，标注了斜视图的名称 B。

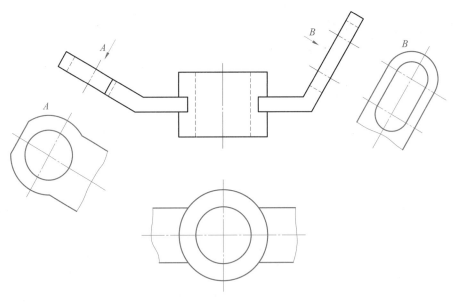

图 6–17　挂架的表达方案

课题二 绘制剖视图

## 任务一 绘制全剖视图

**学习目标**

1. 掌握剖视图的概念和画法规定。
2. 掌握全剖视图的概念，具备绘制全剖视图的能力。
3. 掌握剖视图的标注方法。
4. 了解常用材料剖面符号的画法，掌握金属材料剖面符号的画法。
5. 了解剖视图的种类。

**任务描述**

图 6-18 所示为齿轮泵泵盖的主视图、俯视图，由于物体的内部结构较为复杂，主视图中出现了很多细虚线，给看图带来很大的困难，而且标注尺寸也很不方便。试用一个正平面沿着泵盖的前后对称面剖开泵盖，绘制泵盖后半部分的形状，以表达泵盖的内部结构。

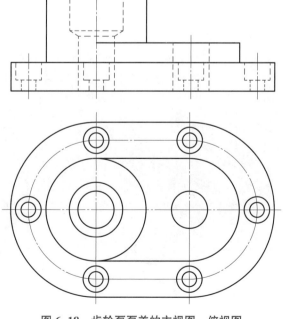

**图 6-18 齿轮泵泵盖的主视图、俯视图**

**任务分析**

泵盖的外形结构有连接板、圆筒、凸台等，内部结构有连接板上的沉孔、圆筒上的阶梯孔和凸台上的圆柱孔等，如图 6-19 所示。如果用一个过泵盖前后对称面的平面将其剖开后再画主视图，就可以使机件的内部结构变为可见。

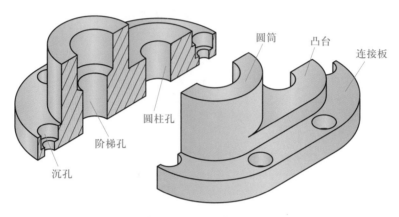

图 6-19　泵盖的结构

**相关知识**

一、剖视图的形成

如图 6-20 所示，假想用剖切面剖开物体，将处于观察者和剖切面之间的部分移去，将剩余部分向投影面投射，所得的图形就是剖视图。如图 6-21 所示，机件的主视图采用了剖视图。

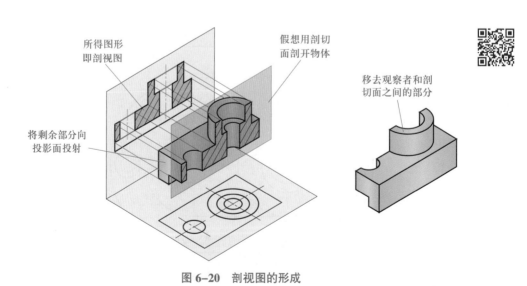

图 6-20　剖视图的形成

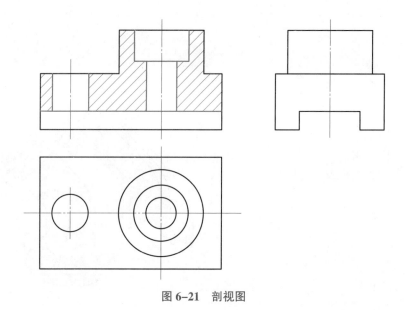

图 6-21　剖视图

## 二、全剖视图的概念

根据剖切范围的不同可将剖视图分为全剖视图、半剖视图和局部剖视图三种。用剖切面完全地剖开物体所得的剖视图称为全剖视图，如图 6-21 中的主视图。

## 三、剖视图的画法规定

1. 在画剖视图时，剖切面后的可见轮廓应全部画出，不可只画剖切断面的形状。

2. 由于剖视图是假想剖开机件得到的，当物体的一个视图画成剖视图时，其他视图仍应完整画出。

3. 图形上表达内部结构的细虚线一般可以省略。

## 四、剖面符号

在剖视图中，剖切面与物体接触的部分应画出表示材料类别的剖面符号，金属材料的剖面符号又称为剖面线，它用细实线绘制，应画成间隔相等、方向相同且一般与剖面区域的主要轮廓或对称线成 45° 的平行线，必要时也可画成其他适当角度，如图 6-22 所示。一般情况下，同一零件各个图形上剖面线的画法应一致，必要时，也允许某一个图形上剖面线的角度与其他图形不一致，如图 6-23 所示。

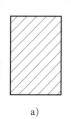 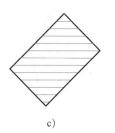 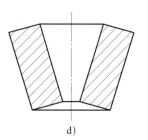 

a) 　　　　　b) 　　　　　c) 　　　　　d) 　　　　　e)

图 6-22　剖面线的画法

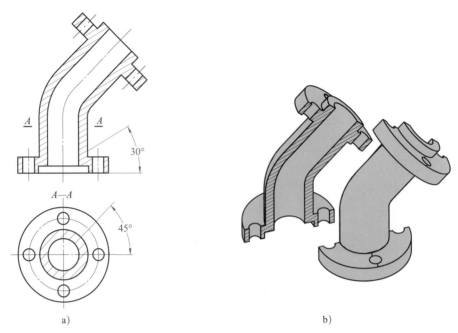

**图 6-23  主视图、俯视图的剖面线角度不一致**

a）剖视图  b）立体图

**任务实施**

泵盖全剖视图的绘图步骤见表 6-1。

表 6-1                    泵盖全剖视图的绘图步骤

| 步骤 | 图示 | 说明 |
|------|------|------|
| 1. 绘制断面形状 | | （1）剖切面与机件的接触部分称为断面<br>（2）有些断面后面的轮廓线也可以和断面形状同时绘制 |

续表

| 步骤 | 图示 | 说明 |
|---|---|---|
| 2. 绘制剖切面后面结构的图形 | 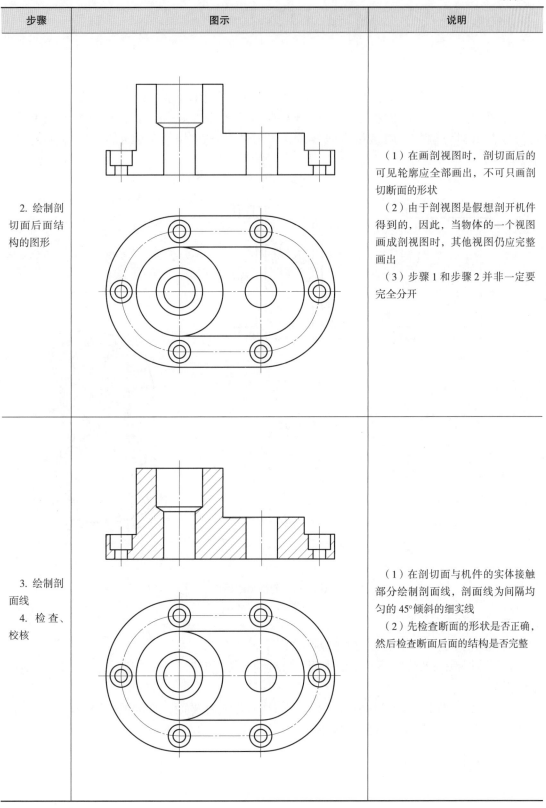 | （1）在画剖视图时，剖切面后的可见轮廓应全部画出，不可只画剖切断面的形状<br>（2）由于剖视图是假想剖开机件得到的，因此，当物体的一个视图画成剖视图时，其他视图仍应完整画出<br>（3）步骤1和步骤2并非一定要完全分开 |
| 3. 绘制剖面线<br>4. 检查、校核 | | （1）在剖切面与机件的实体接触部分绘制剖面线，剖面线为间隔均匀的45°倾斜的细实线<br>（2）先检查断面的形状是否正确，然后检查断面后面的结构是否完整 |

### 知识拓展

#### 一、剖视图的标注

为反映剖切关系，需要对剖视图进行标注。剖视图的标注如图 6-24 所示，一般应在剖视图的上方用大写的拉丁字母标出剖视图的名称"×—×"。在相应的视图上用剖切符号表示剖切位置（用短粗实线表示）和投射方向（用箭头表示），并标注相同的字母。

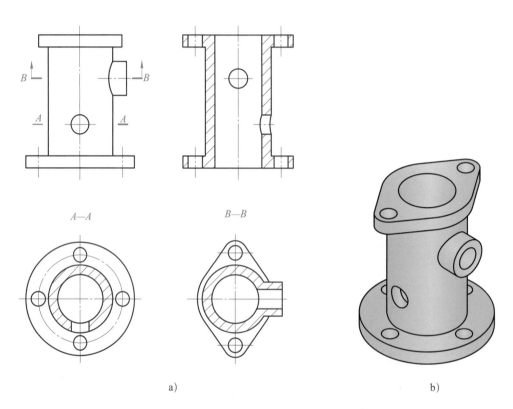

a)                                                                    b)

**图 6-24  剖视图的标注**

a）剖视图  b）立体图

剖视图的标注可以简化或省略的情况如下：

1. 当剖视图按投影关系配置，中间没有其他图形隔开时，可以省略箭头，如图 6-24 中的俯视图。

2. 当单一剖切平面通过物体的对称平面或基本对称平面，且剖视图按投影关系配置，中间没有其他图形隔开时，可以省略标注，如图 6-24 中的左视图。

#### 二、各种材料的剖面符号

国家标准规定了各种材料的剖面符号，常用材料的剖面符号见表 6-2。

表 6-2 常用材料的剖面符号（摘自 GB/T 4457.5—2013）

| 材料 | 剖面符号 | 材料 | 剖面符号 |
|---|---|---|---|
| 金属材料<br>（已有规定剖面符号者除外） | | 木质胶合板<br>（不分层数） | |
| 线圈绕组元件 | | 基础周围的泥土 | |
| 转子、电枢、变压器和<br>电抗器等的叠钢片 | | 混凝土 | |
| 非金属材料<br>（已有规定剖面符号者除外） | | 钢筋混凝土 | |
| 型砂、填砂、粉末冶金、<br>砂轮、陶瓷刀片、硬质合金<br>刀片等 | | 砖 | |
| 玻璃及供观察用的<br>其他透明材料 | | 格网<br>（筛网、过滤网等） | |
| 木材 纵断面 | | 液体 | |
| 木材 横断面 | | | |

# 任务二　绘制半剖视图

## 学习目标

掌握半剖视图的概念及画法规定，具备绘制半剖视图的能力。

### 任务描述

轴座的主视图、俯视图和立体图如图6-25所示，试看懂视图，分析结构形状，并选用合适的剖视图表达内外结构。

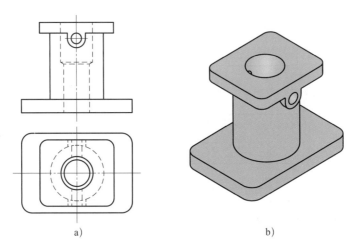

a) b)

**图6-25　轴座**

a）主视图、俯视图　b）立体图

### 任务分析

轴座的上、下各有一个方板，中间是一个带阶梯孔的圆筒，前上方和后上方各有一个带孔的小凸台。如果主视图采用全剖视图，则无法表达前面凸台的形状；如果俯视图采用全剖视图，则无法表达上面方板的形状。由于整个结构前后、左右对称，所以可以考虑一半画剖视图，表达内部形状；另一半画外形图，表达外部形状。

### 相关知识

一、半剖视图的概念

当物体具有对称平面时，向垂直于对称平面的投影面上投射所得的图形，可以对称中心线为界，一半画成剖视图，另一半画成视图，这种半个剖视图和半个视图的拼合图形称为半剖视图。如图 6-26a 所示，将主视图以左右对称中心线为界，右半部分画成剖视图（剖切平面通过前后对称面），左半部分画成外形视图。

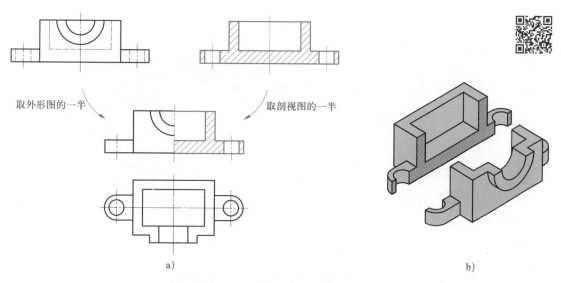

取外形图的一半　　　　　　　取剖视图的一半

a)　　　　　　　　　　　　　　　　b)

**图 6-26　半剖视图的形成及立体图**
a）半剖视图的形成　b）立体图

## 二、半剖视图的画法规定

1. 半个视图与半个剖视图的分界线用细点画线表示，而不能画成粗实线。

2. 机件的内部形状已在半剖视图中表达清楚，在另一半表达外形的视图中一般不再画出细虚线。

**任务实施**

### 一、将轴座的主视图改画成半剖视图

如图 6-27 所示，将轴座的主视图绘制成剖切面通过机件前后对称面的半剖视图，具体画法：将主视图右半部分的细虚线改画成粗实线，擦除多余的轮廓线，并在剖面区域绘制剖面线；将主视图左侧的细虚线擦除，使其变为外形图。

### 二、将轴座的俯视图改画成半剖视图

如图 6-28 所示，用过横向小孔轴线的剖切面将轴座剖开，将前半部分绘制成剖视图，后半部分绘制成外形图，具体画法：将俯视图前半部分的细虚线改画成粗实线，擦除多余的轮廓线，并在剖面区域绘制剖面线；将后半部分的细虚线擦除，使其变为外形图。

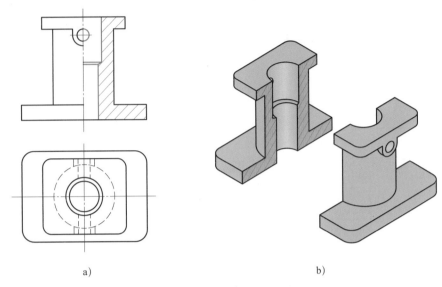

a)                                    b)

图 6-27　主视图为半剖视图

a）主视图、俯视图　b）立体图

注意：图 6-27 中，因为中间的圆孔前后贯穿，所以主视图上必须保留右侧的小半圆。

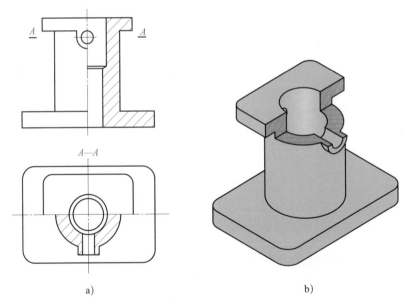

a)                                    b)

图 6-28　主视图、俯视图皆为半剖视图

a）主视图、俯视图　b）立体图

## 三、标注剖视图名称

半剖视图标注方法与全剖视图相同。图 6-28 的半剖视图按照省略标注的原则，主视图省略标注，俯视图省略箭头。

知识拓展

## 基本对称形体的半剖视图画法

当机件的形状基本对称，且不对称部分已另有图形表达清楚时，也可以画成半剖视图，如图 6-29 所示，右侧的局部视图已经把键槽的形状和位置表达清楚了，因此主视图可以采用半剖视图。

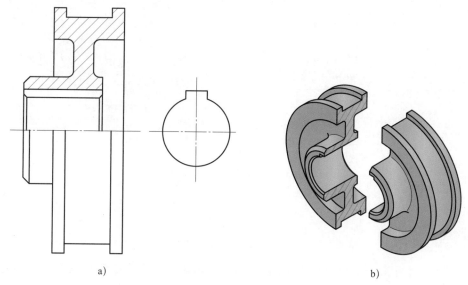

a)                                                        b)

**图 6-29  基本对称形体**

a）半剖视图和局部视图  b）立体图

# 任务三  绘制局部剖视图

学习目标

掌握局部剖视图的概念及画法规定，具备绘制局部剖视图的能力。

任务描述

上箱体的主视图、俯视图和立体图如图 6-30 所示，试看懂视图，分析结构形状，并选用合适的剖视图表达形体。

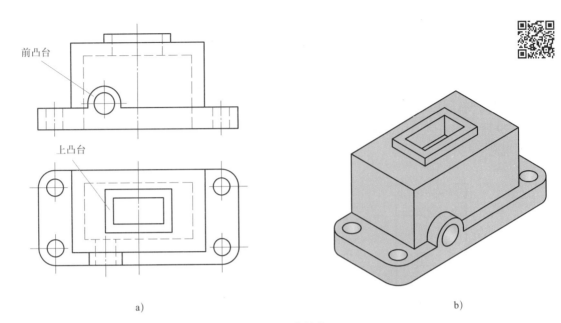

图 6-30  上箱体

a）主视图、俯视图  b）立体图

## 任务分析

图 6-30 所示上箱体是一个开口向下的长方形箱体，在下方的连接板上有四个连接孔；在上箱体的上方有一个矩形凸台，在矩形凸台上有一个方孔和箱体内腔相连；在箱体的前面，连接板的上方有一个拱形凸台，其上圆孔和箱体内腔相通。下面在两视图上用恰当的剖切方法表达上箱体的内形，并在主视图上保留前凸台，在俯视图上保留上凸台等外形。

该形体上下、前后、左右都不对称，很显然，用全剖视图虽然能表达内部结构，但不能同时表达左下侧外部凸台的形状；形体结构不对称，不能用半剖视图。所以，要想在两视图上既表达内形，又表达外形，只能将上箱体的局部剖开。

## 相关知识

### 一、局部剖视图的概念

用剖切面局部地剖开物体所画出的剖视图称为局部剖视图，如图 6-31 所示。

### 二、局部剖视图的画法规定

1. 局部剖视图与视图之间用波浪线或双折线分界，如图 6-31 和图 6-32 所示。
2. 波浪线应画在物体的实体上，不能画在物体的中空处或超出图形轮廓线。
3. 局部剖视图的波浪线不能与图形的轮廓线重合，也不能用轮廓线代替。

图 6-33 所示为波浪线的正确画法，图 6-34 所示为波浪线的错误画法。

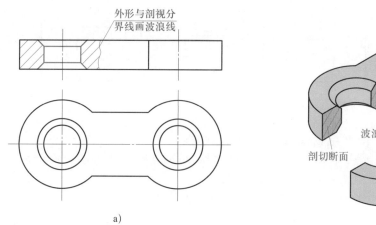
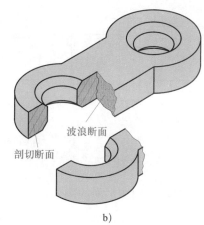

a)    b)

图 6-31    吊耳

a）局部剖视图、俯视图    b）立体图

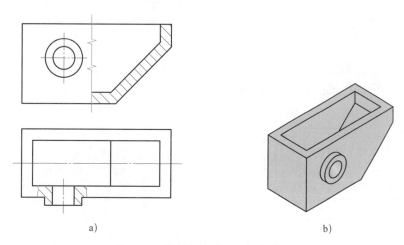

a)    b)

图 6-32    局部剖视图用双折线分界

a）局部剖视图    b）立体图

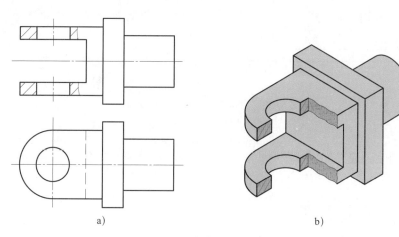

a)    b)

图 6-33    波浪线的正确画法

a）局部剖视图    b）立体图

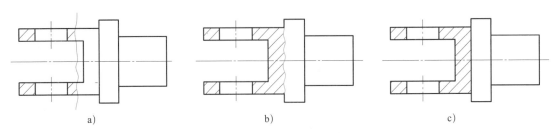

**图 6-34   波浪线的错误画法**

a）波浪线绘制在中空处和超出图形轮廓线   b）波浪线与图形的轮廓线重合   c）波浪线用轮廓线代替

4. 当单一剖切平面的剖切位置明确时，局部剖视图不必标注。

**任务实施**

**一、将主视图改画成局部剖视图**

在主视图上，为表达箱体的内部结构，可在右侧过机件的前后近似对称平面进行剖切，局部剖开内腔，在左侧用通过连接孔轴线的正平面进行剖切，局部剖开连接孔。在主视图上保留前面拱形凸台的外形，如图 6-35 所示。

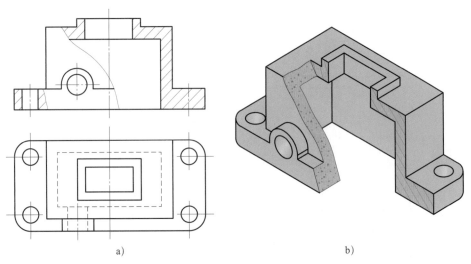

**图 6-35   上箱体主视图的表达方案**

a）视图   b）立体图

在将主视图改画成局部剖视图时，将剖切面后面的可见轮廓用粗实线绘制，在剖切分界处绘制波浪线。

**二、将俯视图改画成局部剖视图**

在俯视图上，用过前面拱形凸台上轴孔轴线的水平面进行局部剖切，以表达拱形凸台上圆孔及内腔的形状结构，如图 6-36 所示。

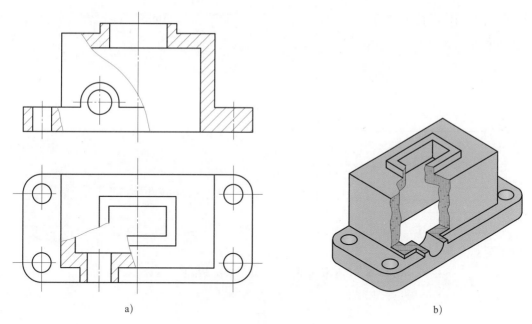

**图 6-36 上箱体俯视图的表达方案**

a）视图 b）立体图

---

知识拓展

## 绘制局部剖视图的注意事项

1. 在画剖视图时，当对称图形的轮廓线与对称中心线重合时，应避免采用半剖视图，而采用局部剖视图。如图 6-37 所示的轴套，虽然它左右对称，但由于方孔在剖视图上的轮廓线与对称中心线重合，所以不宜采用半剖视图，而应采用局部剖视图。

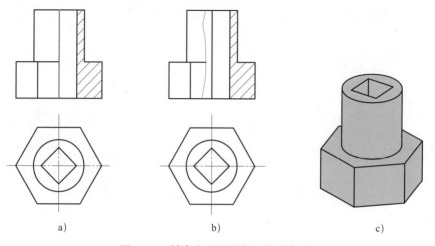

**图 6-37 轴套宜采用局部剖视图表达**

a）错误 b）正确 c）立体图

2. 当被剖切结构为回转体时，允许将该结构的轴线作为局部剖视与视图的分界线，如图 6-38 所示。

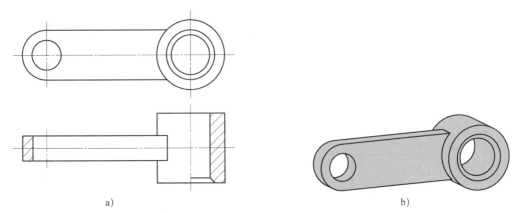

a) b)

图 6-38 用回转体轴线作为局部剖视与视图的分界线
a）视图 b）立体图

# 任务四 绘制用单一剖切平面剖切的剖视图

## 学习目标

了解单一剖切平面的种类，掌握用不平行于任何基本投影面的单一剖切平面剖切机件获得的剖视图的画法，具备绘制剖视图的能力。

## 任务描述

连杆的三视图及立体图如图 6-39 所示，试选择合适的剖视图表达该形体。

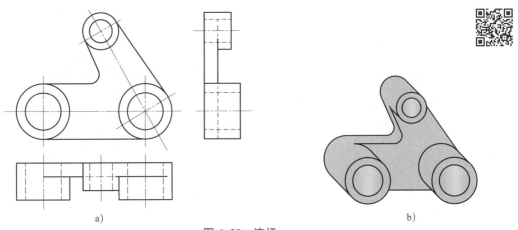

a) b)

图 6-39 连杆
a）三视图 b）立体图

**任务分析**

图 6-39 所示连杆由左、右、上三个圆筒和连接板组成，表达左、右圆筒的结构可以用一个水平剖切面剖开机件，绘制全剖的俯视图。表达上侧圆筒的形状及其与右侧圆筒的相对位置可以用一个正垂剖切平面剖开机件，绘制全剖视图。

**任务实施**

一、绘制全剖的俯视图

如图 6-40 所示，用一个过左、右圆筒轴线的水平剖切面 A—A 将机件剖开，绘制全剖的俯视图。在该俯视图上可以表达左、右圆筒的形状。由于 A—A 全剖视图按投影关系配置，所以可以省略表示投射方向的箭头。

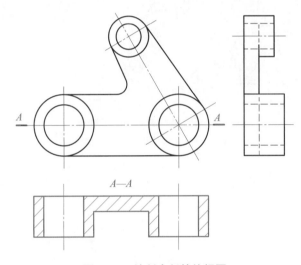

图 6-40　绘制全剖的俯视图

二、绘制倾斜剖切的全剖视图

用一个过上侧圆筒和右侧圆筒轴线的倾斜剖切平面将机件剖开，用于表达机件右上部分的结构，其投影过程如图 6-41 所示。用一个正垂剖切面剖开机件，将左侧部分移除，然后按照斜视图的投影方式，将右侧部分向一个与剖切平面平行的投影面投射，即获得一个倾斜的全剖视图。

用正垂剖切面 B—B 剖切连杆获得的剖视图如图 6-42 所示，该图可以清楚地表达上侧圆筒的内部结构，以及上侧圆筒与右侧圆筒之间的位置关系。

采用不平行于任何基本投影面的单一剖切平面获得的剖视图，通常比照斜视图的配置形式配置并标注。所以图 6-42 中的 B—B 剖视图标注了剖切位置、投射方向和剖视图名称。

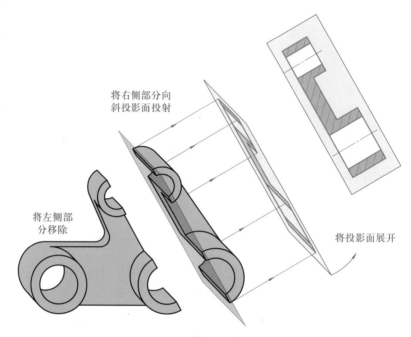

图 6-41　倾斜剖切的投影过程

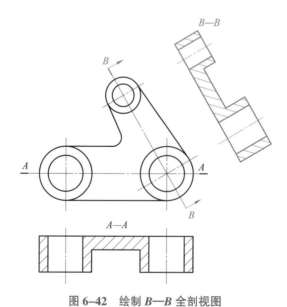

图 6-42　绘制 *B—B* 全剖视图

**一、倾斜剖视图的转平绘制**

为画图方便和合理利用图纸，可将采用不平行于任何基本投影面的剖切面剖切获得的剖视图旋转放正配置，并在剖视图名称旁按图形的旋转方向标注旋转符号。同斜视图一样，剖视图的名称应注写在旋转符号的箭头端，如图 6-43 所示。

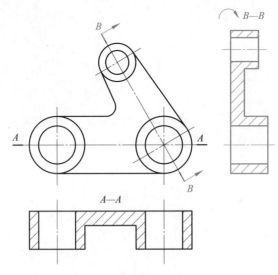

图 6-43 转平绘制 *B—B* 全剖视图

**二、剖切面的种类**

常用的剖切面有单一剖切平面、几个平行的剖切平面、几个相交的剖切平面等。单一剖切平面又包括与基本投影面平行的单一剖切平面和不平行于任何基本投影面的单一剖切平面。

## 任务五　绘制用几个平行的剖切平面剖切的剖视图

**学习目标**

掌握用几个平行的剖切平面剖切机件获得的剖视图的画法，具备绘制剖视图的能力。

**任务描述**

箱盖的主视图、俯视图及立体图如图 6-44 所示，试看懂两视图，用合适的剖切方法表达主视图。

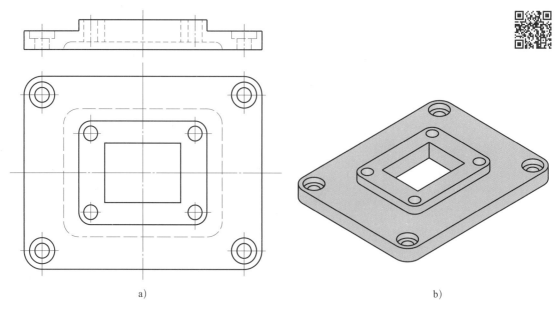

图 6-44　箱盖

a）主视图、俯视图　b）立体图

**任务分析**

　　如图 6-44 所示箱盖的四个角上有阶梯孔，视口凸台的四角上有圆孔，视口中间为方孔，零件的下方有一个方形的凹坑。为了表达这些内部结构，需要用三个正平剖切面将零件剖开，这样可以使形体中不同层次的内部结构在一个剖视图中得到表达，如图 6-45 所示。

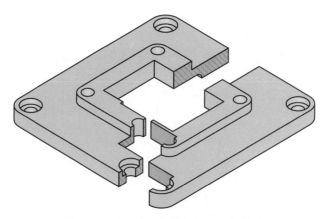

图 6-45　用三个平行的剖切面剖切箱盖

**任务实施**

一、绘制 *A—A* 全剖视图

用三个平行的剖切平面剖切箱盖的剖视图如图 6-46 所示，三个剖切平面分别剖切了阶梯孔、圆孔和方孔，零件下方的凹坑也被完全剖切，因此都绘制了粗实线。一般情况下，建议画出未剖切到的孔的轴线，以充分表达孔的位置。

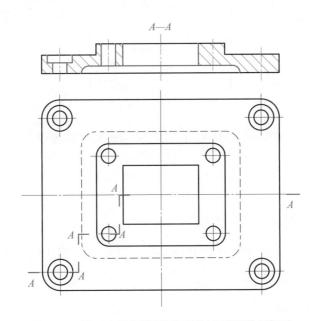

图 6-46 用三个平行的剖切平面剖切箱盖的剖视图

二、标注剖视图

用几个平行的剖切平面剖切的剖视图的标注如图 6-46 所示，在剖切平面的起讫和转折处绘制了剖切符号，并标注了相同的字母。由于剖视图按投影关系配置，所以省略了表示投射方向的箭头。

**知识拓展**

一、剖切面转折处的画法

在用几个平行的剖切平面剖切并绘制剖视图时，不应画出剖切平面转折处的投影（见图 6-47a），剖切符号转折处不应与图形的轮廓线重合（见图 6-47b），剖视图中一般不应出现不完整的要素（见图 6-47c）。

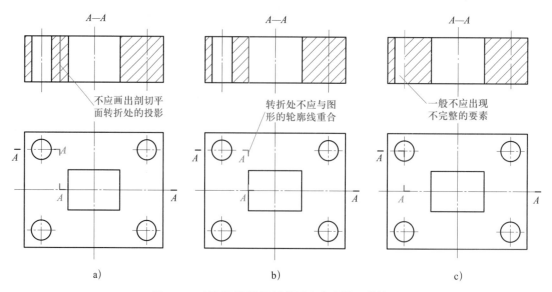

**图 6-47　剖切平面的转折处不应出现的几种情况**

a）不应画出剖切平面转折处的投影　b）剖切符号转折处不应与图形的轮廓线重合

c）剖视图中一般不应出现不完整的要素

## 二、具有公共对称中心线或轴线的剖视图画法

当两个要素在图形上具有公共对称中心线或轴线时，可以对称中心线或轴线为界，各画一半，如图 6-48 所示。

## 三、剖切面转折处字母的标注原则

在用几个平行的剖切平面或几个相交的剖切平面剖切时，在不产生歧义的前提下，转折处的字母可以部分或全部省略，如图 6-48 所示。

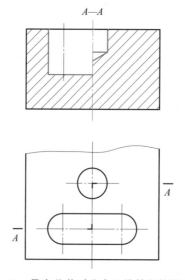

**图 6-48　具有公共对称中心线的剖视图画法**

# 任务六 绘制用几个相交的剖切平面剖切的剖视图

**学习目标**

掌握用几个相交的剖切平面剖切机件获得的剖视图的画法，具备绘制剖视图的能力。

## 任务描述

端盖的主视图、左视图和立体图如图 6-49 所示，试看懂两视图，用合适的剖切方法表达主视图。

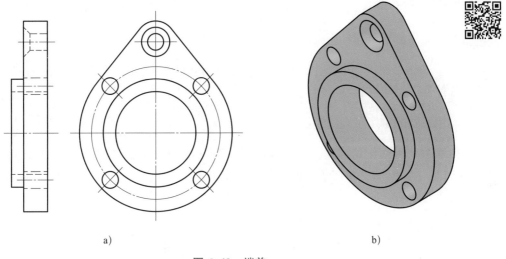

a)                                          b)

**图 6-49 端盖**

a）主视图、左视图　b）立体图

## 任务分析

图 6-49 所示端盖的中间有圆孔，其周围有四个小孔，端盖上方有一个锥形沉孔。很显然，该零件的主视图不能用单一剖切平面剖切，也不能用两个平行的剖切平面剖切，只能用两个相交的剖切平面剖切。如图 6-50 所示，用一个正平剖切平面和一个侧垂剖切平面将端盖剖开，即可获得一个反映端盖内部结构的剖视图。

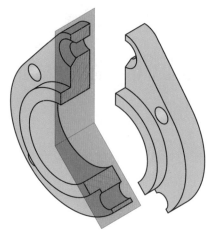

**图 6-50  用两个相交的剖切平面剖切端盖**

**任务实施**

**一、绘制用正平剖切平面剖切上部的剖视图**

用正平剖切平面剖切端盖上部的剖视图如图 6-51 所示，它可以反映上侧的锥形沉孔和中间大圆柱孔的结构形状。

**二、绘制用倾斜的剖切平面剖切后的剖视图**

用侧垂剖切平面剖切端盖，可以表达四个均匀分布的小孔及中间大圆柱孔的结构形状，如图 6-52 所示。绘图时要注意，倾斜的剖切平面所剖到的结构应先旋转到与选定的投影面平行后再进行投射，此时，旋转部分的某些结构不再符合直接的投影关系。

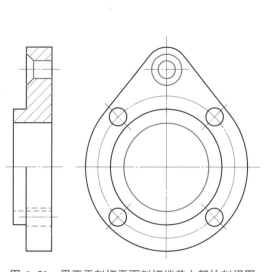

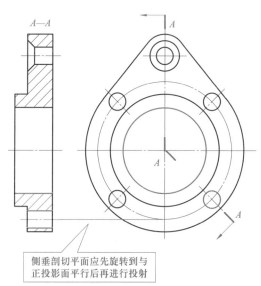

侧垂剖切平面应先旋转到与正投影面平行后再进行投射

**图 6-51  用正平剖切平面剖切端盖上部的剖视图**

**图 6-52  用两相交剖切平面剖切的剖视图**

### 三、标注剖视图的名称

国家标准规定，在用几个相交的剖切平面剖切的剖视图中，一般应标注剖切位置、投射方向和剖视图名称，并且表示投射方向的箭头与表示剖切位置的粗实线要垂直。如图 6-52 所示，在图中标注了剖切位置、投射方向和剖视图名称。

> **知识拓展**

### 一、剖切平面后面结构的绘图规则

在剖切平面后面的结构，一般仍按原来的位置投射，如图 6-53 中的小油孔。

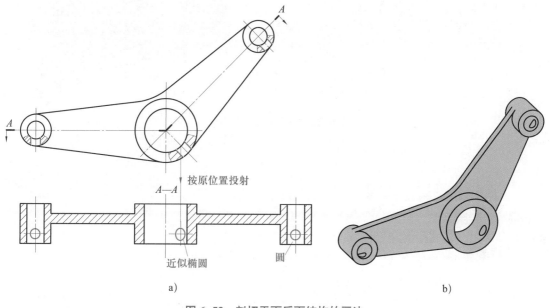

a)                                                          b)

**图 6-53　剖切平面后面结构的画法**
a）主视图、俯视图　b）立体图

### 二、剖切后产生不完整要素的绘图规则

当剖切后产生不完整要素时，应将此部分按不剖绘制，如图 6-54 所示。

### 三、剖切平面的应用规则

单一剖切平面、几个平行的剖切平面和几个相交的剖切平面均可用于绘制全剖视图、半剖视图和局部剖视图，在绘制断面图时这些剖切方法同样适用。

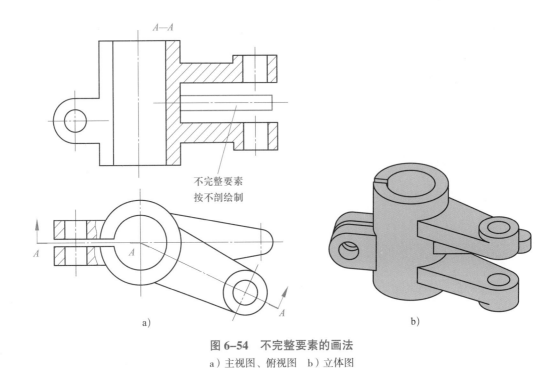

**图 6-54 不完整要素的画法**

a) 主视图、俯视图   b) 立体图

---

**课题三 绘制断面图**

## 任务一 绘制移出断面图

**学习目标**

1. 了解断面图的概念和种类。
2. 掌握移出断面图的画法和标注方法。

**任务描述**

主轴的主视图、左视图及立体图如图 6-55 所示，试看懂两视图，用合适的剖切方法表达该零件。

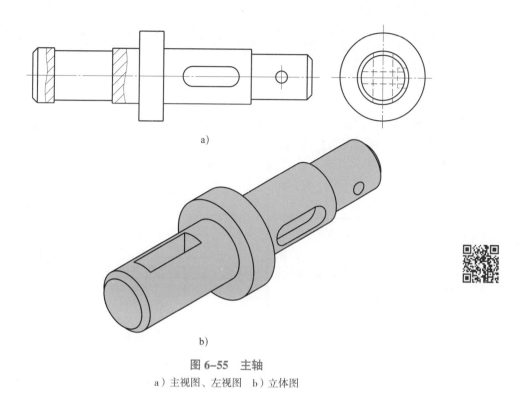

a)

b)

图 6-55 主轴

a）主视图、左视图　b）立体图

## 任务分析

在图 6-55a 中，主轴的轴径在主视图上已经表达清楚，左视图主要用于表达方槽、平键槽和圆孔的断面形状。但是在左视图中，圆和细虚线较多，不便于看图。为解决这个问题，可用垂直于轴线的剖切平面分别在方槽、平键槽和圆孔等位置剖开（见图 6-56），绘制各个断面的形状，以替代左视图。

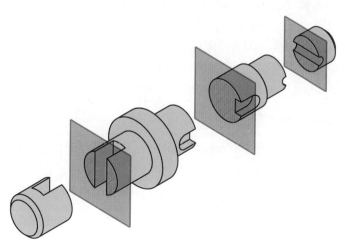

图 6-56 剖切主轴

**任务实施**

一、绘制剖切平键槽的移出断面图

如图 6-57 所示，用垂直于主轴轴线的剖切平面将平键槽所在轴颈剖开，获得断面图①，即可将平键槽结构表达清楚。这种用剖切平面将机件断开，画出的剖切平面与机件接触部分的图形称为断面图，断面图分为移出断面图和重合断面图两种。画在视图轮廓之外的断面图称为移出断面图。

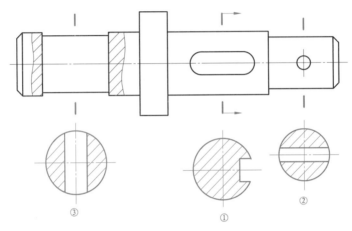

图 6-57  主轴的断面图

键槽轴颈的断面图为一个带缺口的圆，缺口表示键槽的宽度和深度，由于剖切平面将键槽剖开后断面向右投射，所以缺口按照投影规律绘制在图形右侧（见图 6-57 中断面图①）。

二、绘制剖切小孔的移出断面图

用一个垂直于主轴轴线且过小孔轴线的剖切平面剖切右侧的小孔，即获得表达小孔断面形状的移出断面图②，如图 6-57 所示，在该移出断面图上，除绘制了断面形状外，还绘制了剖切平面后面小孔的轮廓线。因为国家标准规定当剖切平面通过回转面形成的孔或凹坑的轴线时，这些结构应按剖视绘制。这样绘制断面图可以避免出现一个图形被分割成两部分的现象，以防止产生歧义。

三、绘制剖切方槽的移出断面图

在方槽的中间位置用一个垂直于主轴轴线的剖切平面剖开主轴，即获得表达方槽断面形状的移出断面图③，如图 6-57 所示，在该断面图上绘制了方槽后面部分的投影，这同样是为了防止一个图形被分割成两部分。国家标准规定，当剖切平面通过非圆孔会导致出现完全分离的图形时，这些结构应按剖视绘制。

知识拓展

## 移出断面图的标注规则

移出断面图的标注与剖视图类似，一般应用大写的拉丁字母标注移出断面图的名称"×—×"，在相应的视图上用剖切符号表示剖切位置和投射方向，并标注相同的字母，下列情况下可以简化，但是移出断面图不能省略剖切符号。

1. 配置在剖切符号延长线上的不对称移出断面不必标注字母。

2. 不配置在剖切符号延长线上的对称移出断面以及按投影关系配置的移出断面一般不必标注箭头。

3. 配置在剖切符号延长线上的对称移出断面，不必标注字母和箭头。

移出断面图的标注示例见表 6-3。

表 6-3　　　　　　　　　　　　　移出断面图的标注示例

| 移出断面图的位置 | 移出断面图形状前后对称 | 移出断面图形状前后不对称 |
|---|---|---|
| 在剖切位置延长线上 | 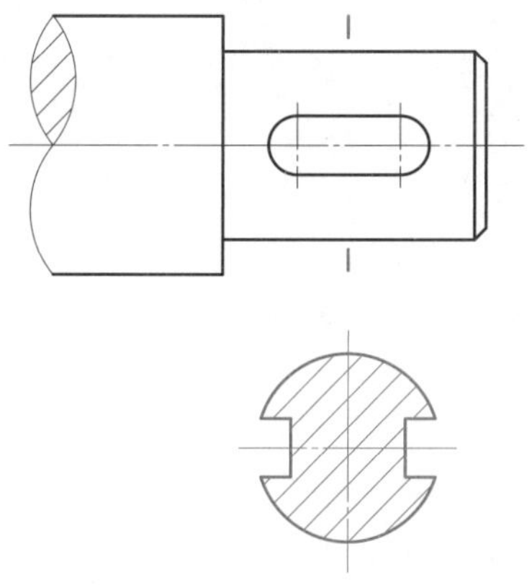 不必标注字母和箭头 | 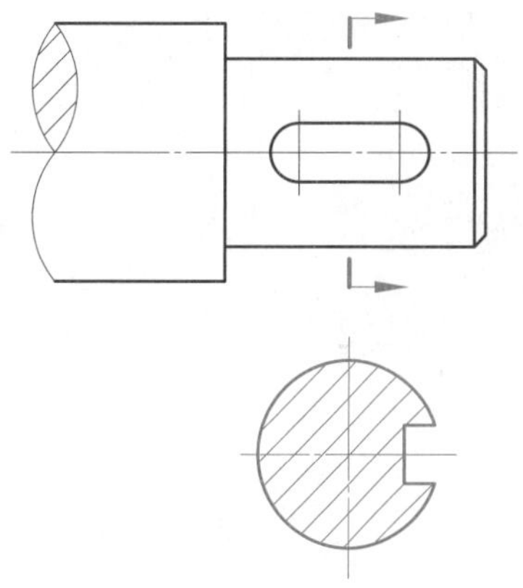 不必标注字母 |
| 按投影关系配置 | 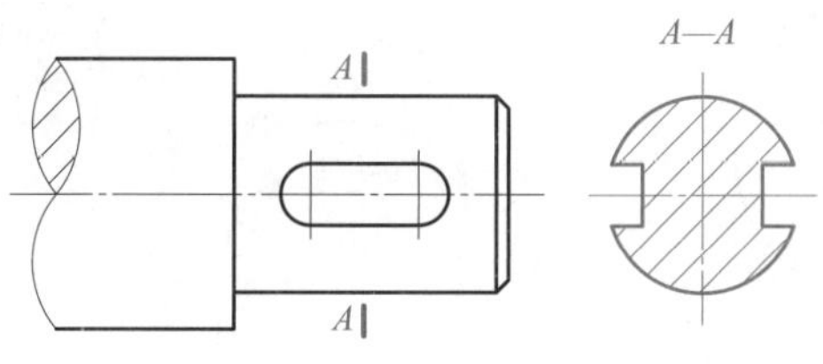 一般不必标注箭头 | 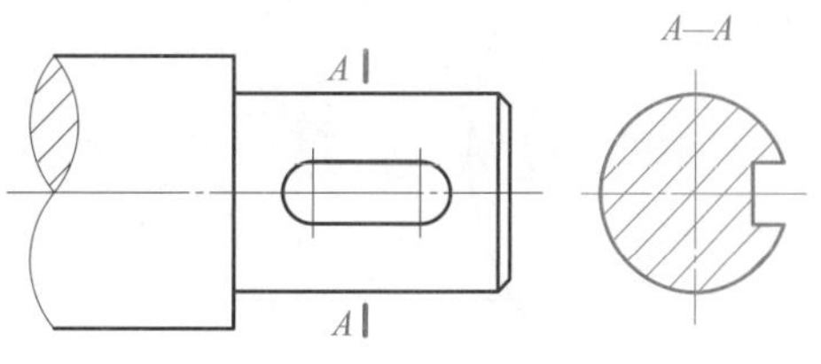 一般不必标注箭头 |

续表

| 移出断面图的位置 | 移出断面图形状前后对称 | 移出断面图形状前后不对称 |
|---|---|---|
| 在其他位置 | 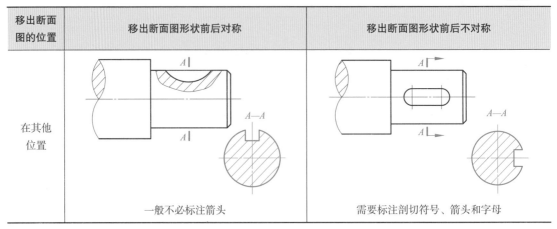一般不必标注箭头 | 需要标注剖切符号、箭头和字母 |

# 任务二　绘制重合断面图

**学习目标**

掌握重合断面图的画法和标注方法。

**任务描述**

拨叉的主视图、俯视图及立体图如图 6-58 所示，试看懂两视图，用合适的剖切方法表达该零件。

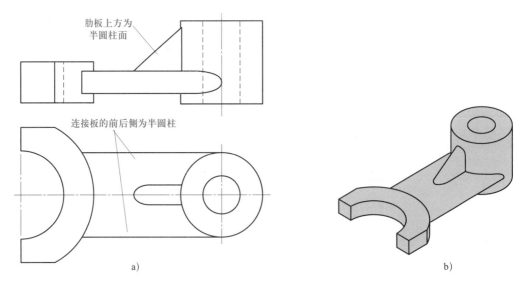

肋板上方为半圆柱面

连接板的前后侧为半圆柱

a)

b)

图 6-58　拨叉

a）主视图、俯视图　b）立体图

如图 6-58 所示，拨叉主要由圆筒、叉口、连接板和肋板等组成。主视图可采用全剖视图表达其内部结构，俯视图不变，这样尚未完全表达清楚的结构主要是连接板和肋板的断面形状，表达这些结构可采用断面图。

### 一、绘制全剖的主视图

拨叉全剖的主视图如图 6-59 所示，该图可以将圆筒和叉口的内部结构表达清楚。在主视图上肋板虽然被剖切到，但是没有绘制剖面线，而是用圆筒和连接板的轮廓线将其与相邻结构分开，这是因为国家标准规定：对于机件的肋、轮辐及薄壁等，如纵向剖切，这些结构都不画剖面符号，而是用粗实线将它与其他邻接部分分开。

### 二、绘制表达连接板断面形状的重合断面图

如图 6-60 所示，连接板的断面图绘制在了俯视图中，断面图的轮廓线用细实线绘制，断面上绘制剖面线。这种绘制在视图轮廓线之内的断面图称为重合断面图，重合断面图的轮廓线用细实线绘制。

### 三、绘制表达肋板形状的重合断面图

如图 6-60 所示，表达肋板形状的重合断面图绘制了一部分，其断裂边界处绘制波浪线。

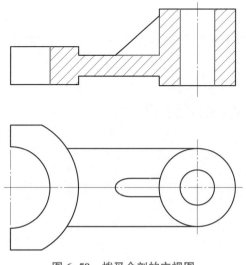

图 6-59　拨叉全剖的主视图

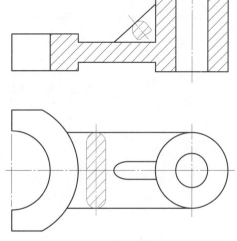

图 6-60　绘制拨叉的重合断面图

知识拓展

**一、重合断面图图形与视图轮廓线重叠时的画法**

当视图中的轮廓线与重合断面图的图形重叠时，视图的轮廓线完整画出，不能间断，如图 6-61 所示。

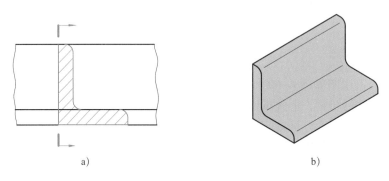

a)                                                            b)

**图 6-61　重合断面图的画法**
a）重合断面图　b）立体图

**二、重合断面图的标注**

国家标准规定：对称的重合断面图不必标注，不对称的重合断面图可以省略标注。因此，图 6-60 中的重合断面图没有标注，图 6-61 中的重合断面图可以省略标注。

**课题四　其他表达方法**

# 任务一　绘制从动轴的局部放大图

**学习目标**
掌握局部放大图的概念、画法和标注方法。

任务描述

如图 6-62 所示为用 1∶1 的比例绘制的从动轴的图样，图中三处沟槽的结构非常小，中间位置的沟槽还采用了细虚线表达内部结构，在主视图上很难将结构表达清楚，更无法标注尺寸，试采用合适的表达方法表达这些局部结构。

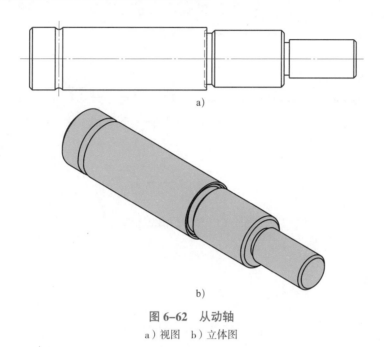

a)

b)

图 6-62　从动轴
a）视图　b）立体图

如果将图 6-62 所示的轴整体放大，则整个图形非常大。因此，只能将三处细小的结构采用放大的比例绘制局部视图。将机件的局部结构用大于原图形比例的比例画出的图形称为局部放大图。

**任务实施**

一、绘制局部放大图

如图 6-63 所示，在主视图的下方绘制了 3 个局部放大图，局部放大图 I 和 III 的结构相对简单，采用了 2.5∶1 的放大比例绘图。局部放大图 II 的结构相对复杂，采用了 4∶1 的放大比例绘图，为使图形结构清晰，绘制成断面图。采用局部放大图后，主视图中的细虚线就可以省略不画了。

二、标注局部放大图名称及绘图比例

如图 6-63 所示，在主视图上用细实线圆圈出被放大的部分，用指引线标注部位的名称，在相应的局部放大图上方用分数的形式标注局部放大图的名称和绘图比例，分子是与被放大部位相同的罗马数字，用于标注局部放大图的名称，分母为绘图比例。

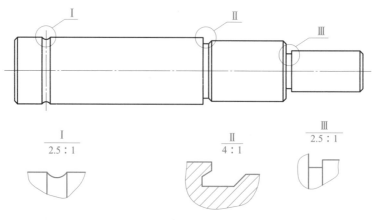

图 6–63　轴的局部放大图

知识拓展

## 局部放大图的画法规则

1. 绘制局部放大图时，一般用细实线圈出被放大部位，放大的图形尽量配置在被放大部位附近。

2. 局部放大图断裂处的边界线用波浪线绘制。

3. 当物体上有多处被放大部位时，必须用罗马数字依次标明，并在相应局部放大图上方以分数形式标出相同的罗马数字和放大比例。仅有一个放大图时，只需标注比例即可，如图 6–64 所示。

4. 局部放大图可画成视图、剖视图和断面图，它与被放大部位原来的表达方法无关。

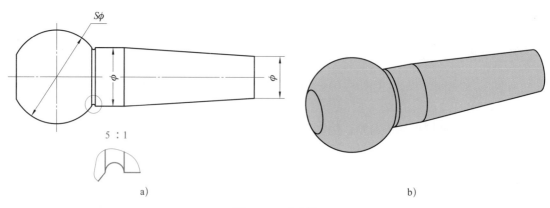

图 6–64　球头销

a）视图　b）立体图

# 任务二 用简化画法绘制端盖

学习目标

掌握均匀分布的肋板、轮辐、孔等结构在剖视图中的画法。

**任务描述**

如图 6-65 所示为端盖的主视图、俯视图和立体图，试按照制图国家标准规定的有关简化画法修改主视图和俯视图。

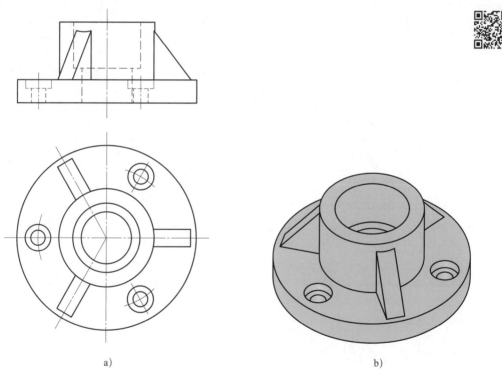

a)                                        b)

图 6-65 端盖

a）主视图、俯视图　b）立体图

**任务分析**

端盖由底部的法兰盘、上方的圆筒和均匀分布的三块肋板组成。圆筒中间为大阶梯孔，法兰盘上有三个均匀分布的圆柱形沉孔。主视图采用全剖视可以清晰地表达机件上大阶梯孔、圆柱形沉孔的形状，俯视图画外形视图可以表达形体的全部结构。

## 任务实施

### 一、绘制全剖的主视图

端盖全剖的主视图如图 6-66 所示，因为剖切面纵向剖切到右侧肋板，故按未剖切处理，用粗实线将其与圆筒和法兰盘分开。

### 二、在主视图上用简化画法表达肋板和阶梯孔

国家标准规定，当零件回转体上均匀分布的肋、轮辐、孔等结构不处于剖切面上时，可将这些结构旋转到剖切面上画出。按照该项规定，左侧的肋板和右侧的沉孔都应该旋转到剖切面上绘制，如图 6-67 所示。

### 三、用简化画法表达三个沉孔

国家标准规定，若干直径相同且成规律分布的孔，可以只画出一个或少量几个，其余用细点画线表示其中心位置。对图 6-67 中的沉孔进行简化绘制，在主视图上删除右侧沉孔的轮廓线，在俯视图上删除右侧两个沉孔的轮廓线，获得的图形如图 6-68 所示。这样绘制的视图，既简单明了，又不会产生歧义。

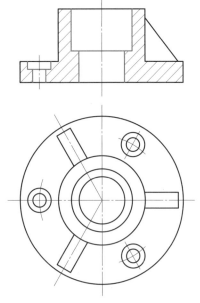

图 6-66　端盖全剖的主视图

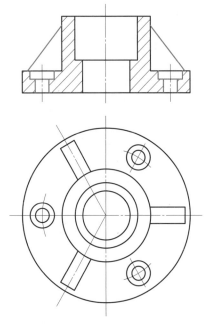

图 6-67　按简化画法的规定绘制的
端盖的主视图

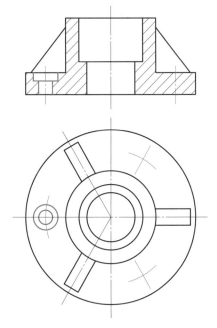

图 6-68　简化绘制的端盖主视图、
俯视图

# 任务三 识读常用简化画法

**学习目标**

掌握图样的简化原则及常用简化画法。

**任务描述**

机械零件各种各样、千变万化，为了能更清楚明了地表达零件结构，国家标准规定了许多图样的简化表示方法，如过渡线的简化画法、平面的表示法、相同结构的表示法等。本任务将了解图样的简化原则和常用的简化画法。

**任务分析**

图样的表达在不产生歧义的前提下，应尽量做到简单明了。如零件相交表面的圆弧过渡处，虽然没有了棱边，但是如果不绘制相应的轮廓线就可能产生歧义，所以需要对其画法做出相应的规定；有些平面，如果只用一个视图表达，就有可能让人误以为是圆柱面，需要有规定的画法表示平面；有些截交线和相贯线，如果按实际轮廓绘制，则非常烦琐，所以有必要对其进行简化。

**任务实施**

## 一、了解图样的简化原则

简化绘制图形时，必须遵循以下简化原则与基本要求：

1. 简化必须保证不致引起误解和不会产生歧义。在此前提下，应力求制图简便。

2. 图样简化应便于识读和绘制，注重简化的综合效果。

3. 应避免不必要的视图和剖视图，如图 6-69 所示。图中 EQS 表示孔均匀分布。C 表示倒角，后面的数字表示倒角的轴向距离。

4. 在不致引起误解时，应避免使用细虚线表达不可见结构。也就是说，在视图或剖视图中，细虚线一般不画，当画少量细虚线可以使视图表达更加完善时，允许画出必要的细虚线，如图 6-70 所示。

## 二、识读常用的简化画法

1. 在某些情况下，由于圆角的存在，致使零件表面的交线变得不够明显，为了便于看图时区分不同的表面，需要用细实线绘制出没有圆角过渡时两零件表面的理论交线，这种表面交线称为过渡线，如图 6-71 所示。绘制过渡线时应注意以下两点：

（1）过渡线只能画到两表面轮廓的理论交点为止，不能与铸件圆角轮廓相交。

（2）当两条过渡线相交时，过渡线在交点附近应断开。

2. 当图形不能充分表达平面时，可用平面符号（两条相交的细实线）表示，如图 6-72 所示。

3. 零件中规律分布的重复结构，允许只绘制出其中一个或几个完整的结构，并反映其分布情况。对称的重复结构用细点画线表示各对称结构要素的位置，如图 6-73 所示。不对称的重复结构则用相连的细实线代替，如图 6-74 所示。

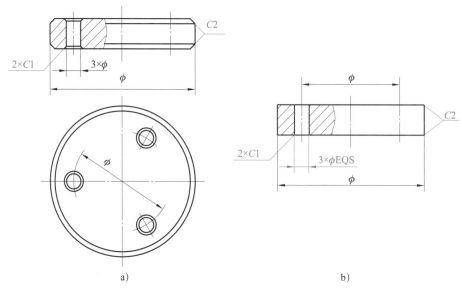

图 6-69　避免不必要的视图和剖视图

a）简化前　　b）简化后

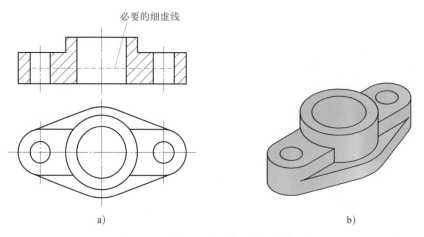

图 6-70　需要画出细虚线的剖视图

a）主视图、俯视图　　b）立体图

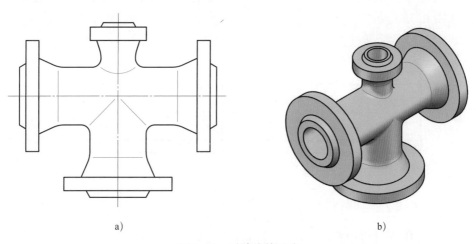

a)                                      b)

图 6-71　过渡线的画法

a）视图　b）立体图

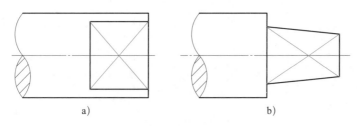

a)                                      b)

图 6-72　平面的表示法

a）矩形平面　b）梯形平面

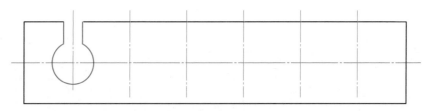

图 6-73　对称重复结构的画法

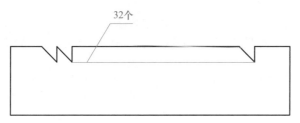

32个

图 6-74　不对称重复结构的画法

4. 在不至于引起误解时，图中的截交线、相贯线等可以简化，如用线段或圆弧代替非圆曲线，如图 6-75 所示。

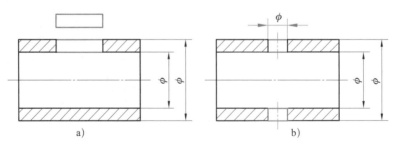

**图 6-75　截交线和相贯线的简化画法**
a）截交线　b）相贯线

5. 若干直径相同且规律分布的孔，可以仅画出一个或少量几个，其余只需用细点画线或 "+" 表示其中心位置，如图 6-76 所示。

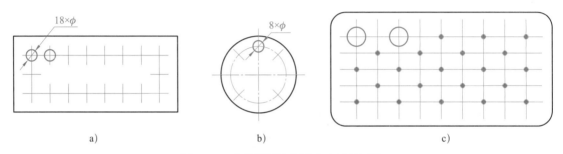

**图 6-76　直径相同且规律分布孔的画法**

6. 较长的机件（如轴、杆等），当其沿长度方向的形状一致或按一定规律变化时，可断开后缩短绘制，但尺寸仍按实长进行标注，断裂边界处可用波浪线、双折线或细双点画线表示，如图 6-77 所示。

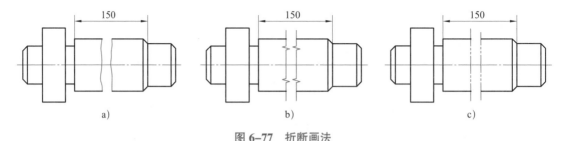

**图 6-77　折断画法**
a）断裂边界处画波浪线　b）断裂边界处画双折线　c）断裂边界处画细双点画线

7. 当剖切面与零件的某表面重合时，按照未剖切到处理，如图 6-78 所示。

8. 当机件上较小的结构及斜度等已在一个图形中表达清楚时，其他图形应当简化或省略，如图 6-79 所示。

9. 为了节省绘图时间和图幅，对称构件或零件的视图可只画一半或四分之一，并在对称中心线的两端画出两条与其垂直的平行细实线，如图 6-80 所示。

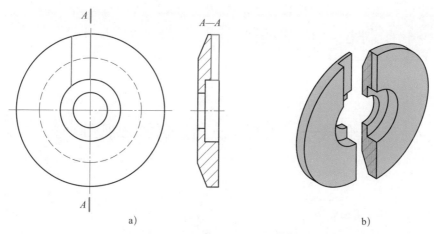

图 6-78　剖切面与零件表面重合

a）主视图、左视图　b）立体图

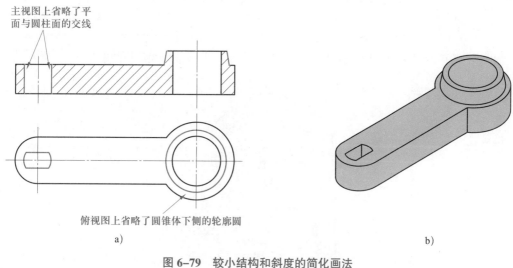

主视图上省略了平面与圆柱面的交线

俯视图上省略了圆锥体下侧的轮廓圆

a）　　　　　　　　　b）

图 6-79　较小结构和斜度的简化画法

a）主视图、俯视图　b）立体图

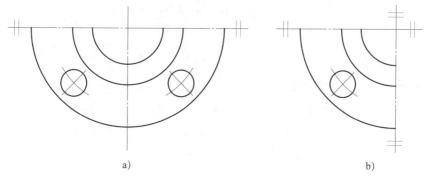

a）　　　　　　　　　b）

图 6-80　对称构件或零件视图的简化画法

a）绘制一半　b）绘制四分之一

课题五 绘制第三角投影的视图

## 任务一　绘制第三角投影的三视图

**学习目标**

1. 了解第三角投影的概念。
2. 掌握第三角投影三视图的概念和投影关系。

**任务描述**

定位块的正等轴测图如图 6-81 所示，试采用第三角投影绘制三视图。

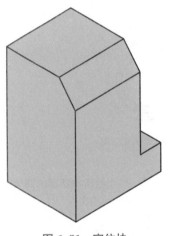

图 6-81　定位块

**任务分析**

如图 6-82 所示，三个互相垂直相交的投影面将空间分为八个部分，每一部分称为一个分角，依次为 I ~ VIII 分角。将机件放在第一分角内得到多面正投影的方法称为第一角画法，将机件放在第三分角内得到多面正投影的方法称为第三角画法。本任务是绘制将机件放在第三分角进行投射而获得的三视图。

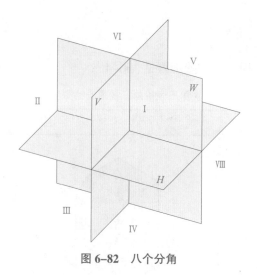

图 6-82 八个分角

---

**任务实施**

一、将定位块按第三角画法向三投影面投射

如图 6-83 所示，将机件放入第三分角，由前向后投射，在 $V$ 面上得到的视图称为主视图；由上向下投射，在 $H$ 面上得到的视图称为俯视图；由右向左投射，在 $W$ 面上得到的视图称为右视图。

二、展开三投影面体系

第三角画法的三投影面体系的展开过程如图 6-84 所示，使正投影面保持不动，将水平投影面沿其与正投影面的交线顺时针旋转 90°，将侧投影面沿其与正投影面的交线顺时针旋转 90°。

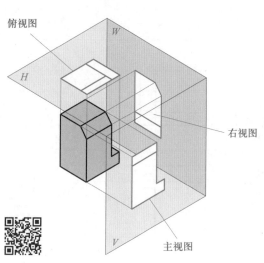

图 6-83　第三角画法的三视图的投射过程

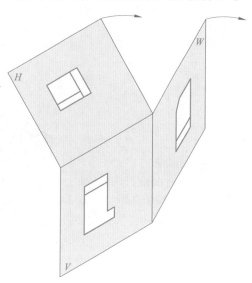

图 6-84　第三角画法的三投影面体系的展开过程

### 三、绘制第三角投影的三视图

定位块第三角投影三视图的绘图步骤见表 6-4。

表 6-4　　　　　　　　　　定位块第三角投影三视图的绘图步骤

| 步骤 | 图示 |
| --- | --- |
| 1. 绘制主视图<br>　测量尺寸 $x_1$、$x_2$、$z_1$、$z_2$、$z_3$，绘制定位块的主视图 | 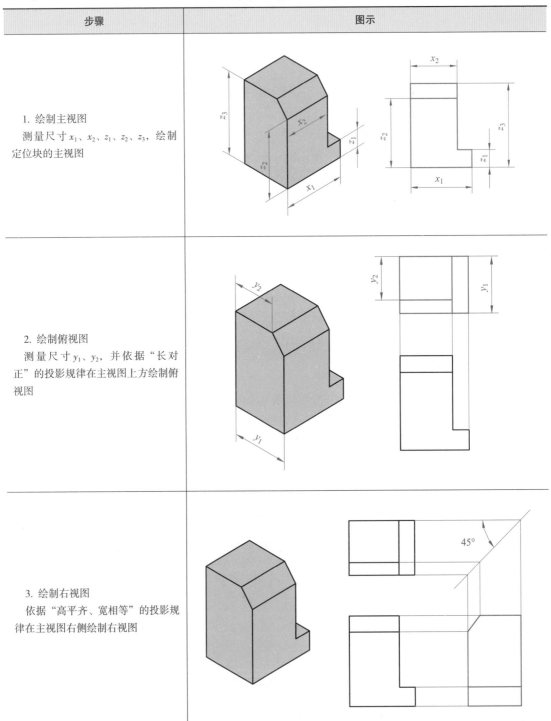 |
| 2. 绘制俯视图<br>　测量尺寸 $y_1$、$y_2$，并依据"长对正"的投影规律在主视图上方绘制俯视图 |  |
| 3. 绘制右视图<br>　依据"高平齐、宽相等"的投影规律在主视图右侧绘制右视图 |  |

### 四、比较第三角画法与第一角画法三视图的异同

第一角画法是使机件处于观察者与投影面之间，即保持"人、物、投影面"的位置关系。第三角画法是使投影面处于观察者与物体之间，即保持"人、投影面、物"的位置关系。如图 6-85 所示，第三角画法的主视图、俯视图、右视图和第一角画法的主视图、俯视图、右视图的形状相同，但是位置不同，第三角画法的俯视图在主视图上面，右视图在主视图右侧。

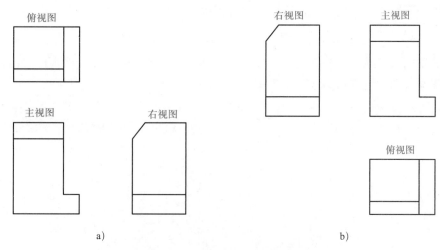

a)                    b)

**图 6-85 第三角画法与第一角画法三视图的比较**

a) 第三角画法　b) 第一角画法

## 任务二　绘制第三角投影的六个基本视图

### 学习目标

1. 掌握第三角投影的六个基本视图的概念，能将第三角投影的视图转换为第一角投影的视图。
2. 了解第一角画法和第三角画法的标识符，掌握第三角画法在第一角画法的局部视图中的应用。

### 任务描述

在完成上一个任务（绘制定位块第三角投影的三视图）的基础上，完成定位块第三角投影的六个基本视图。

---

**任务分析** ▌

将定位块放入由六个基本投影面组成的体系中，用第三角画法进行投射，即可获得第三角画法的六个基本视图。

**任务实施** ▌

### 一、将定位块用第三角画法向六个基本投影面投射

如图 6-86 所示，将定位块放入由六个基本投影面组成的体系中，根据第三角画法的投影原理，分别向六个基本投影面投射，获得主视图、俯视图、右视图、左视图、仰视图、后视图六个基本视图。第三角画法六个基本投影面的展开如图 6-87 所示。

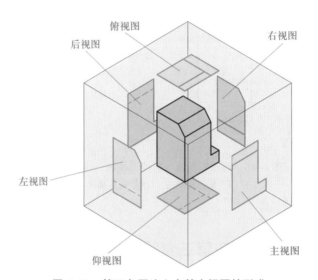

**图 6-86　第三角画法六个基本视图的形成**

### 二、绘制第三角画法的六个基本视图

用第三角画法绘制的六个基本视图如图 6-88 所示，俯视图在主视图上方，仰视图在主视图下方，右视图在主视图右侧，左视图在主视图左侧，后视图在右视图右侧。

### 三、比较第三角画法与第一角画法的六个基本视图

第一角画法的六个基本视图如图 6-89 所示，对比图 6-88 和图 6-89 可以看出：第三角画法的俯视图、仰视图、右视图、左视图的形状与第一角画法的相同，但位置不同，比如，第三角画法的右视图在主视图的右侧，而第一角画法的右视图在主视图的左侧。两种画法的主视图和后视图的形状和位置则完全一样。

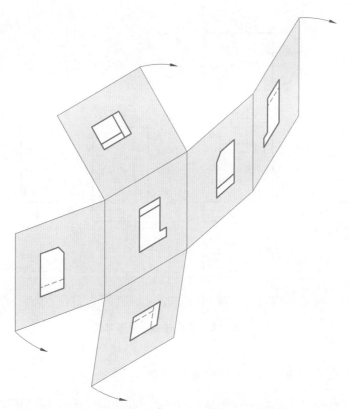

图 6-87　第三角画法六个基本投影面的展开

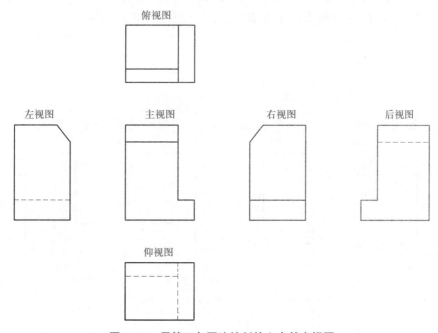

图 6-88　用第三角画法绘制的六个基本视图

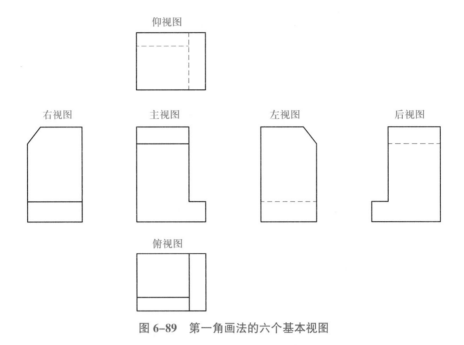

图 6-89　第一角画法的六个基本视图

### 四、将第三角画法的视图转换成第一角画法的视图

因为第三角画法的视图和第一角画法的视图的形状相同，只是有的视图的位置不同，所以可以采用向视图的标注方式将第三角画法的视图转换成第一角画法的视图，将图 6-88 所示的第三角画法的视图转换成第一角画法的视图的方法如图 6-90 所示。第三角画法的视图转换后，可以很容易使不懂第三角投影视图的人员看懂第三角投影视图。

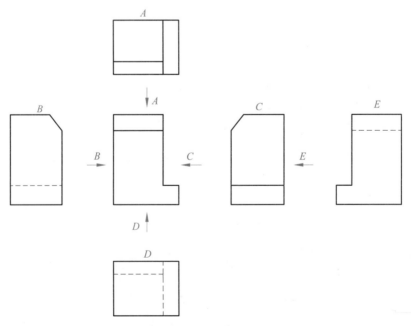

图 6-90　将第三角画法的视图转换成第一角画法的视图

**知识拓展**

## 一、第一角画法和第三角画法的识别符号

为了识别第一角画法和第三角画法，国家标准规定了相应的识别符号，如图 6-91 所示，该符号一般标注在图样的标题栏中。

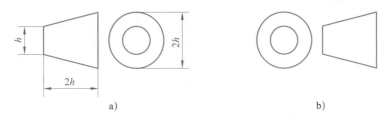

a)                                    b)

**图 6-91　第一角画法和第三角画法的识别符号**
a）第一角画法的识别符号　b）第三角画法的识别符号

国家标准规定，采用第三角画法时，必须在标题栏中标出识别符号；采用第一角画法时，可以省略标注。

## 二、用第三角画法绘制的局部视图

国家标准规定，在采用第一角画法绘制的图样中，可以将局部视图按第三角画法配置在视图上所需表示机件局部结构的附近，并用细点画线将两者相连，如图 6-92 所示。

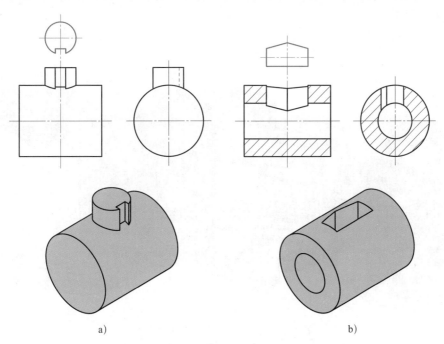

a)                                    b)

**图 6-92　按第三角画法绘制的局部视图**
a）表达端面的局部视图　b）表达槽的局部视图

# 标准件与通用件表示法

在各种机器和设备中，经常需要用到螺栓、螺母、齿轮、键、滚动轴承、弹簧等标准件或通用件。这些零部件用途广、用量大，且结构与尺寸都已全部或部分标准化。在图 7-1 所示的齿轮泵中就使用了大量的标准件和通用件，如圆柱销、螺栓、垫圈、螺母、钢球、齿轮、弹簧等。

在机械图样中，为简化作图，对标准件和通用件上的某些结构和形状不是按其真实投影画出，而是根据相应的国家标准所规定的简化画法进行绘图，本模块主要介绍标准件和通用件的有关规定画法。

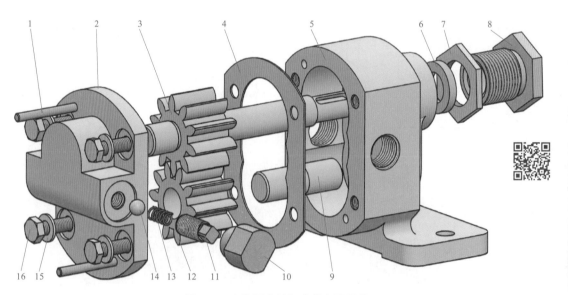

图 7-1　齿轮泵中的标准件和通用件

1—圆柱销　2—泵盖　3—齿轮轴　4—垫片　5—泵体　6—密封圈　7—螺母　8—压盖　9—从动轴　10—防护螺塞
11—调节螺杆　12—齿轮　13—弹簧　14—钢球　15—垫圈　16—螺栓

# 任务一 绘 制 螺 纹

**学习目标**

了解螺纹的基本结构，掌握外螺纹、内螺纹和螺纹连接图的画法。

**任务描述**

图 7-2 所示为夹紧机构，螺杆通过螺纹将压块连接在座体上，试用规定画法分别绘制螺杆、座体和螺纹连接图。

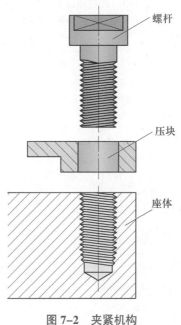

螺杆

压块

座体

**图 7-2 夹紧机构**

**任务分析**

螺纹的实际轮廓由一组螺旋线组成，按照其实际形状绘制非常复杂，为简化作图，国家标准规定了简化表示方法。

一、螺纹概念

螺纹是指在圆柱或圆锥表面上具有相同牙型、沿螺旋线连续凸起的牙体，在圆柱表面上形成的螺纹称为圆柱螺纹，在圆锥表面上形成的螺纹称为圆锥螺纹。在圆柱或圆锥外表面上形成的螺纹称为外螺纹，在圆柱或圆锥内表面上形成的螺纹称为内螺纹。如图 7-3 所示为圆柱外螺纹和圆柱内螺纹。

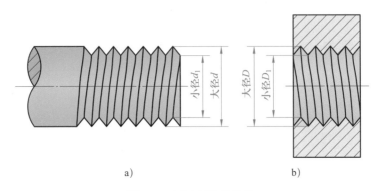

a)                                b)

**图 7-3　圆柱螺纹的结构**

a）圆柱外螺纹　b）圆柱内螺纹

二、圆柱螺纹直径

圆柱螺纹的直径主要有螺纹大径、螺纹小径、公称直径等，如图 7-3 所示。

1. 螺纹大径

与外螺纹牙顶或内螺纹牙底相切的假想圆柱的直径。外螺纹大径用 $d$ 表示，内螺纹大径用 $D$ 表示。

2. 螺纹小径

与外螺纹牙底或内螺纹牙顶相切的假想圆柱的直径。外螺纹小径用 $d_1$ 表示，内螺纹小径用 $D_1$ 表示。

3. 公称直径

代表螺纹尺寸的直径。除管螺纹外，公称直径是指螺纹的大径。

外螺纹的大径和内螺纹的小径又称为顶径，外螺纹的小径和内螺纹的大径又称为底径。

一、绘制螺杆

螺杆的画法如图 7-4 所示，国家标准规定，外螺纹的牙顶用粗实线绘制，牙底用细实线绘制。绘图时，小径尺寸取 $d_1 \approx 0.85d$，牙顶线与牙底线之间的间距一般不小于 0.7 mm。在反映螺纹轴线的视图中，螺纹终止线用粗实线绘制，表示螺纹牙底的细实线要画入倒角。在垂直于螺纹轴线的视图中，表示牙底的细实线圆只画约 3/4 圈，不画倒角圆。

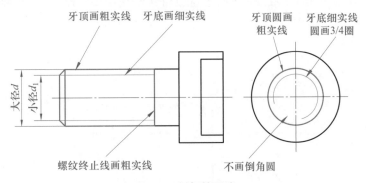

图 7-4　螺杆的画法

在外螺纹投影为圆的视图上，绘制表示牙底的 3/4 圈细实线圆时，一般让其中的一端超过中心线大约 2 mm，另一端则留有大约 2 mm 的空隙。

## 二、绘制座体

在座体上加工不通螺孔的顺序：先用钻头钻出圆孔（直径稍大于螺纹小径），如图 7-5a 所示；然后用丝锥攻出螺纹，如图 7-5b 所示。钻孔深度一般比螺纹深度大 0.5D（D 为螺纹大径）。

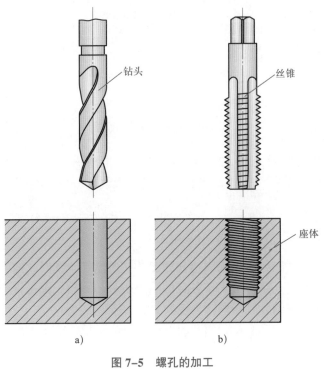

图 7-5　螺孔的加工
a）钻孔　b）攻螺纹

座体上螺孔的画法如图 7-6 所示，在剖视图中，内螺纹的牙顶用粗实线绘制，牙底用细实线绘制，剖面线画至牙顶粗实线处。在图样上，小径尺寸取 $D_1 \approx 0.85D$，牙顶线与牙底线之间的距离一般不小于 1 mm。在垂直于螺纹轴线的视图中，用粗实线绘制牙顶圆，用细实线绘制牙底圆，表示牙底的细实线圆只画约 3/4 圈，不画倒角圆。在主视图上，剖面线要画至牙顶粗实线处。

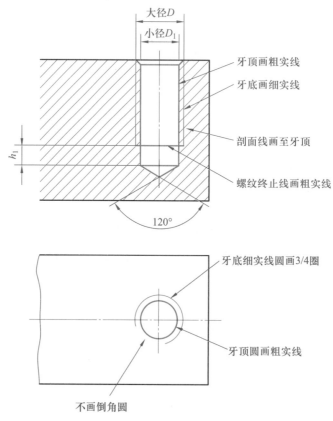

图 7-6　座体上螺孔的画法

由于钻头端部的锥度为 118° ±2°，所以钻孔底部锥角画成 120°。用丝锥加工不通螺孔时，其底部加工不出有效螺纹，因此光孔的深度比螺纹部分的尺寸要大些，绘图时一般取 $h_1=0.5D_1$。

### 三、绘制螺纹连接图

内、外螺纹连接图常以剖视图来表达，如图 7-7 所示。画图时，内、外螺纹的旋合部分应按外螺纹的画法绘制，其余部分仍按各自的画法表示，倒角、圆角等工艺结构可以省略不画。应注意，内、外螺纹的牙顶线和牙顶线要分别对齐。

一般情况下，螺杆旋入螺孔后，螺孔要留有一定的余量，绘图时一般取 $h_2=0.5D_1$。

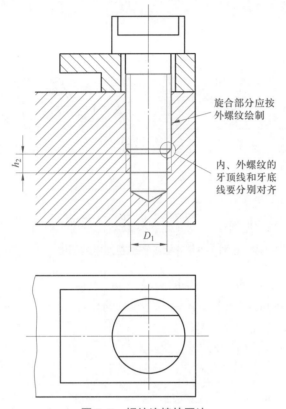

旋合部分应按
外螺纹绘制

内、外螺纹的
牙顶线和牙底
线要分别对齐

图 7-7　螺纹连接的画法

**知识拓展**

一、几种常见螺纹的画法

1. 不可见螺孔的画法

不可见螺孔的所有图线用细虚线绘制，如图 7-8 所示。

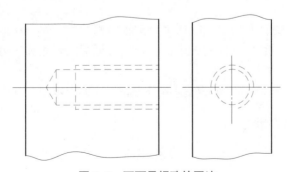

图 7-8　不可见螺孔的画法

**2. 外螺纹在剖视图中的画法**

在外螺纹的剖视图（或断面图）中，剖面线应画到粗实线，螺纹终止线只画牙顶线与牙底线之间的部分，如图 7-9 所示。

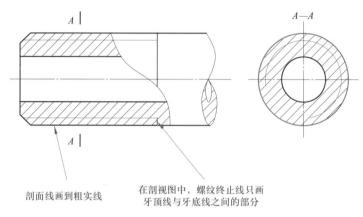

剖面线画到粗实线

在剖视图中，螺纹终止线只画牙顶线与牙底线之间的部分

**图 7-9　外螺纹在剖视图中的画法**

**3. 螺纹连接在投影为圆的剖视图中的画法**

在螺纹连接投影为圆的剖视图中，内、外螺纹的旋合部分也应按外螺纹的画法绘制，如图 7-10 所示。

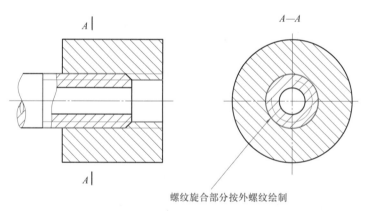

螺纹旋合部分按外螺纹绘制

**图 7-10　螺纹旋合部分的画法**

**4. 圆锥螺纹的画法**

圆锥外螺纹的表示方法如图 7-11a 所示，圆锥内螺纹的表示方法如图 7-11b 所示。其共同的特点是，在垂直于螺纹轴线的视图中，只画出可见端的牙底圆，另一端的牙底不表示。

**5. 螺纹牙型的表示方法**

当需要表示螺纹牙型时，可用局部剖视图或局部放大图表示，如图 7-12 所示。

**二、螺纹标记在图样上的标注**

1. 公称直径以 mm 为单位的螺纹，其标记应直接注在大径的尺寸线上或其引出线上，如图 7-13 所示。

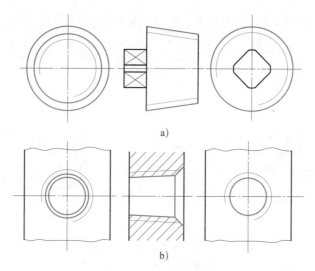

**图 7-11 圆锥螺纹的画法**

a) 圆锥外螺纹 b) 圆锥内螺纹

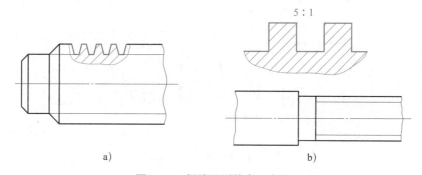

**图 7-12 螺纹牙型的表示方法**

a) 用局部剖视图表示牙型 b) 用局部放大图表示牙型

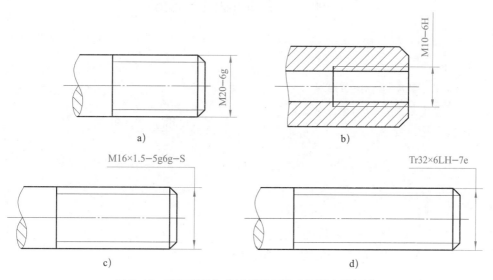

**图 7-13 普通螺纹和梯形螺纹标记在图样上的标注**

2. 管螺纹的标记一律注在引出线上，引出线应由大径处引出或由对称中心处引出，如图 7-14 所示。

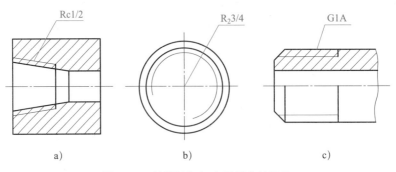

图 7-14　管螺纹标记在图样上的标注

3. 螺纹副标记的标注方法与螺纹标记的标注方法相同，如图 7-15 所示。

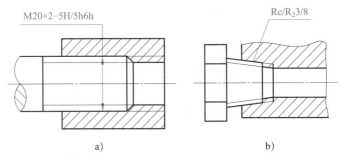

图 7-15　螺纹副标记的标注

# 任务二　绘制螺栓连接图

**学习目标**

1. 掌握螺纹紧固件的比例画法。
2. 了解螺纹紧固件的标记方法。
3. 掌握螺栓连接图的画法，了解螺纹紧固件的简化画法规则。

**任务描述**

图 7-16 所示为用螺栓、螺母和垫圈连接两个零件，两个被连接板的尺寸如图 7-17 所示，试选用合适的螺栓、螺母和垫圈，绘制螺栓连接图。

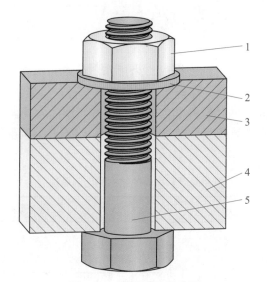

图 7-16　螺栓连接示意图

1—螺母　2—垫圈　3—被连接件1　4—被连接件2　5—螺栓

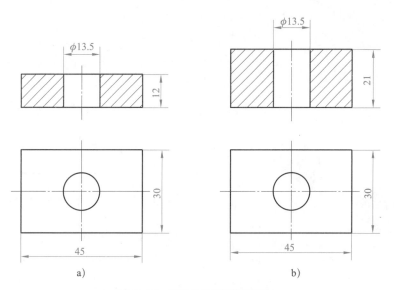

a)　　　　　　　　　　　　b)

图 7-17　螺栓连接的被连接板

a) 上板　b) 下板

任务分析

图 7-16 所示螺栓连接的紧固件有六角头螺栓、螺母和垫圈等，绘制螺栓连接图实际上就是绘制螺栓、螺母和垫圈的视图，因此首先要学会螺栓、螺母和垫圈的画法。

**相关知识**

### 一、螺纹紧固件的比例画法

在装配图中绘制螺纹连接件的视图时，为了作图简便和提高效率，通常采用比例画法。比例画法是指当螺纹大径选定后，除螺栓、螺钉、双头螺柱等紧固件的有效长度要根据被紧固件的情况确定外，紧固件的其他各部位的尺寸都按照螺纹大径 $d$（或 $D$）的一定比例作图的方法。常用的螺纹紧固件有螺栓、螺母、双头螺柱、螺钉和垫圈等，其结构和比例画法见表 7–1。

表 7–1　　　　　　　　　　常用螺纹紧固件的结构和比例画法

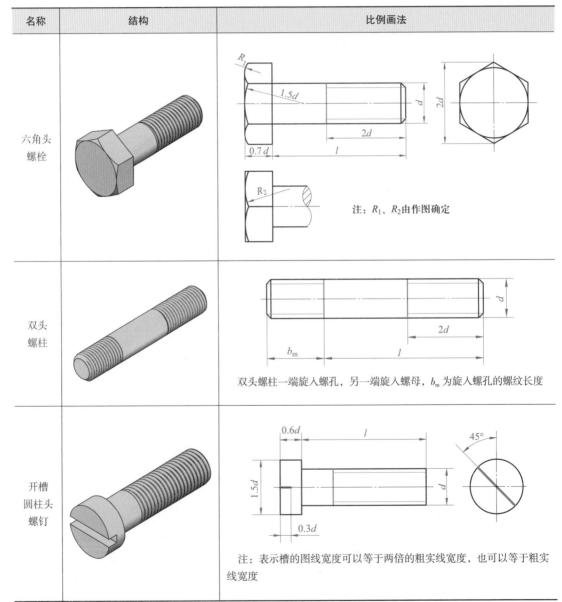

| 名称 | 结构 | 比例画法 |
|---|---|---|
| 六角头螺栓 | | 注：$R_1$、$R_2$ 由作图确定 |
| 双头螺柱 | | 双头螺柱一端旋入螺孔，另一端旋入螺母，$b_m$ 为旋入螺孔的螺纹长度 |
| 开槽圆柱头螺钉 | | 注：表示槽的图线宽度可以等于两倍的粗实线宽度，也可以等于粗实线宽度 |

| 名称 | 结构 | 比例画法 |
|---|---|---|
| 十字槽<br>沉头<br>螺钉 | | $90°$　$0.5d$　$d$　$l$ |
| 内六角<br>圆柱头<br>螺钉 | | $0.5d$　$1.5d$　$d$　$d$　$l$ |
| 开槽沉<br>头螺钉 | | $0.25d$　$90°$　$d$　$0.5d$　$l$　$45°$<br>注：表示槽的图线宽度可以等于两倍的粗实线宽度，也可以等于粗实线宽度 |
| 六角<br>螺母 | | $d$　$1.5d$　$2d$　$R_1$　$0.8d$　$R_2$<br>注：$R_1$、$R_2$由作图确定 |

| 名称 | 结构 | 比例画法 |
|------|------|----------|
| 平垫圈 | | |
| 弹簧垫圈 | | |

## 二、螺纹紧固件的标记

螺纹紧固件的简化标记一般由"名称　标准号　螺纹规格或公称尺寸 × 公称长度（必要时）"组成。根据螺纹紧固件的标记可以查阅相关国家标准获得其类别、尺寸、公差、材料及表面处理要求等。

"螺栓　GB/T 5780　M10×40"表示：六角头螺栓，产品等级为 C 级，规格尺寸（螺纹大径 $d$）为 10 mm，公称长度（螺栓杆身长度）$l$ 为 40 mm，表面不经处理。

"螺母　GB/T 41　M10"表示：Ⅰ型六角螺母，产品等级为 C 级，规格尺寸（螺纹大径 $D$）为 10 mm，表面不经处理。

"垫圈　GB/T 95　10"表示：平垫圈，公称尺寸为 10 mm，产品等级为 C 级，表面不经处理。查阅附表 5 可知，垫圈的内径 $d_1$=11 mm。

## 任务实施

### 一、选择螺纹连接件

本任务涉及的螺纹连接件主要有螺栓、螺母、垫圈等。螺栓可以选择 C 级六角头螺栓（GB/T 5780—2016），螺母选择 C 级Ⅰ型六角螺母（GB/T 41—2016）、垫圈选择 C 级平垫圈（GB/T 95—2002）。

螺栓连接时，首先将螺栓的螺杆穿过被连接件的通孔，然后在螺杆上套上垫圈，拧紧螺母。为了便于装配，机件上通孔的直径比螺纹大径大些。在本任务中，根据被连接件上孔的直径，查阅附表 2，选择螺栓规格尺寸为 M12，同时选择相同规格的螺母和垫圈。

## 二、绘制螺栓连接图

绘制螺栓连接图的步骤见表 7-2。

表 7-2　　　　　　　　　　　　　　绘制螺栓连接图的步骤

| 步骤 | 图示 | 画图规则 |
|---|---|---|
| 1. 画被连接零件的视图 | 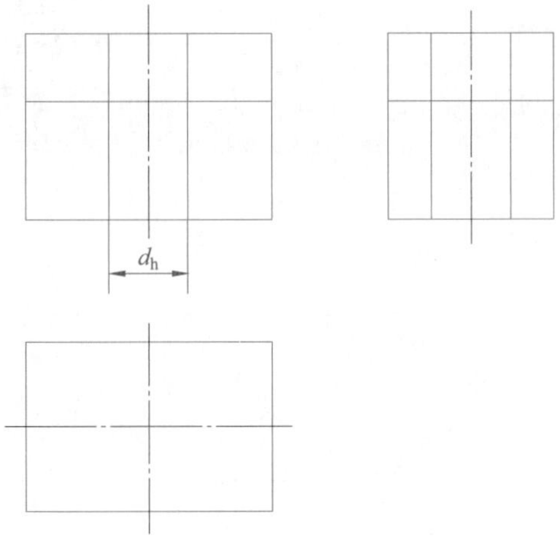 $d_\mathrm{h}$ | 两个零件接触表面只画一条粗实线，不得将轮廓线特意加粗，一般取 $d_\mathrm{h} \approx 1.1d$（$d$ 为螺杆的螺纹大径）<br><br>在俯视图上，因孔被螺母遮挡，故孔的轮廓圆可以不画 |
| 2. 在主视图、左视图上画螺栓的头部 | 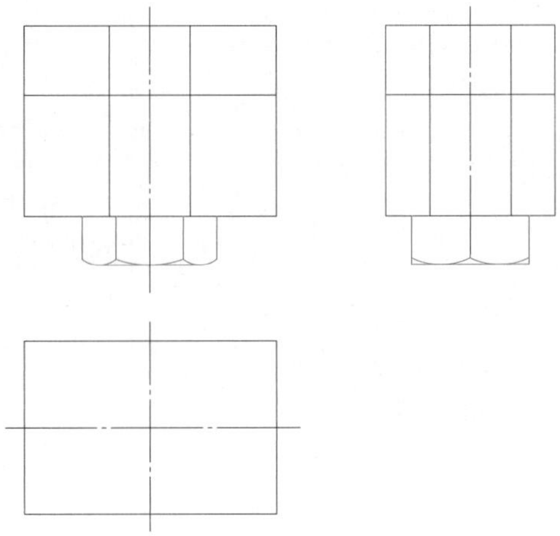 | |

续表

| 步骤 | 图示 | 画图规则 |
|------|------|---------|
| 3. 在三个视图上画垫圈的投影 | 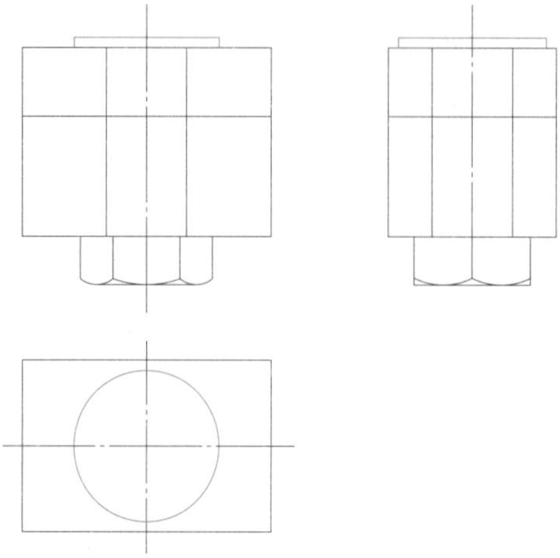 | 按照国家标准的规定，在主视图、左视图上，垫圈按未剖切绘制。俯视图上垫圈内孔的投影被螺母遮挡，故不用绘制 |
| 4. 在三个视图上画螺母的投影 | 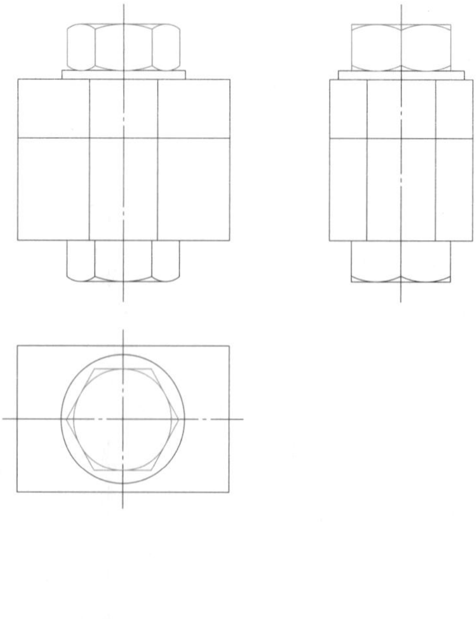 | 按照国家标准的规定，在主视图、左视图上，螺母按未剖切绘制。俯视图上螺母内螺纹的投影被螺杆遮挡，故不用绘制 |

续表

| 步骤 | 图示 | 画图规则 |
|------|------|----------|
| 5. 在三个视图上绘制螺栓上螺杆部分的投影 | 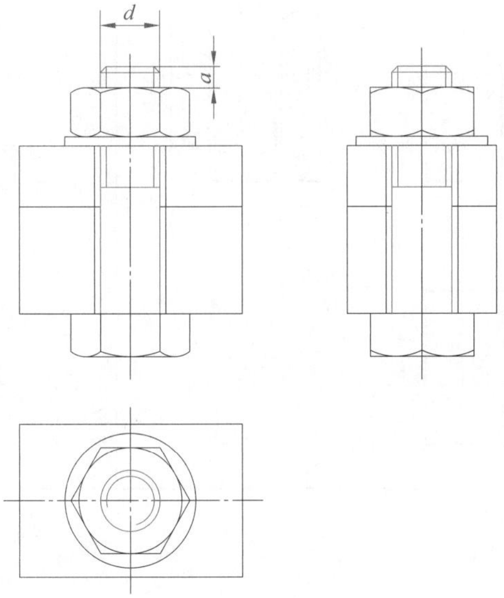 | （1）螺杆伸出螺母部分的高度 $a \approx (0.3 \sim 0.4) d$<br>（2）凡不接触的表面，不论间隙多小，在图上应画出两条轮廓线，且最小间隙不少于 0.7 mm<br>（3）通孔内的螺栓杆上应画出牙底线和螺纹终止线，表示拧紧螺母时有足够的螺纹长度 |
| 6. 画剖面线 | 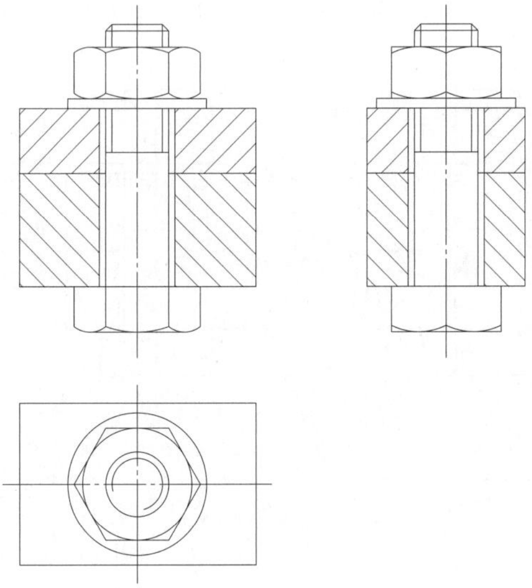 | 在装配图中，同一个零件在各剖视图中剖面线的倾斜方向和间隔应相同，相邻两零件的剖面线方向应相反 |

续表

| 步骤 | 图示 | 画图规则 |
|---|---|---|
| 7. 检查、校核，按线型描深图线 | | 螺栓、螺母、垫圈等只画外形 |

知识拓展

## 螺纹紧固件的简化画法规则

1. 在装配图中，当剖切面通过螺杆的轴线时，螺柱、螺栓、螺钉、螺母及垫圈等均按未剖切绘制。

2. 螺纹紧固件的工艺结构如倒角、退刀槽、缩颈、凸肩等均可省略不画，如图 7-18 所示。

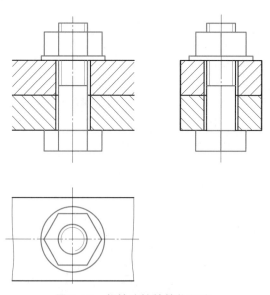

图 7-18　螺栓连接的简化画法

# 任务三　绘制螺钉连接图

**学习目标**

掌握螺钉连接图的画法。

**任务描述**

螺钉可将一较薄的零件连接到一较厚的零件上。如图 7-19 所示，较薄的零件加工出通孔，较厚的零件加工出不通螺孔。用螺钉连接时，为了保证连接牢固，螺钉上的螺纹要高出螺孔，并且螺孔中也不能全部旋入螺杆。与螺栓相比，螺钉的尺寸要小很多。两个被连接板的尺寸如图 7-20 所示，试选用合适规格的开槽圆柱头螺钉，用 2:1 的比例绘制其连接图。

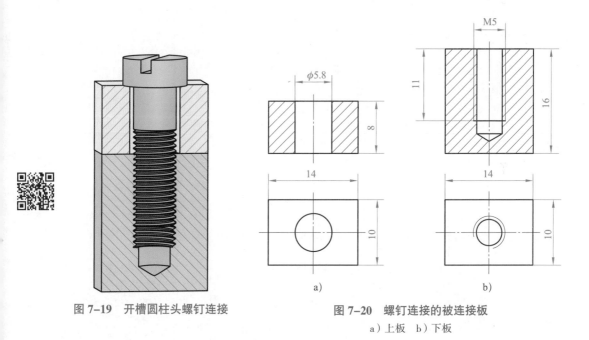

图 7-19　开槽圆柱头螺钉连接

图 7-20　螺钉连接的被连接板

a）上板　b）下板

**任务分析**

图 7-19 所示开槽圆柱头螺钉的螺钉头是在圆柱体上开槽，螺杆下部的螺纹与下板上的螺孔旋合。

**任务实施**

　　根据被连接件的尺寸，选用 M5 的开槽圆柱头螺钉，其连接图的绘图步骤见表 7-3，绘图时注意采用 2∶1 的比例。

表 7-3　　　　　　　　　　　　　　　绘制螺钉连接图的步骤

| 步骤 | 图示 | 画法与规定 |
| --- | --- | --- |
| 1. 画两个被连接件 | 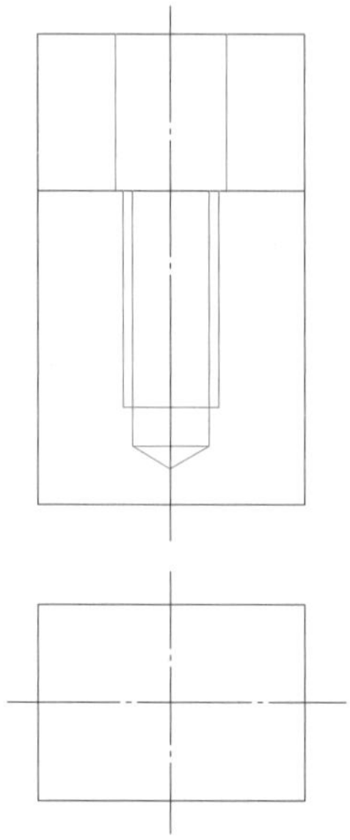 | 　　主视图绘制剖视图，俯视图和左视图绘制外形图。俯视图上上板的通孔和下板的螺孔在最后会被螺钉头遮挡，故省略不画 |
| 2. 画螺钉的螺杆部分在主视图上的投影 | 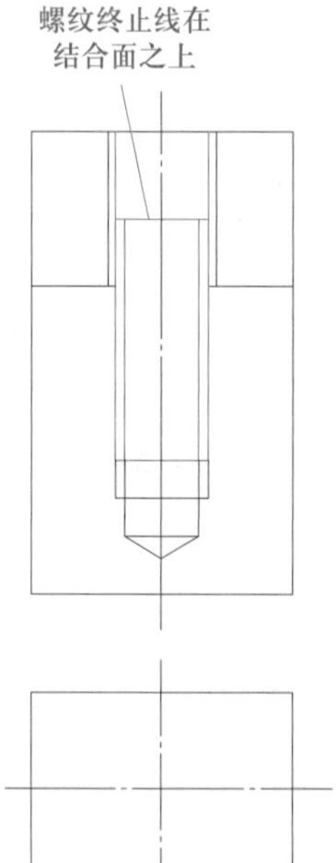 螺纹终止线在结合面之上<br> | 　　（1）内、外螺纹旋合部分按外螺纹绘制<br>　　（2）螺钉的螺纹终止线在两被连接件的结合面之上<br>　　（3）内、外螺纹牙顶线、牙底线必须分别对齐 |

续表

| 步骤 | 图示 | 画法与规定 |
|------|------|-----------|
| 3. 绘制螺钉头在三个视图上的投影 | 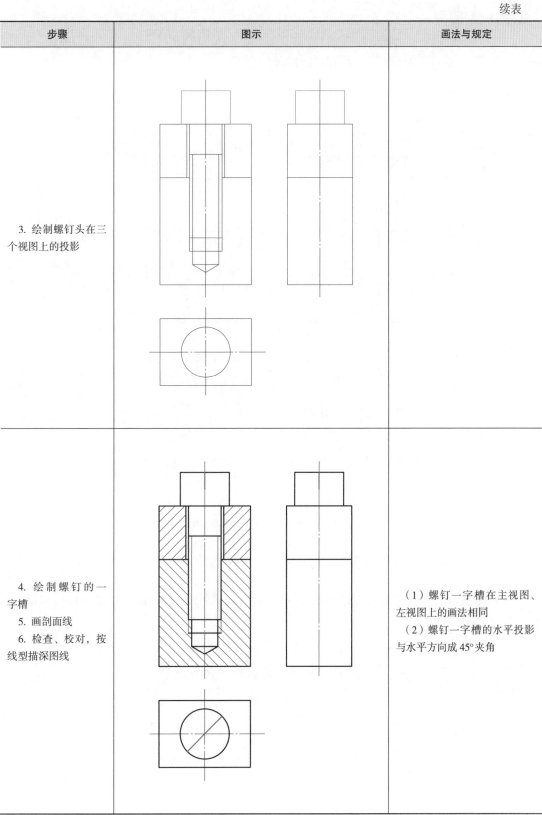 | |
| 4. 绘制螺钉的一字槽<br>5. 画剖面线<br>6. 检查、校对，按线型描深图线 | | （1）螺钉一字槽在主视图、左视图上的画法相同<br>（2）螺钉一字槽的水平投影与水平方向成 45° 夹角 |

### 一、开槽沉头螺钉和内六角圆柱头螺钉连接图的画法

开槽沉头螺钉连接图的画法如图7-21a所示，内六角圆柱头螺钉连接图的画法如图7-21b所示。

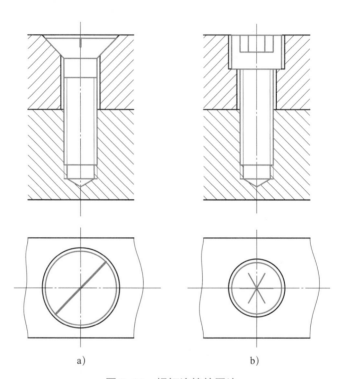

a)                                    b)

**图 7-21  螺钉连接的画法**

a）开槽沉头螺钉连接图    b）内六角圆柱头螺钉连接图

### 二、不通螺孔的简化画法

在装配图中，不通螺孔可不画出钻孔深度，仅按有效螺纹部分的深度（不包括螺尾）画出，如图7-21所示。

## 任务四　绘制双头螺柱连接图

**学习目标**

1. 了解双头螺柱的种类及双头螺柱连接的应用场合。
2. 掌握双头螺柱连接图的画法。

## 任务描述

当被连接的两零件之一较厚，或不允许钻成通孔而难用螺栓连接时，或因拆装频繁，为保护箱体上的螺纹不宜采用螺钉连接时，可采用双头螺柱连接。双头螺柱连接如图 7-22 所示，在螺纹连接中采用弹簧垫圈，可以起到一定的放松作用。两个被连接板的尺寸如图 7-23 所示，要求双头螺柱旋入螺孔端的螺纹长度 $b_m=1.5d$（$d$ 为螺纹的公称直径），试选用合适规格的双头螺柱和弹簧垫圈，绘制其连接图。

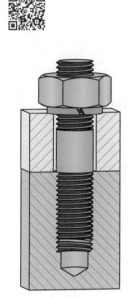

图 7-22 双头螺柱连接

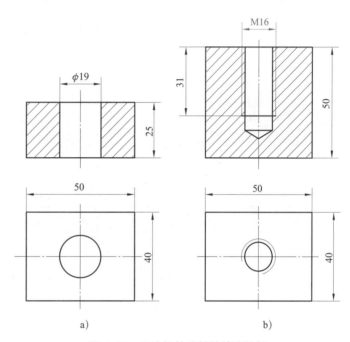

图 7-23 双头螺柱连接的被连接板
a）上板　b）下板

## 任务分析

图 7-22 所示的双头螺柱连接其上半部分与螺栓连接相同，其下半部分是螺杆与螺孔的连接，它与螺钉连接的不同是双头螺柱的下端全部旋入下板的螺孔中。

## 相关知识

### 双头螺柱的类型

双头螺柱在圆柱体的两端制有螺纹，使用时，其一端（旋入端）旋入机体上的螺孔内，另一端（旋螺母端）旋螺母。根据双头螺柱的细部结构，可分为 A 型和 B 型两种，如图 7-24 所示。双头螺柱旋入端的长度 $b_m$ 有四种，国家标准分别是 GB/T 897—1988（$b_m=1d$）、

GB/T 898—1988（$b_m=1.25d$）、GB/T 899—1988（$b_m=1.5d$）和 GB/T 900—1988（$b_m=2d$）。根据被旋入零件的材料不同，双头螺柱旋入端采用不同的长度，钢对钢一般用 $b_m=d$，钢对铸铁一般用 $b_m=(1.25\sim1.5)d$，钢对铝合金一般用 $b_m=2d$。

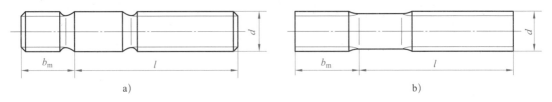

图 7-24　双头螺柱的类型

a）A 型双头螺柱　b）B 型双头螺柱

**任务实施**

根据下板螺孔尺寸选用 M16 的双头螺柱和规格尺寸为 16 的弹簧垫圈，其连接图的绘图步骤见表 7-4。

表 7-4　　　　　　　　　双头螺柱连接图的绘图步骤

| 步骤 | 图示 | 画法与规定 |
|---|---|---|
| 1. 画两个被连接件 | | 主视图绘制剖视图，俯视图、左视图绘制外形图。俯视图上各板的通孔和螺孔在最后会被螺母和双头螺柱遮挡，故省略不画 |

| 步骤 | 图示 | 画法与规定 |
|---|---|---|
| 2. 在主视图上绘制双头螺柱 | 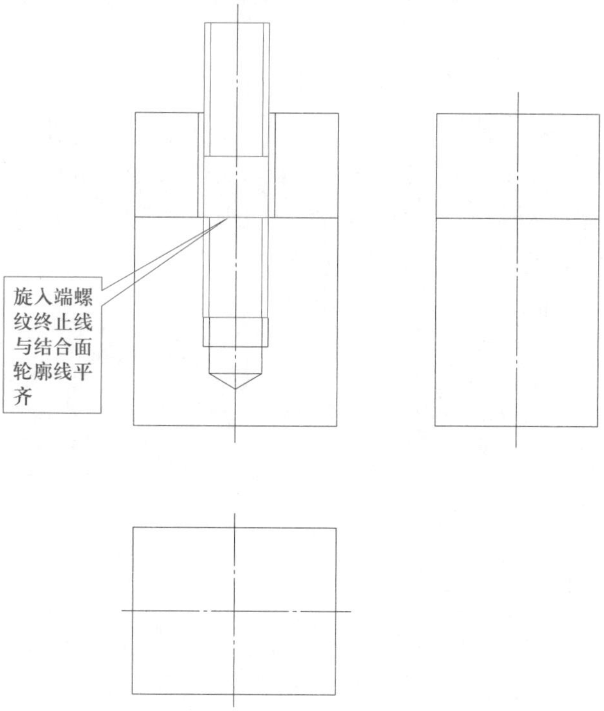 旋入端螺纹终止线与结合面轮廓线平齐 | 为了保证连接牢固，双头螺柱的旋入端应全部旋入螺孔内，旋入端螺纹终止线应与结合面轮廓线平齐 |
| 3. 在主视图上绘制弹簧垫圈和螺母的投影<br>4. 在俯视图上绘制螺母、双头螺柱的投影 | 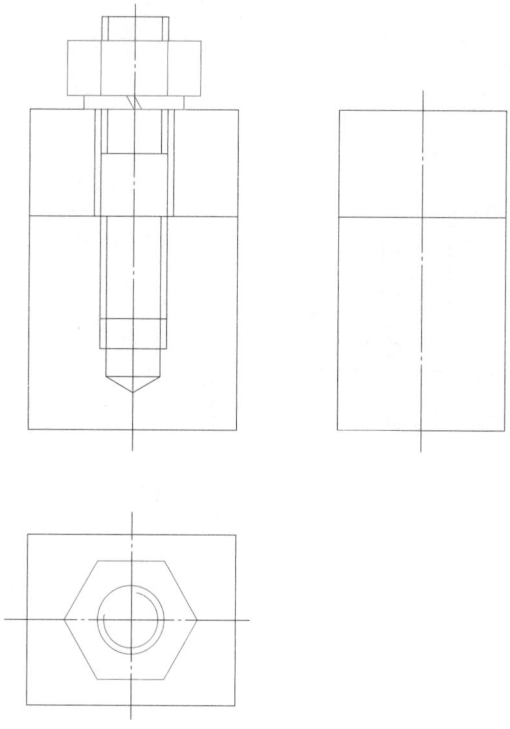 | 螺母和弹簧垫圈绘制外形图 |

续表

| 步骤 | 图示 | 画法与规定 |
|---|---|---|
| 5. 绘制弹簧垫圈、螺母和双头螺柱在左视图上的投影 | 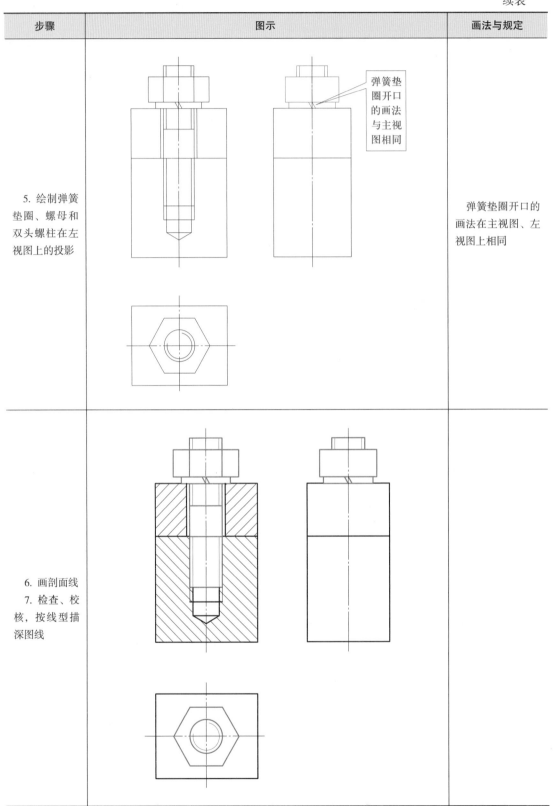 | 弹簧垫圈开口的画法在主视图、左视图上相同 |
| 6. 画剖面线<br>7. 检查、校核，按线型描深图线 | | |

弹簧垫圈开口的画法与主视图相同

## 课题二　绘制齿轮的视图

　　齿轮是在机械行业中应用最广泛的传动零件之一，它们成对使用，可用来传递动力，改变转速和运动方向。常用的齿轮传动形式有圆柱齿轮传动、锥齿轮传动和蜗杆传动等，如图7–25所示。

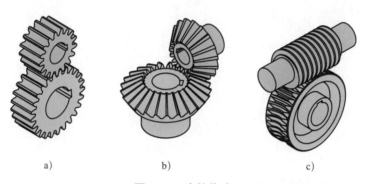

a)　　　　　　　　b)　　　　　　　　c)

**图 7–25　齿轮传动**

a）圆柱齿轮传动　b）锥齿轮传动　c）蜗杆传动

# 任务一　绘制直齿圆柱齿轮的视图

### 学习目标

了解直齿圆柱齿轮主要几何要素的名称和尺寸计算方法，掌握圆柱齿轮及啮合图的画法。

### 任务描述

　　圆柱齿轮传动主要用于两平行轴之间的传动，一般分为直齿圆柱齿轮传动、斜齿圆柱齿轮传动、人字齿轮传动、齿轮齿条传动等。已知相互啮合的两直齿圆柱齿轮的形状如图7–26所示，两齿轮的模数 $m=2.5$ mm，小齿轮的齿数 $z_1=18$，齿宽 $b_1=16$ mm；大齿轮的齿数 $z_2=35$，齿宽 $b_2=14$ mm。试绘制两直齿圆柱齿轮的视图和啮合图，齿轮上除轮齿之外其他结构的尺寸可以自行设计。

**图 7–26　相互啮合的两直齿圆柱齿轮的形状**

**任务分析**

　　直齿圆柱齿轮的齿形一般为渐开线，为了简化作图，一般情况下在视图上不需绘制齿轮轮齿的详细结构，而是用国家标准规定的表示方法绘图。

**相关知识**

### 一、直齿圆柱齿轮主要几何要素的名称

　　直齿圆柱齿轮主要几何要素的名称及代号如图 7-27 所示，其概念见表 7-5。

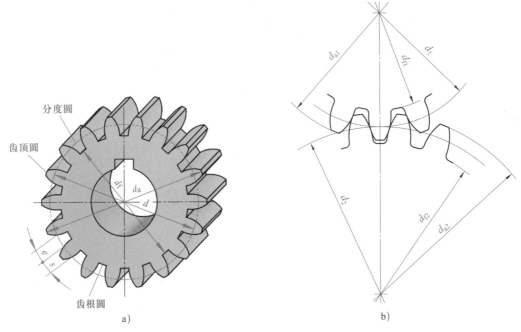

**图 7-27　直齿圆柱齿轮主要几何要素的名称及代号**

a）单个齿轮　b）齿轮啮合

表 7-5　　　　　　　　　　　直齿圆柱齿轮主要几何要素的概念

| 序号 | 要素名称 | 概念 | 代号 |
|------|----------|------|------|
| 1 | 齿顶圆 | 过齿轮各轮齿顶部的圆 | 直径 $d_a$ |
| 2 | 齿根圆 | 过齿轮各齿槽底部的圆 | 直径 $d_f$ |
| 3 | 齿厚 | 一个轮齿两侧齿廓间的分度圆弧长 | $s$ |
| 4 | 齿槽宽 | 齿槽两齿廓间的分度圆弧长 | $e$ |
| 5 | 分度圆 | 计算齿轮各部分尺寸的基准圆，该圆上的齿厚与齿槽宽相等 | 直径 $d$ |
| 6 | 齿数 | 齿轮的轮齿数量 | $z$ |
| 7 | 模数 | 计算齿轮几何要素的一个重要参数，已标准化，具体可查阅有关标准 | $m$ |
| 8 | 齿宽 | 齿轮的有齿部位沿轴向度量的宽度 | $b$ |

## 二、直齿圆柱齿轮主要几何要素的计算公式

直齿圆柱齿轮主要几何要素的计算公式见表 7–6。

表 7–6 直齿圆柱齿轮主要几何要素的计算公式

| 名称 | 代号 | 公式 |
|------|------|------|
| 分度圆直径 | $d$ | $d=mz$ |
| 齿顶圆直径 | $d_a$ | $d_a=m(z+2)$ |
| 齿根圆直径 | $d_f$ | $d_f=m(z-2.5)$ |
| 中心距 | $a$ | $a=\frac{1}{2}d_1+\frac{1}{2}d_2=\frac{1}{2}m(z_1+z_2)$ |

**任务实施**

## 一、绘制小齿轮

### 1. 尺寸计算

根据小齿轮的模数 2.5 mm、齿数 18，可计算齿轮各部分的尺寸。

分度圆直径：$d=mz=2.5 \times 18$ mm$=45$ mm

齿顶圆直径：$d_a=m(z+2)=2.5 \times (18+2)$ mm$=50$ mm

齿根圆直径：$d_f=m(z-2.5)=2.5 \times (18-2.5)$ mm$=38.75$ mm

### 2. 绘制小齿轮的视图

小齿轮视图的绘图步骤见表 7–7。

表 7–7 小齿轮视图的绘图步骤

| 步骤 | 图示 | 画法与规定 |
|------|------|------------|
| 1. 画齿轮中心线、定位线<br>2. 画分度圆、分度线 | 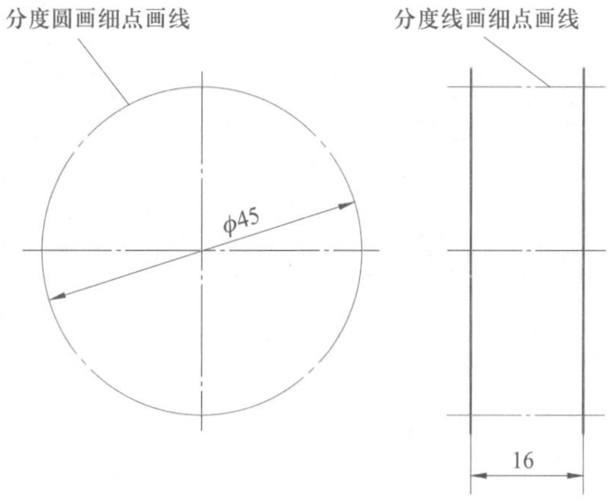 | 国家标准规定，分度圆和分度线用细点画线绘制 |

续表

| 步骤 | 图示 | 画法与规定 |
| --- | --- | --- |
| 3. 画齿顶圆、齿顶线 | 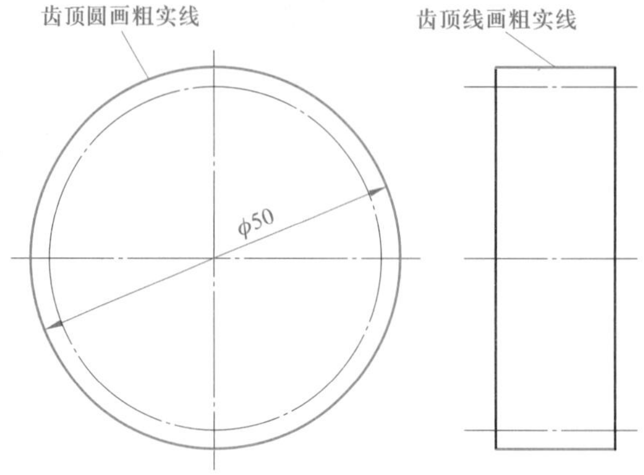齿顶圆画粗实线<br>齿顶线画粗实线<br>φ50 | 国家标准规定，齿顶圆和齿顶线用粗实线绘制 |
| 4. 画齿根圆、齿根线 | 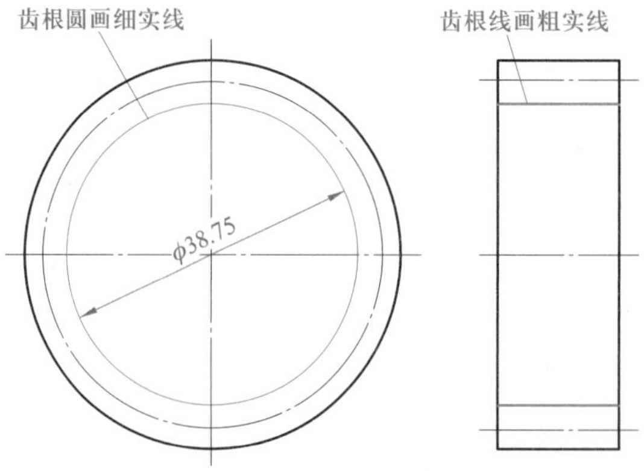齿根圆画细实线<br>齿根线画粗实线<br>φ38.75 | 国家标准规定，在外形图中的齿根圆和齿根线用细实线绘制，也可省略不画。在剖视图中的齿根线用粗实线绘制 |
| 5. 画孔、键槽等 | 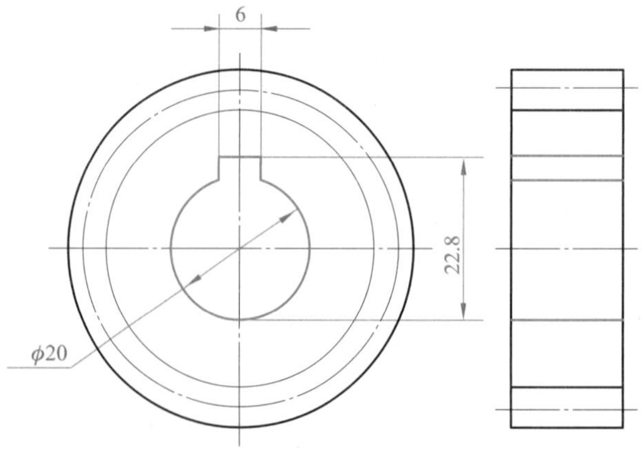6<br>22.8<br>φ20 | 孔的尺寸根据图 7–26 自行确定，键槽的尺寸查阅附表 8 确定 |

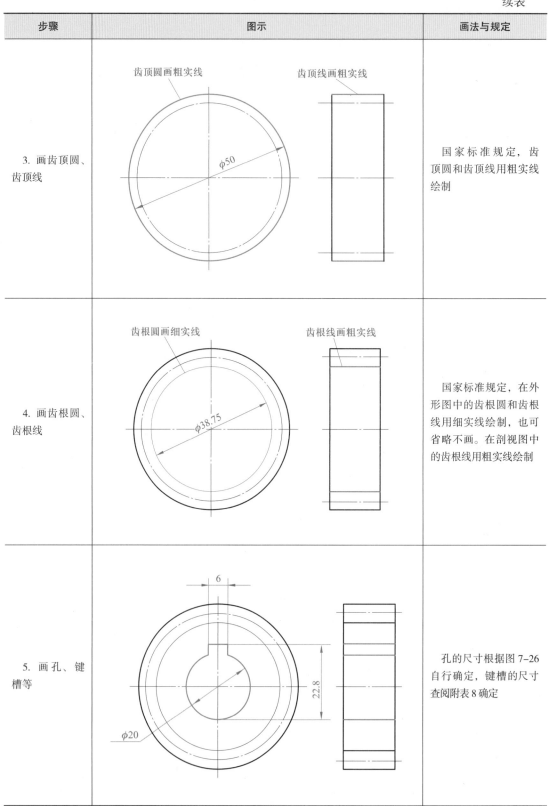

| 步骤 | 图示 | 画法与规定 |
|---|---|---|
| 6. 检查、校核、绘制剖面线，按线型描深图线 | | 在剖视图中，当剖切平面通过轮齿的轴线时，轮齿一律按不剖处理 |

## 二、绘制大齿轮

### 1. 尺寸计算

大齿轮的尺寸计算见表 7–8。

表 7–8　　　　　　　　　　　　大齿轮的尺寸计算

| 主要参数 | 计算公式及结果 |
|---|---|
| 分度圆直径 | $d_2=mz_2=2.5 \times 35$ mm$=87.5$ mm |
| 齿顶圆直径 | $d_{a2}=m（z_2+2）=2.5 \times（35+2）$ mm$=92.5$ mm |
| 齿根圆直径 | $d_{f2}=m（z_2-2.5）=2.5 \times（35-2.5）$ mm$=81.25$ mm |

### 2. 绘制大齿轮的视图

大齿轮视图的绘图步骤与小齿轮类似，只是齿坯部分的结构有所不同，见表 7–9。

表 7–9　　　　　　　　　　大齿轮视图的绘图步骤

| 步骤 | 图示 | 说明 |
|---|---|---|
| 1. 画齿轮中心线、定位线<br>2. 画轮齿部分 | 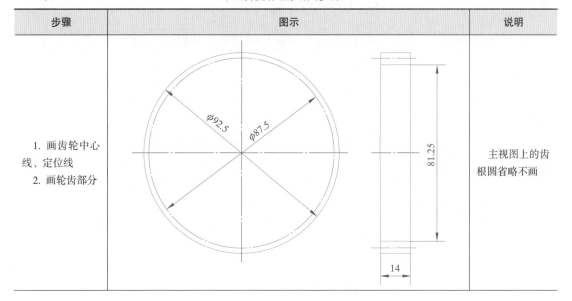 | 主视图上的齿根圆省略不画 |

| 步骤 | 图示 | 说明 |
|---|---|---|
| 3. 画轮毂和轮辐等 | 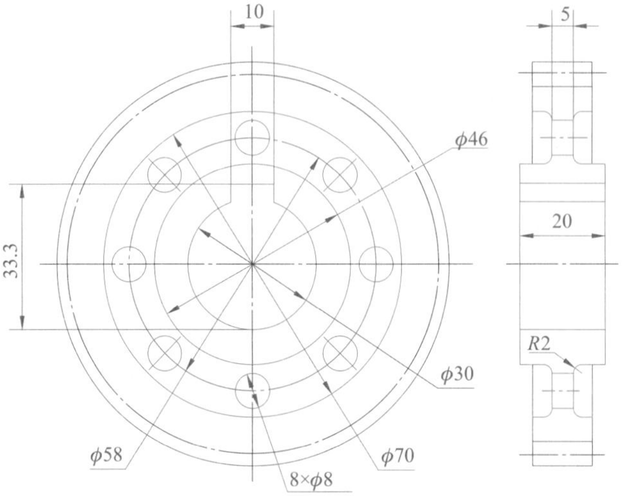 | 轮毂、轮辐的尺寸自行确定，键槽的尺寸查阅附表 8 确定 |
| 4. 检查、校核，绘制剖面线，按线型描深图线 | 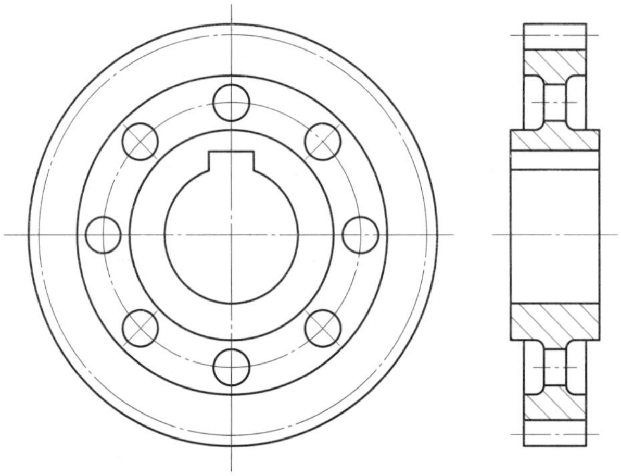 | 齿顶圆和齿顶线画粗实线，分度圆和分度线画细点画线，齿根线画粗实线 |

## 三、绘制齿轮啮合图

### 1. 计算中心距

中心距：$a = \dfrac{1}{2} m\,(z_1 + z_2) = \dfrac{1}{2} \times 2.5\,(18 + 35)$ mm = 66.25 mm

### 2. 绘制视图

两直齿圆柱齿轮啮合图的绘图步骤见表 7–10。

表 7–10 两直齿圆柱齿轮啮合图的绘图步骤

| 步骤 | 图示 |
|---|---|
| 1. 画齿轮中心线、定位线 | 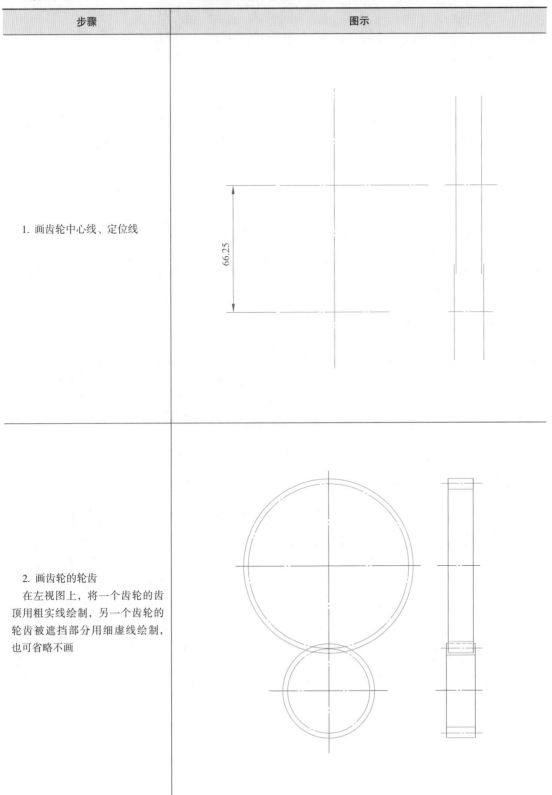 |
| 2. 画齿轮的轮齿<br><br>在左视图上，将一个齿轮的齿顶用粗实线绘制，另一个齿轮的轮齿被遮挡部分用细虚线绘制，也可省略不画 | |

| 步骤 | 图示 |
|---|---|
| 3. 画轮毂、轮辐等 | 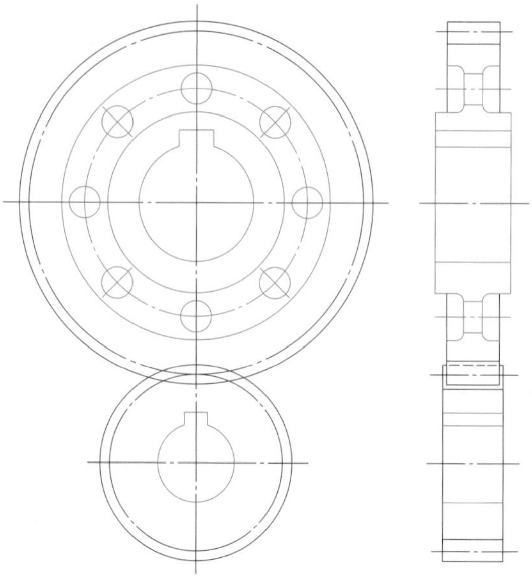 |
| 4. 检查、校核，按线型描深图线，绘制剖面线 | 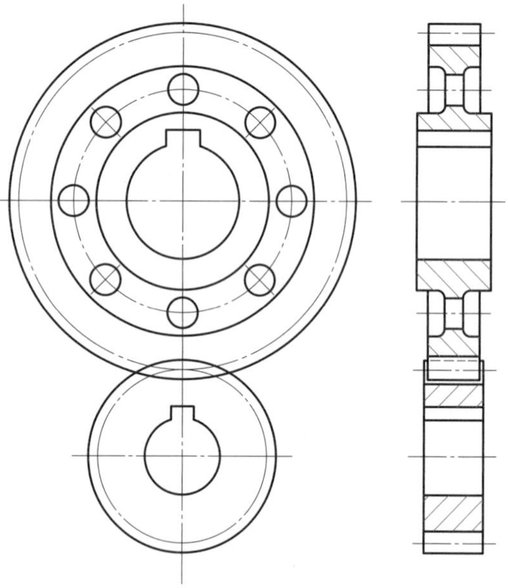 |

**知识拓展**

**一、直齿圆柱齿轮啮合的外形图画法**

直齿圆柱齿轮啮合外形图如图 7-28 所示，在主视图上啮合区内的齿顶圆可以不画，在左视图上重合的分度线用粗实线绘制，大、小齿轮的齿宽按一个尺寸绘制。

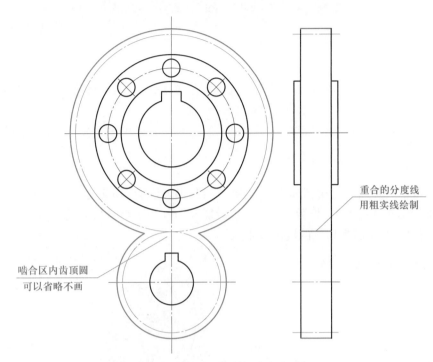

重合的分度线
用粗实线绘制

啮合区内齿顶圆
可以省略不画

图 7-28　直齿圆柱齿轮啮合外形图

## 二、斜齿圆柱齿轮和人字齿圆柱齿轮的画法

　　斜齿圆柱齿轮和人字齿圆柱齿轮的画法与直齿圆柱齿轮基本相同，当需要表达齿轮的轮齿方向时，可在未剖处用三条平行的细实线表示轮齿的方向，如图 7-29 所示。

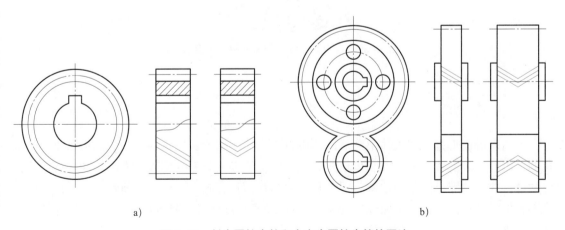

a)　　　　　　　　　　　　　　　　　　　　b)

图 7-29　斜齿圆柱齿轮和人字齿圆柱齿轮的画法
a）单个齿轮　b）啮合图

# 任务二　绘制直齿锥齿轮的视图

**学习目标**

了解直齿锥齿轮主要几何要素的名称和尺寸计算方法，掌握直齿锥齿轮及啮合图的画法。

**任务描述**

锥齿轮传动主要用于两相交轴之间的传动。已知轴线垂直相交的两相互啮合的收缩顶隙直齿锥齿轮如图 7-30 所示，模数 $m=2$ mm，齿宽 $b=16$ mm，小锥齿轮的齿数 $z_1=25$，大锥齿轮的齿数 $z_2=43$。试绘制锥齿轮的视图及啮合图。

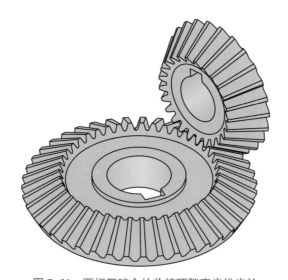

图 7-30　两相互啮合的收缩顶隙直齿锥齿轮

**任务分析**

锥齿轮的齿形是在圆锥体上形成的，所以锥齿轮一端大、另一端小，它的齿高是逐渐变化的，因此其分度线、齿顶线和齿根线是倾斜的。锥齿轮分为收缩顶隙锥齿轮和等顶隙锥齿轮两种，收缩顶隙锥齿轮的顶锥、根锥和分度圆锥面具有同一顶点；等顶隙锥齿轮的分度圆锥面和根锥共有同一锥顶，而顶锥的母线平行于配对锥齿轮的根锥母线。下面主要介绍收缩顶隙锥齿轮的结构、尺寸和画法。

**相关知识**

## 一、直齿锥齿轮的结构

如图 7-31 所示，直齿锥齿轮的齿形是在圆锥体上形成的，所以锥齿轮一端大、另一端小，它的齿高是逐渐变化的。直齿锥齿轮主要结构要素的名称及含义见表 7-11。

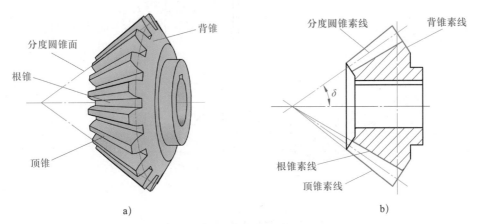

图 7-31　直齿锥齿轮的结构

a）立体图　b）剖视图

表 7-11　　　　　　　　　　　直齿锥齿轮主要结构要素的名称及含义

| 名称 | 含义 |
| --- | --- |
| 分度圆锥面 | 简称分锥，锥齿轮的分度曲面 |
| 顶锥 | 锥齿轮的齿顶曲面 |
| 根锥 | 锥齿轮的齿根曲面 |
| 背锥 | 锥齿轮大端的一个锥面，其母线与分度圆锥面垂直相交 |

## 二、直齿锥齿轮的几何尺寸计算

直齿锥齿轮的几何尺寸如图 7-32 所示，其计算公式见表 7-12。为了便于设计制造，国家标准规定大端参数为标准值。直齿锥齿轮的背锥素线与分度圆锥面素线垂直。直齿锥齿轮轴线与分度圆锥面素线间的夹角称为分锥角（$\delta$），当相啮合的两直齿锥齿轮轴线垂直时：$\delta_1+\delta_2=90°$。

## 三、直齿锥齿轮啮合图（外形图）的画法

直齿锥齿轮啮合图（外形图）如图 7-33 所示，在反映两锥齿轮轴线的主视图上，啮合区重合的分度线画粗实线。

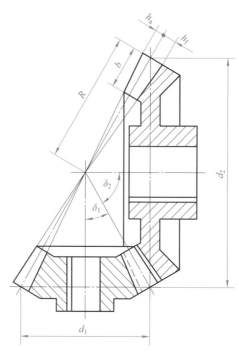

图 7-32　直齿锥齿轮的几何尺寸

表 7-12　　　　　　　　　　　直齿锥齿轮的几何尺寸计算公式

| 名称 | 符号 | 计算公式 |
|------|------|----------|
| 分锥角 | $\delta$ | $\delta_1=\arctan\dfrac{z_1}{z_2}$，$\delta_2=90°-\delta_1$ |
| 分度圆直径 | $d$ | $d_1=mz_1$，$d_2=mz_2$ |
| 齿顶高 | $h_a$ | $h_a=h_{a1}=h_{a2}=m$ |
| 齿根高 | $h_f$ | $h_f=h_{f1}=h_{f2}=1.2m$ |
| 锥距 | $R$ | $R=\dfrac{1}{2}\sqrt{d_1^2+d_2^2}$ |
| 齿宽 | $b$ | $b\leqslant R/3$ |

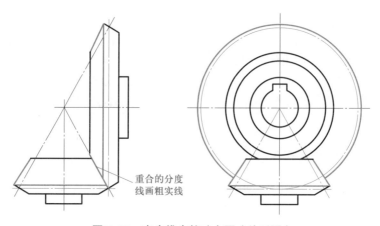

重合的分度
线画粗实线

图 7-33　直齿锥齿轮啮合图（外形图）

## 任务实施

### 一、计算直齿锥齿轮的主要几何尺寸

直齿锥齿轮主要几何尺寸的计算见表 7–13。

表 7–13　　　　　　　　　　直齿锥齿轮主要几何尺寸的计算

| 名称 | 符号 | 计算公式 | |
|------|------|---------|---|
| | | 小锥齿轮 | 大锥齿轮 |
| 齿顶高 | $h_a$ | $h_a=m=2$ mm | |
| 齿根高 | $h_f$ | $h_f=1.2m=2.4$ mm | |
| 全齿高 | $h$ | $h=h_a+h_f=4.4$ mm | |
| 分度圆直径 | $d$ | $d_1=mz_1=50$ mm | $d_2=mz_2=86$ mm |
| 分锥角 | $\delta$ | $\delta_1=\arctan\dfrac{z_1}{z_2}\approx30°\ 10'\ 25''$ | $\delta_2=90°-\delta_1\approx59°49'\ 35''$ |
| 锥距 | $R$ | $R=\dfrac{1}{2}\sqrt{d_1^2+d_2^2}\approx49.74$ mm | |
| 齿宽 | $b$ | $b\leqslant R/3$，取 $b=16$ mm | |

### 二、绘制小直齿锥齿轮

单个直齿锥齿轮通常用两个视图表达，并且其反映轴线的视图采用全剖视图；在投影为圆的视图中只画大、小端齿顶圆和大端分度圆。小直齿锥齿轮的画图步骤见表 7–14。

表 7–14　　　　　　　　　　小直齿锥齿轮的画图步骤

| 步骤 | 图示 |
|------|------|
| 1. 画分度圆锥面、背锥、大端分度圆等 | 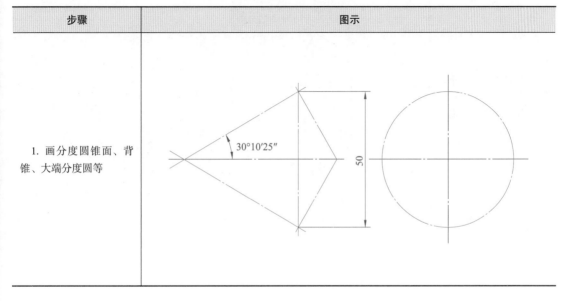 |

续表

| 步骤 | 图示 |
|---|---|
| 2. 画齿形部分<br>注意：在主视图上齿顶线、齿根线和分度线汇交于一点。在左视图上只画大、小端齿顶圆和大端分度圆 | 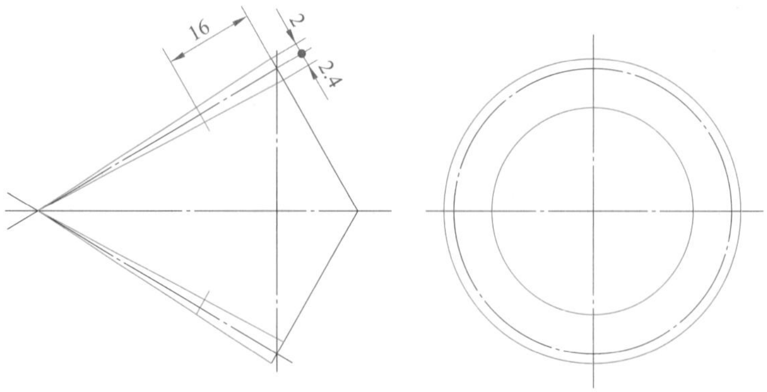 |
| 3. 画其他部分<br>锥齿轮其他结构的尺寸自行确定 | 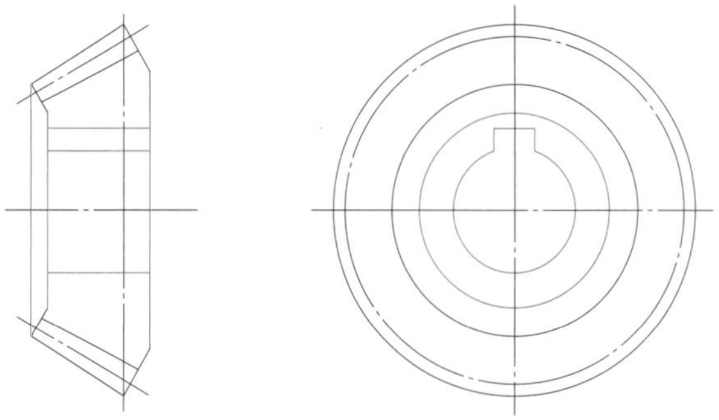 |
| 4. 校核视图，按线型描深图线，绘制剖面线<br>作图时注意：小端齿顶圆画粗实线 | 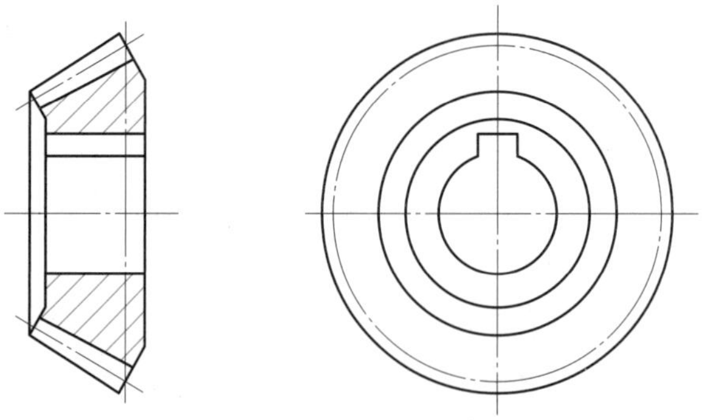 |

三、绘制大直齿锥齿轮

大直齿锥齿轮的画法与小直齿锥齿轮类似，其画图步骤见表 7–15。

表 7–15　　　　　　　　　　　　大直齿锥齿轮的画图步骤

| 步骤 | 图示 |
| --- | --- |
| 1. 画分度圆锥面、背锥、大端分度圆等 | 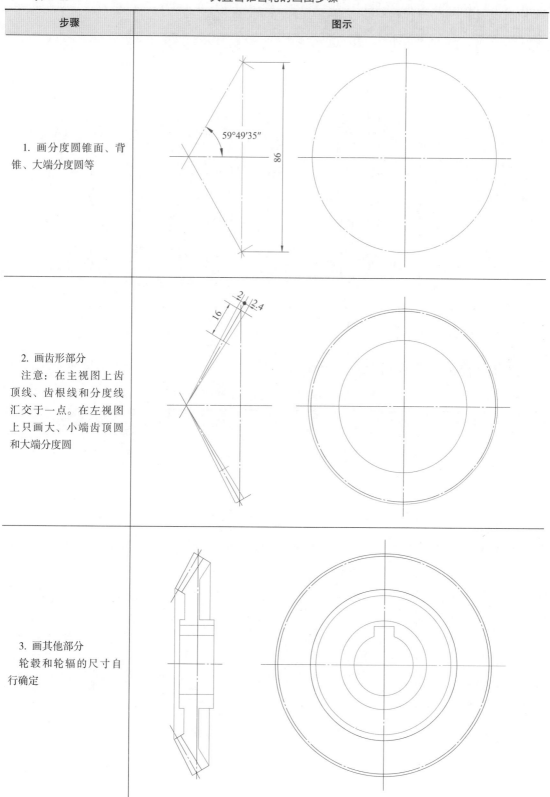 |
| 2. 画齿形部分<br>注意：在主视图上齿顶线、齿根线和分度线汇交于一点。在左视图上只画大、小端齿顶圆和大端分度圆 | |
| 3. 画其他部分<br>轮毂和轮辐的尺寸自行确定 | |

续表

| 步骤 | 图示 |
|---|---|
| 4. 校核视图，按线型描深图线，绘制剖面线<br><br>作图时注意：小端齿顶圆画粗实线 | 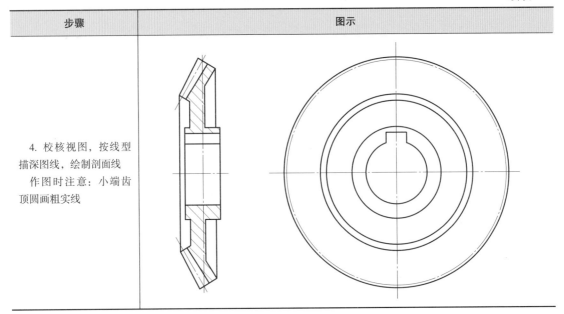 |

## 四、绘制直齿锥齿轮啮合图

直齿锥齿轮啮合图的画图步骤见表 7-16。

表 7-16　　　　　　　　　　直齿锥齿轮啮合图的画图步骤

| 步骤 | 图示 |
|---|---|
| 1. 画分度圆锥 | 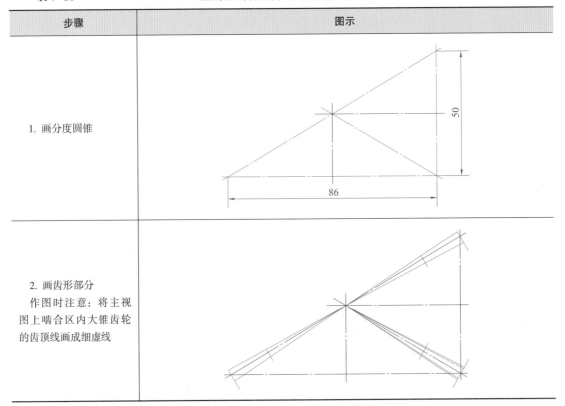 |
| 2. 画齿形部分<br>　作图时注意：将主视图上啮合区内大锥齿轮的齿顶线画成细虚线 | |

续表

| 步骤 | 图示 |
|------|------|
| 3. 画其他部分（轴孔除外） | 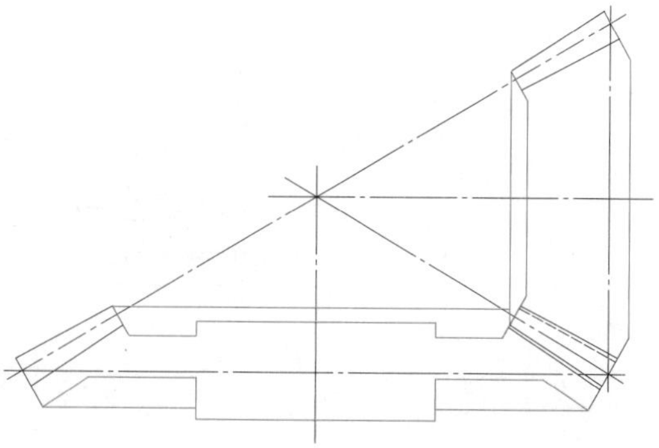 |
| 4. 画俯视图及主视图上轴孔的投影<br>（1）小锥齿轮绘制外形图，大端齿顶连线绘制粗实线<br>（2）俯视图上大齿轮被小齿轮遮挡部分的轮廓线不画 | 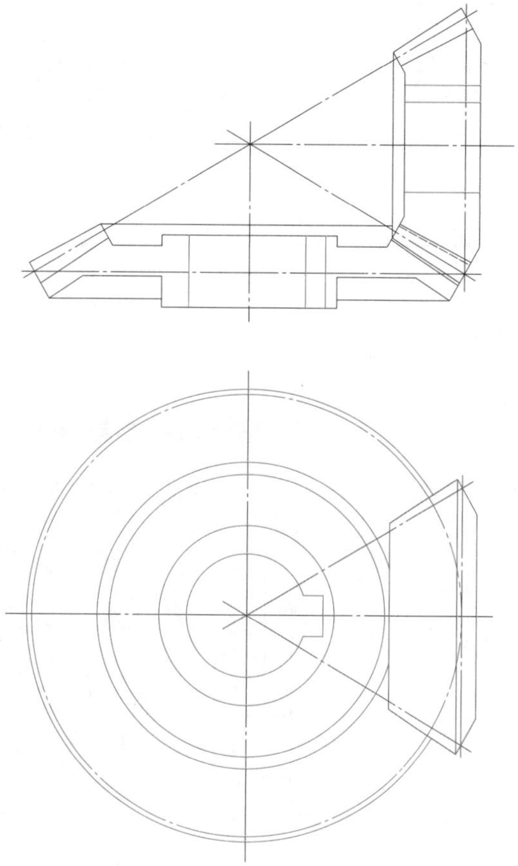 |

续表

| 步骤 | 图示 |
|---|---|
| 5. 校核视图，按线型描深图线，绘制剖面线 | |

知识拓展

## 曲线齿锥齿轮的画法

绘制曲线齿锥齿轮的视图时，可用三条平行的细实线表示轮齿的方向，如图 7-34 所示。

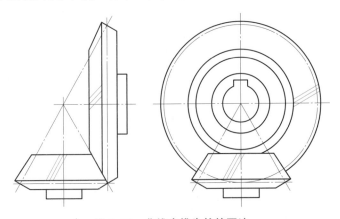

图 7-34　曲线齿锥齿轮的画法

## 任务三 绘制蜗轮蜗杆的视图

**学习目标**

了解蜗轮、蜗杆主要几何要素的名称和尺寸计算方法，掌握蜗轮、蜗杆及啮合图的画法。

**任务描述**

如图 7-35 所示，蜗杆传动主要用于垂直交叉两轴之间的传动，一般情况下蜗杆为主动件、蜗轮为从动件。蜗杆和蜗轮的齿向是螺旋形，蜗轮的轮齿顶面制成凹弧形。如果已知蜗杆的模数 $m=2$ mm，蜗杆的头数 $z_1=1$，直径系数 $q=17.75$；蜗轮的齿数 $z_2=37$。试绘制蜗轮、蜗杆的视图及啮合图。

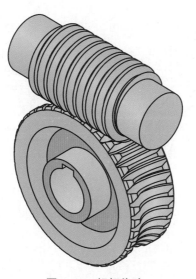

图 7-35 蜗杆传动

**任务分析**

圆柱蜗杆是单个或多个螺旋齿的圆柱斜齿轮，蜗轮是齿面与圆柱蜗杆的齿面能形成线接触的齿轮，蜗杆传动相当于两轴交错成 90° 的螺旋齿圆柱齿轮传动，因此蜗杆和蜗轮的画法与圆柱齿轮类似。

**相关知识**

## 一、蜗杆传动的主要参数

### 1. 模数 $m$

蜗杆的轴向模数 $m_{x1}$ 和蜗轮的端面模数 $m_{t2}$ 相等，且为标准值，即

$$m_{x1}=m_{t2}=m$$

蜗杆模数已标准化，具体可查阅相关标准。

### 2. 蜗杆直径系数 $q$

蜗杆直径系数是蜗杆分度圆直径 $d_1$ 与轴向模数 $m$ 的比值，用 $q$ 表示，$q=d_1/m$。
蜗杆的直径系数也已标准化，具体可查阅相关标准。

## 二、蜗杆传动的几何尺寸计算

标准圆柱蜗杆传动的几何参数如图 7–36 所示，其几何尺寸计算公式见表 7–17。

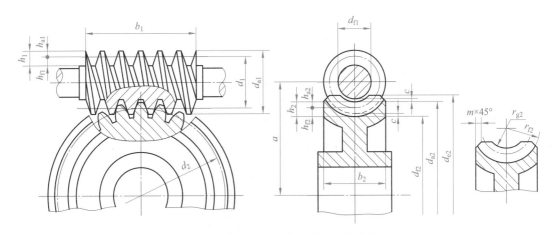

**图 7–36　标准圆柱蜗杆传动的几何参数**

**表 7–17　　　　　　　　　标准圆柱蜗杆传动几何尺寸计算公式**

| 名称 | 代号 | 计算公式 | |
|---|---|---|---|
| | | 蜗杆 | 蜗轮 |
| 齿顶高 | $h_{a1}$ | $h_{a1}=h_{a2}=h_a^* m=m$ | |
| 齿根高 | $h_{f1}$ | $h_{f1}=h_{f2}=\left(h_a^*+c^*\right)m=1.2m$ | |
| 齿高 | $h_1$ | $h_1=h_{a1}+h_{f1}=2.2m$ | |
| 顶隙 | $c$ | $c=c^* m=0.2m$ | |
| 分度圆直径 | $d_1$ | $d_1=mq$（按规定选取） | $d_2=mz_2$ |
| 蜗杆齿顶圆直径 | $d_{a1}$ | $d_{a1}=d_1+2h_{a1}=m(q+2)$ | |
| 齿根圆直径 | $d_f$ | $d_{f1}=d_1-2h_{f1}=m(q-2.4)$ | $d_{f2}=d_2-2h_{f2}=m(z_2-2.4)$ |

续表

| 名称 | 代号 | 计算公式 | |
|------|------|---------|---|
| | | 蜗杆 | 蜗轮 |
| 蜗轮喉圆直径 | | | $d_{a2}=d_2+2h_{a2}=m（z_2+2）$ |
| 蜗轮外径 | $d_{e2}$ | | 当 $z_1=1$ 时，$d_{e2}\leqslant d_{a2}+2m$<br>当 $z_1=2\sim3$ 时，$d_{e2}\leqslant d_{a2}+1.5m$<br>当 $z_1=4$ 时，$d_{e2}\leqslant d_{a2}+m$ |
| 蜗杆齿宽 | $b_1$ | 当 $z_1=1$、$2$ 时，$b_1\geqslant（12+0.1z_2）m$<br>当 $z_1=3$、$4$ 时，$b_1\geqslant（13+0.1z_2）m$ | |
| 蜗轮轮缘宽度 | $b_2$ | | $b_2=（0.67\sim0.75）d_{a1}$。$z_1$ 大，取小值；<br>$z_1$ 小，取大值 |
| 蜗轮喉圆环面的<br>母圆半径 | $r_{g2}$ | | $r_{g2}=\dfrac{d_{f1}}{2}+0.2m=\dfrac{d_1}{2}-m$ |
| 蜗轮齿根圆弧半径 | $r_{f2}$ | | $r_{f2}=\dfrac{d_{a1}}{2}+0.2m=\dfrac{d_1}{2}+1.2m$ |
| 中心距 | $a$ | $a=（d_1+d_2）/2=0.5m（q+z_2）$ | |

## 任务实施

### 一、计算蜗杆和蜗轮的几何尺寸

#### 1. 计算蜗杆的几何尺寸

蜗杆几何尺寸的计算见表 7-18。

表 7-18　　　　　　　　　　蜗杆几何尺寸的计算

| 名称 | 代号 | 计算公式 | 结果 |
|------|------|---------|------|
| 分度圆直径 | $d_1$ | $d_1=mq$ | 35.5 mm |
| 齿顶高 | $h_{a1}$ | $h_{a1}=m$ | 2 mm |
| 齿根高 | $h_{f1}$ | $h_{f1}=1.2m$ | 2.4 mm |
| 齿高 | $h_1$ | $h_1=h_{a1}+h_{f1}=2.2m$ | 4.4 mm |
| 齿顶圆直径 | $d_{a1}$ | $d_{a1}=d_1+2h_{a1}=d_1+2m$ | 39.5 mm |
| 齿根圆直径 | $d_{f1}$ | $d_{f1}=d_1-2h_{f1}=d_1-2.4m$ | 30.7 mm |
| 蜗杆齿宽 | $b_1$ | $b_1\geqslant（12+0.1z_2）m$ | 60 mm |

### 2. 计算蜗轮的几何尺寸

蜗轮几何尺寸的计算见表 7-19。

表 7-19                            蜗轮几何尺寸的计算

| 名称 | 代号 | 计算公式 | 结果 |
|---|---|---|---|
| 分度圆直径 | $d_2$ | $d_2=mz_2$ | 74 mm |
| 齿顶高 | $h_{a2}$ | $h_{a2}=m$ | 2 mm |
| 齿根高 | $h_{f2}$ | $h_{f2}=1.2m$ | 2.4 mm |
| 齿高 | $h_2$ | $h_2=h_{a2}+h_{f2}=2.2m$ | 4.4 mm |
| 喉圆直径 | $d_{a2}$ | $d_{a2}=d_2+2h_{a2}=m（z_2+2）$ | 78 mm |
| 齿根圆直径 | $d_{f2}$ | $d_{f2}=d_2-2h_{f2}=m（z_2-2.4）$ | 69.2 mm |
| 喉圆环面的母圆半径 | $r_{g2}$ | $r_{g2}=\dfrac{d_{f1}}{2}+0.2m=\dfrac{d_1}{2}-m$ | 15.75 mm |
| 齿根圆弧半径 | $r_{f2}$ | $r_{f2}=\dfrac{d_{a1}}{2}+0.2m=\dfrac{d_1}{2}+1.2m$ | 20.15 mm |
| 蜗轮外径 | $d_{e2}$ | $d_{e2}\leqslant d_{a2}+2m$ | 81 mm |
| 蜗轮齿宽 | $b_2$ | $b_2=（0.67\sim0.75）d_{a1}$ | 30 mm |

### 3. 计算中心距

中心距：$a=（d_1+d_2）/2=（35.5+74）$ mm$/2=54.75$ mm

## 二、绘制蜗杆的视图

蜗杆的画法与圆柱齿轮的画法基本相同，蜗杆的齿顶圆和齿顶线用粗实线绘制，分度圆和分度线用细点画线绘制。在剖视图中，齿根圆和齿根线用粗实线绘制；在未剖的视图中，齿根圆和齿根线用细实线绘制，或省略不画。蜗杆视图的绘制步骤见表 7-20。

表 7-20                            蜗杆视图的绘制步骤

| 步骤 | 图示 |
|---|---|
| 1. 画蜗杆的中心线、定位线<br>2. 画分度圆、分度线 | 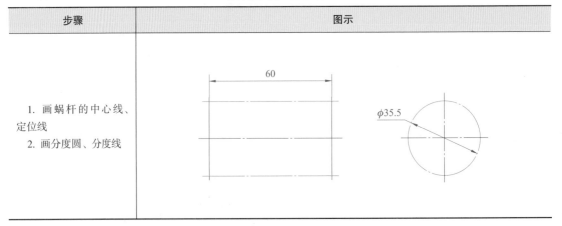 |

续表

| 步骤 | 图示 |
|------|------|
| 3. 画齿顶圆、齿顶线 | $\phi39.5$ |
| 4. 画齿根圆、齿根线 | $\phi30.7$ |
| 5. 画两侧圆柱 | 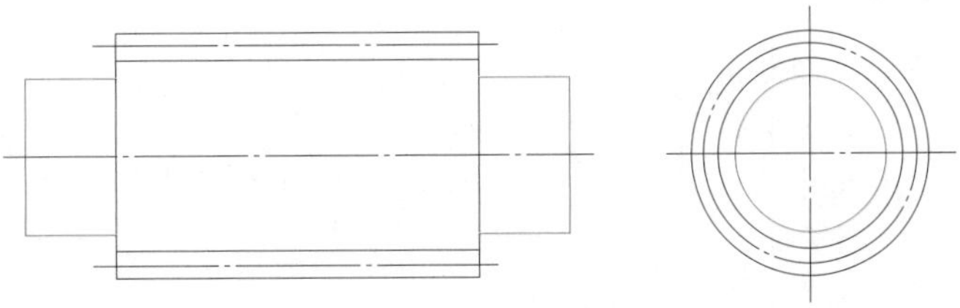 |
| 6. 检查、校核，剖视图绘制剖面线，按线型描深图线 | 外形图<br><br>分度圆和分度线<br>画细点画线<br>齿顶圆和齿顶线<br>画粗实线<br>外形图中的齿根圆和齿根线画细实线或省略不画<br><br>剖视图<br><br>剖视图中的齿根圆和齿根线画粗实线 |

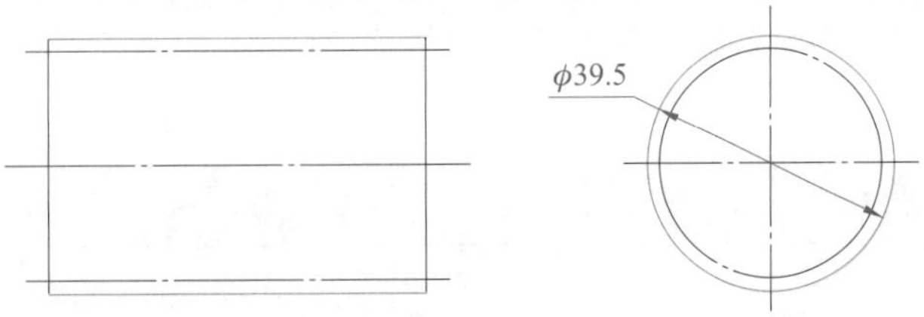

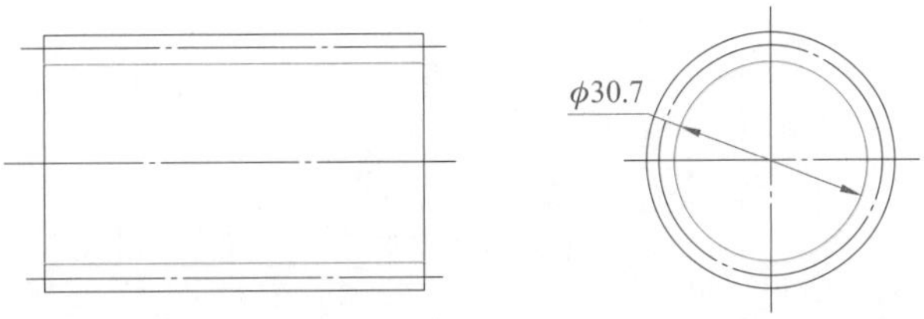

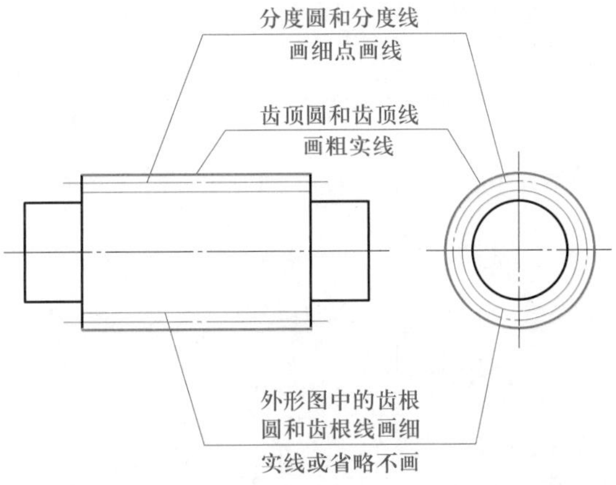

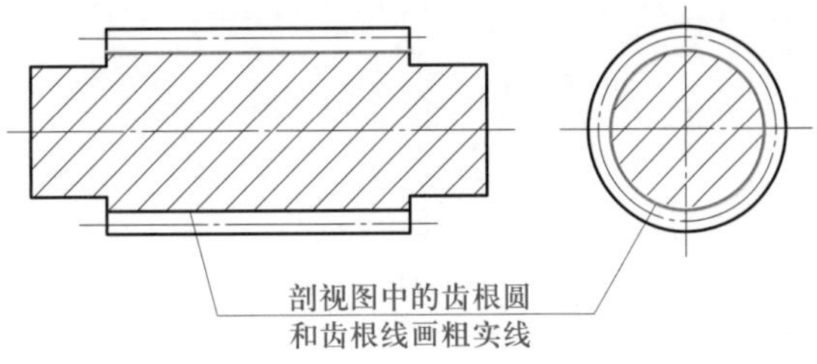

### 三、绘制蜗轮的视图

在绘制蜗轮的视图时，反映蜗轮轴线的视图一般画成全剖视图，投影为圆的视图一般画成外形图。蜗轮视图的绘制步骤见表 7-21。

表 7-21　　　　　　　　　　　　　　蜗轮视图的绘制步骤

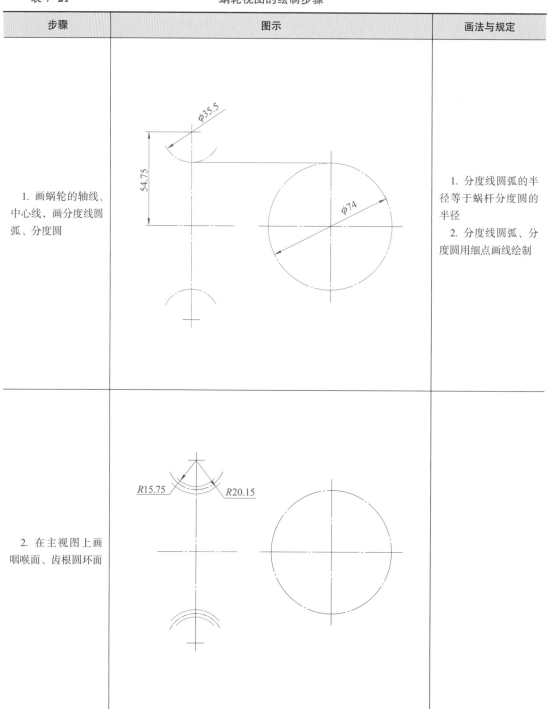

| 步骤 | 图示 | 画法与规定 |
|---|---|---|
| 1. 画蜗轮的轴线、中心线，画分度线圆弧、分度圆 | | 1. 分度线圆弧的半径等于蜗杆分度圆的半径<br>2. 分度线圆弧、分度圆用细点画线绘制 |
| 2. 在主视图上画咽喉面、齿根圆环面 | | |

续表

| 步骤 | 图示 | 画法与规定 |
|---|---|---|
| 3. 在主视图上完成蜗轮轮齿投影的绘制，在左视图上绘制齿顶圆柱面的投影 | 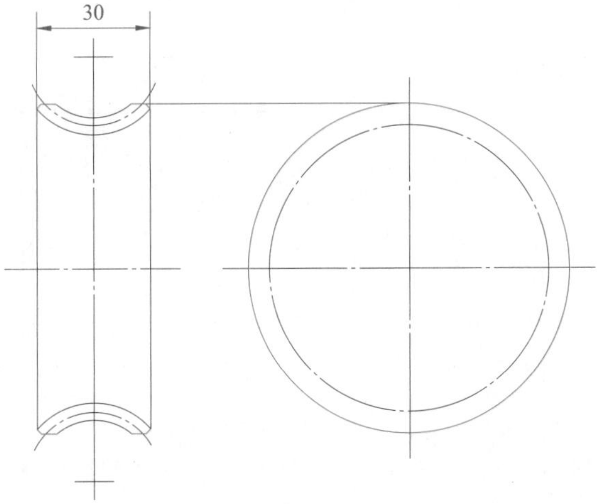 | 在蜗轮的左视图上，只画分度圆（细点画线）和外圆柱面（粗实线），喉圆和齿根圆等省略不画 |
| 4. 画其他部分 | 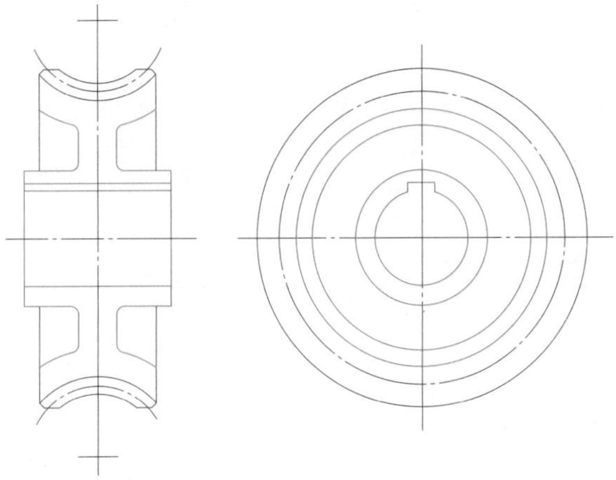 | 轮毂和轮辐的尺寸自行确定 |
| 5. 检查、校核，按线型描深图线，绘制剖面线 | 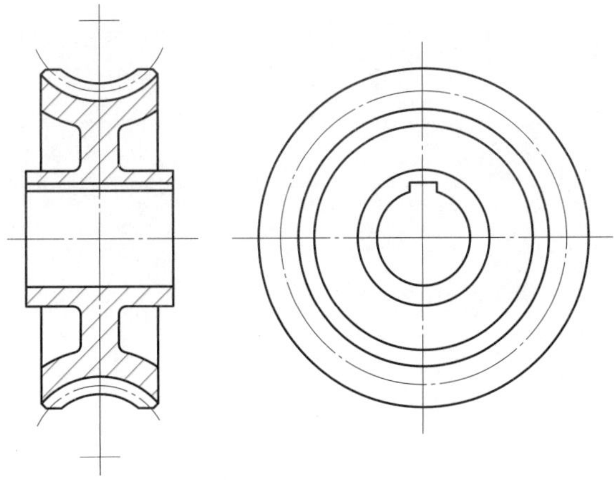 | 在反映蜗轮轴线的剖视图上，齿顶线圆弧、齿根线圆弧用粗实线绘制 |

## 四、绘制蜗轮蜗杆啮合图

蜗轮蜗杆啮合图的绘制步骤见表 7-22。

表 7-22　　　　　　　　　　　蜗轮蜗杆啮合图的绘制步骤

| 步骤 | 图示 |
|---|---|
| 1. 画蜗轮、蜗杆的中心线、分度线、分度圆等 | |
| 2. 画蜗杆 | |

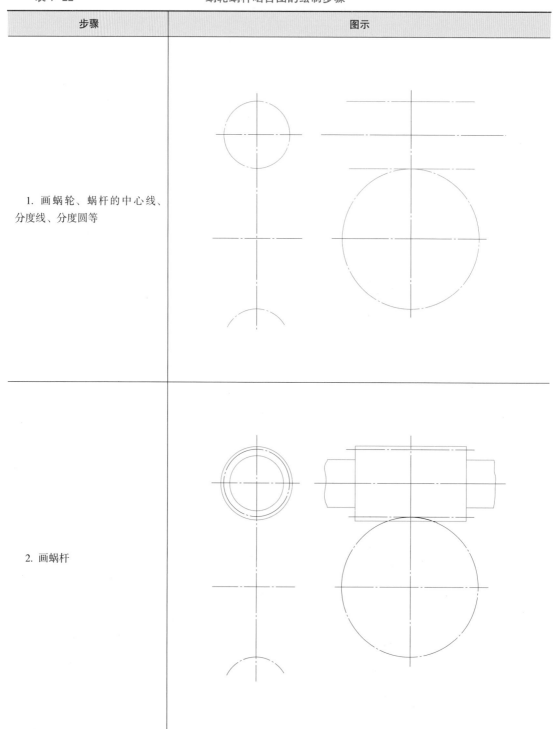

续表

| 步骤 | 图示 |
|---|---|
| 3. 画蜗轮<br>蜗轮被蜗杆遮挡部分不画 | 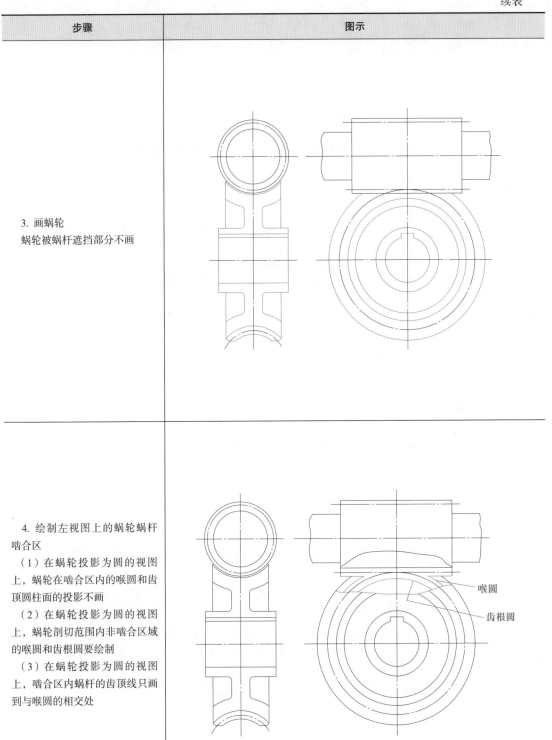 |
| 4. 绘制左视图上的蜗轮蜗杆啮合区<br>（1）在蜗轮投影为圆的视图上，蜗轮在啮合区内的喉圆和齿顶圆柱面的投影不画<br>（2）在蜗轮投影为圆的视图上，蜗轮剖切范围内非啮合区域的喉圆和齿根圆要绘制<br>（3）在蜗轮投影为圆的视图上，啮合区内蜗杆的齿顶线只画到与喉圆的相交处 | 喉圆<br>齿根圆 |

| 步骤 | 图示 |
|---|---|
| 5. 检查、校核，按线型描深图线，绘制剖面线 | 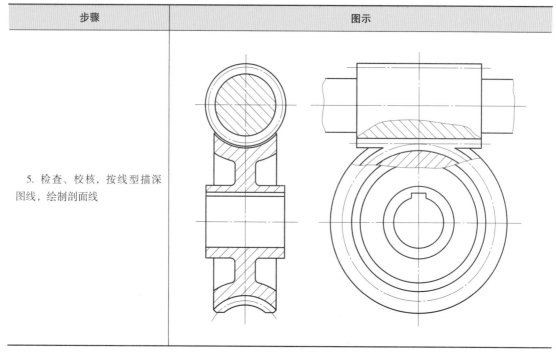 |

## 知识拓展

### 蜗轮蜗杆啮合外形图的画法

蜗轮蜗杆啮合外形图如图 7-37 所示，在蜗杆投影为圆的视图上，蜗轮被蜗杆遮住的部分不画；在蜗轮投影为圆的视图上，在啮合区内的蜗轮的外圆和蜗杆齿顶线都用粗实线绘制，蜗轮的齿根圆和喉圆、蜗杆的齿根线省略不画。

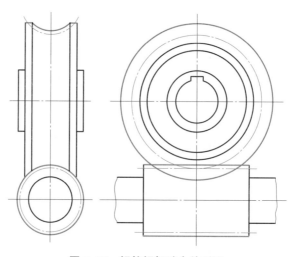

图 7-37　蜗轮蜗杆啮合外形图

课题三 绘制键连接图、销连接图

## 任务一　绘制普通型平键连接图

学习目标

1. 了解普通型平键的结构，掌握普通型平键连接图的画法。
2. 了解普通型半圆键、钩头型楔键和花键连接图的画法。

任务描述

图 7-38 所示为半联轴器，连接盘与轴的轴向固定采用紧定螺钉连接，周向固定采用键连接。半联轴器各零件的形状及尺寸如图 7-39 所示，试绘制半联轴器的装配图。

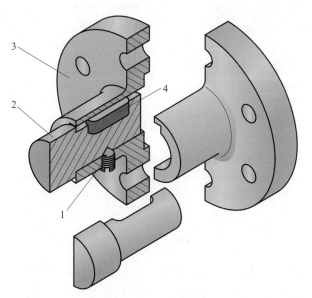

**图 7-38　半联轴器**

1—开槽锥端紧定螺钉　2—轴　3—连接盘　4—A 型普通型平键

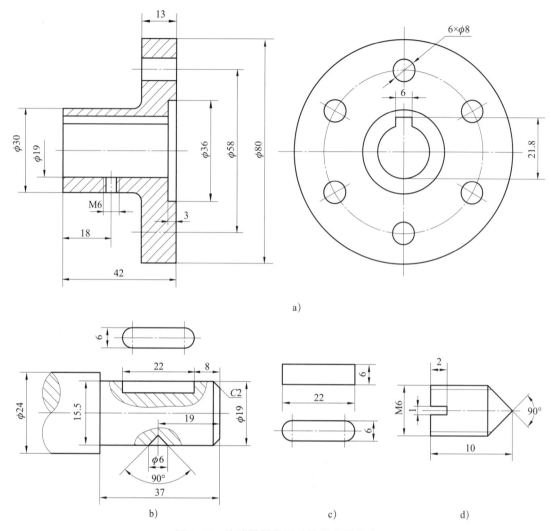

a)

b)　　　　　　　　　　c)　　　　　　　　　d)

**图 7-39　半联轴器各零件的形状及尺寸**

a）连接盘　b）轴　c）A 型普通型平键　d）开槽锥端紧定螺钉

## 任务分析

　　半联轴器在装配时，首先将 A 型普通型平键嵌入轴上的键槽内，再对准连接盘轮毂上轴孔的键槽，将它们装配在一起，然后旋入开槽锥端紧定螺钉。本任务的主要内容是绘制普通型平键连接和开槽锥端紧定螺钉连接。

## 相关知识

### 一、普通型平键的类型

　　普通型平键有 A 型（圆头）、B 型（方头）和 C 型（单圆头）三种，如图 7-40 所示。

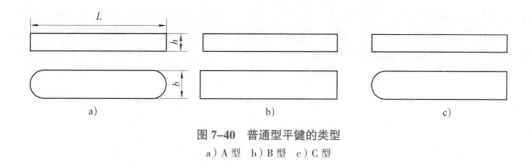

**图 7-40 普通型平键的类型**

a）A 型　b）B 型　c）C 型

## 二、普通型平键的标记

普通型平键的标记示例：GB/T 1096　键 6 × 10 × 100

查附表 8 可知，该标记表示：A 型普通型平键、$b$=16 mm、$h$=10 mm、$L$=100 mm。

"GB/T 1096　键 B16 × 10 × 100" 和 "GB/T 1096　键 C16 × 10 × 100" 则分别表示的是 B 型普通型平键和 C 型普通型平键。

## 三、普通型平键连接图的画法

普通型平键连接图的画法如图 7-41 所示。画图时应注意：

（1）由于普通型平键的侧面与键槽的侧面配合，配合表面应画一条线。

（2）键在安装时应首先嵌入轴上的键槽中，因此键与轴上键槽的底面之间也是接触表面，也应画一条线。

（3）键的顶端与孔上的键槽底面之间有间隙，应画两条线，即分别画出它们的轮廓线。

（4）纵向剖切键时，键按不剖处理；横向剖切键时，键上应画剖面线。故在图 7-41 中，主视图上普通型平键按不剖处理，左视图上普通型平键按剖切到处理。

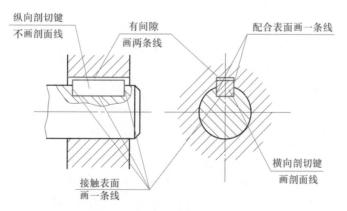

**图 7-41 普通型平键连接图的画法**

**任务实施**

在半联轴器中，普通型平键的底面与轴上键槽的底面属于接触表面，两侧面与轴上键槽和孔上键槽的侧面属于配合表面，上表面与孔上键槽底面之间有间隙，属于非接触表面。画图时，接触表面和配合表面画一条线，非接触表面画两条线。开槽锥端紧定螺钉连接部位按外螺纹绘制。半联轴器的装配图绘制步骤见表 7-23。

表 7-23            半联轴器的装配图绘制步骤

| 步骤 | 图示 |
| --- | --- |
| 1. 绘制中心线、作图基准线 |  |
| 2. 绘制轴的主视图 | 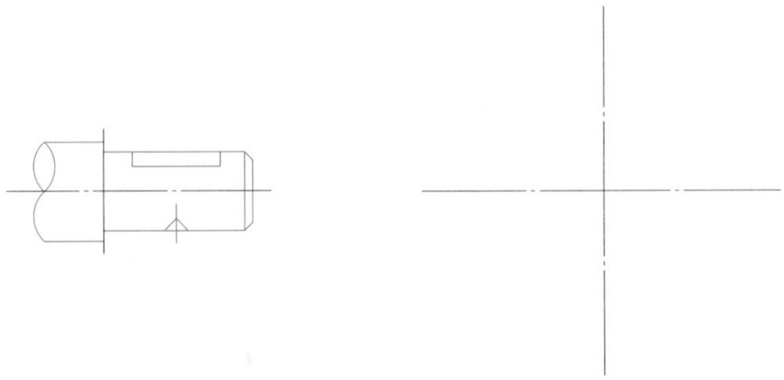 |
| 3. 绘制连接盘的主视图、左视图 | 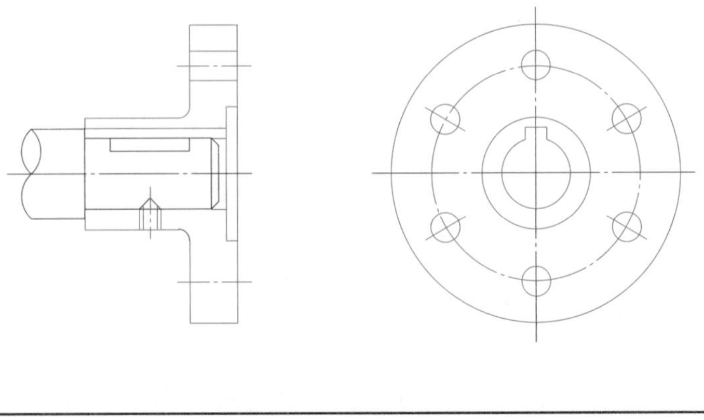 |

续表

| 步骤 | 图示 |
|------|------|
| 4. 绘制普通型平键在主视图、左视图上的投影 | 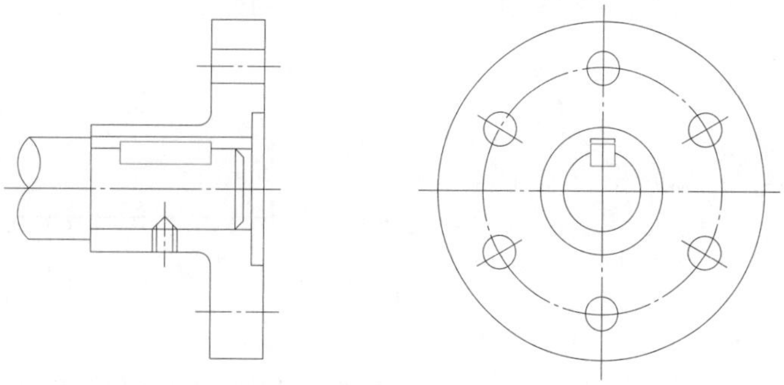 |
| 5. 绘制开槽锥端紧定螺钉在主视图、左视图上的投影 | 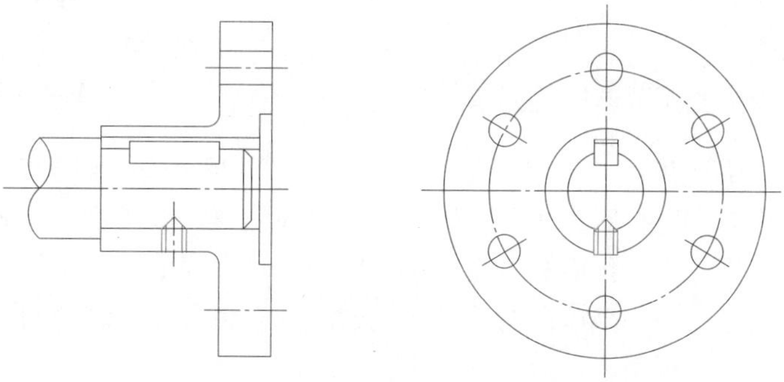 |
| 6. 绘制剖切符号，标注剖视图名称<br><br>7. 检查、校核，按线型描深图线<br><br>8. 在主视图的轴上绘制局部剖的分界线，在主视图、左视图上绘制剖面线 | 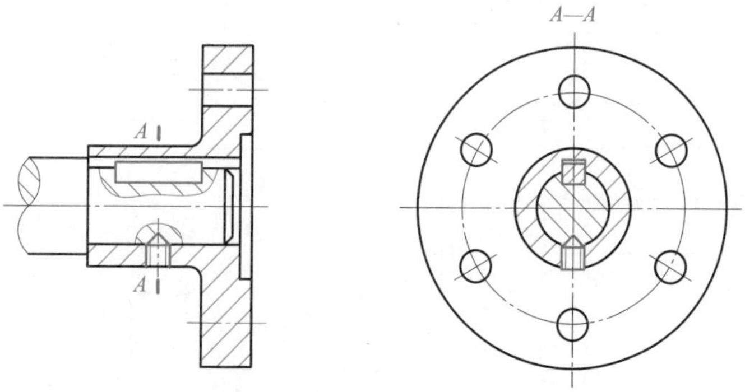 |

**知识拓展**

一、普通型半圆键连接图的画法

　　普通型半圆键也是一种常用的连接键，其形状如图 7–42a 所示。普通型半圆键连接图的画法如图 7–42b 所示，普通型半圆键的圆柱面与键槽底面属于接触表面，画一条线；普通型半圆键的两侧面与键槽两侧面属于配合表面，画一条线；普通型半圆键的顶面与孔上键槽的底面之间有间隙，属于非接触表面，画两条线。

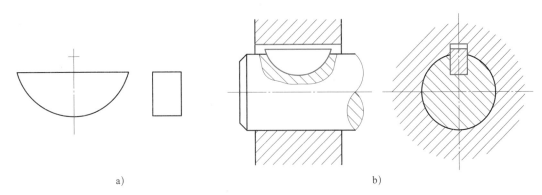

**图 7-42　普通型半圆键与其连接图**
a）普通型半圆键　b）普通型半圆键连接图

## 二、钩头型楔键连接图的画法

　　钩头型楔键的形状如图 7-43a 所示，其顶面有 1∶100 的斜度，装配时沿轴向将键打入键槽内，直至打紧为止。连接图的画法如图 7-43b 所示，钩头型楔键的顶面和底面是接触表面，工作时依靠顶面和底面分别与轮毂和轴之间的挤压来传递动力，故绘图时上、下表面都画一条线。钩头型楔键两侧面与键槽之间有由公差控制的间隙，因键宽与槽宽的公称尺寸相同，故在左视图上也应画一条线。

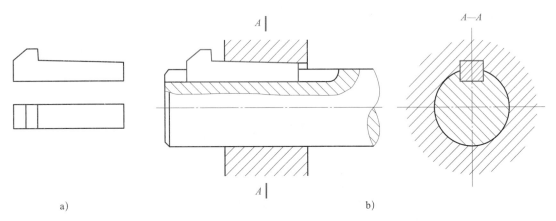

**图 7-43　钩头型楔键与其连接图**
a）钩头型楔键　b）钩头型楔键连接图

## 三、花键连接图的画法

　　花键连接分为矩形花键连接和渐开线花键连接，矩形花键连接如图 7-44 所示，包括外花键（花键轴）和内花键（花键孔）。在花键轴和花键孔上共有六个相互啮合的键齿。工作时，内花键可以在外花键上滑动，并且和外花键一起转动，下面介绍矩形花键及连接图的画法。

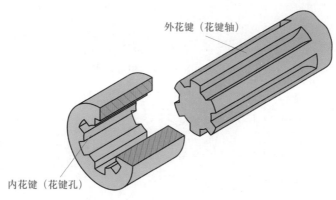

外花键（花键轴）

内花键（花键孔）

图 7-44　矩形花键连接

1. 矩形外花键的画法

矩形外花键的画法如图 7-45 所示。在与花键轴线平行的视图上，大径用粗实线绘制，小径用细实线绘制；花键工作长度的终止端和尾部长度的末端也用细实线绘制，尾部画成与轴线成 30° 角的细实线。在垂直于花键轴线剖切后画的断面图上可画出一部分或全部齿形。在垂直于花键轴线的外形视图上，花键小径画成完整的细实线圆，花键端部的倒角圆不画，如图 7-46 所示。

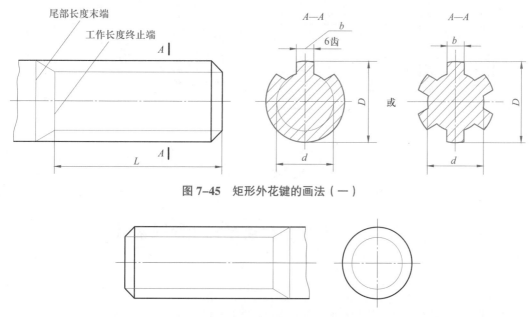

图 7-45　矩形外花键的画法（一）

图 7-46　矩形外花键的画法（二）

2. 矩形内花键的画法

矩形内花键的画法如图 7-47 所示。在与内花键轴线平行的视图上，大径和小径均用粗实线绘制，在左视图上用局部视图画出一部分或全部齿形。

3. 花键连接图的画法

花键连接图的画法如图 7-48 所示，在剖视图中，其连接部分按外花键绘制。

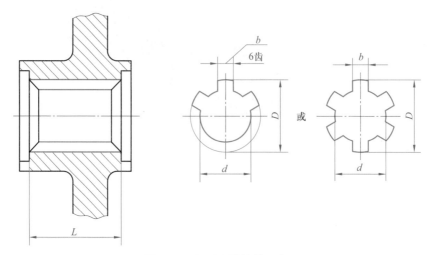

图 7–47　矩形内花键的画法

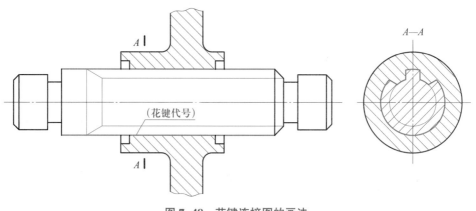

图 7–48　花键连接图的画法

# 任务二　绘制圆柱销连接式套筒联轴器

## 学习目标

了解圆柱销和圆锥销的结构和标记，掌握销连接图的画法。

## 任务描述

图 7-49 所示为套筒联轴器，套筒与轴之间采用圆柱销连接，各零件如图 7-50 所示，试绘制套筒联轴器的装配图。

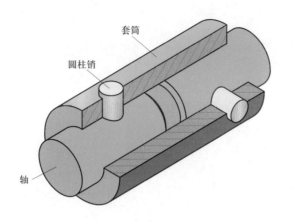

图 7-49 套筒联轴器

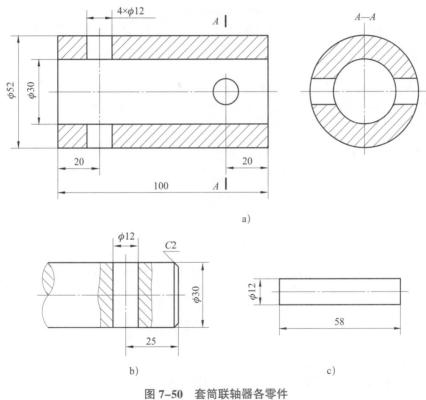

a)

b)                              c)

图 7-50 套筒联轴器各零件

a）套筒　b）轴　c）圆柱销

## 任务分析

　　销是标准件，常用的销有圆柱销和圆锥销，常用于零件间的连接和定位。在套筒联轴器中用了两个圆柱销，其工作表面是圆柱面，圆柱面与套筒和轴上的圆柱孔配合，属于配合表面。本任务的主要内容是绘制圆柱销的连接图。

**相关知识**

### 一、销的形状

圆柱销和圆锥销如图 7-51 所示，圆柱销为圆柱两头倒角，圆锥销为圆锥两头倒圆。销是标准件，其尺寸和有关技术参数可查阅附表 10 和附表 11。

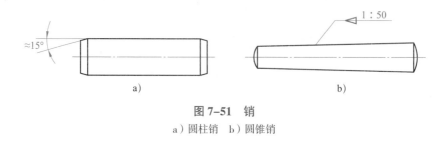

**图 7-51 销**

a）圆柱销 b）圆锥销

### 二、销的标记

圆柱销的标记示例：销 GB/T 119.1 6m6×30

查附表 10 可知，该标记表示：公称直径 $d$=6 mm、公差为 m6、公称长度 $l$=30 mm 的圆柱销。

圆锥销的标记示例：销 GB/T 117 6×30

该标记表示：公称直径 $d$=6 mm、公称长度 $l$=30 mm 的 A 型圆锥销。

### 三、销连接图的画法

图 7-52 所示为圆柱销和圆锥销连接图，圆柱销或圆锥销的圆柱面或圆锥面与被连接件上的销孔属于配合表面，画一条线；此外，因为图中的剖切平面通过销的轴线，所以销按未剖切绘制。在销连接图中，一般可省略圆柱销上的倒角和圆锥销两端的圆弧面。

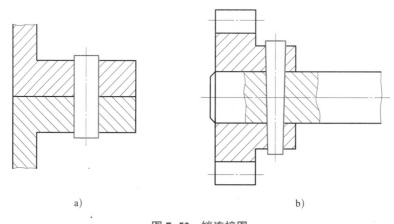

**图 7-52 销连接图**

a）圆柱销连接 b）圆锥销连接

## 任务实施

套筒联轴器装配图的绘制步骤见表 7-24。

表 7-24　　　　　　　　　　　套筒联轴器装配图的绘制步骤

| 步骤 | 图示 |
|---|---|
| 1. 绘制轴线、中心线 | 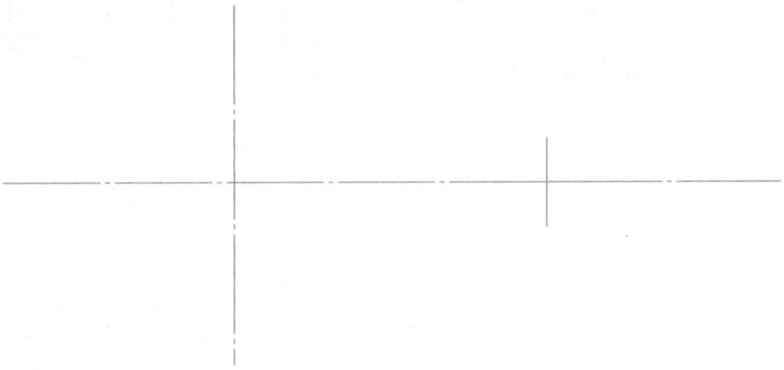  |
| 2. 绘制轴（轴上的销孔除外） | 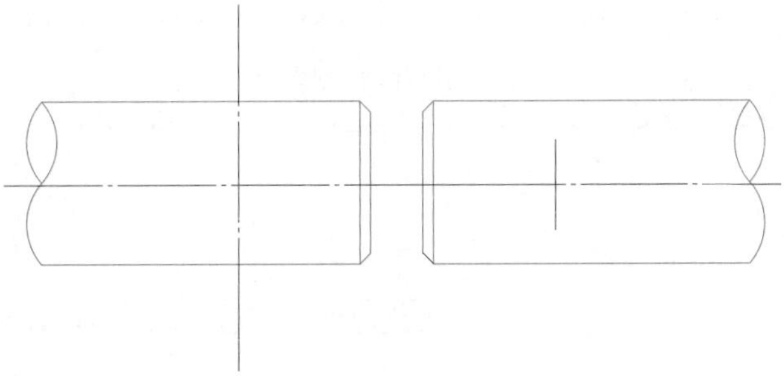  |
| 3. 绘制套筒（套筒上的销孔除外） | 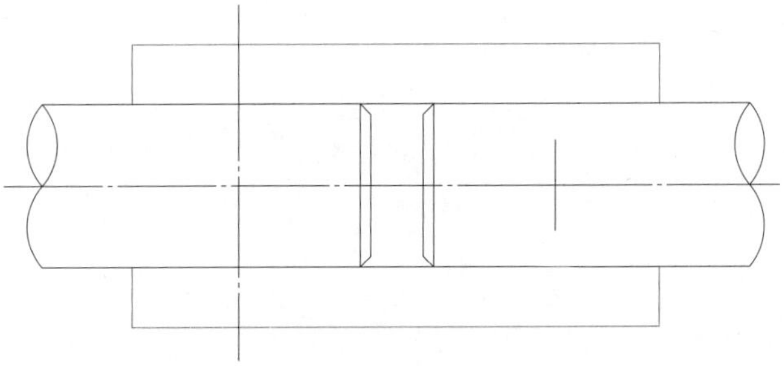  |
| 4. 绘制圆柱销 | 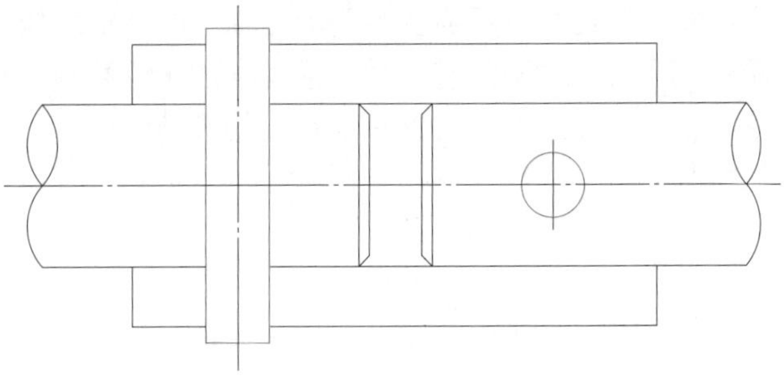  |

续表

| 步骤 | 图示 |
|---|---|
| 5. 检查、校核，按线型描深图线<br>6. 绘制局部剖的分界线和剖面线 | 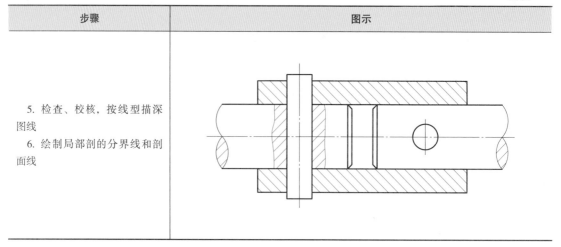 |

## 课题四 绘制滚动轴承和弹簧

## 任务一 绘制深沟球轴承

**学习目标**

1. 了解常用滚动轴承的结构和标记。
2. 掌握滚动轴承的通用画法和常用滚动轴承的规定画法，了解滚动轴承的特征画法。

**任务描述**

滚动轴承属于标准件，在机械设备中使用的滚动轴承一般由专门的工厂生产，所以机械设计人员在绘制装配图时不需要绘制滚动轴承的详细结构，只需要按照国家标准规定的画法绘制。滚动轴承规定的画法有三种：通用画法、特征画法和规定画法。试按规定画法绘制标记为"滚动轴承 6208　GB/T 276—2013"的滚动轴承。

**任务分析**

首先要看懂滚动轴承的标记，掌握滚动轴承的规定画法，然后查阅相关资料获得所绘制的滚动轴承的尺寸，最后依据尺寸和相关规定绘图。

## 相关知识

### 一、滚动轴承的基本结构

滚动轴承是一种支承转动轴的标准件，因为它能大大减小轴与孔之间的摩擦力，所以使用广泛。图 7-53 所示为常用的滚动轴承。

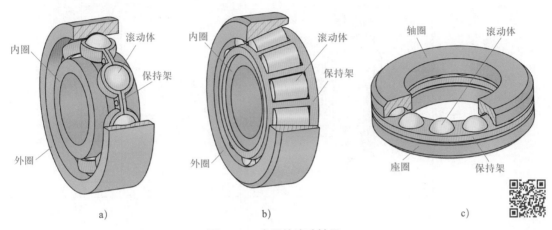

**图 7-53 常用的滚动轴承**

a）深沟球轴承　b）圆锥滚子轴承　c）推力球轴承

滚动轴承一般由内圈（轴圈）、外圈（座圈）、滚动体、保持架四部分组成。在装配图中绘制滚动轴承时，不必绘制其详细结构，一般可用通用画法、特征画法和规定画法进行表达。

### 二、滚动轴承的标记

滚动轴承的标记如下：

轴承名称　轴承代号　标准编号

标记示例：滚动轴承　30205　GB/T 297—2015

查阅附表 12 可知该滚动轴承为圆锥滚子轴承，在表中可查出该圆锥滚子轴承的外形尺寸。

### 三、滚动轴承的通用画法

在装配图中，当不必确切地表示滚动轴承的外形轮廓、载荷特性及结构特征时，可采用通用画法。通用画法是在轴的两侧用矩形线框（粗实线）及位于线框中央正立的十字形符号（粗实线）表示滚动轴承，如图 7-54 所示。通用画法适用于表达各种类型的滚动轴承。

### 四、滚动轴承的规定画法

当需要表达滚动轴承的主要结构时，可采用规定画法，

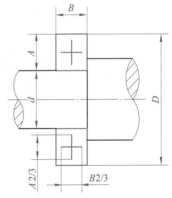

**图 7-54 滚动轴承的通用画法**

常用滚动轴承的规定画法见表 7-25。画图时应注意：

    1. 在用规定画法绘制轴承时，内、外圈的剖面线应方向一致、间隔相同。

    2. 规定画法一般只用在图的一侧，图的另一侧应按通用画法绘制。

表 7-25                             常用滚动轴承的规定画法

| 名称和标准号 | 装配示意图 | 规定画法 |
|---|---|---|
| 深沟球轴承<br>（GB/T 276—2013） | | |
| 圆锥滚子轴承<br>（GB/T 297—2015） | | |
| 推力球轴承<br>（GB/T 301—2015） | | |

## 任务实施

### 一、查表获得滚动轴承的外形尺寸

查附表 12 可知，"GB/T 276—2013"是深沟球轴承的国家标准编号，6208 是滚动轴承的代号，查表可得该深沟球轴承的有关尺寸，比如，轴承的宽度 $B$=18 mm、内径 $d$=40 mm、外径 $D$=80 mm 等。

### 二、用规定画法绘制滚动轴承

用规定画法绘制标记为"滚动轴承 6208 GB/T 276—2013"的深沟球轴承的步骤见表 7-26。

表 7-26 用规定画法绘制深沟球轴承的步骤

| 步骤 | 图示 |
|---|---|
| 1. 绘制滚动轴承内、外圈的轮廓线 | 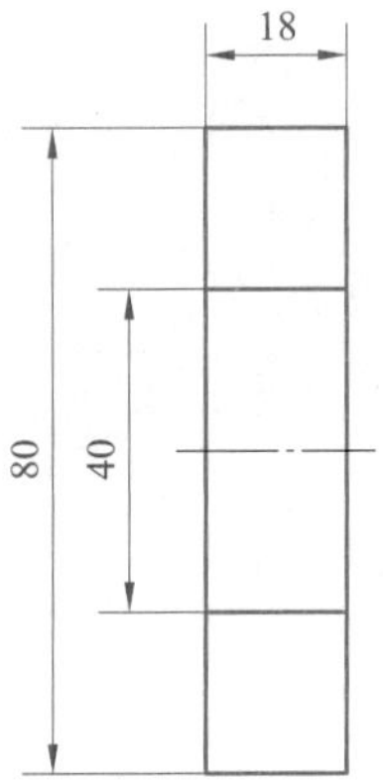 |
| 2. 绘制滚动体的轮廓线 | 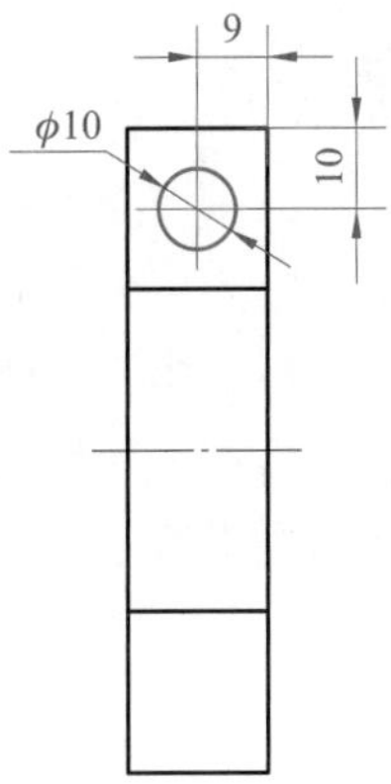 |

续表

| 步骤 | 图示 |
|---|---|
| 3. 绘制内、外圈的轮廓线和剖面线<br>内、外圈的剖面线应方向一致、间隔相同，滚动体上不画剖面线 | 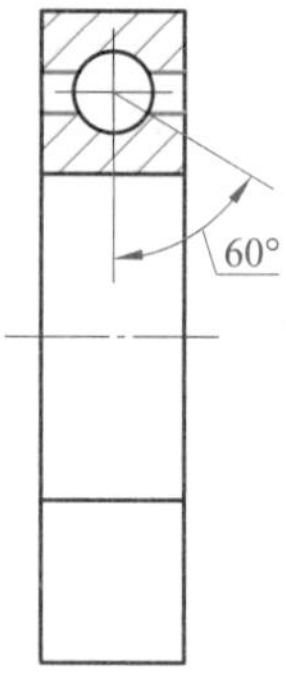 |
| 4. 用通用画法绘制轴承的另一半<br>规定画法一般只用在图的一侧，图的另一侧应按通用画法绘制 | 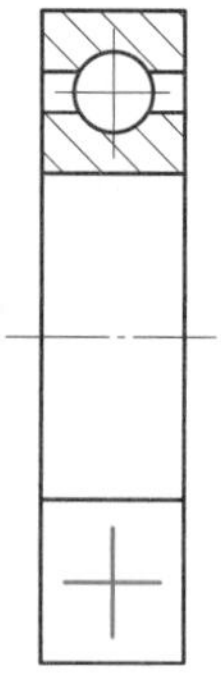 |

**知识拓展**

## 滚动轴承的特征画法

在装配图的剖视图中，当需要形象地表达滚动轴承的结构特征时，可采用特征画法。滚动轴承的特征画法是在表达轴承的矩形线框（粗实线）内，用粗实线画出表示滚动轴承结构特征和载荷特性的要素符号，常用滚动轴承的特征画法如图 7-55 所示。

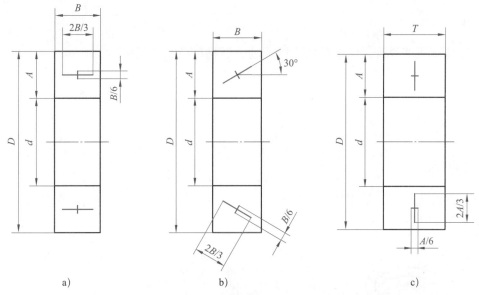

a)　　　　　　　　　　　b)　　　　　　　　　　c)

**图 7-55 常用滚动轴承的特征画法**

a）深沟球轴承　b）圆锥滚子轴承　c）推力球轴承

# 任务二　绘 制 弹 簧

## 学习目标

1. 了解圆柱螺旋压缩弹簧各部分的名称及代号，掌握其画法。
2. 了解拉伸弹簧和扭转弹簧的画法，了解弹簧在装配图中的画法。

**任务描述**

弹簧属于通用件，在机械工程中应用非常广泛，主要用于减振、夹紧、复位、调节等。如图 7-56 所示，已知圆柱螺旋压缩弹簧外径 $D=60$ mm，弹簧簧丝直径 $d=5$ mm，节距 $t=10$ mm，有效圈数 $n=6$，支承圈数 $n_2=2.5$，右旋。试画出该弹簧的主视图（全剖）和俯视图。

**图 7-56 圆柱螺旋压缩弹簧**

　　圆柱螺旋压缩弹簧是由横截面为圆形的金属材料沿螺旋线缠绕而成的，在绘制其图样时，首先要计算弹簧的几何尺寸，然后按规定画图。

### 一、弹簧的种类

　　弹簧的种类很多，常用的有圆柱螺旋压缩弹簧、圆柱螺旋拉伸弹簧、圆柱螺旋扭转弹簧，如图 7-57 所示。

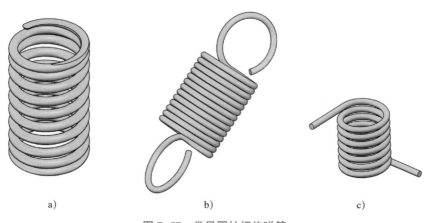

a)　　　　　　　　　　　　b)　　　　　　　　　　　c)

图 7-57　常见圆柱螺旋弹簧

a）压缩弹簧　b）拉伸弹簧　c）扭转弹簧

### 二、圆柱螺旋压缩弹簧主要几何尺寸

　　圆柱螺旋压缩弹簧的主要几何尺寸如图 7-58 所示。

　　1. 弹簧直径

　　（1）弹簧线径

　　弹簧线径是指用来缠绕弹簧的钢丝直径，用 $d$ 表示。

　　（2）弹簧外径

　　弹簧外径是指弹簧的外圈直径，用 $D_2$ 表示。

　　（3）弹簧内径

　　弹簧内径是指弹簧的内圈直径，用 $D_1$ 表示。

　　（4）弹簧中径

　　弹簧中径是指弹簧内径和弹簧外径的平均值，用 $D$ 表示。

$$D=（D_1+D_2）/2=D_1+d=D_2-d$$

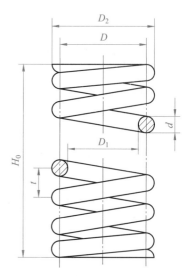

图 7-58　圆柱螺旋压缩弹簧的
主要几何尺寸

2. 弹簧圈数

（1）有效圈数

有效圈数是指弹簧能保持相同节距（节距的定义见下文）的圈数，用 $n$ 表示。

（2）支承圈数

支承圈数是指为使弹簧工作平稳，将圆柱压缩弹簧两端并紧磨平的圈数，用 $n_2$ 表示。一般情况下，支承圈数有 1.5 圈、2 圈、2.5 圈等。

（3）总圈数

有效圈数与支承圈数之和称为总圈数，用 $n_1$ 表示。

$$n_1=n+n_2$$

3. 节距

节距是指除两端支承圈外，圆柱螺旋弹簧两相邻有效圈截面中心线的轴向距离，用 $t$ 表示。

4. 弹簧的旋向

螺旋弹簧旋向一般为右旋，在组合弹簧中各层弹簧的旋向为左右旋向相间，外层一般为右旋。

5. 弹簧的自由高度（长度）

弹簧的自由高度是指弹簧无负荷作用时的高度（长度），用 $H_0$ 表示。

圆柱螺旋压缩弹簧的自由高度受端部结构的影响，难以计算出精确值。其近似计算公式为

$$H_0=nt+（n_2-0.5）d$$

## 三、圆柱螺旋弹簧的画法

圆柱螺旋弹簧的画法如图 7-59 所示。

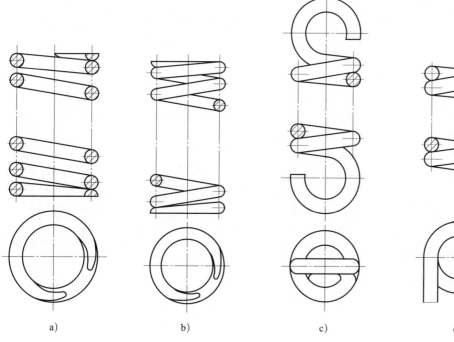
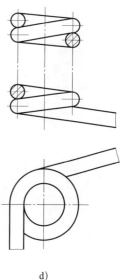

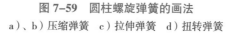

**图 7-59  圆柱螺旋弹簧的画法**

a）、b）压缩弹簧  c）拉伸弹簧  d）扭转弹簧

圆柱螺旋弹簧的画法规定如下：

1. 在平行于圆柱螺旋弹簧轴线的投影面的视图中，其各圈的轮廓应画成线段。

2. 左旋圆柱螺旋弹簧、右旋圆柱螺旋弹簧均可画成右旋，对必须保证的旋向要求应在"技术要求"中注明。

3. 当要求螺旋压缩弹簧两端并紧且磨平时，不论支承圈的圈数有多少和末端贴紧情况如何，均可按图 7-59a、图 7-59b 的形式绘制。必要时也可按支承圈的实际结构绘制。

4. 有效圈数在四圈以上的圆柱螺旋弹簧中间部分可以省略。省略后，允许适当缩短图形的长度。

## 任务实施

### 一、尺寸计算

弹簧的中径 $D=D_2-d=60$ mm$-5$ mm$=55$ mm。

自由高度 $H_0=nt+（n_2-0.5）d=6 \times 10$ mm$+（2.5-0.5）\times 5$ mm$=70$ mm。

### 二、绘制剖视图

绘制圆柱螺旋压缩弹簧剖视图的步骤见表 7-27。

表 7-27　　　　　　　　　　绘制圆柱螺旋压缩弹簧剖视图的步骤

| 步骤 | 1. 绘制作图基准线 | 2. 绘制弹簧的支承圈 |
|---|---|---|
| 图示 | 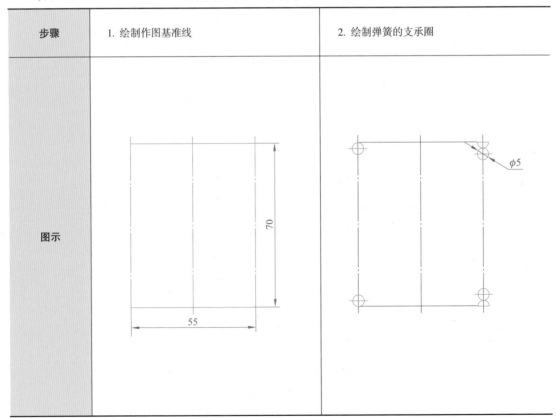 | |

续表

| 步骤 | 3. 绘制弹簧的有效圈 | 4. 绘制各圈轮廓线 |
|------|------|------|
| 图示 | 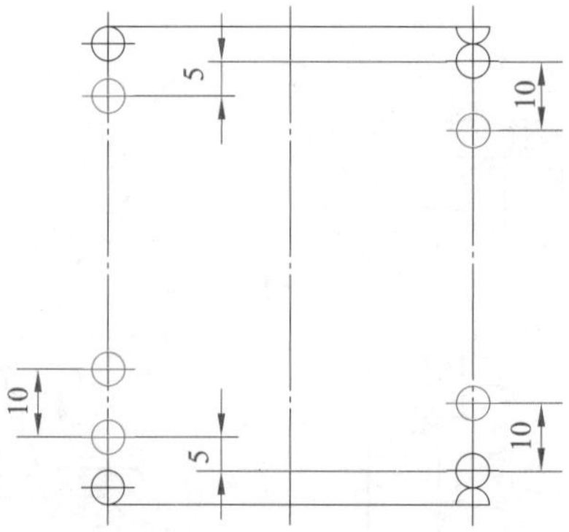 | 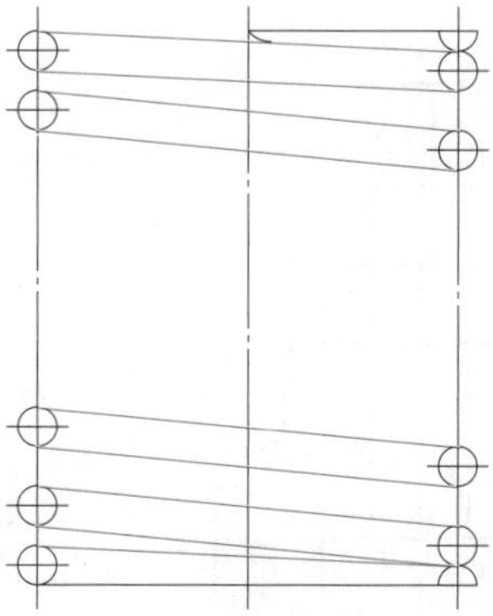 |

| 步骤 | 5. 绘制俯视图 | 6. 绘制剖面线，按线型描深图线 |
|------|------|------|
| 图示 | 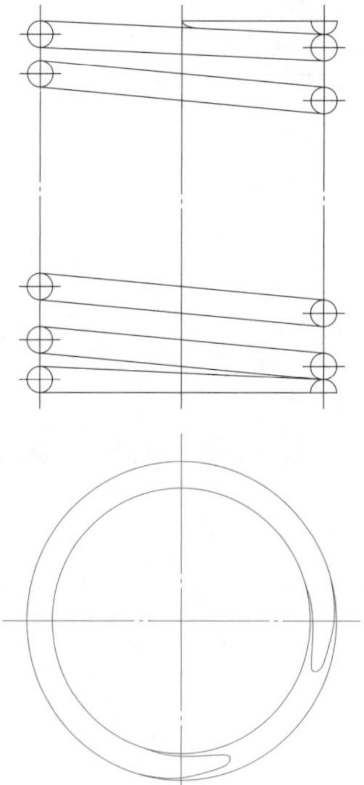 | 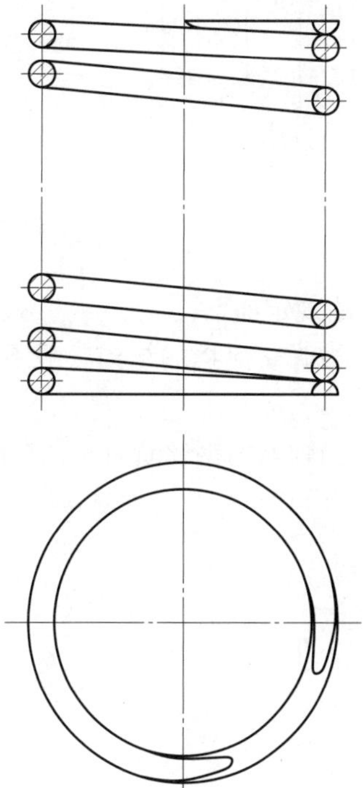 |

知识拓展

## 圆柱螺旋弹簧在装配图中的画法

圆柱螺旋弹簧在装配图中的画法如图 7-60 所示。

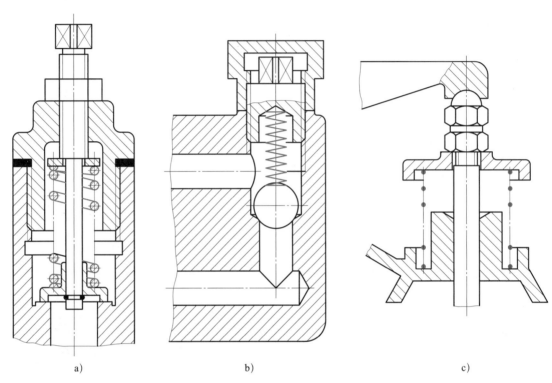

a)　　　　　　　　　　　b)　　　　　　　　　　　c)

**图 7-60　圆柱螺旋弹簧在装配图中的画法**

a）普通画法　b）示意画法　c）涂黑表示

画法规定如下：

1. 被弹簧遮挡的结构一般不画出，可见部分的轮廓线画至弹簧外轮廓线或钢丝断面中心线。

2. 当弹簧的钢丝断面直径在图形上 ≤ 2 mm 时，可用示意画法或采用涂黑表示。

# 技术要求

技术要求是机械图样上必不可少的重要组成部分，它包括制造和检验所需的全部技术参数，归纳起来主要分为尺寸公差、几何公差、表面结构要求、材料的热处理及表面处理要求等。在给出这些要求时，凡是国家标准已规定了代号和符号的，应直接标注在视图上；无规定代号或符号时，则以"技术要求"为标题，在标题栏附近逐条用文字说明。

在如图 8-1 所示定位销零件图上，标注了尺寸公差、几何公差和表面结构要求等技术要求，还用文字标注了热处理等方面的要求。

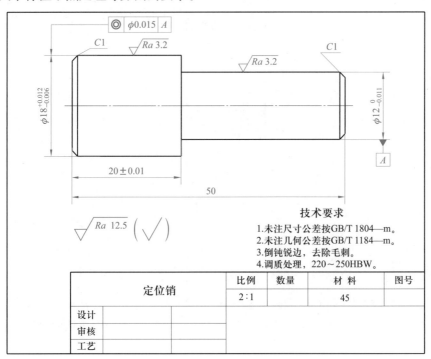

技术要求
1.未注尺寸公差按GB/T 1804—m。
2.未注几何公差按GB/T 1184—m。
3.倒钝锐边，去除毛刺。
4.调质处理，220～250HBW。

| 定位销 | | 比例 | 数量 | 材　料 | 图号 |
|---|---|---|---|---|---|
| | | 2∶1 | | 45 | |
| 设计 | | | | | |
| 审核 | | | | | |
| 工艺 | | | | | |

图 8-1　定位销零件图

## 课题一　尺寸公差与配合

# 任务一　识读尺寸公差

**学习目标**

1. 掌握公称尺寸、极限尺寸、极限偏差、尺寸公差等概念，能计算极限尺寸、极限偏差和尺寸公差等。
2. 掌握公差带的概念，能绘制公差带图。

**任务描述**

　　加工好的零件，其尺寸总是存在一定的误差，所以在图样上必须注明误差的限定范围，零件的实际尺寸在误差限制范围内即为合格零件；否则为不合格零件。图 8-2 所示为轴套，图中的尺寸都标注了极限偏差。试识读图中标注的极限偏差，计算各尺寸的尺寸公差、上极限尺寸和下极限尺寸。

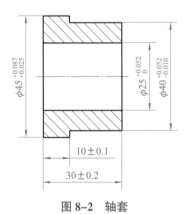

图 8-2　轴套

**任务分析**

　　在现代化的大批量生产中，要求互相装配的零（部）件要符合互换性的原则，也就是说在制成的统一规格的一批零（部）件中，任取一件，不需要做任何挑选或修配，就能与有关零（部）件装配在一起，且符合设计和使用要求。

　　在生产过程中，由于机床精度、刀具磨损、测量误差、工人技术水平等方面因素的影响，所加工的零件尺寸总是存在着一定的误差，为保证互换性，就必须将零件的尺寸控制在一定的范围内，图 8-2 中的尺寸都给出了零件尺寸控制的范围。

**任务实施**

## 一、分析尺寸公差的含义

在图 8-2 中，各尺寸的后面都标注了反映尺寸极限值的后缀，下面以尺寸 $\phi 40^{+0.052}_{-0.010}$ mm 为例，分析尺寸及后缀的含义。

尺寸公差的含义如图 8-3 所示，其左侧的数字是公称尺寸，右上角标注上极限偏差，右下角标注下极限偏差。

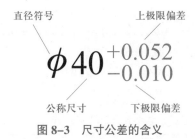

图 8-3 尺寸公差的含义

1. 公称尺寸

图 8-3 中，40 mm 是公称尺寸。公称尺寸是指由图样规范定义的理想形状要素的尺寸，它是由设计者根据零件的使用要求通过计算、试验或按类比法确定的尺寸。

2. 极限尺寸

尺寸所允许的极限值称为极限尺寸。尺寸要素允许的最大尺寸称为上极限尺寸，尺寸要素允许的最小尺寸称为下极限尺寸。上极限尺寸用 ULS 表示，下极限尺寸用 LLS 表示。

3. 极限偏差

极限偏差分为上极限偏差和下极限偏差。上极限尺寸减其公称尺寸所得的代数差称为上极限偏差。下极限尺寸减其公称尺寸所得的代数差称为下极限偏差。

尺寸 $\phi 40^{+0.052}_{-0.010}$ mm 的上极限偏差为 +0.052 mm，下极限偏差为 –0.010 mm。

内尺寸（孔）的上、下极限偏差分别用大写字母 ES、EI 表示，外尺寸（轴）的上、下极限偏差分别用小写字母 es、ei 表示。

尺寸 $\phi 40^{+0.052}_{-0.010}$ mm 的上极限尺寸 =40 mm+（+0.052 mm）=40.052 mm

尺寸 $\phi 40^{+0.052}_{-0.010}$ mm 的下极限尺寸 =40 mm+（–0.010 mm）=39.990 mm

4. 尺寸公差

尺寸公差等于上极限尺寸减其下极限尺寸之差，或上极限偏差减下极限偏差之差，它是允许尺寸的变动量。尺寸公差分为线性尺寸公差和角度尺寸公差等，如不加说明，本教材中的尺寸公差是指线性尺寸公差，用 IT 表示。

尺寸 $\phi 40^{+0.052}_{-0.010}$ mm 的公差 IT=（+0.052）mm–（–0.010 mm）=0.062 mm

公称尺寸、极限尺寸、极限偏差和尺寸公差的关系如图 8-4 所示。

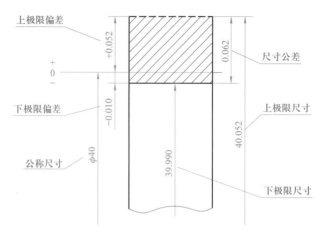

图 8-4 公称尺寸、极限尺寸、极限偏差和尺寸公差的关系

在图 8-2 中，标注了尺寸 30 ± 0.2，该尺寸的后缀为 "± 0.2"，它表示尺寸 30 mm 的上极限偏差为 +0.2 mm，下极限偏差为 –0.2 mm。

其他尺寸的公称尺寸、上极限偏差、下极限偏差、尺寸公差、上极限尺寸、下极限尺寸，请读者自行分析，其值见表 8-1。

表 8-1　　　　　　　　轴套各尺寸的上极限尺寸和下极限尺寸、尺寸公差等　　　　　　　　mm

| 序号 | 标注尺寸 | 公称尺寸 | 上极限偏差 | 下极限偏差 | 上极限尺寸 | 下极限尺寸 | 尺寸公差 |
|---|---|---|---|---|---|---|---|
| 1 | $\phi 40^{+0.052}_{-0.010}$ | 40 | +0.052 | –0.010 | 40.052 | 39.990 | 0.062 |
| 2 | $\phi 45^{+0.087}_{+0.025}$ | 45 | +0.087 | +0.025 | 45.087 | 45.025 | 0.062 |
| 3 | $\phi 25^{+0.052}_{0}$ | 25 | +0.052 | 0 | 25.052 | 25 | 0.052 |
| 4 | 10 ± 0.1 | 10 | +0.1 | –0.1 | 10.1 | 9.9 | 0.2 |
| 5 | 30 ± 0.2 | 30 | +0.2 | –0.2 | 30.2 | 29.8 | 0.4 |

## 二、绘制公差带图

上极限尺寸和下极限尺寸之间（包括上极限尺寸和下极限尺寸）的尺寸变动值称为公差带，它由公差大小和相对于公称尺寸的位置确定。将公称尺寸、极限偏差、尺寸公差之间的关系用放大比例画成的简图称为公差带图，如图 8-5 所示。图中那条与 "0" 对齐的横线称为公称尺寸线（旧标准称为零线）。

画公差带图时，公差带沿公称尺寸线方向的长度可根据需要适当选取，在垂直公称尺寸线的宽度方向，一般可用 200∶1 或 500∶1 的比例绘图，偏差较小的也可以用 1 000∶1 的比例绘图。

下面以绘制 $\phi 40^{+0.052}_{-0.010}$ mm 的公差带图为例，分析绘制公差带图的步骤。

$\phi 40^{+0.052}_{-0.010}$ mm 的公差带图如图 8-6 所示，其绘图步骤如下：

（1）用细实线绘制公称尺寸线，在其左侧标注 "0" "–" "+"。

（2）在公称尺寸线左下方绘制带单箭头的尺寸线，标注公称尺寸 $\phi 40$。

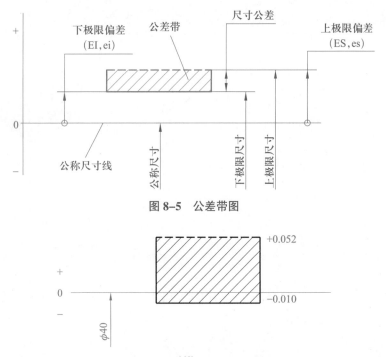

图 8-5 公差带图

图 8-6 $\phi 40^{+0.052}_{-0.010}$ mm 的公差带图

（3）根据极限偏差的大小选择 200∶1 的作图比例，作上、下极限偏差线。上极限偏差为正值，画在公称尺寸线上方；下极限偏差为负值，画在公称尺寸线下方。

（4）绘制表示公差带的矩形线框，表示基本偏差的横线及两侧的竖线画为粗实线，表示另一个极限偏差的横线画为粗虚线。在线框内绘制剖面线。

（5）标注上、下极限偏差。

# 任务二　识读公差带代号

## 学习目标

了解公差带代号的组成，能看懂公差带代号的含义，并通过查阅相关附录计算尺寸偏差。

## 任务描述

图 8-7 所示为连接轴，试识读图样上的公差带代号，求出 $\phi 45h7$、$\phi 25f7$、$\phi 10H8$、16M8 的上极限偏差和下极限偏差。

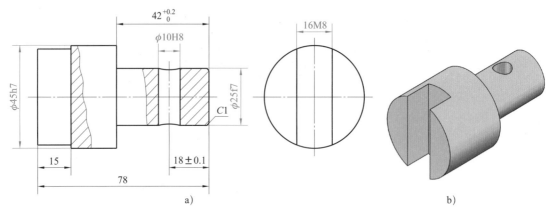

图 8-7　连接轴

a）视图　b）立体图

**任务分析**

在图 8-7 中，尺寸 $\phi$45h7、$\phi$25f7、$\phi$10H8、16M8 在公称尺寸后面注写了字母和数字，其含义与标注极限偏差是相同的。

**任务实施**

### 一、识读公差带代号

在图 8-7 中，在公称尺寸后面注写的字母和数字是公差带代号，它表示的也是极限偏差，与标注上、下极限偏差的作用是一样的。

国家标准规定，公差带代号由基本偏差代号和公差等级组成，如图 8-8 所示。

国家标准规定，标准公差的精度等级分为 20 个等级，用由符号 IT 和阿拉伯数字组成的代号表示，分别为 IT01、IT0、IT1、IT2、…、IT18。其中，IT01 精度最高，其余依次降低，IT18 精度最低。同一公称尺寸的标准公差值依次增大，即 IT01 公差值最小，IT18 公差值最大，具体内容见附表 13。

基本偏差是指在公差带图中靠近公称尺寸线的那个极限偏差，它可能是上极限偏差，也可能是下极限偏差。国家标准规定，孔、轴的基本偏差各有 28 种，如图 8-9 所示。基本偏差用字母表示，孔的基本偏差用大写字母表示，轴的基本偏差用小写字母表示。基本偏差的数值见附表 14 和附表 15。

图 8-8　尺寸公差带代号组成

### 二、求 $\phi$45h7、$\phi$25f7、$\phi$10H8、16M8 的上极限偏差和下极限偏差

1. 求 $\phi$45h7 的上、下极限偏差

$\phi$45h7 是轴的尺寸，所示基本偏差代号为小写字母，查阅附表 15（轴的基本偏差数值）

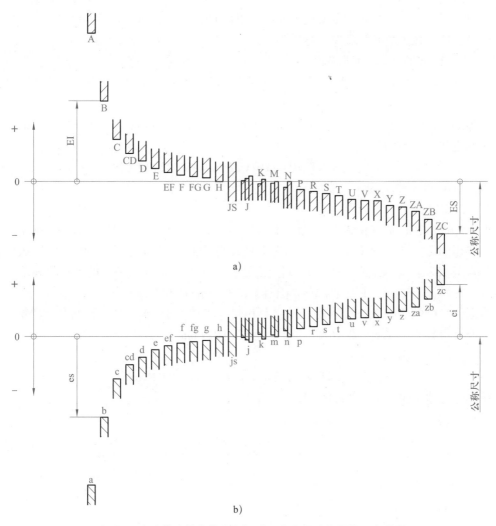

**图 8-9 公差带（基本偏差）相对于公称尺寸位置的示意说明**
a）孔（内尺寸要素） b）轴（外尺寸要素）

可知，基本偏差代号 h 的基本偏差为上极限偏差，数值为 0，则 $\phi$45h7 的上极限偏差 es=0 mm。

根据代号中的数字 7 查阅附表 13（标准公差数值表），在公称尺寸段"大于 30 至 50"行与公差等级"IT7"列交汇处查得数值 25 $\mu$m，得 $\phi$45h7 的尺寸公差 IT=0.025 mm。

则 $\phi$45h7 的下极限偏差 ei=es–IT=0 mm–（+0.025 mm）=–0.025 mm。

所以，尺寸 $\phi$45h7 可书写为 $\phi45_{-0.025}^{0}$。

2. 求 $\phi$25f7 的上、下极限偏差

查阅附表 15（轴的基本偏差数值表）可知，基本偏差代号 f 的基本偏差为上极限偏差，在公称尺寸段"大于 24 至 30"行与"f"列交汇处查得数值 –20 $\mu$m，则 $\phi$25f7 的上极限偏差为

$$es=-20 \ \mu m=-0.020 \ mm$$

根据代号中的数字 7 查阅附表 13（标准公差数值表），在公称尺寸段"大于 18 至 30"行与公差等级"IT7"列交汇处查得数值 21 $\mu$m，则 $\phi$25f7 的公差值 IT=0.021 mm。

则 $\phi$25f7 的下极限偏差为

ei=es–IT=–0.020 mm–（+0.021 mm）=–0.041 mm

所以，尺寸 $\phi$25f7 可书写为 $\phi$25$_{-0.041}^{-0.020}$。

3. 求 $\phi$10H8 的上、下极限偏差

根据 $\phi$10H8 中的基本偏差代号 H 查阅附表 14 可知 $\phi$10H8 的基本偏差为下极限偏差，数值为 0。$\phi$10H8 的下极限偏差 EI=0 mm。

根据 $\phi$10H8 的公差等级代号 8 查阅附表 13 可知 $\phi$10H8 的公差 IT=0.022 mm。因此 $\phi$10H8 的上极限偏差为

ES=EI+IT=0 mm+0.022 mm=+0.022 mm

因此 $\phi$10H8 可书写为 $\phi$10$_{0}^{+0.022}$。

4. 求 16M8 的上、下极限偏差

根据 16M8 中的基本偏差代号 M 查附表 14 可知 16M8 的基本偏差为上极限偏差，在"大于 14 至 18"行与"M（$\leq$ IT8）"列交汇处查得数值"–7+$\Delta$"。在附表 14 的续表中，在"大于 14 至 18"行与"$\Delta$ 值（IT=8）"列交汇处查得 $\Delta$=9 $\mu$m，则 16M8 的上极限偏差为

ES=–7+$\Delta$=–7 $\mu$m+9 $\mu$m=2 $\mu$m=+0.002 mm

根据代号中的数字 8 查阅附表 13，在公称尺寸段"大于 10 至 18"行与公差等级"IT8"列交汇处查得数值 27 $\mu$m，则 16M8 的公差值 IT=0.027 mm。

则 16M8 的下极限偏差为

EI=ES–IT=+0.002 mm–0.027 mm=–0.025 mm

所以，尺寸 16M8 可书写为16$_{-0.025}^{+0.002}$。

# 任务三　标注尺寸公差

## 学习目标

掌握尺寸公差在图样上的标注方法，能在图样标注尺寸公差和公差带代号。

### 任务描述

按照表 8–2 给出的尺寸公差要求，在图 8–10 中标注相应的尺寸公差。

表 8–2　　　　　　　　　　　　尺寸公差要求

| 序号 | 标注要素 | 公差要求 |
|------|---------|---------|
| 1 | $\phi$45 mm 外圆直径 | 公称尺寸 $\phi$45 mm 的上极限偏差为 –0.025 mm，下极限偏差为 –0.050 mm |
| 2 | $\phi$20 mm 外圆直径 | 公称尺寸 $\phi$20 mm 的上极限偏差为 +0.025 mm，下极限偏差为 –0.008 mm |
| 3 | $\phi$30 mm 外圆直径 | 公称尺寸 $\phi$30 mm 的上极限偏差为 0 mm，下极限偏差为 –0.013 mm |
| 4 | $\phi$25 mm 孔直径 | 公称尺寸 $\phi$25 mm 的上极限偏差为 +0.021 mm，下极限偏差为 0 mm |

续表

| 序号 | 标注要素 | 公差要求 |
|---|---|---|
| 5 | $\phi25$ mm 孔的定位尺寸 18 mm | 公称尺寸 18 mm 的上极限偏差为 +0.01 mm，下极限偏差为 –0.01 mm |
| 6 | 键槽宽度 | 公称尺寸 8 mm 的上极限偏差为 0 mm，下极限偏差为 –0.036 mm |
| 7 | 键槽深度 | 公称尺寸 26 mm 的上极限偏差为 0 mm，下极限偏差为 –0.2 mm |

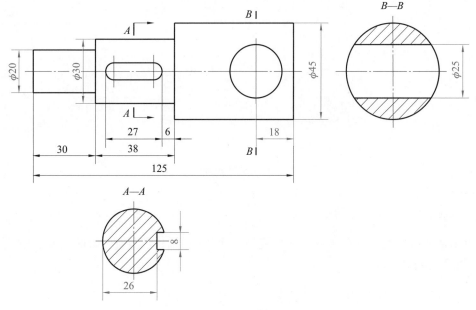

图 8–10 轴

## 任务分析

国家标准对尺寸公差和公差带代号的书写有严格的规定：上极限偏差标注在公称尺寸的右上方，下极限偏差标注在公称尺寸的右下方，其数字比尺寸数字小一号；公差带代号与公称尺寸的数字同高等。

## 任务实施

### 一、标注 $\phi45$ mm 外圆直径的尺寸公差

按国家标准的规定，公称尺寸 $\phi45$ 的极限偏差标注在公称尺寸后面。其中，上极限偏差 –0.025 标注在公称尺寸的右上方，下极限偏差 –0.050 标注在公称尺寸的右下方。极限偏差的数字比公称尺寸的数字小一号，当上、下极限偏差的小数点后的数字位数不同时，可以用 "0" 补齐，且小数点对齐。即标注为 $\phi45^{-0.025}_{-0.050}$，图样标注如图 8–11 ①所示。

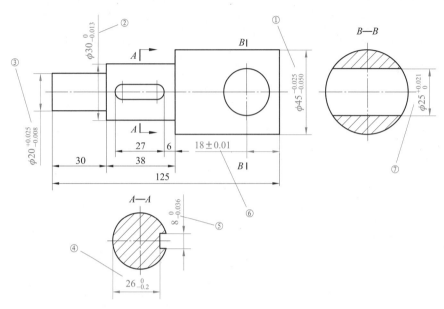

图 8-11　标注尺寸公差

### 二、标注 $\phi$20 mm 外圆直径的尺寸公差

$\phi$20 mm 外圆直径尺寸公差的标注形式与尺寸 $\phi45_{-0.050}^{-0.025}$ mm 类似，可标注为 $\phi20_{-0.008}^{+0.025}$，图样标注如图 8-11 ③所示。

### 三、标注 $\phi$30 mm 外圆直径的尺寸公差

$\phi$30 mm 外圆直径的上极限偏差为 0 mm，下极限偏差为 -0.013 mm。国家标准规定：当上极限偏差（或下极限偏差）为 0 mm 时，要将上、下极限偏差的个位"0"对齐。所以 $\phi$30 mm 外圆直径的尺寸公差标注为 $\phi30_{-0.013}^{0}$，图样标注如图 8-11 ②所示。

### 四、标注 $\phi$25 mm 孔直径的尺寸公差

$\phi$25 mm 孔的尺寸公差的标注形式为 $\phi25_{0}^{+0.021}$，图样标注如图 8-10 ⑦所示。

### 五、标注 $\phi$25 mm 孔的定位尺寸 18 mm 的尺寸公差

由于公称尺寸 18 mm 的上极限偏差为 +0.01 mm，下极限偏差为 -0.01 mm，其数值相同。国家标准规定：当尺寸公差的上、下极限偏差的数字相同、正负相反时，只需注写一次数字，且高度与公称尺寸相同，并在极限偏差与公称尺寸之间注出符号"±"。尺寸 18 mm 的尺寸公差标注形式为 18±0.01，图样标注如图 8-11 ⑥所示。

### 六、标注键槽宽度的尺寸公差

键槽宽度的尺寸公差标注形式为 $8_{-0.036}^{0}$，图样标注如图 8-11 ⑤所示。

## 七、标注键槽深度的尺寸公差

键槽深度的尺寸公差标注形式为 $26_{-0.2}^{0}$，图样标注如图 8-11 ④所示。小数点后数字最末位的"0"一般不予注出。

### 知识拓展

## 一、公差带代号在图样上的标注形式

1. 用公差带代号标注尺寸公差时，公差带代号要与公称尺寸的数字高度相同，如图 8-12 所示。

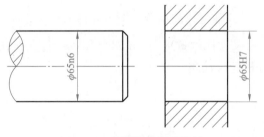

图 8-12 公差带代号的标注

2. 当同时用公差带代号和相应的极限偏差数值标注尺寸公差时，公差带代号在前，极限偏差在后并加圆括号，如图 8-13 所示。

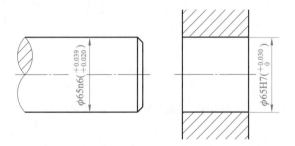

图 8-13 同时标注公差带代号和极限偏差数值

## 二、角度尺寸公差标注的方法

角度尺寸公差标注的方法与线性尺寸公差标注的方法相同，如图 8-14 所示。

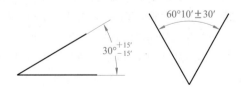

图 8-14 角度尺寸公差的标注

# 任务四　识读配合代号

**学习目标**

1. 能看懂配合代号的含义，分析配合性质和配合制。
2. 掌握配合代号在图样上的标注方法，能在图样上标注配合代号。

## 任务描述

在机械设备中，经常遇到轴与孔的结合，图 8-15 所示为三种不同结构的滑动轴承，试识读图 8-15 中标注的配合尺寸代号 $\phi38\frac{H7}{g6}$、$\phi38\frac{H7}{s6}$ 和 $\phi38\frac{H7}{n6}$，查表并计算其孔、轴的尺寸公差，绘制公差带图，分析配合性质。

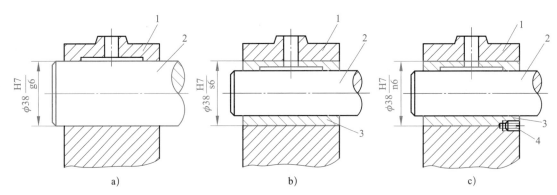

**图 8-15　滑动轴承装配图**

a) 间隙配合　b) 过盈配合　c) 过渡配合

1—轴承座　2—轴　3—轴瓦　4—紧定螺钉

## 任务分析

滑动轴承在工作时，轴 2 和轴承座 1（见图 8-15a）或轴瓦 3（见图 8-15b、图 8-15c）之间有相对转动，所以轴和孔之间要有一定的间隙。从结构上看，图 8-15a 所示的滑动轴承没有装轴瓦，图 8-15b 和图 8-15c 都装有轴瓦。从使用要求上看，图 8-15b 与图 8-15c 的轴瓦与轴承座之间不能产生相对转动，否则注油孔会堵塞，影响润滑。在轴瓦的固定方式上，图 8-15b 所示的滑动轴承依靠材料的弹性使外径较大的轴瓦与内径较小的轴承座连接起来，图 8-15c 所示的滑动轴承采用骑缝紧定螺钉将轴瓦和轴承座进行周向固定。本任务需要先计算出相互配合的孔、轴的极限偏差，以便绘制公差带图和分析配合性质。

**任务实施**

## 一、分析配合尺寸 $\phi 38\frac{H7}{g6}$

### 1. 识读图 8-15a 中所注配合尺寸 $\phi 38\frac{H7}{g6}$

公称尺寸相同的相互结合的孔和轴公差带之间的关系称为配合，按照孔公差带和轴公差带的相对位置不同，配合分为间隙配合、过渡配合和过盈配合三种。

在图 8-15a 中，标注了配合尺寸 $\phi 38\frac{H7}{g6}$，其配合代号是将孔的公差带代号和轴的公差带代号用分式的形式组合在了一起，其中，分子 H7 为孔的公差带代号，分母 g6 为轴的公差带代号。

### 2. 绘制孔、轴的配合公差带图

查附表 13、附表 14，可计算出图 8-15a 中轴承座孔的上、下极限偏差（$\phi 38^{+0.025}_{0}$ mm），查附表 13、附表 15，可计算轴的上、下极限偏差（$\phi 38^{-0.009}_{-0.025}$ mm）。将轴承座孔、轴的尺寸及上、下极限偏差标在图 8-16a、图 8-16b 中，画出配合公差带图如图 8-16c 所示。

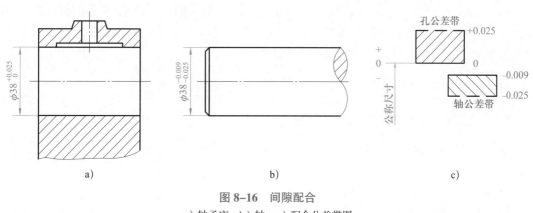

图 8-16 间隙配合

a）轴承座 b）轴 c）配合公差带图

### 3. 分析配合性质

分析图 8-16c 可知，此时孔的公差带完全在轴的公差带之上，这表明从一批尺寸合格的孔和轴中任取一对，装配后都具有间隙。这种孔和轴装配时总是存在间隙的配合称为间隙配合。在间隙配合中孔的下极限尺寸大于或在极端情况下等于轴的上极限尺寸。

## 二、分析配合尺寸 $\phi 38\frac{H7}{s6}$

### 1. 识读图 8-15b 中所注配合尺寸 $\phi 38\frac{H7}{s6}$

在图 8-15b 中，标注了配合尺寸 $\phi 38\frac{H7}{s6}$，其中，分子 H7 为孔的公差带代号，分母 s6 为轴瓦的公差带代号。

### 2. 绘制孔、轴的配合公差带图

图 8-15b 所示轴承座孔的公称直径和上、下极限偏差（$\phi 38^{+0.025}_{0}$ mm）与图 8-16a 相同。查

附表 13、附表 15，可计算出图 8-15b 中轴瓦外圆柱面的上、下极限偏差（$\phi38^{+0.059}_{+0.043}$ mm）。将轴承座孔、轴的尺寸及上、下极限偏差标在图 8-17a、图 8-17b 中，画出配合公差带图如图 8-17c 所示。

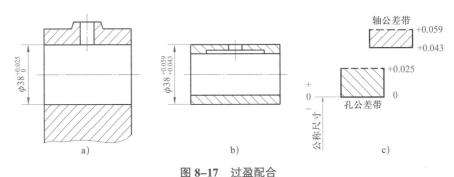

**图 8-17　过盈配合**

a）轴承座　b）轴瓦　c）配合公差带图

### 3. 分析配合性质

从图 8-17c 中可以看出，孔的公差带完全在轴的公差带之下，这表明从一批尺寸合格的孔和轴中任取一对零件，孔的尺寸总是小于轴的尺寸，装配时，必须施加一定的压力才能把轴装入到孔中。这种孔和轴装配时总是存在过盈的配合称为过盈配合。在过盈配合中孔的上极限尺寸小于或在极端情况下等于轴的下极限尺寸。

## 三、分析配合尺寸 $\phi38\dfrac{\text{H7}}{\text{n6}}$

### 1. 识读图 8-15c 中所注配合尺寸 $\phi38\dfrac{\text{H7}}{\text{n6}}$

在图 8-15c 中，标注了配合尺寸 $\phi38\dfrac{\text{H7}}{\text{n6}}$，其中，分子 H7 为孔的公差带代号，分母 n6 为轴瓦的公差带代号。

### 2. 绘制孔、轴的配合公差带图

图 8-15c 中轴承座孔的公称直径和上、下极限偏差（$\phi38^{+0.025}_{0}$ mm）也与图 8-16a 相同。查附表 13、附表 15，可计算出图 8-15c 中轴瓦外圆柱面的上、下极限偏差（$\phi38^{+0.033}_{+0.017}$ mm）。将轴承座孔、轴的尺寸及上、下极限偏差标在图 8-18a、图 8-18b 中，画出配合公差带图如图 8-18c 所示。

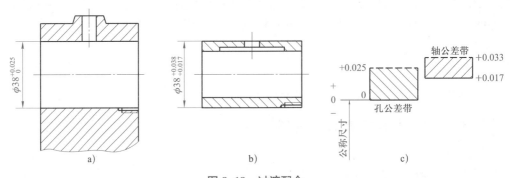

**图 8-18　过渡配合**

a）轴承座　b）轴瓦　c）配合公差带图

**3. 分析配合性质**

由图 8-18c 可知，轴的公差带和孔的公差带相互交叠，这表明从一批尺寸合格的孔和轴中任取一对零件，孔的尺寸可能大于轴的尺寸，也可能小于轴的尺寸，但间隙和过盈都很小。这种孔和轴装配时可能具有间隙或过盈的配合称为过渡配合。在过渡配合中，孔和轴的公差带或完全重叠或部分重叠，因此，是否形成间隙配合或过盈配合取决于孔和轴的实际尺寸。

**知识拓展**

**一、配合制**

配合制是指孔和轴组成的一种配合制度，分为基孔制配合和基轴制配合。

**1. 基孔制配合**

孔的基本偏差（下极限偏差）为零的配合称为基孔制配合。在基孔制配合中，选作基准的孔称为基准孔，它的基本偏差（下极限偏差）为零，基本偏差代号为 H。基孔制配合所要求的间隙或过盈由不同公差带代号的轴与基准孔相配合得到。在图 8-15 中，轴承座孔的基本偏差代号为 H，轴承座孔与轴（或轴瓦）的配合都是基孔制配合。

**2. 基轴制配合**

轴的基本偏差（上极限偏差）为零的配合称为基轴制配合。在基轴制配合中，选作基准的轴称为基准轴，它的基本偏差（上极限偏差）为零，基本偏差代号为 h。基轴制配合所要求的间隙或过盈由不同公差带代号的孔与基准轴相配合得到。在图 8-19 中，轴和轴套之间的配合尺寸 $\phi 18\frac{F7}{h6}$ 为基轴制配合。

当基准孔和基准轴配合时，可认为是基孔制配合，也可认为是基轴制配合。

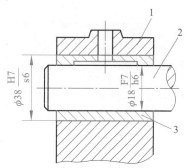

图 8-19 基轴制配合
1—轴承座 2—轴 3—轴套

**二、配合代号在图样上的标注形式**

1. 配合代号在图样上的标注形式如图 8-20 所示，配合代号的字体高度与尺寸数字的字体高度相同。公称尺寸和配合代号可标注在尺寸线上方（或左侧），也可标注在尺寸线的中断处。

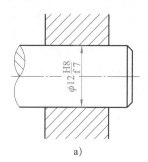

a)

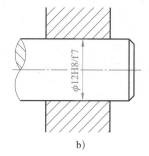

b)

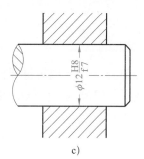

c)

图 8-20 配合代号在图样上的标注形式

2. 标注与标准件配合的要求时，可只标注该零件的公差带代号，如图 8-21 中与滚动轴承配合的轴与孔，只标出了它们自身的公差带代号。

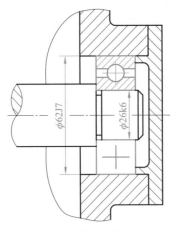

图 8-21　标准件和普通零件配合时的标注

---

课题二　几何公差

---

## 任务一　识读几何公差

**学习目标**

1. 了解几何公差的基本概念，了解几何公差符号、几何公差框格、基准符号的含义。
2. 掌握几何公差框格和基准符号在图样上的标注方法，能识读图样上的几何公差框格和基准符号。

**任务描述**

几何公差是一项很重要的技术要求，在图 8-22 中，除标注了尺寸及有关尺寸公差外，还标注了几何公差，试识读图中的几何公差。

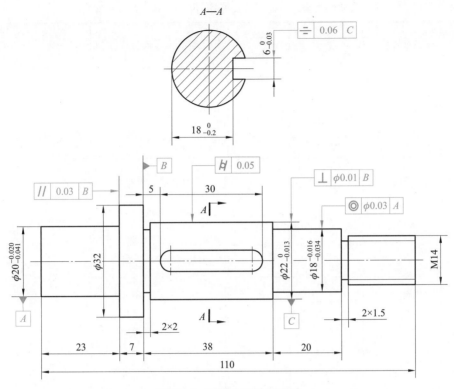

图 8-22　图样中的几何公差

在图样中几何公差要求都是以框格的形式给出的，并以终端为箭头的指引线指向被测要素，基准符号用终端为实心三角形的指引线指向基准要素，国家标准对标注的方法进行了明确规定。

一、几何公差的类型、特征项目及符号

零件在加工以后，其实际几何要素相对于理想几何要素总存在着一定的误差。对几何误差的控制是通过几何公差来实现的。几何公差是指零件实际要素的形状、方向和位置相对于理想要素的形状、方向和位置所允许的最大变动量，几何公差由形状公差、方向公差、位置公差和跳动公差等组成。几何公差的类型、特征项目及符号见表 8-3。

二、被测要素与基准要素的概念

被测要素是指图样上给出几何公差要求的要素，是被检测的对象。
基准要素是指用来确定被测要素方向或位置的要素。

表 8-3　几何公差的类型、特征项目及符号（摘自 GB/T 1182—2018）

| 类型 | 特征项目 | 符号 | 有无基准 | 类型 | 特征项目 | 符号 | 有无基准 |
|---|---|---|---|---|---|---|---|
| 形状公差 | 直线度 | — | 无 | 方向公差 | 面轮廓度 | ⌓ | 有 |
| | 平面度 | ▱ | 无 | 位置公差 | 位置度 | ⌖ | 有或无 |
| | 圆度 | ○ | 无 | | 同心度（用于中心点） | ◎ | 有 |
| | 圆柱度 | ⌭ | 无 | | 同轴度（用于轴线） | ◎ | 有 |
| | 线轮廓度 | ⌒ | 无 | | 对称度 | ⌯ | 有 |
| | 面轮廓度 | ⌓ | 无 | | 线轮廓度 | ⌒ | 有 |
| 方向公差 | 平行度 | // | 有 | | 面轮廓度 | ⌓ | 有 |
| | 垂直度 | ⊥ | 有 | 跳动公差 | 圆跳动 | ↗ | 有 |
| | 倾斜度 | ∠ | 有 | | 全跳动 | ⌰ | 有 |
| | 线轮廓度 | ⌒ | 有 | | | | |

被测要素和基准要素可以是零件上某结构的表面、棱线，也可以是对称面、轴线等。

## 三、几何公差框格与基准符号的格式

几何公差要求在图样中一般以矩形框格的形式给出，如图 8-23a 所示，几何公差框格一般由三部分组成，自左向右分别用于绘制几何特征符号、填写公差值和标注基准字母（形状公差只有几何特征符号和公差值两项内容），带箭头的指引线自框格左侧或右侧的中点引出。基准符号如图 8-23b 所示，由带大写字母的方框和带涂黑三角形的指引线组成。

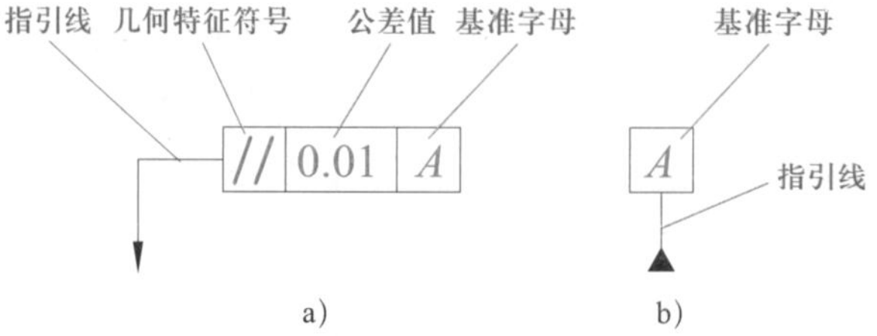


图 8-23　几何公差框格和基准符号

a）几何公差框格　b）基准符号

## 四、几何公差的标注

1. 被测要素是组成要素时的几何公差标注

（1）当几何公差要求的被测要素是组成要素时，指引线箭头终止在要素的轮廓上或轮廓的延长线上，且必须与尺寸线明显分离，如图 8-24 所示。

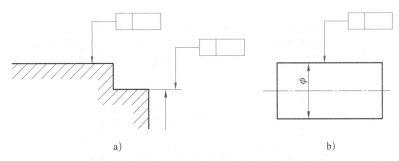

**图 8-24 被测要素是组成要素时的几何公差标注**
a）被测要素是平面 b）被测要素是圆柱面

（2）当几何公差要求的被测要素是组成要素且其投影有明确的边界时，可采用引出标注。几何公差的箭头放在指引线的横线上。指引线终止在要素的界限以内，并以圆点终止。当被测要素可见时，圆点是实心的，指引线为细实线，如图 8-25a 所示；当被测要素不可见时，圆点是空心的，指引线为细虚线，如图 8-25b 所示。

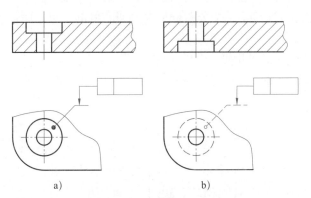

**图 8-25 被测要素的投影有明确边界的几何公差标注**
a）被测要素可见 b）被测要素不可见

2. 被测要素是导出要素时的几何公差标注

（1）当几何公差要求的被测要素是导出要素（中心线、中心面或中心点）时，指引线的箭头应终止在尺寸线的延长线上，如图 8-26 所示。

（2）当几何公差要求的被测要素是导出要素（中心线、中心面或中心点）时，也可将修饰符 Ⓐ（表示中心要素）放置在回转体的公差框格的第二格公差带后面。此时，指引线应与尺寸线不对齐，如图 8-27 所示。修饰符 Ⓐ 只可用于回转体，不可用于其他类型的尺寸要素。

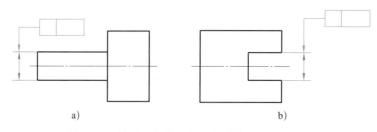

图 8-26　被测要素是导出要素时的几何公差标注

ａ）被测要素是圆柱面的轴线　ｂ）被测要素是两平行平面的对称面

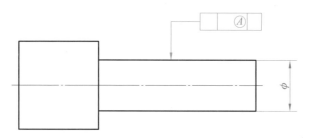

图 8-27　标注了修饰符Ⓐ的几何公差要求

3. 同一要素具有多项几何公差时的标注

当需要为同一要素指定多项几何公差要求时，为了方便，可采用上下堆叠公差框格的标注形式，如图 8-28 所示。标注时应注意以下两点：

（1）推荐将公差框格按公差值从上到下依次递减的顺序排布。

（2）指引线的起点应连接于某个公差框格左侧或右侧的中点，而非公差框格中间的延长线。

4. 多个单独要素具有相同几何公差的标注

当多个单独要素具有相同几何公差要求时，可以共用一个几何公差框格，如图 8-29 所示。

图 8-28　上下堆叠公差框格的标注形式

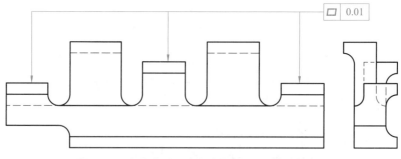

图 8-29　多个单独要素具有相同几何公差的标注

五、基准的标注

1. 基准要素是组成要素时基准的标注

（1）当基准要素是组成要素时，基准三角形放置在要素的轮廓线或其延长线上，与尺寸线明显错开，如图 8-30 所示。

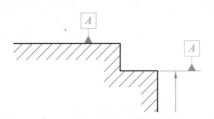

图 8-30　基准要素是组成要素时基准的标注

（2）当基准要素是组成要素且其投影有明确的边界时，基准三角形也可放置在该轮廓面指引线的横线上，如图 8-31 所示。

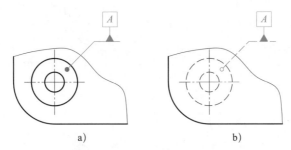

a)　　　　　　　　　　b)

图 8-31　基准要素的投影有明确边界时的基准标注

a）基准要素可见　b）基准要素不可见

（3）当基准要素是某一几何公差的被测要素，且该要素是组成要素时，基准符号的三角形也可放置在几何公差框格的上面或下面，如图 8-32 所示。

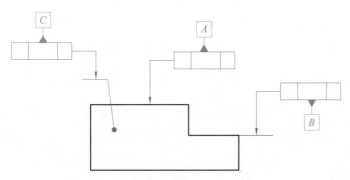

图 8-32　基准符号的三角形放置在几何公差框格的上面或下面

2. 基准要素是导出要素时基准的标注

（1）当基准要素是导出要素时，基准符号的三角形放置在尺寸线的延长线上，如果没有足够的位置标注尺寸的两个箭头，其中一个箭头可用基准三角形代替，如图 8-33 所示。

（2）当基准要素是导出要素时，基准符号的三角形也可放置在该要素尺寸线的引出横线的上侧或下侧（见图 8-34a），或几何公差框格的上侧或下侧（见图 8-34b）。

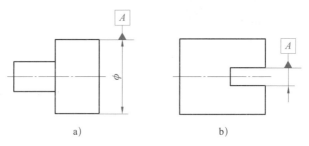

图 8-33　基准要素是导出要素时基准的标注

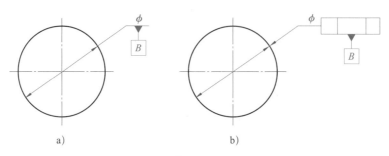

图 8-34　基准符号放置位置

## 任务实施

图 8-22 中有圆柱度、垂直度、同轴度、平行度、对称度等几何公差要求，下面逐一分析各几何公差要求的含义。

### 一、 $\boxed{\text{\it{H}}\ |\ 0.05}$ 的含义

被测要素 $\phi 22^{\ 0}_{-0.013}$ mm 圆柱面的圆柱度公差值为 0.05 mm。表示在该圆柱面的任一横截面内，实际圆周应限定在半径差为 0.05 mm 的两个同心圆之间。

### 二、 $\boxed{\perp\ |\ \phi 0.01\ |\ B}$ 的含义

被测要素 $\phi 22^{\ 0}_{-0.013}$ mm 的圆柱体的轴线相对于基准要素 $\phi 32$ mm 圆柱右端面的垂直度公差为 $\phi 0.01$ mm。表示圆柱面的实际中心线应限定在直径等于 0.01 mm、垂直于 $\phi 32$ mm 圆柱右端面的圆柱面内。

### 三、 $\boxed{\odot\ |\ \phi 0.03\ |\ A}$ 的含义

被测要素 $\phi 18^{-0.016}_{-0.034}$ mm 圆柱体的轴线相对于基准要素 $\phi 20^{-0.020}_{-0.041}$ mm 圆柱体的轴线的同轴度公差为 $\phi 0.03$ mm。表示 $\phi 18^{-0.016}_{-0.034}$ mm 圆柱体的轴线应限定在直径等于 0.03 mm、以 $\phi 20^{-0.020}_{-0.041}$ mm 圆柱体的轴线为轴线的圆柱面内。

### 四、 $\boxed{/\!/\ |\ 0.03\ |\ B}$ 的含义

被测要素 $\phi 32$ mm 圆柱左端面相对于基准要素 $\phi 32$ mm 圆柱右端面的平行度公差为

0.03 mm。表示实际表面应限定在间距等于 0.03 mm、平行于 $\phi 32$ mm 圆柱右端面的两平行平面之间。

五、$\boxed{=}\ \boxed{0.06}\ \boxed{C}$ 的含义

被测要素 $6_{-0.03}^{0}$ mm 键槽的上下对称面相对于基准要素 $\phi 22_{-0.013}^{0}$ mm 圆柱体的轴线的对称度公差为 0.06 mm。表示实际中心面应限定在间距等于 0.06 mm、对称于 $\phi 22_{-0.013}^{0}$ mm 圆柱体的轴线（通过 $\phi 22_{-0.013}^{0}$ mm 圆柱体轴线的理想平面）的两平行平面之间。

# 任务二　标注几何公差

## 学习目标

能正确地在图样上标注几何公差和基准。

## 任务描述

根据下面的要求在图 8-35 中标注几何公差及基准。

1. $\phi 30_{0}^{+0.021}$ mm 孔的圆柱度公差为 0.004 mm。

2. 轮毂的左右两端面（$a$ 面和 $b$ 面）相对于 $\phi 30_{0}^{+0.021}$ mm 孔轴线的轴向圆跳动公差为 0.008 mm。

3. 齿轮的齿顶圆柱面的圆柱度公差为 0.008 mm。

4. 齿轮的齿顶圆柱面相对于 $\phi 30_{0}^{+0.021}$ mm 孔轴线的径向圆跳动公差为 0.015 mm。

5. 键槽的对称面相对于 $\phi 30_{0}^{+0.021}$ mm 孔轴线的对称度公差为 0.015 mm。

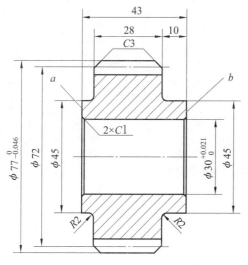

图 8-35　齿轮

**任务分析**

本任务共需要标注五项几何公差要求，其中两项是形状公差，三项是位置公差，三项位置公差的基准都是 $\phi 30^{+0.021}_{0}$ mm 孔的轴线。

**任务实施**

齿轮几何公差要求的标注如图 8-36 所示，方法如下：

1. $\phi 30^{+0.021}_{0}$ mm 孔的圆柱度公差框格的指引线箭头终止在孔轮廓线的延长线上。

2. 基准 $A$ 的指引线的三角形放置在尺寸 $\phi 30^{+0.021}_{0}$ mm 的尺寸线的延长线上。

3. 轮毂的左右两端面相对于 $\phi 30^{+0.021}_{0}$ mm 孔轴线的轴向圆跳动公差共用一个几何公差框格，其指引线箭头分别终止在轮廓线的延长线上，并与任何尺寸的尺寸线不对齐。

4. 齿轮的齿顶圆的圆柱度公差和相对于 $\phi 30^{+0.021}_{0}$ mm 孔轴线的径向圆跳动公差具有共同的被测要素，因此可采用上下堆叠公差框格的方式标注，其公差框格的指引线可以从任何一个公差框格的左侧或右侧的中点引出，指引线箭头终止在齿顶线上。

5. 键槽的对称面相对于 $\phi 30^{+0.021}_{0}$ mm 孔轴线的对称度公差框格的指引线的箭头终止在键槽宽度尺寸（$8 \pm 0.018$）mm 尺寸线的延长线上。

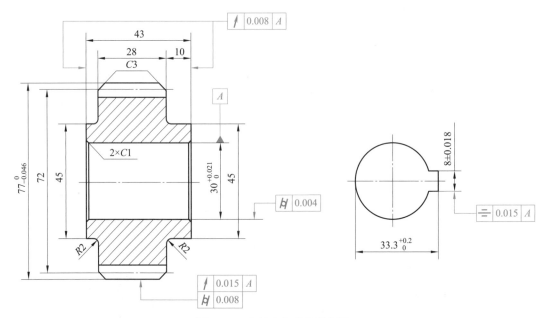

图 8-36　齿轮几何公差的标注

知识拓展

## 几何公差框格、基准符号和几何公差符号的比例和尺寸

几何公差框格、基准符号和几何公差符号的比例和尺寸如图 8-37 所示，图中 $h$ 是字体的高度。

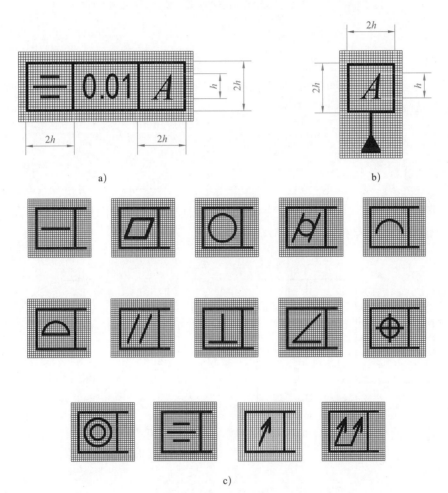

图 8-37 几何公差框格、基准符号和几何公差符号的比例和尺寸

a）几何公差框格 b）基准符号 c）几何公差符号

| 课题三 | 表面结构要求 |

## 任务一　识读表面结构要求的图形符号

**学习目标**

1. 了解表面结构要求的概念，了解轮廓算术平均偏差 $Ra$ 和轮廓最大高度 $Rz$ 的概念。
2. 掌握表面结构要求的图形符号的含义。

### 任务描述

在零件图样中，表面的微观质量要求一般用表面结构要求的图形符号表示，如图 8-38 所示，试识读图中表面结构要求的图形符号的含义。

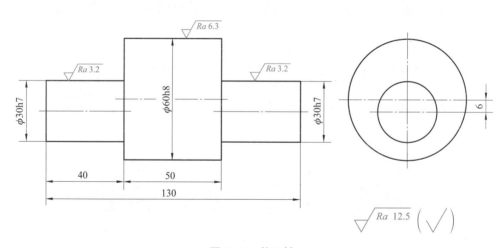

图 8-38　偏心轴

### 任务分析

在图 8-38 中标注了四项与表面微观质量有关的符号，它们分别标注在两端 $\phi30h7$ 圆柱面、$\phi60h8$ 圆柱面和图样的右下角，这些符号都是表面结构要求的图形符号。

**相关知识**

## 一、表面结构要求的基本知识

零件在机械加工过程中，由于切削时金属表面的塑性变形和机床振动以及刀具在表面上留下刀痕等因素的影响，零件的各个表面，不管加工得多么光滑，都可以在显微镜下观察到峰谷高低不平的情况，如图 8-39 所示。表面结构要求包括表面结构参数、加工工艺、表面纹理及方向、加工余量等。表面结构参数有表面粗糙度参数、波纹度参数和原始轮廓参数等，其中表面粗糙度参数是最常用的表面结构要求。

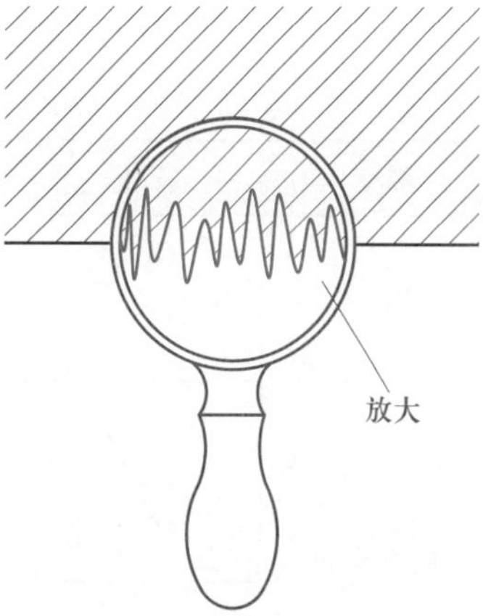

**图 8-39　加工表面经放大后的图形**

## 二、表面粗糙度

表面粗糙度是指加工表面上所具有的较小间距和峰谷所组成的微观几何形状特性。表面粗糙度常用的评定参数有轮廓算术平均偏差 $Ra$ 和轮廓最大高度 $Rz$，其中 $Ra$ 为最常用的评定参数。一般来说，表面质量要求越高，$Ra$ 值越小，加工成本也越高。

1. 取样长度 $l$

用以判别具有表面粗糙度特征的一段基准线长度称为取样长度 $l$，如图 8-40 所示。

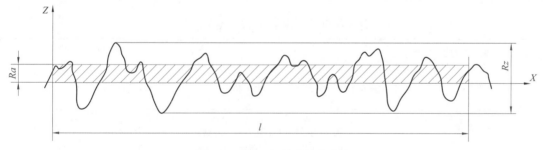

**图 8-40　表面粗糙度轮廓曲线**

2. 轮廓算术平均偏差 $Ra$

在取样长度内，轮廓偏差绝对值的算术平均值称为轮廓算术平均偏差，如图 8-40 所示，其计算公式为

$$Ra=\frac{1}{n}\left(z_1+z_2+\cdots+z_n\right)$$

式中　$Ra$——轮廓算术平均偏差，$\mu m$；

　　　$z_1$，$z_2$，$\cdots$，$z_n$——分别为轮廓上各点至轮廓中线的距离，$\mu m$。

3. 轮廓最大高度 $Rz$

在取样长度内，轮廓峰顶线与轮廓谷底线之间的距离称为轮廓最大高度，如图 8-40 所示。

### 三、表面结构要求的图形符号

表面结构要求的图形符号分为基本图形符号、扩展图形符号和完整图形符号。

1. 表面结构要求的基本图形符号和扩展图形符号

表面结构要求的基本图形符号和扩展图形符号见表 8-4。

表 8-4　　　　　　　　　　　　表面结构要求的基本图形符号和扩展图形符号

| 名称 | 符号 | 说明 |
|------|------|------|
| 基本图形符号 | √ | 由两条不等长的与标注表面成 60° 夹角的线段构成，仅用于简化代号标注，没有补充说明时不能单独使用 |
| 扩展图形符号 | √ (加短横) | 在基本图形符号上加一短横，表示指定表面用去除材料的方法获得，如通过车削、铣削、磨削等切削加工方法获得的表面 |
|  | √ (加圆圈) | 在基本图形符号上加一圆圈，表示指定表面用非去除材料的方法获得，如铸造、锻造、冲压获得的表面 |

2. 表面结构要求的完整图形符号

当要求标注表面结构特征的补充信息时，应在图形符号的长边上加一横线，并注明表面结构参数的代号和数值，见表 8-5。必要时还应标注补充要求，如取样长度、加工工艺、表面纹理及方向、加工余量等。

表 8-5　　　　　　　　　　表面结构要求的完整图形符号注写示例

| 完整图形符号 | 含义 |
|------|------|
| $\sqrt{}$ Ra 25 | 表示表面用非去除材料的方法获得，轮廓算术平均偏差 $Ra$ 为 25 μm |
| $\sqrt{}$ Rz 0.8 | 表示表面用去除材料的方法获得，轮廓最大高度 $Rz$ 为 0.8 μm |
| $\sqrt{}$ Ra 3.2 | 表示表面用去除材料的方法获得，轮廓算术平均偏差 $Ra$ 为 3.2 μm |

**任务实施**

### 一、识读表面结构要求的图形符号 $\sqrt{}$ Ra 3.2

表面结构要求的图形符号 $\sqrt{}$ Ra 3.2 在图 8-38 中标注了两次，分别标注在两端 $\phi$30h7 圆柱面的轮廓线上，用来表示该两个圆柱面的表面结构要求，其含义：表面用去除材料的方法获得，其轮廓算术平均偏差 $Ra$ 值为 3.2 μm。

## 二、识读表面结构要求的图形符号 $\sqrt{\phantom{x}}^{Ra\,6.3}$

表面结构要求的图形符号 $\sqrt{\phantom{x}}^{Ra\,6.3}$ 标注在中间 $\phi60h8$ 圆柱面的轮廓线上，其含义：$\phi60h8$ 圆柱面用去除材料的方法获得，其轮廓算术平均偏差 $Ra$ 值为 $6.3\ \mu m$。

## 三、识读表面结构要求的图形符号 $\sqrt{\phantom{x}}^{Ra\,12.5}(\sqrt{\phantom{x}})$

表面结构要求的图形符号 $\sqrt{\phantom{x}}^{Ra\,12.5}(\sqrt{\phantom{x}})$ 标注在图形的右下角，国家标准规定：当多个表面具有相同的表面结构要求时，可将表面结构要求的图形符号统一标注在标题栏附近。因此该符号表示：图中未标注表面结构要求图形符号的表面均用去除材料的方法获得，其轮廓算术平均偏差 $Ra$ 值为 $12.5\ \mu m$。

# 任务二　标注表面结构要求的图形符号

## 学习目标

掌握表面结构要求的图形符号在图样上的标注方法。

## 任务描述

图 8-41 所示为 V 带轮的图样，表 8-6 中给出了 V 带轮的表面粗糙度参数及要求，试将表 8-6 中给定的表面粗糙度参数及要求标注在图样上。

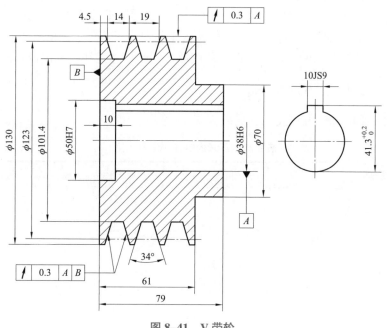

图 8-41　V 带轮

表 8-6                                    V 带轮表面粗糙度参数及要求

| 序号 | 标注部位 | 表面粗糙度参数及要求 |
|---|---|---|
| 1 | $\phi$38H6 孔 | 用去除材料的方法获得的表面，轮廓算术平均偏差 $Ra$ 值为 3.2 μm |
| 2 | $\phi$50H7 沉孔 | 用去除材料的方法获得的表面，轮廓算术平均偏差 $Ra$ 值为 6.3 μm |
| 3 | 零件左端面 | 用去除材料的方法获得的表面，轮廓算术平均偏差 $Ra$ 值为 6.3 μm |
| 4 | V 形槽两侧面 | 用去除材料的方法获得的表面，轮廓算术平均偏差 $Ra$ 值为 3.2 μm |
| 5 | $\phi$70 圆柱面 | 用去除材料的方法获得的表面，轮廓算术平均偏差 $Ra$ 值为 25 μm |
| 6 | $\phi$130 圆柱右端面 | 用去除材料的方法获得的表面，轮廓算术平均偏差 $Ra$ 值为 25 μm |
| 7 | 键槽两侧面 | 用去除材料的方法获得的表面，轮廓算术平均偏差 $Ra$ 值为 3.2 μm |
| 8 | 键槽的槽底 | 用去除材料的方法获得的表面，轮廓算术平均偏差 $Ra$ 值为 6.3 μm |
| 9 | $\phi$130 圆柱面、V 形槽的槽底、零件右端面、$\phi$50H7 沉孔的孔底 | 用去除材料的方法获得的表面，轮廓算术平均偏差 $Ra$ 值为 12.5 μm |

## 任务分析

表 8-6 给出了图 8-41 所示 V 带轮各个表面的表面结构要求，要想正确地标注这些表面结构要求，需要首先掌握表面结构要求的图形符号的标注规则，并参照国家标准的要求进行标注。

## 相关知识

### 一、表面结构要求的标注规则

1. 表面结构要求对每一表面一般只标注一次，并尽可能注在相应的尺寸及其公差的同一视图上。除非另有说明，所标注的表面结构要求是对完工零件表面的要求。

2. 应使表面结构要求的图形符号注写和读取方向与尺寸的注写和读取方向一致。

### 二、表面结构要求的标注方法及示例

表面结构要求的标注方法及示例见表 8-7。

表 8-7                                    表面结构要求的标注方法及示例

| 标注方法 | 标注示例 |
|---|---|
| 1. 表面结构要求的图形符号可标注在轮廓线上，其符号由材料外指向并接触表面。也可用带箭头的指引线引出标注 | |

续表

| 标注方法 | 标注示例 |
|---|---|
| 2. 表面结构要求的图形符号可以用带箭头或黑点的指引线引出标注 | 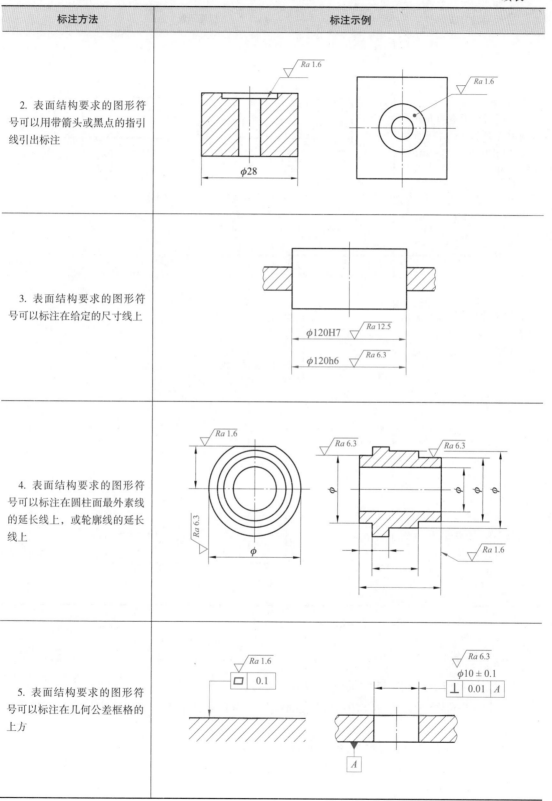 |
| 3. 表面结构要求的图形符号可以标注在给定的尺寸线上 | |
| 4. 表面结构要求的图形符号可以标注在圆柱面最外素线的延长线上，或轮廓线的延长线上 | |
| 5. 表面结构要求的图形符号可以标注在几何公差框格的上方 | |

续表

| 标注方法 | 标注示例 |
|---|---|
| 6. 当多个表面具有相同的表面结构要求时，可将表面结构要求的图形符号统一标注在标题栏附近 | 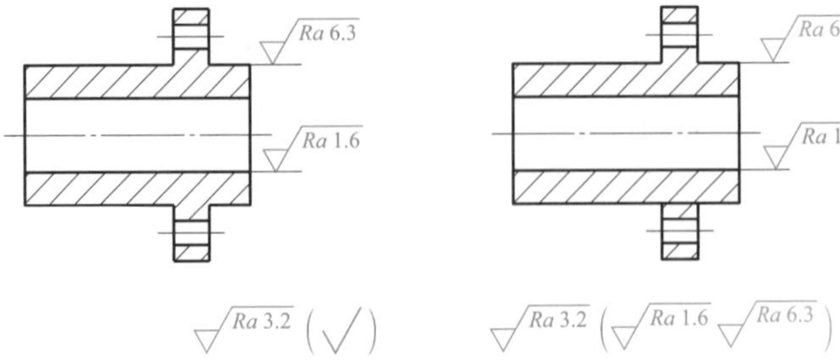 |
| 7. 具有相同表面结构要求的表面，可采用简化注法，简化注释标注在图形或标题栏附近 | 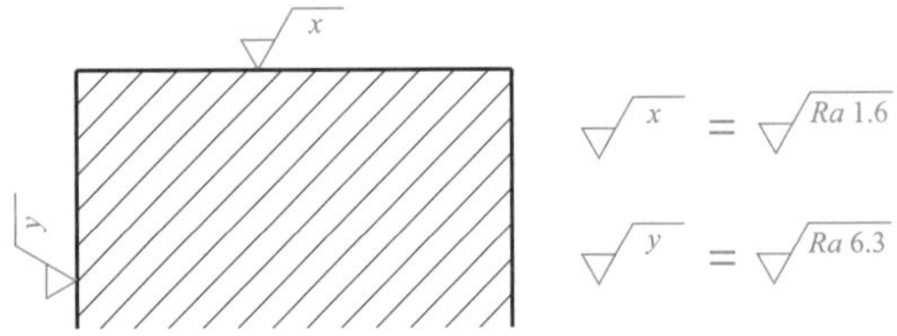 |
| 8. 视图上封闭轮廓的各表面有相同表面结构要求时，可以在表面结构要求的图形符号上加注小圆，标注在图样中工件的封闭轮廓线上 | 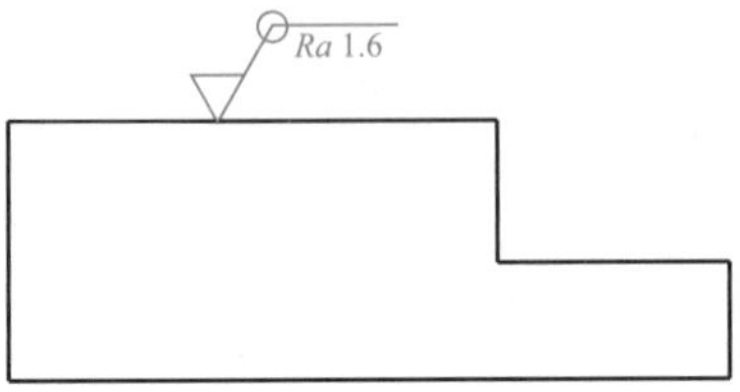 |

### 任务实施

1. 标注 $\phi$38H6 孔的表面结构要求的图形符号

如图 8-42 ①所示，将 $\phi$38H6 孔的表面结构要求的图形符号 $\sqrt{Ra\,3.2}$ 标注在 $\phi$38H6 孔的轮廓线上。

2. 标注 $\phi$50H7 沉孔的表面结构要求的图形符号

为了节省空间，可将 $\phi$50H7 沉孔的表面结构要求的图形符号 $\sqrt{Ra\,6.3}$ 标注在 $\phi$50H7 的尺寸线上，如图 8-42 ②所示。

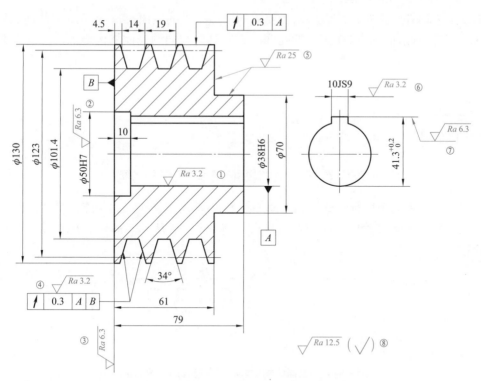

图 8-42　V 带轮表面结构要求的图形符号标注

3. 标注零件左端面的表面结构要求的图形符号

因左端面的轮廓线附近标注信息较多，因此将零件左端面的表面结构要求的图形符号 $\sqrt{Ra\,6.3}$ 标注在轮廓线的延长线上，如图 8-42 ③所示。

4. 标注 V 形槽两侧面的表面结构要求的图形符号

由于该 V 带轮有三条相同的 V 形槽，且其侧面有相同表面结构要求，可只标注其中一个 V 形槽的表面结构要求的图形符号，因为该两个表面给出了斜向圆跳动公差，所以可以将表面结构要求标注在几何公差框格的上侧，如图 8-42 ④所示。

5. 标注 $\phi70$ mm 圆柱面和 $\phi130$ mm 圆柱右端面的表面结构要求的图形符号

$\phi70$ mm 圆柱面和 $\phi130$ mm 圆柱右端面的表面结构要求相同，可以集中标注，如图 8-42 ⑤所示，将表面结构要求的图形符号 $\sqrt{Ra\,25}$ 标注在指引线的横线上，并用两条带箭头的指引线分别指向 $\phi70$ mm 圆柱面和 $\phi130$ mm 圆柱右端面。

6. 标注键槽两侧面的表面结构要求的图形符号

将表面结构要求的图形符号 $\sqrt{Ra\,3.2}$ 标注在 10JS9 尺寸线的延长线上，如图 8-42 ⑥所示，这样标注可以同时表示键槽两侧面的表面结构要求，比将表面结构要求的图形符号分别标注在两个侧面上要更简化。

7. 标注键槽底面的表面结构要求的图形符号

将表面结构要求的图形符号 $\sqrt{Ra\,6.3}$ 水平注写在带箭头的指引线上，且指引线箭头从材料外指向尺寸界线，如图 8-42 ⑦所示。

### 8. 标注其他表面的表面结构要求

除以上表面外，没有标注表面结构要求的图形符号的表面有 $\phi130$ mm 圆柱面、V 形槽的槽底、零件右端面、$\phi50H7$ 沉孔的孔底，它们具有相同的表面结构要求，且该表面结构要求是图样上最多的一种，因此将其统一标注在标题栏附近，并在符号后面的括号内绘制基本符号 √，如图 8-42 ⑧所示。

**知识拓展**

## 表面结构要求的图形符号的绘图比例

表面结构要求的图形符号的绘图比例如图 8-43 所示，图中 $h$ 为字体的高度，$H_1$ 是比图中文字大一号的字体的高度（如字体的高度 $h$=2.5 mm，则 $H_1$=3.5 mm），$H_2$ 的高度根据标注内容确定。

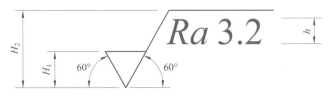

图 8-43　表面结构要求的图形符号的绘图比例

# 零件图

## 任务一　识读输出轴零件图

**学习目标**

1. 了解零件图的概念，掌握零件图的主要内容和表达方法，能看懂轴类零件的零件图。
2. 了解零件的分类，掌握零件上常见工艺结构的简化表示法。

**任务描述**

　　机械设备是由各种零件装配而成的，制造机械设备必须首先加工零件。表达零件的形状结构、尺寸和技术要求的图样称为零件图。零件图可用于指导制造和检验零件。输出轴的零件图和立体图如图 9-1 所示。试识读该零件图，了解零件图上的主要内容。

**任务分析**

　　在零件的生产过程中，要根据零件图上注明的材料和尺寸进行备料，然后根据零件图表示的形状、大小和技术要求进行加工制造，最后还要根据零件图进行检验，所有这些过程

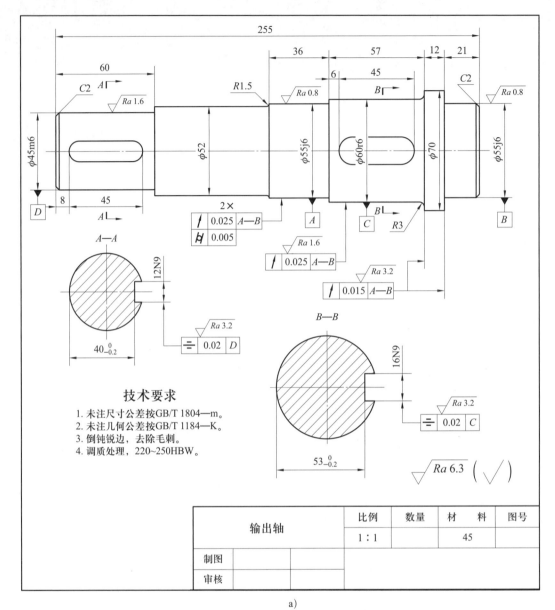

a)

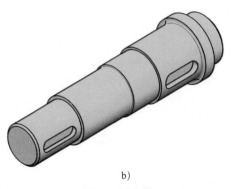

b)

**图 9-1　输出轴**

a）零件图　b）立体图

中，工程技术人员都要能够看懂零件图，要想看懂零件图首先要知道零件图上有哪些表达零件信息的内容。

**任务实施**

一张完整的零件图一般应包括图形、尺寸、技术要求和标题栏等内容。

## 一、图形

在零件图中，可以采用适当的视图、剖视图、断面图等表达方法，以一组图形完整、清晰地表达零件各部分的形状和结构。

图 9-1 所示的输出轴属于轴套类零件，这类零件的主要加工工序在车床上完成。一般采用一个基本视图（主视图），并且按照加工位置将轴线水平放置绘制主视图，同时将平键槽朝前的方位作为主视图的投射方向。通常采用断面图、局部视图表达键槽、花键和其他槽、孔等结构，如有细小结构需要表达或标注尺寸，可以采用局部放大图。图 9-1 所示输出轴的零件图上有三个图形，分别是一个基本视图（主视图）和两个移出断面图，其中主视图采用外形视图。主视图用于表达输出轴各段轴颈的形状、两个键槽的形状、两个倒角和两个圆角的形状等。两个移出断面图分别用于表达两个键槽断面的形状。

## 二、尺寸

为表达零件各部分的形状大小和相对位置关系，在零件图上标注了一组尺寸，以满足零件制造和检验的需要。零件图上尺寸的类型与组合体三视图上尺寸的类型相同，即零件图上的尺寸也分为定形尺寸、定位尺寸和总体尺寸等。为了便于生产加工，优先标注零件的总长、总宽和总高。

在图 9-1 中，标注了反映输出轴各部分结构大小和位置的定形尺寸、定位尺寸以及总体尺寸等。如为确定左侧键槽的形状和位置，标注了长度尺寸 45、宽度尺寸 12N9、确定键槽深度的尺寸 $40_{-0.2}^{0}$ 和确定键槽位置的尺寸 8。标注了各轴颈的直径和零件的总长 255 等，其他尺寸请读者自行分析。

## 三、技术要求

在零件图上可以用规定的代号、数字、字母或另加文字注解，简明、准确地给出零件在制造和检验时应达到的质量要求，如尺寸公差、几何公差、表面结构要求，以及热处理和技术要求等。

在图 9-1 中，重要的尺寸都标注了公差带代号或极限偏差，如安装滚动轴承的两 $\phi55j6$ 圆柱面、安装齿轮的 $\phi60r6$ 圆柱面和与其他传动件配合的 $\phi45m6$ 圆柱面在图上都标注了尺寸公差。两个键槽的宽度尺寸上标注了尺寸公差，深度尺寸标注了极限偏差。

在图 9-1 中，为了保证轴承的旋转精度，对两 $\phi55j6$ 圆柱面提出了圆柱度公差要求 0.005 mm；在该两轴颈上安装滚动轴承后，将分别与减速器箱体的两孔配合，需要限制两轴颈的同轴度误差，以保证轴承外圈和箱体孔的安装精度。为检测方便，给出了径向圆跳动公差要求 0.025 mm。$\phi$70 圆柱的两端面都是止推面，起一定的定位作用，为保证定位精度，给出了两端面相对于基准 $A$—$B$ 的轴向圆跳动公差 0.015 mm。$\phi$60r6 圆柱面和 $\phi$45m6 圆柱面通过键与传动齿轮或其他传动件连接，为确保键与键槽的可靠装配及工作面的负荷均匀，对键槽给出了对称度公差要求 0.02 mm。

在图 9-1 中，给出了零件所有表面的表面结构要求，其中，安装滚动轴承的两 $\phi$55j6 圆柱面要求最高，其表面粗糙度 $Ra$ 值为 0.8 $\mu$m；其次是 $\phi$60r6 圆柱面和 $\phi$45m6 圆柱面，其表面粗糙度 $Ra$ 值为 1.6 $\mu$m；再次是键槽两侧面和 $\phi$70 圆柱的两端面，其表面粗糙度 $Ra$ 值为 3.2 $\mu$m；其余各表面的表面粗糙度 $Ra$ 值为 6.3 $\mu$m。

在图 9-1 中，有四项用文字注写的技术要求，第一项技术要求"未注尺寸公差按 GB/T 1804—m"是对图中未注出公差的线性尺寸和角度尺寸的公差要求（一般公差）。尺寸的一般公差分为精密（f）、中等（m）、粗糙（c）、最粗（v）四个等级，其数值可查阅《一般公差　未注公差的线性和角度尺寸的公差》（GB/T 1804—2000）。第二项技术要求"未注几何公差按 GB/T 1184—K"是对图中未注出几何公差要求的几何要素的几何公差要求，未注几何公差的等级一般分为 H、K、L 三个等级，其公差值依次增加。

在图 9-1 中还给出了工艺要求"倒钝锐边，去除毛刺"和热处理要求"调质处理，220～250HBW"。

## 四、标题栏

在零件图的右下角绘制了标题栏，企业一般采用国家标准推荐的标准标题栏（见图 1-40），本教材为方便看图采用了标题栏的简化格式。在图 9-1 标题栏中注写了图样名称、比例和材料等内容。

### 知识拓展

#### 一、零件的分类

任何机械设备都是由若干零件按一定要求装配而成的，如图 9-2 所示为管路中常用的球阀，由 13 种零件组成。旋转扳手使阀杆和阀芯转动，即可控制球阀的启闭。机械零件一般分为标准件和非标准件两类，标准件是指零件的结构、尺寸、材料、热处理等技术要求都已完全标准化的零部件，如紧固件、键、销、滚动轴承等。标准件一般由专业厂家生产，在进行机械设计时只需根据已知条件查阅相关标准，就能获得标准件的全部尺寸，因此不必绘制它们的零件图。非标准件是指国家没有定出严格的标准，由生产企业自行设计、制造的零件。非标准件必须设计和绘制其零件图，以供生产制造以及检验的需要。球阀共有 10 种金属零件，其中标准件有薄螺母、螺母和螺柱三种，非标准件有扳手、阀杆、填料压套、阀盖、阀芯、阀体、填料垫七种。根据零件的作用和结构特点，非标准件可分为以下几种。

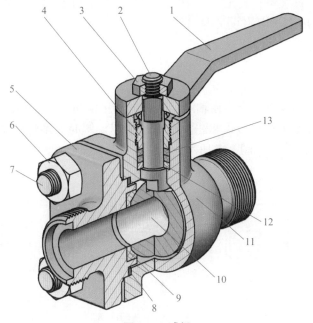

**图9-2 球阀**

1—扳手 2—阀杆 3—薄螺母 4—填料压套 5—阀盖 6—螺母 7—全螺纹螺柱
8—密封垫片 9—密封圈 10—阀芯 11—阀体 12—填料垫 13—填料

**1. 轴套类零件**

轴套类零件的主要结构一般由若干段同轴线的回转体组合而成，如主轴、心轴、传动轴和轴衬等。根据用途、加工、装配等要求，在轴套类零件上常有螺纹、键槽、销孔、退刀槽、砂轮越程槽、中心孔、倒角、圆角等结构。这类零件一般由棒料或锻件在车床、磨床及其他机床上加工而成。图9-2所示球阀中的阀杆、填料压套、填料垫等都是轴套类零件。

**2. 轮盘类零件**

轮盘类零件一般也是由回转体构成，如齿轮、V带轮、端盖、手轮、法兰盘、透盖、闷盖等。轮盘类零件一般轴向尺寸较小而径向尺寸较大，因此具有盘状特征，这类零件上常有键槽、凸台、退刀槽、均匀分布的小孔、肋板和轮辐等结构。毛坯多为铸件，也有锻件，切削加工主要是车削。图9-2所示球阀中的阀盖即轮盘类零件。

**3. 叉架类零件**

常见的叉架类零件有拨叉、连杆、拉杆和支架等，一般在机器的变速系统和操纵系统中使用。叉架类零件的结构形状比较多样，一般具有板、杆、筒、座、肋板、凸台、凹坑等结构，根据零件的作用和在机器中的位置不同而具有多种形式的不规则结构，一般具有工作部分、固定部分和连接部分。这类零件的毛坯多为铸件或锻件，其工作部分和固定部分需要进行铣削、刨削、钻削等切削加工。

**4. 箱体类零件**

箱体类零件是机器或部件的主体零件，常见的有箱体、泵体、阀体、缸体、机壳等。箱体类零件的结构形状比较复杂，一般内部具有较大的空腔，四周为薄壁，壁上有孔、凸台或凹坑等，以便容纳和支持其他零件。另外，箱体类零件上一般有肋板、油槽、底板、螺孔、螺栓孔等结构。这类零件的毛坯多为铸件，一般要进行铣削、刨削、镗削等切削加工。图 9-2 所示球阀中的阀体即箱体类零件。

## 二、零件上的常见工艺结构及表示方法

### 1. 倒角

为方便零件装配和操作安全，在轴端、孔口处加工倒角。45° 倒角可按图 9-3 的形式标注，非 45° 倒角应按图 9-4 的形式标注。在不致引起误解时，零件图中的倒角可以省略不画，其尺寸也可简化标注，如图 9-5 所示。

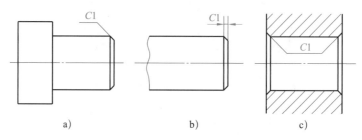

图 9-3　45° 倒角的注法

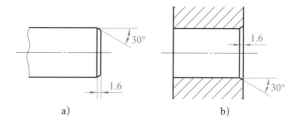

图 9-4　非 45° 倒角的注法

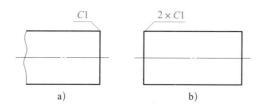

图 9-5　倒角的简化画法与尺寸标注

### 2. 圆角

为了避免因应力集中而产生裂纹，有些轴类零件和轮盘类零件的轴肩或台阶处应为圆角过渡，俗称倒圆，如图 9-6a 所示。铸造零件为防止尖角处在浇注时砂型落砂，同时避免浇注后铸件冷却时在转角处因应力集中而产生裂纹，一般在铸件表面的相交处做成圆角过渡，如图 9-6b 所示。锻造零件因工艺和零件受力等，往往某些表面的台阶处也做成圆角过渡。

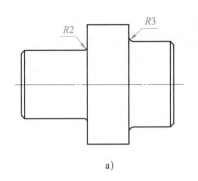
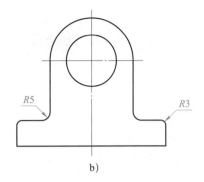

a)                                          b)

图 9–6　过渡圆角

a）轴上的过渡圆角　b）铸件上的过渡圆角

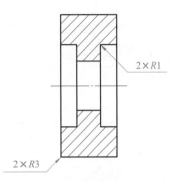

图 9–7　圆角的简化画法
与尺寸标注

　　除确属需要表示的某些结构圆角外，过渡圆角在零件图上也可省略不画，但必须注明尺寸（见图 9–7），或在技术要求中加以说明，如注写"未注圆角 R2 ~ R3""全部铸造圆角 R5"等字样。

　　3. 退刀槽与砂轮越程槽

　　当轴上需要车螺纹或进行磨削时，应有退刀槽（见图 9–8a）或砂轮越程槽（见图 9–8b）。一般的退刀槽或砂轮越程槽可按"槽宽 × 直径"（见图 9–9a）或"槽宽 × 槽深"（见图 9–9b、图 9–9c）的形式标注。

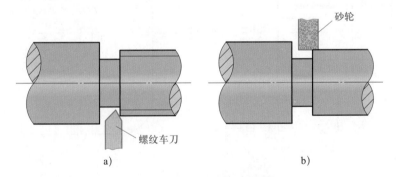

a)                                          b)

图 9–8　退刀槽与砂轮越程槽

a）退刀槽　b）砂轮越程槽

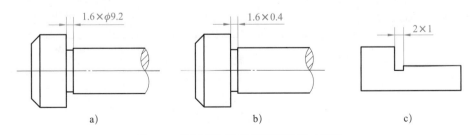

a)                          b)                          c)

图 9–9　退刀槽与砂轮越程槽的尺寸标注

# 任务二　识读阀盖零件图

**学习目标**

掌握识读零件图的步骤与方法，掌握轮盘类零件的视图表达方法，能识读轮盘类零件的零件图。

**任务描述**

识读零件图的目的是根据零件图想象零件的结构形状、了解零件的尺寸和技术要求。阀盖零件图如图9-10所示，试通过识读该零件图掌握识读零件图的一般方法与步骤。

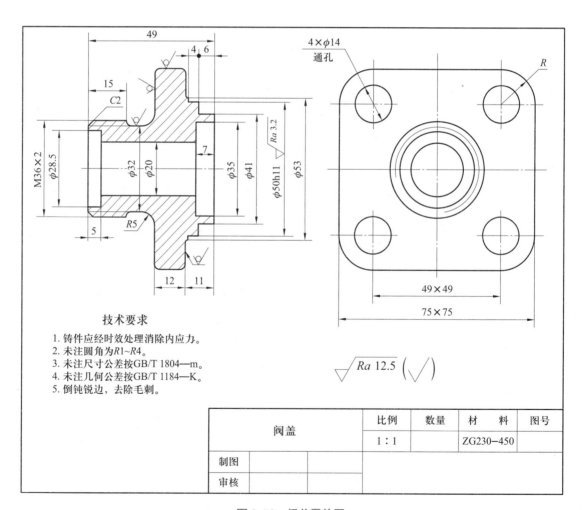

**技术要求**

1. 铸件应经时效处理消除内应力。
2. 未注圆角为R1~R4。
3. 未注尺寸公差按GB/T 1804—m。
4. 未注几何公差按GB/T 1184—K。
5. 倒钝锐边，去除毛刺。

| 阀盖 | | | 比例 | 数量 | 材　料 | 图号 |
|---|---|---|---|---|---|---|
| | | | 1：1 | | ZG230-450 | |
| 制图 | | | | | | |
| 审核 | | | | | | |

图 9-10　阀盖零件图

## 任务分析

在识读零件图时，首先应该看标题栏，了解零件的基本信息；其次看图形，掌握零件结构形状，了解零件在机器或部件中的位置、作用，以及和其他零件的装配关系；然后识读尺寸，了解零件各部分的大小，并结合尺寸进一步识读图形；最后分析技术要求，了解零件加工方法和步骤等。当然，上述步骤并不是一成不变的，应该根据实际情况灵活看图。

## 任务实施

### 一、看标题栏

由图 9-10 的标题栏可知零件的名称是阀盖，连接在阀体上，并与阀体一起在球阀中起支承作用，毛坯为铸件，材料为铸钢 ZG230-450，绘图比例为 1∶1。

### 二、分析图形

图 9-10 所示阀盖属于轮盘类零件，这类零件的加工以车削为主，绘制主视图时一般将轴线水平放置。多采用两个基本视图，主视图常采用剖视图表达内部结构，另一个视图（左视图或右视图）表达零件的外形轮廓和径向结构，如凸缘、孔、肋板、轮辐等的相对位置。如果两端面的结构都比较复杂，还需要增加表达另一个端面的视图。图 9-10 所示阀盖零件图用主视图和左视图表达阀盖结构，它属于轮盘类零件，主视图、左视图所反映的零件位置既符合主要加工位置（车削位置），也符合阀盖在球阀中的工作位置。主视图采用全剖视图，表示零件外形、空腔结构以及左端的外螺纹。左视图表达了带圆角的方形凸缘的形状和四个均布通孔的形状和位置。通过分析图形，想象出阀盖的结构形状，如图 9-11 所示。

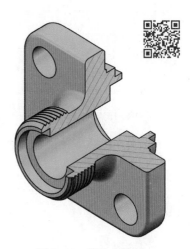

**图 9-11 阀盖立体图**

### 三、分析尺寸

阀盖的主体部分是回转体，所以以轴孔的轴线作为径向主要尺寸基准，由此注出各部分同轴线的直径尺寸，方形凸缘也用它作为高度和宽度方向的尺寸基准。

阀盖的轴向主要尺寸基准是零件的右端面，因为该零件精度要求不高，所以选择该处作为轴向主要尺寸基准是为了便于加工和测量。

在该零件图中标注了反映零件大小的所有尺寸。主视图中标注的直径尺寸可以同时反映该处的结构为圆柱或圆孔，因此阀盖右侧的凸台和沉孔在主视图上已经表达清楚，不需要再用其他图形表达。

阅读该零件图可知，方形凸缘厚度（长度尺寸）为12，端面尺寸为 $75 \times 75$，采用集中标注的方法可以减少重复标注。圆角半径只标注了半径符号 $R$，该标注表示圆角的圆心与 $4 \times \phi 14$ 孔同心，因此圆角半径尺寸为（75-49）/2=13。

在凸缘上有四个通孔，用于全螺纹螺柱连接，其定形尺寸 $4 \times \phi 14$ 标注在引出线的横线上，横线下侧注写汉字"通孔"是因为主视图上无法表达该孔是否是通孔。其他尺寸请读者自行分析。

### 四、识读技术要求

阀盖的 $\phi 50h11$ 圆柱面与阀体上的轴孔有配合关系，因此标注了公差带代号。$\phi 50h11$ 圆柱面的表面结构要求最高，其表面粗糙度 $Ra$ 值为 3.2 μm；其他加工表面的表面粗糙度要求较低，$Ra$ 值为 12.5 μm。图中标注图形符号"$\sqrt{}$"的表面为铸造表面，因为一般铸造工艺都可以满足零件使用要求，因此不需要标注表面粗糙度参数。

在零件图左下侧用文字注写的技术要求中指明铸件在进行机械加工之前要进行时效处理，以消除内应力。铸件的两表面之间一般为圆弧过渡，圆角的大小与零件大小有关，但是没有太严格的要求，因此没有在图形上标注过渡圆弧的半径，而是在技术要求中统一给出一个尺寸范围（$R1 \sim R4$）。

## 任务三　识读托架零件图

### 学习目标

掌握叉架类零件的视图表达方法，能识读叉架类零件的零件图。

### 任务描述

识读图 9-12 所示托架零件图。

### 任务分析

图 9-12 所示托架零件图结构比较复杂，形状不规则，看图时可将零件分解为固定部分（下侧的圆筒）、工作部分（上侧的平台）和连接部分，如图 9-13 所示。

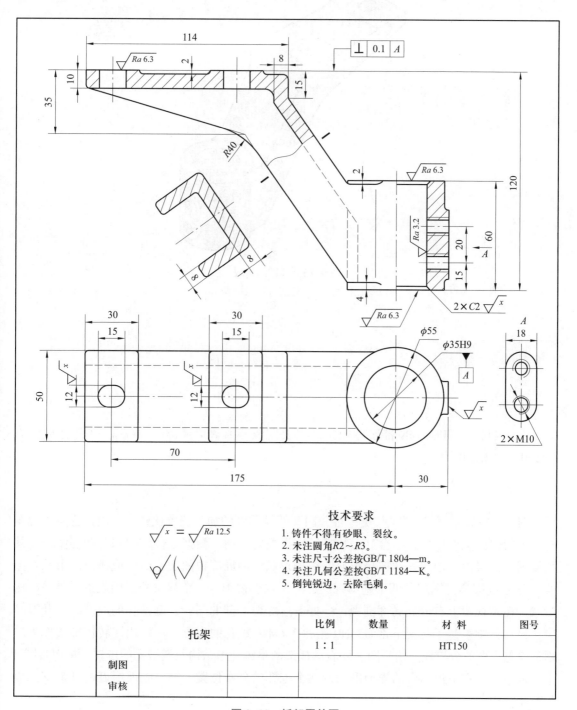

**技术要求**

$\sqrt[x]{} = \sqrt[]{Ra\,12.5}$

$\sqrt[]{} \ (\sqrt{})$

1. 铸件不得有砂眼、裂纹。
2. 未注圆角$R2 \sim R3$。
3. 未注尺寸公差按GB/T 1804—m。
4. 未注几何公差按GB/T 1184—K。
5. 倒钝锐边，去除毛刺。

| 托架 | | 比例 | 数量 | 材 料 | 图号 |
|---|---|---|---|---|---|
| | | 1 : 1 | | HT150 | |
| 制图 | | | | | |
| 审核 | | | | | |

图 9–12 托架零件图

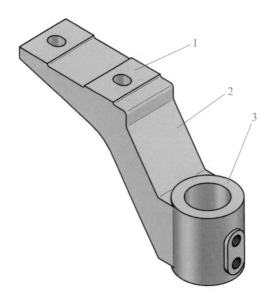

图 9-13　托架的组成

1—工作部分　2—连接部分　3—固定部分

## 任务实施

### 一、看标题栏

由标题栏可知零件的名称是托架，主要起支承作用，毛坯为铸件，材料为灰铸铁 HT150，绘图比例为 1 : 1。

### 二、分析图形

图 9-12 所示托架属于叉架类零件，因叉架类零件的加工位置比较多，因此绘制主视图时，一般按其工作位置并结合其形状特征选择投射方向，根据零件结构和复杂程度选择其他视图，并采用断面图表达连接板或肋板的形状，用局部视图表达凸台或槽口的形状。图 9-12 所示托架零件图用了两个基本视图、一个局部视图、一个移出断面图表达零件的结构形状。在主视图上有两处局部剖视，一处表达托架上部的凸台、键槽孔的内部结构及板厚等；另一处则表达了托架下部 $\phi$35H9 孔和 2 × M10 螺孔的内形，该处用回转体轴线作为局部剖视与视图的分界线。俯视图主要表达托架的整体外形结构及键槽孔的位置。局部视图 A 主要表达托架右下侧凸台的端面形状及两个螺孔的分布位置。移出断面图表达 U 形支承板的断面结构。

分析托架的视图可知，托架的结构可分为上、中、下三部分。托架的上部为长方形托板，板的两边有高度尺寸为 2 的凸台，其上各有一个长圆形孔，为安装紧固螺栓之用；托架的下部为 $\phi$55 圆筒，其右下侧有一个长圆形凸台，凸台上加工了两个 M10 的螺孔；托架的中间部分为 U 形支承板，把上、下部分连接成整体。

## 三、分析尺寸

托架属于中等复杂的零件，其零件图上标注的尺寸较多，下面主要分析一些重要结构的定形尺寸和定位尺寸。

托架上部长方形托板的定形尺寸标注了长 114、宽 50、高（厚度）10 等，定位尺寸标注了 120 和 175；托板上两个键槽孔标注了定形尺寸 12、15 和定位尺寸 70。在移出断面图中标注了 U 形支承板的厚度尺寸 8。右下侧套筒的定形尺寸标注了 $\phi55$、$\phi35H9$ 和 60 等。其他尺寸请读者自行分析。

## 四、分析技术要求

根据托架的功能可知，$\phi35H9$ 孔与轴配合，所以该尺寸标注了公差带代号，其表面粗糙度 $Ra$ 值为 3.2 μm。托架的上平面用于支承其他零件，为重要的结合面，其表面粗糙度 $Ra$ 值为 6.3 μm。$\phi55$ 圆筒两端面的表面粗糙度 $Ra$ 值为 6.3 μm。托板上的键槽孔的表面粗糙度 $Ra$ 值为 12.5 μm。图样标题栏上方标注的"$\sqrt{}$（$\sqrt{}$）"表示图中未标注表面结构要求的图形符号的表面均为毛坯状态。

图中标注了几何公差 $\boxed{\perp\ |\ 0.1\ |\ A}$，它表示：托架上平面相对于 $\phi35H9$ 孔的轴线的垂直度公差为 0.1 mm。

另外，要求零件不得有砂眼、裂纹，图上未注圆角的半径为 $R2 \sim R3$，未注尺寸公差按 GB/T 1804—m，未注几何公差按 GB/T 1184—K，零件机械加工完成后要倒钝锐边，去除毛刺。

# 任务四　识读阀体零件图

## 学习目标

掌握箱体类零件的视图表达方法，能识读箱体类零件的零件图。

## 任务描述

识读图 9–14 所示阀体零件图。

## 任务分析

阀体用于支承和包容其他零件，它属于箱体类零件。阀体的结构特征明显，是一个具有三通管式空腔的零件。水平方向空腔容纳阀芯和密封圈（在空腔右侧 $\phi35$ 沉孔内放密封圈），阀体右侧有外螺纹与管道相连，形成流体通道；阀体左侧有 $\phi50H11$ 沉孔与阀盖右侧

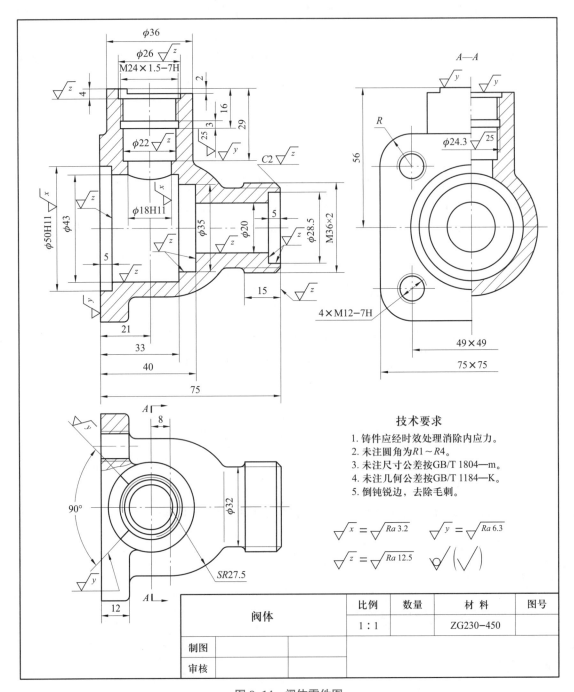

图 9-14 阀体零件图

$\phi$50h11 圆柱面相配合。竖直方向的空腔容纳阀杆、填料和填料压套等零件，孔 $\phi$18H11 与阀杆下部 $\phi$18c11 圆柱面相配合，阀杆凸缘在这个孔内可以转动。看图时，要注意将三个视图联系起来识读，注意分清机械加工表面和铸造表面。

**任务实施**

一、看标题栏

由标题栏可知零件的名称是阀体，毛坯为铸件，材料为铸钢 ZG230–450，绘图比例为 1∶1。

二、分析图形

图 9–14 所示阀体属于箱体类零件，主视图常根据箱体的主要结构特征和安装位置选择。一般采用通过主要孔的轴线或对称面的剖切平面剖切的剖视图表达其内部结构和形状，对零件的外形则采用相应的视图来表达。箱体上的一些局部结构常用局部视图、局部剖视图、断面图等表达。图 9–14 所示阀体采用三个基本视图，主视图采用全剖视图，表达零件的空腔结构；阀体前后对称，左视图采用半剖视图，既表达零件空腔的结构和形状，也表达零件外部的结构和形状，俯视图主要表达阀体的外形，并采用局部剖视图表达螺孔的形状。看图时，要将三个视图综合起来想象阀体的结构和形状，并仔细分析各部分的局部结构。如俯视图中标注 90° 的两段粗短线，对照主视图和左视图可看懂 90° 扇形限位块的形状，它用来控制扳手和阀杆的旋转角度。

图 9–15 所示为阀体立体图。

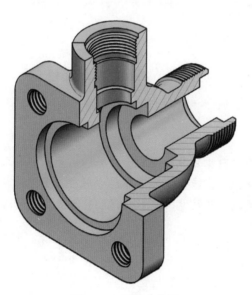

**图 9–15 阀体立体图**

### 三、分析尺寸

阀体的结构和形状比较复杂，标注的尺寸很多，这里仅分析其中一些主要尺寸，其余尺寸请读者自行分析。

1. 在主视图上标注了水平方向孔的直径尺寸 $\phi50H11$、$\phi43$、$\phi35$、$\phi20$、$\phi28.5$，以及右端外螺纹 M36×2 等。

2. 在主视图的上侧标注了竖直方向圆筒的直径尺寸，如圆筒的外径 $\phi36$，内部阶梯孔的直径尺寸 $\phi26$、$\phi22$、$\phi18H11$，螺纹孔 M24×1.5–7H，退刀槽的直径 $\phi24.3$ 则标注在左视图上。

3. 左端方形凸缘外形尺寸 75×75、四个螺孔的定位尺寸 49×49 和螺孔的标记 4×M12–7H 等标注在左视图上，凸缘的厚度尺寸 12 标注在了俯视图上。

### 四、分析技术要求

通过上述尺寸分析可以看出，阀体中与端盖配合的尺寸 $\phi50H11$ 和与阀杆配合的尺寸 $\phi18H11$ 都标注了公差带代号，与此相对应的表面结构要求也较高，其 $Ra$ 值为 3.2 μm。与其他金属零件接触表面的表面粗糙度 $Ra$ 值为 6.3 μm。零件上不太重要的加工表面的表面粗糙度 $Ra$ 值为 12.5 μm。

---

**课题二　绘制零件图**

---

## 任务一　绘制泵轴零件图

**学习目标**

1. 掌握绘制零件图的一般步骤和视图的选择原则，能选择合理的表达方法。
2. 了解基准的概念及种类，能合理地选择尺寸基准，正确地标注尺寸。
3. 能在零件图中正确地标注尺寸公差、几何公差和表面结构要求。

**任务描述**

如图 9–16 所示为转子油泵的泵轴的立体图，在图中标注了尺寸及螺纹标记，零件的技术要求见表 9–1。试绘制泵轴零件图。

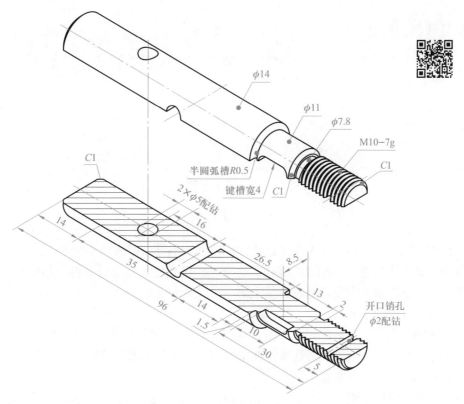

图 9-16 泵轴的立体图

表 9-1 泵轴的技术要求

| 项目 | 要　　求 |
|---|---|
| 尺寸公差 | 直径尺寸 $\phi$14 的上极限偏差为 0 mm，下极限偏差为 –0.011 mm |
| | 直径尺寸 $\phi$11 的上极限偏差为 0 mm，下极限偏差为 –0.018 mm |
| | 键槽宽度尺寸 4 的上极限偏差为 0 mm，下极限偏差为 –0.03 mm |
| | 键槽深度尺寸 8.5 的上极限偏差为 0 mm，下极限偏差为 –0.1 mm |
| 几何公差 | $\phi$14 圆柱面的圆柱度公差为 0.003 mm |
| | $\phi$11 圆柱面相对于 $\phi$14 圆柱轴线的径向圆跳动公差为 0.012 mm |
| | 键槽两侧面的对称面相对于 $\phi$11 圆柱轴线的对称度公差为 0.008 mm |
| 表面结构要求 | $\phi$14 圆柱面和 $\phi$11 圆柱面的表面粗糙度 $Ra$ 值为 1.6 $\mu$m |
| | $\phi$14 圆柱右端面、键槽两侧面的表面粗糙度 $Ra$ 值为 3.2 $\mu$m |
| | 2×$\phi$5 孔、键槽的底面的表面粗糙度 $Ra$ 值为 6.3 $\mu$m |
| | 其余各表面的表面粗糙度 $Ra$ 值为 12.5 $\mu$m |
| 其他要求 | 1. 未注尺寸公差按 GB/T 1804—m |
| | 2. 未注几何公差按 GB/T 1184—K |
| | 3. 调质处理，220～250HBW |
| | 4. $\phi$14$_{-0.011}^{0}$ 轴颈上两长 14 处表面淬火 56～62HRC |
| | 5. 倒钝锐边，去除毛刺 |

## 任务分析

泵轴属于轴类零件，在轴上有螺纹、键槽、圆柱销孔和开口销孔等结构，绘制零件图时可使泵轴的轴线水平放置，并使键槽在主视图上能反映实际形状，并用断面图表达圆柱销孔和开口销孔的底面形状，以及键槽的深度。为方便标注尺寸，可以用局部放大图表达半圆弧形退刀槽和螺纹退刀槽的形状。

## 相关知识

### 一、视图的选择原则

绘制零件图时，必须首先确定表达方案，也就是要合理选择零件主视图和其他视图及表达方法。确定表达方案的原则：在正确、完整、清晰地表达机件各部分结构形状的前提下，力求视图数量恰当，绘图简单，看图方便。

1. 主视图的选择原则

主视图是表达零件最重要的视图，其选择是否合理将直接影响其他视图的绘制，也关系到是否方便看图。一般来说，选择零件主视图时，要考虑表达特征原则、加工位置原则和工作位置原则等。

（1）表达特征原则

在绘制零件主视图时，要将最能反映零件形状特征和位置特征的方向作为主视图的投射方向，以便识图人员看到主视图后能大体了解零件的基本形状和结构特点。

（2）加工位置原则

在绘制零件主视图时，应尽量符合零件的主要加工位置，这样便于工人加工时看图，从而提高生产效率。如回转体零件主要在车床上加工，装夹时零件的轴线都是水平放置的，所以主视图应按轴线水平位置选取，图 9-1 的主视图即按照加工位置绘制的。

（3）工作位置原则

对于加工位置较多、形状复杂的零件（如支架、箱体等），其主视图应尽量符合零件在机器中的工作位置，以便于工人在装配机器时对照识图。图 9-12 和图 9-14 的主视图符合工作位置原则。

在绘制零件图时，一般应首先考虑表达特征原则，然后根据具体情况考虑其他两个原则。

2. 其他视图的选择原则

主视图确定后，要分析主视图已经把哪些结构表达清楚了，还有哪些结构形状没有表达完整，如何将主视图未表达清楚的部位用其他视图进行表达。

选择其他视图时，应考虑以下几个方面：

（1）根据零件的复杂程度和结构特征，其他视图应对主视图中没有表达清楚的结构形状和相对位置进行补充表达。

（2）选择其他视图时，应优先考虑选用基本视图，尽量在基本视图中绘制剖视图。

（3）为了表达零件的局部形状和细小结构，在采用局部视图和局部放大图时，应尽量按投影关系配置在有关视图附近。

（4）视图的数量要恰当，以免主次不分。但有时为了保证尺寸标注的正确、完整、清晰，也可增加某个图形。

## 二、基准及其选择原则

1. 基准的基本概念

零件在机器（或部件）中或在加工测量时，用以确定其位置的一些点、线、面称为基准。通常选择零件的一些重要的加工面（如安装面、两零件的接触面、端面、轴肩等）、零件的对称平面、主要回转体的回转轴线等作为基准。标注尺寸时，应从基准出发，以保证零件在加工和检验时，能顺利地测量尺寸。

基准根据其作用通常分为设计基准和工艺基准。

（1）设计基准

设计基准是指在设计零件时，根据零件的功用，为满足零件的设计性能要求，确定零件表面在机器（或部件）中位置的一些点、线或面。如图 9–17 所示，因为滑动轴承往往成对使用，支承在一根轴的两端，为了保证轴的轴线处于水平位置，轴孔的轴线到安装基面的距离是一个重要尺寸，因此选择其安装基面为高度方向的设计基准，以此标注轴承孔的中心高32。选择滑动轴承座的左右对称面作为长度方向的设计基准，注出底板上两个螺栓孔的定位尺寸 80，以确定螺栓孔相对于轴孔的对称关系。选择前后对称面作为宽度方向的设计基准，注出圆筒的宽度尺寸 45，以确定圆筒前、后端面的位置（距离零件前后对称面 22.5）。

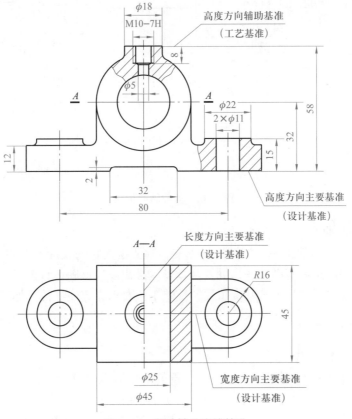

图 9–17　滑动轴承座的基准

（2）工艺基准

在零件生产过程中所采用的基准称为工艺基准。按用途不同，工艺基准分为工序基准、定位基准、测量基准和装配基准。如图 9-17 所示，滑动轴承座上侧凸台的顶面为工艺基准，以此为基准标注螺孔的深度尺寸 8，便于加工和测量。

（3）主要基准与辅助基准

在零件长、宽、高的每一个方向上，至少应各选取一个尺寸基准，该基准一般都是根据设计要求确定的，称为主要基准。此外，为了便于加工、测量，除了主要基准外，有时还要增加一个或几个基准，这类基准通常称为辅助基准。主要基准与辅助基准之间应有直接的尺寸联系。在图 9-17 中，安装基面为高度方向主要基准、上侧凸台的顶面为辅助基准。如图 9-18 所示为齿轮轴，选择齿轮的左端面为长度方向主要基准，以保证零件在减速器中的位置和齿轮的宽度，选择零件的左、右端面和 $\phi 16$ 圆柱的右轴肩作为辅助基准标注轴向尺寸，以便于加工和测量。

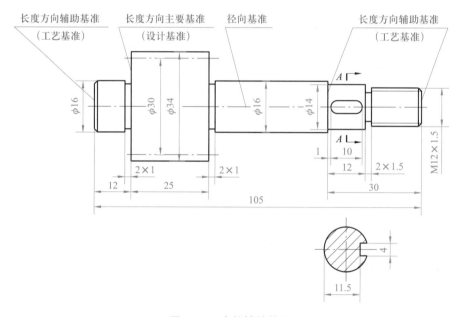

图 9-18　齿轮轴的基准

2. 选择基准的原则

对于一个具体的零件来说，如何选择基准，则要根据它的设计要求和工艺要求来确定。在标注尺寸时，要尽量使基准统一，既要从设计基准出发，反映设计要求，确保零件在机器中的工作性能，还要考虑从工艺基准出发，反映工艺要求，方便零件的加工制造和检测。

### 三、合理标注尺寸的原则

1. 重要尺寸直接注出

重要尺寸是指有配合功能要求的尺寸、重要的相对位置尺寸、影响零件使用性能的尺寸，这些尺寸都要在零件图上直接注出。图 9-19a 所示轴孔中心高 $h_1$ 是重要尺寸，若按图 9-19b 标注，则尺寸 $h_2$ 和 $h_3$ 将产生较大的累积误差，使孔的中心高不能满足设计要求。

另外，为安装方便，图 9-19a 中底板上两孔的中心距 $l_1$ 也应直接注出，若按图 9-19b 所示标注尺寸 $l_2$，用 $l_2$ 和 $r$ 间接保证中心距，则无法满足装配要求。

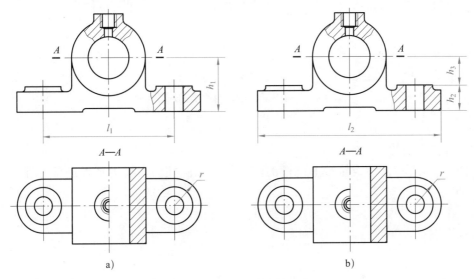

图 9-19　重要尺寸直接注出
a）正确　b）错误

### 2. 避免出现封闭尺寸链

如图 9-20b 所示，尺寸 $l_1$、$l_2$、$l_3$、$l$ 构成一个封闭尺寸链。由于 $l=l_1+l_2+l_3$，在加工时，尺寸 $l_1$、$l_2$、$l_3$ 都会产生误差，每一段的误差都会累积到尺寸 $l$ 上，使总长 $l$ 不能保证设计的精度要求。若要保证尺寸 $l$ 的精度要求，就要提高每一段的精度要求，造成加工困难且成本增加。为此选择其中一个不重要的尺寸空出不注，使所有的尺寸误差都累积在这一段轴颈上，如图 9-20a 所示。

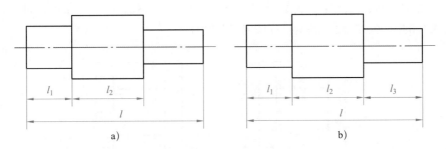

图 9-20　避免出现封闭尺寸链
a）正确　b）错误

### 3. 标注尺寸要便于加工和测量

（1）退刀槽和砂轮越程槽的尺寸标注

标注尺寸时应将退刀槽和砂轮越程槽的尺寸单独注出，且包括在相应的某一段长度内，如图 9-21a 所示，因为在加工时一般先粗车外圆到长度 15 mm，再用车槽刀车槽，所以这种标注尺寸符合工艺要求，便于加工和测量，而图 9-21b、图 9-21c 的标注则不合理。

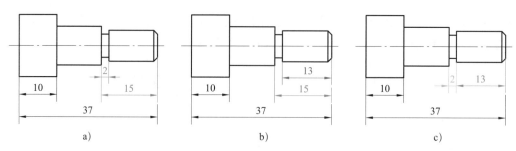

图 9–21　退刀槽和砂轮越程槽的尺寸标注

a）正确　b）、c）错误

（2）键槽深度的尺寸标注

如图 9-22 所示，轴或轮毂上键槽的深度尺寸以圆柱面素线为基准进行标注，以便于测量。

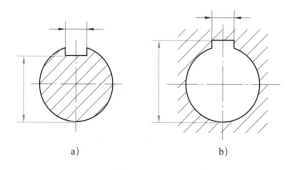

图 9–22　键槽深度的尺寸标注

a）轴上键槽　b）轮毂上键槽

（3）台阶孔的尺寸标注

零件上台阶孔的加工顺序一般是先加工小孔，再加工大孔，因此，轴向尺寸的标注应从端面注出大孔的深度，以便于测量，如图 9-23 所示。

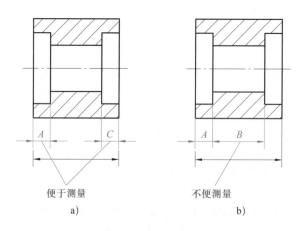

图 9–23　台阶孔的尺寸标注

a）正确　b）错误

（4）轴瓦的尺寸标注

滑动轴承的下轴瓦与上轴瓦是对合起来加工的，因此其内、外圆柱面应标注其直径尺寸，而不标注半径尺寸，如图 9-24 所示。

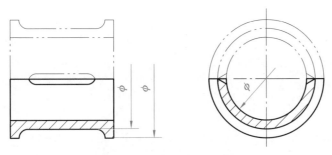

图 9-24 轴瓦的尺寸标注

（5）非切削加工表面的尺寸标注

标注铸造、锻造等非切削加工表面的尺寸时，在同一方向上应分为两个尺寸系统，即非切削加工表面与非切削加工表面之间为一尺寸系统，切削加工表面与切削加工表面之间为另一尺寸系统，两个系统之间必须且只能由一个尺寸进行联系。如图 9-25a 所示，该零件只有一个尺寸 $B$ 为非切削加工表面与切削加工表面之间的联系尺寸，图 9-25b 中尺寸 $D$ 增加了切削加工表面和非切削加工表面联系尺寸的个数，是不合理的。

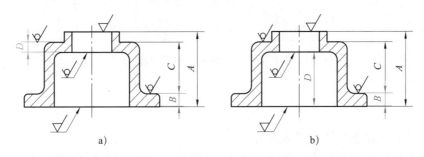

图 9-25 切削加工表面和非切削加工表面的联系尺寸

a）合理 b）不合理

## 任务实施

### 一、绘制图框、标题栏外框线

根据零件的复杂程度确定绘图比例和图幅，并准备图纸。泵轴的结构和尺寸都比较小，建议选择 2∶1 的放大比例，根据主视图、左视图所占用的幅面大小，并考虑留有足够的标注尺寸和技术要求的幅面，确定采用 A4 幅面的图纸，根据图形及尺寸确定图纸采用横幅。按照国家标准的规定绘制图框线，在图框的右下角按照图 1-41 给出的格式绘制标题栏的外框线，如图 9-26 所示。

图 9-26　绘制图框、标题栏框

## 二、确定视图表达方案

### 1. 确定主视图的投射方向及表达方法

泵轴属于典型的轴类零件，因此绘制主视图时一般使其轴线水平放置，并使右侧的开口销孔、键槽、中间位置的圆柱销孔等反映实际形状，左侧的圆柱销孔采用局部剖，以表达圆柱销孔是通孔。

### 2. 选择其他表达方法

采用三个移出断面图分别表达中间圆柱销孔、键槽和开口销孔的断面形状，既可以更加明确地表达其结构形状，又便于标注尺寸。

## 三、绘制图形

为了保证图面整洁，在描深图形前，所有图线尽可能先用比较细的图线绘制。

### 1. 绘制主视图

首先绘制主视图上的水平轴线，然后自左向右依次绘制各段轴颈的主要轮廓，最后绘制圆柱销孔、键槽、开口销孔、螺纹、退刀槽、倒角等细小结构，如图 9-27 所示。

因为需要在主视图四周标注尺寸及尺寸公差、几何公差、表面结构要求等，所以在绘图时要充分考虑所有需要标注的内容，既要考虑到节省版面，又要保证主视图与其他图形之间留有足够的空白。

2. 绘制断面图

本零件图共需要绘制三个移出断面图，分别表达中间圆柱销孔、键槽和右侧开口销孔的断面形状，断面图尽量绘制在剖切位置附近，以便于看图，同时注意留出标注尺寸的位置，如图 9-27 所示。

3. 绘制局部放大图

局部放大图的比例应考虑结构的复杂程度和便于标注尺寸等，表达半圆弧退刀槽采用 4∶1 的比例，表达螺纹退刀槽采用 2∶1 的比例，如图 9-27 所示，绘图时也应考虑留有标注尺寸的位置。

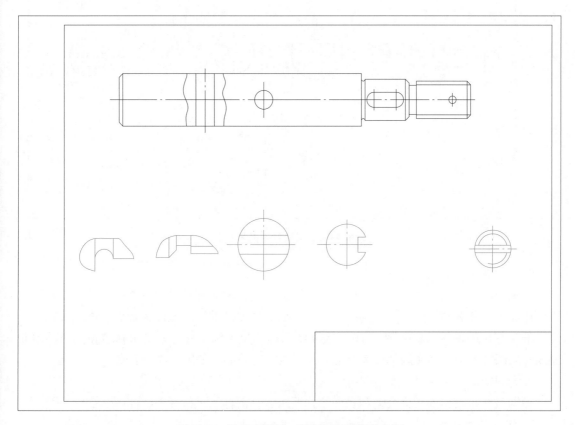

图 9-27　绘制主视图、断面图和局部放大图

4. 绘制剖面线

剖面线一般一次绘制完成，绘图时要使剖面线的方向相同、间隔一致，如图 9-28 所示。

5. 检查视图，按线型描深图线

在绘制完底图后，要对所绘图形进行认真检查，确定无误后按线型描深图线，如图 9-28 所示。描深图线时要注意，细点画线也要按线型描深，描深时注意"点"的位置要恰当，细点画线和轮廓线要相交在线段处。

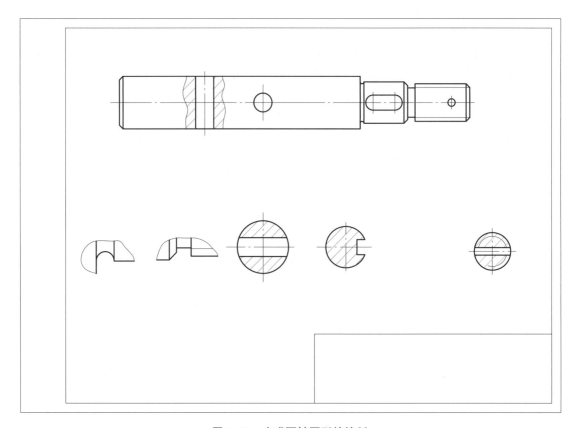

图 9-28　完成泵轴图形的绘制

6. 标注尺寸及尺寸公差

泵轴长度方向的尺寸都采用一般公差，因此，选择轴向基准时注意考虑工艺基准，以便于生产加工。考虑到车削工艺，选择零件右端面为主要基准，左端面为辅助基准。泵轴的径向基准为零件的轴线。根据图 9-16 和表 9-1 给出的尺寸和尺寸公差要求在主视图、移出断面图和局部放大图上标注局部放大符号、尺寸及尺寸公差，如图 9-29 所示。

7. 标注几何公差和表面结构要求

根据表 9-1 给出的几何公差和表面结构要求，在图样上进行标注，如图 9-29 所示。

8. 注写其他技术要求

根据表 9-1 给出的一般公差、热处理要求和工艺要求等，在图样的空白处注写用文字描述的技术要求，如图 9-29 所示。

9. 绘制并填写标题栏

按照图 1-41 给出的格式绘制标题栏，描深图框线，在标题栏中填写图名、绘图比例、材料、绘制者的姓名等内容，如图 9-29 所示。

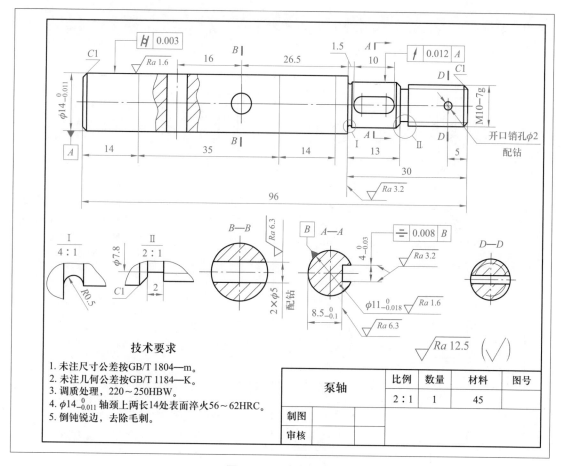

图 9-29 泵轴零件图

## 各种孔的简化注法

零件上各种孔（光孔、沉孔、螺孔）的简化注法见表 9-2。

表 9-2　　　　　　　　　　　各种孔的简化注法

| 孔的结构类型 | | 简化注法 | 一般注法 | 说明 |
|---|---|---|---|---|
| 光孔 | 一般孔 | $4\times\phi5\,\overline{\underline{\vee}}\,10$　　$4\times\phi5\,\overline{\underline{\vee}}\,10$ | $4\times\phi5$ | $4\times\phi5$ 表示直径为 5 mm 均布的四个光孔，孔深可与孔径连注，也可分开注出 |

续表

| 孔的结构类型 | | 简化注法 | 一般注法 | 说明 |
|---|---|---|---|---|
| 光孔 | 精加工孔 | $4\times\phi5^{+0.012}_{0}\,\overline{\underline{\phantom{x}}}\,10$ 孔$\underline{\overline{\phantom{x}}}12$　$4\times\phi5^{+0.012}_{0}\,\overline{\underline{\phantom{x}}}\,10$ 孔$\underline{\overline{\phantom{x}}}12$ | $4\times\phi5^{+0.012}_{0}$　10　12 | 光孔深为 12 mm，钻孔后需精加工至 $\phi5^{+0.012}_{0}$ mm，深度为 10 mm |
| | 锥孔 | 锥销孔$\phi5$ 配作　锥销孔$\phi5$ 配作 | 锥销孔$\phi5$ 配作 | $\phi5$ mm 为与锥销孔相配的圆锥销小头直径（公称直径）。锥销孔通常是两零件装在一起后加工的 |
| 沉孔 | 锥形沉孔 | $4\times\phi7$ $\vee\,\phi13\times90°$　$4\times\phi7$ $\vee\,\phi13\times90°$ | 90° $\phi13$ $4\times\phi7$ | $4\times\phi7$ 表示直径为 7 mm 均匀分布的四个孔。锥形沉孔可以旁注，也可直接注出 |
| | 柱形沉孔 | $4\times\phi7$ $\llcorner\!\lrcorner\,\phi13\,\overline{\underline{\phantom{x}}}3$　$4\times\phi7$ $\llcorner\!\lrcorner\,\phi13\,\overline{\underline{\phantom{x}}}3$ | $\phi13$　3　$4\times\phi7$ | 柱形沉孔的直径为 $\phi13$ mm，深度为 3 mm，均须标注 |
| | 锪平沉孔 | $4\times\phi7$ $\llcorner\!\lrcorner\,\phi13$　$4\times\phi7$ $\llcorner\!\lrcorner\,\phi13$ | $\phi13$　锪平　$4\times\phi7$ | 锪平面 $\phi13$ mm 的深度不必标注，一般锪平到不出现毛面为止 |
| 螺孔 | 通孔 | $2\times M8-6H$　$2\times M8-6H$ | $2\times M8-6H$ | $2\times M8$ 表示公称直径为 8 mm 的两个螺孔，可以旁注，也可直接注出 |
| | 不通孔 | $2\times M8-6H\,\overline{\underline{\phantom{x}}}10$ 孔$\underline{\overline{\phantom{x}}}12$　$2\times M8-6H\,\overline{\underline{\phantom{x}}}10$ 孔$\underline{\overline{\phantom{x}}}12$ | $2\times M8-6H$　10　12 | 一般应分别注出螺纹和孔的深度尺寸 |

**任务拓展**

## 绘制拨叉的零件图

拨叉的形状及尺寸如图 9-30 所示，材料采用 HT200，技术要求如下：

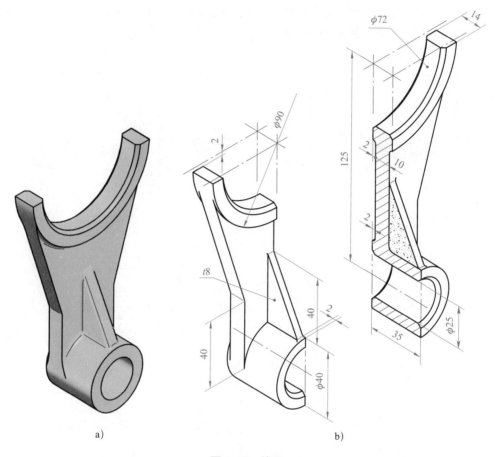

**图 9-30 拨叉**

a）立体图 b）轴测图

1. 尺寸 $\phi 25$ 的基本偏差为 H，公差等级为 6 级。

2. $\phi 72$ 半圆槽的表面结构要求为 $Ra3.2\ \mu m$，$\phi 25$ 孔的表面结构要求为 $Ra1.6\ \mu m$，$\phi 40$ 圆柱两侧面、$\phi 90$ 半圆柱两侧面、四处倒角的表面结构要求为 $Ra\ 6.3\ \mu m$，其余表面不进行切削加工。

3. $\phi 40$ 圆柱后端面相对于 $\phi 25$ 圆柱轴线的垂直度公差为 0.01 mm。

4. 未注圆角为 $R2 \sim R5$。

5. 未注尺寸公差按 GB/T 1804—m。

6. 未注几何公差按 GB/T 1184—K。

下面绘制拨叉零件图。

## 一、绘制图框、标题栏外框线

选择 1∶1 的绘图比例，确定采用 A3 幅面的图纸，图纸采用横向布置，按照国家标准的规定绘制图框线和标题栏外框线。

## 二、绘制视图

如图 9-31 所示，选反映拨叉形状特征明显的视图为主视图，用全剖的左视图表达内部结构，用移出断面图表达肋板的断面形状。

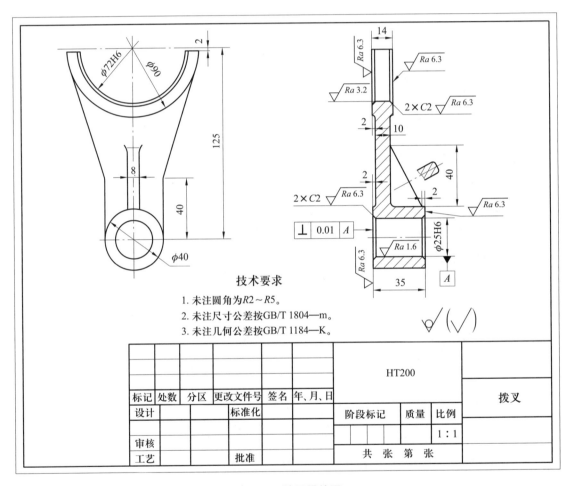

图 9-31　拨叉零件图

## 三、标注尺寸

如图 9-31 所示，在主视图上选拨叉的对称面作为长度方向的基准，选 $\phi$25H6 圆柱孔轴线作为高度基准，在左视图上选 $\phi$40 圆柱后端面为宽度基准。先标 $\phi$90 半圆柱、连接板的定位尺寸 125、2，再根据尺寸公差要求标注 $\phi$25H6、$\phi$72H6；再根据轴测图逐一标出其他定形、定位尺寸；圆角 R2 在技术要求中标注。

四、标注技术要求

如图 9–31 所示，$\phi$40 圆柱前端面表面结构要求以及 $\phi$90 半圆柱前面的表面结构要求，用带箭头的指引线引出标注。其他几项表面结构要求直接标在相应轮廓线上，其余表面的表面结构要求标在图形右下角（标题栏上方）。

基准 A 的三角形符号与 $\phi$25H6 尺寸线对齐，$\phi$40 圆柱后端面相对于 $\phi$25H6 孔轴线的垂直度公差框格的指引线垂直指向 $\phi$40 圆柱后端面。

五、绘制并填写标题栏

如图 9–31 所示，在标题栏的图样名称栏填写拨叉，比例栏填写 1∶1，材料栏填写 HT200 等。

# 任务二 测 绘 端 盖

学习目标

1. 掌握测量工具的使用方法，了解测绘零件的注意事项，能正确地测量零件尺寸，并绘制零件草图。
2. 能根据零件的用途合理选择尺寸公差、几何公差、表面结构要求及其他技术要求。
3. 能正确地绘制零件图。

任务描述

如图 9–32 所示为数控车床尾座，其右侧端盖的结构如图 9–33 所示。试分析端盖的结构形状，测量其尺寸，绘制零件草图和零件图。

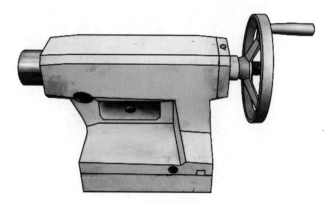

图 9–32 数控车床尾座

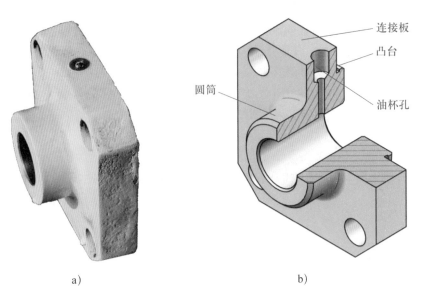

a)                                                                    b)

图 9-33　端盖的结构

a）实物　b）立体图

**任务分析**

　　端盖是数控车床尾座上的一个零件，其连接情况如图 9-34 所示，端盖用四个内六角螺栓与尾座相连，丝杠穿过端盖并用键和螺母与手轮相连，端盖上的阶梯凸台与尾座的内孔配合。

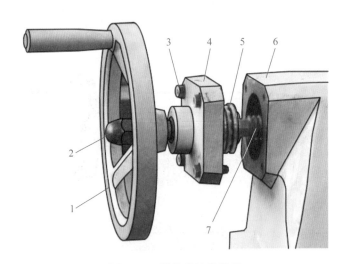

图 9-34　端盖的连接情况

1—手轮　2—螺母　3—六角头螺栓　4—端盖

5—推力球轴承　6—尾座　7—丝杠

## 相关知识

### 一、常用的尺寸测量方法

测量零件的尺寸时，要根据零件尺寸的精确程度选用相应的量具。常用的测量工具有钢直尺、内卡钳、外卡钳、游标卡尺、螺纹量规等，其测量方法见表9–3。

表 9–3　　　　　　　　　　　　零件的常用测量方法

| 测量项目 | 图示 | 说明 |
|---|---|---|
| 线性尺寸 | 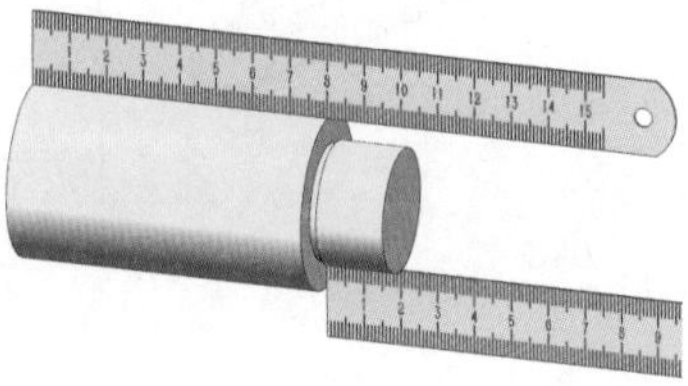 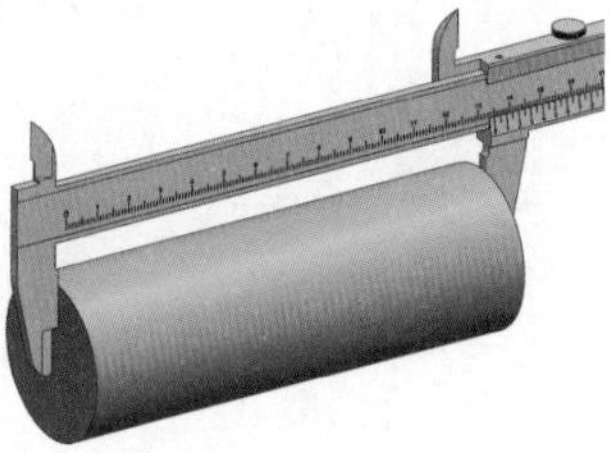 | 线性尺寸可用钢直尺或游标卡尺直接测量 |
| 壁厚 | 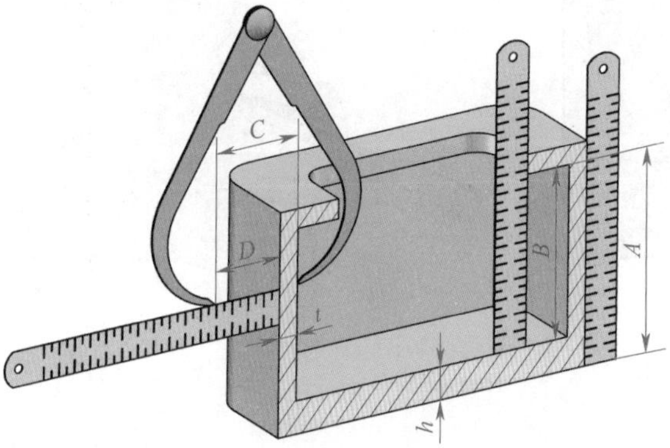 $h=A-B$，$t=C-D$ | 壁厚可用钢直尺测量，或用外卡钳和钢直尺配合测量 |
| 直径尺寸 | 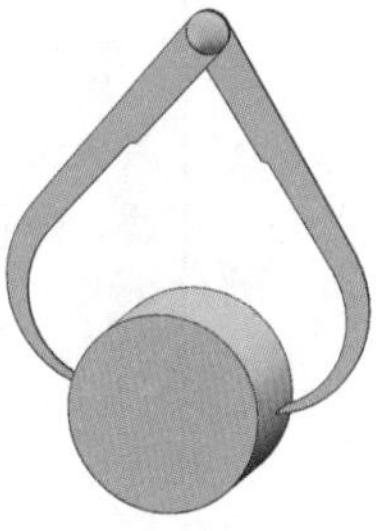  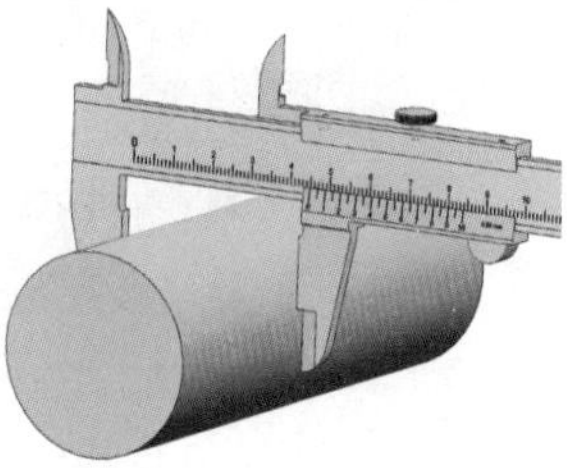 | 直径尺寸可用内卡钳、外卡钳间接测量或用游标卡尺直接测量 |

续表

| 测量项目 | 图示 | 说明 |
|---|---|---|
| 孔间距 | 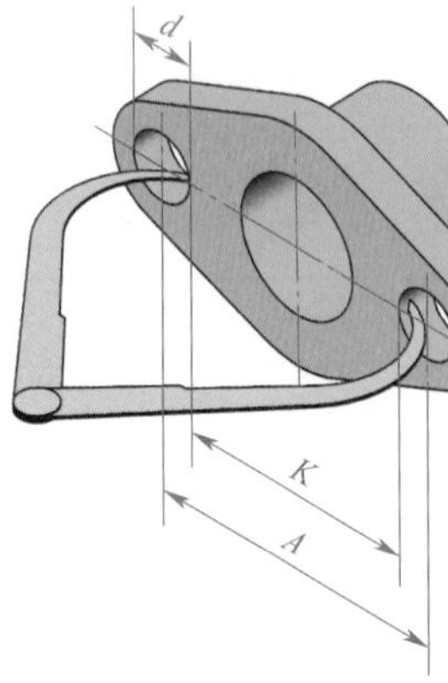 $A=K+d$ 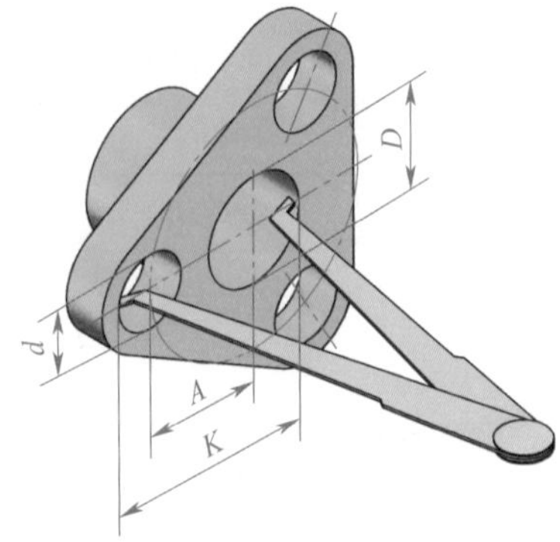　　　　$A=K-\dfrac{D+d}{2}$ | 孔间距可用内卡钳、外卡钳测量，也可用钢直尺或游标卡尺测量 |
| 中心距 | 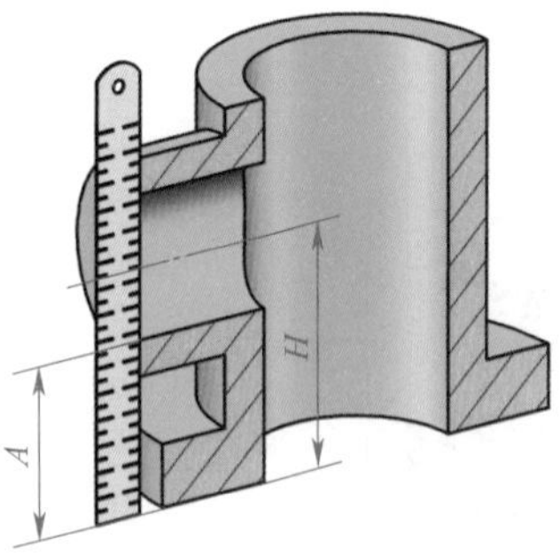 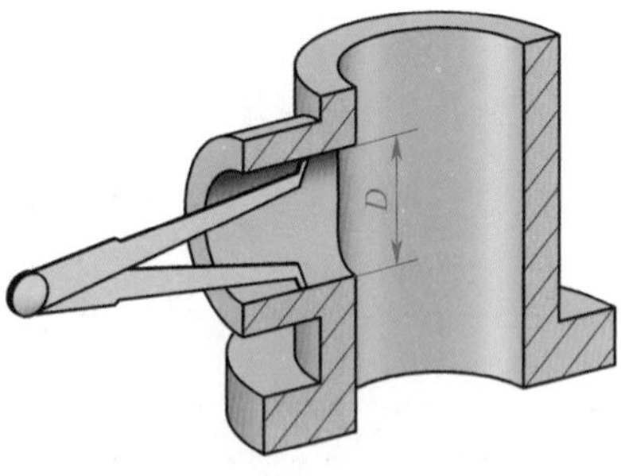 $H=A+D/2$ | 中心距可用钢直尺和内卡钳配合测量 |
| 螺距 | 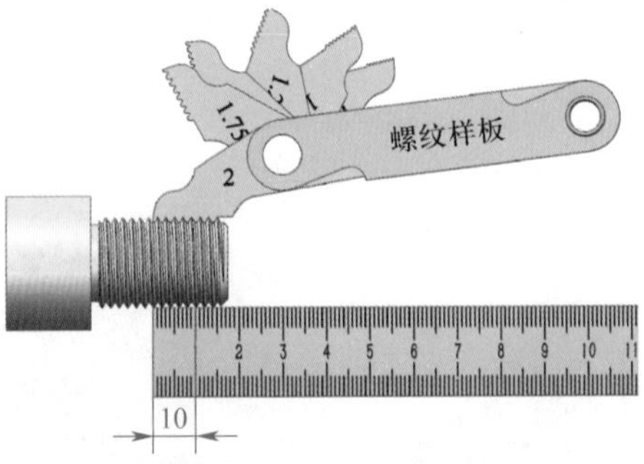 螺纹样板　　$P=10\ \mathrm{mm}/5=2\ \mathrm{mm}$ | 螺纹的螺距可用螺纹样板直接测得，也可用钢直尺测量 |

续表

| 测量项目 | 图示 | 说明 |
|---|---|---|
| 齿顶圆直径 | 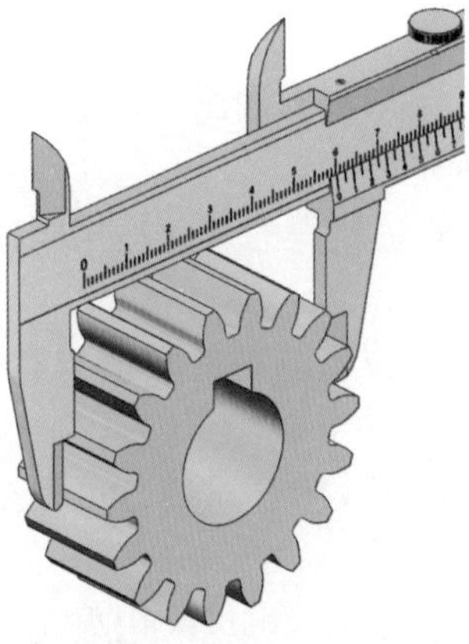 测量偶数齿齿轮的齿顶圆直径 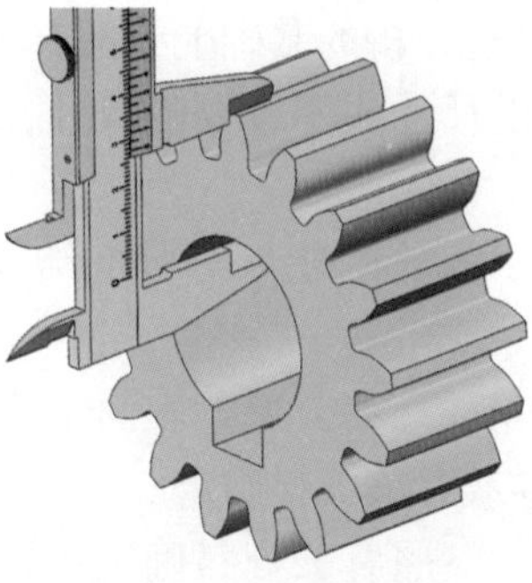　　　　测量奇数齿齿轮的齿顶圆直径 | 偶数齿齿轮的齿顶圆直径可用游标卡尺直接测得（见左图），奇数齿齿轮的齿顶圆直径可用游标卡尺间接测量（见右图） |
| 锥角的角度 | 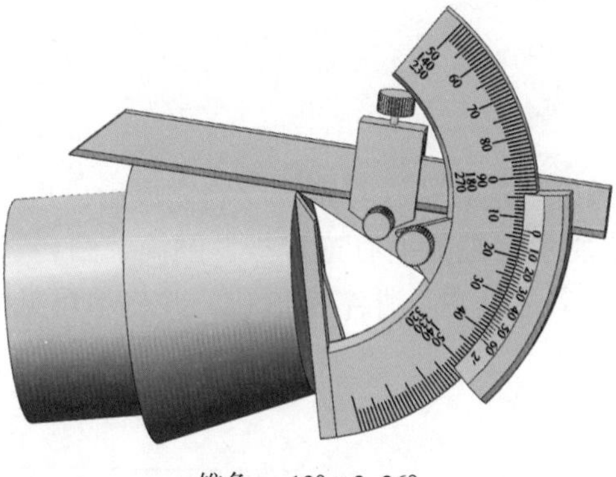 锥角 $\alpha = 13° \times 2 = 26°$ | 角度可以用游标万能角度尺测量 |
| 圆弧半径 | 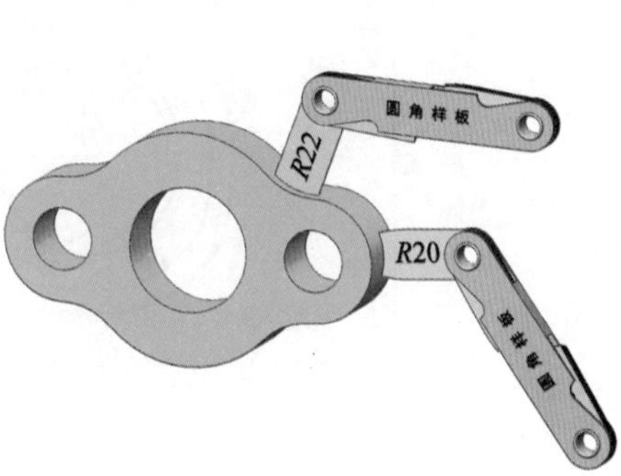 | 用圆角样板测量圆弧半径 |

## 二、测绘零件的注意事项

1. 零件的制造缺陷如砂眼、气孔、刀痕等，以及长期使用所产生的磨损，均不应画出。

2. 零件上因制造、装配等需要而加工的工艺结构，如铸造圆角、倒圆、退刀槽、凸台和凹坑等，均须查阅有关标准后画出。

3. 有配合关系的尺寸（如配合的孔和轴的直径），一般只要测出公称尺寸，其配合性质和相应的公差值应在结构分析的基础上查阅有关手册确定。

4. 没有配合关系的尺寸或不重要的尺寸，允许将测量所得的尺寸适当圆整（调整到整数值）。

5. 对螺纹、键槽、齿轮的轮齿等标准结构的尺寸，应将测得的数值与有关标准核对，使尺寸符合标准系列。

6. 零件的尺寸公差、几何公差、表面结构要求及其他技术要求等，可根据零件的作用参考同类型产品的图样或有关资料确定。

7. 根据设计要求，参照有关资料确定零件的材料。必要时可以采用火花鉴别、取样分析、测量硬度等方法确定测绘零件的材料。

## 任务实施

### 一、测量零件，绘制草图

#### 1. 绘制端盖的视图

绘制草图时，可不必过多考虑表达方法，等草图绘制完成后，再分析草图的优缺点，进一步改进表达方案。如图 9–33 所示，端盖上有连接板、圆筒、凸台、油杯孔等结构。目测端盖的尺寸，用主视图、左视图表达其内、外结构形状，并将不可见的结构用细虚线表达，如图 9–35 所示。

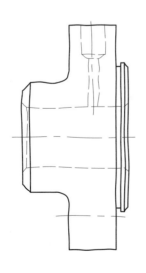
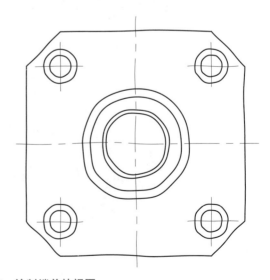

图 9–35　绘制端盖的视图

## 2. 测量端盖尺寸

测量端盖尺寸的步骤见表 9-4。

表 9-4                                测量端盖尺寸的步骤

| 步骤 | 图示 | 测量结果 |
| --- | --- | --- |
| 1. 测量端盖的方形连接板外形尺寸<br>铸造表面的精度要求不高，可用钢直尺测量 | 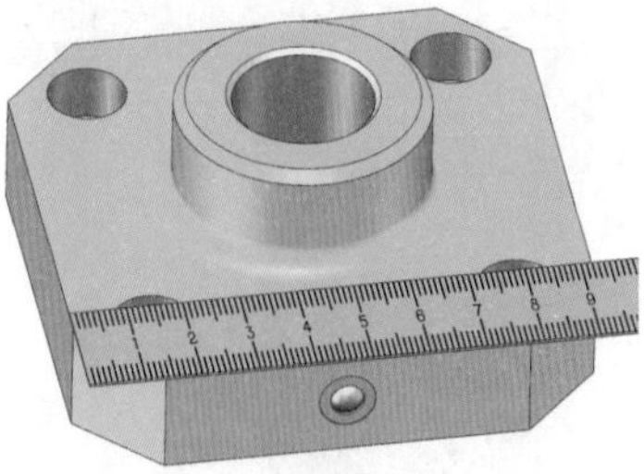 | 方形连接板外形尺寸为 92 mm×92 mm |
| 2. 测量方形连接板倒角后的尺寸 | 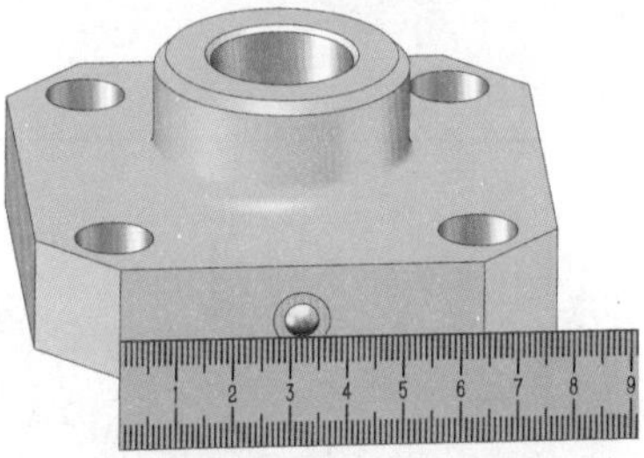 | 方形连接板倒角后的尺寸为 64 mm×64 mm |
| 3. 测量方形连接板的厚度 | 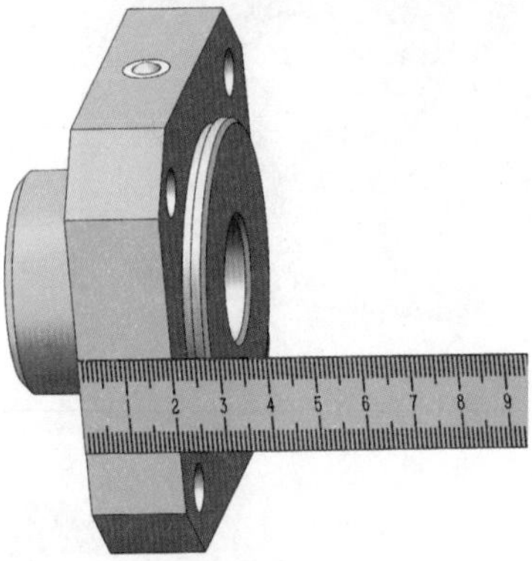 | 方形连接板的厚度为 20 mm |
| 4. 测量圆筒的外圆柱直径 | 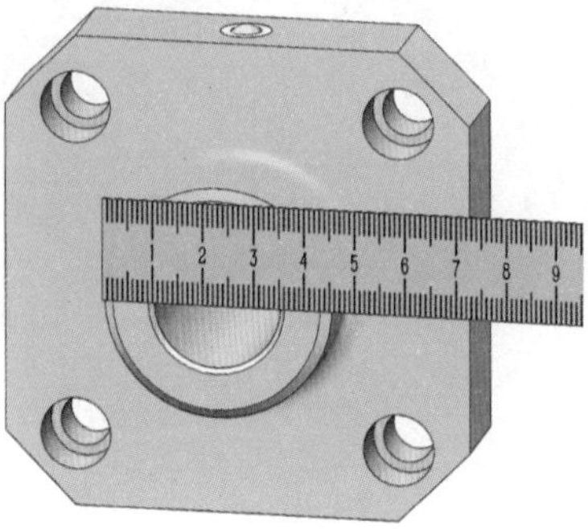 | 外圆柱直径为 45 mm |

续表

| 步骤 | 图示 | 测量结果 |
|---|---|---|
| 5. 测量零件的总长<br>（1）在测量长度方向的加工面的尺寸时，选择凸台的端面（和推力球轴承接触的表面）为测量基准<br>（2）圆筒和凸台的端面为加工面，精度要求较高，故用游标卡尺测量 | 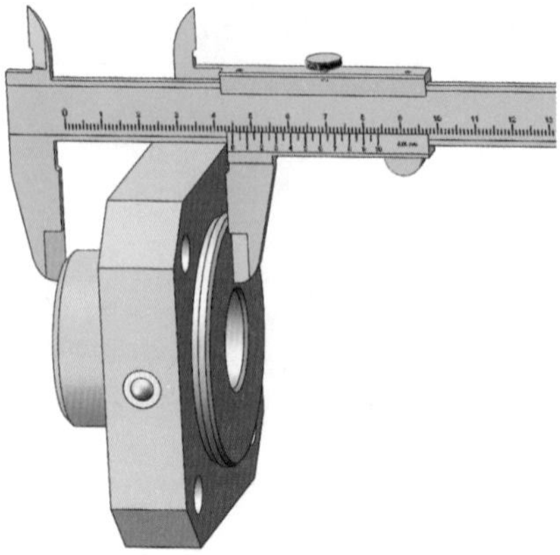 | 长度为 45 mm |
| 6. 测量凸台的直径 | 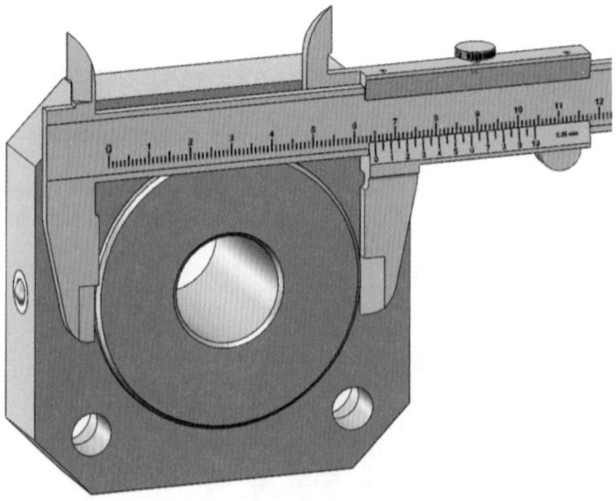 | 右侧凸台的直径为 65 mm |
| 7. 测量凸台的高度 | 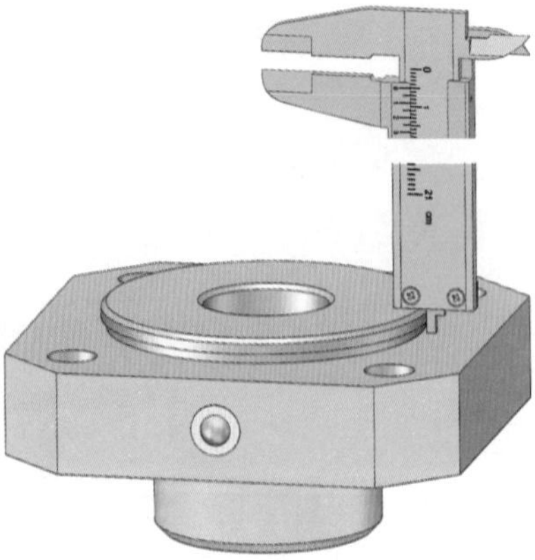 | 右侧凸台的高度为 5 mm |

续表

| 步骤 | 图示 | 测量结果 |
|---|---|---|
| 8. 测量沉孔的中心距 | 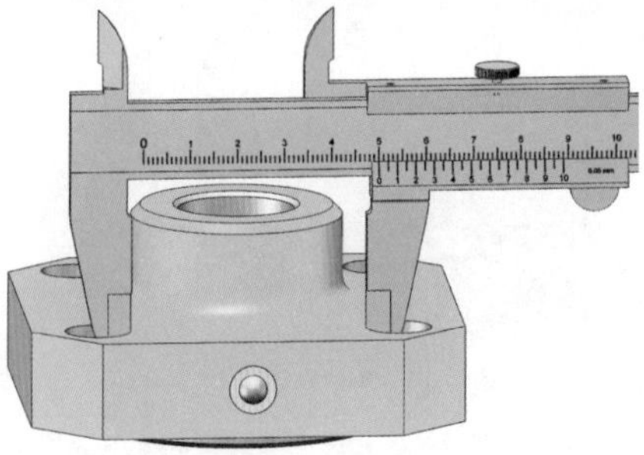 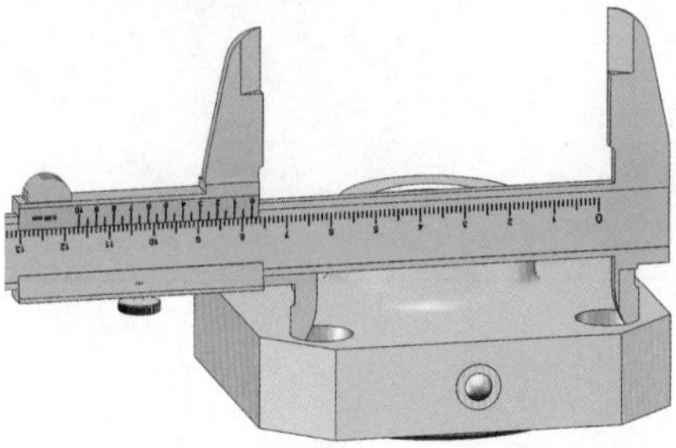 | 测量并计算中心距为（78+50）mm/2=64 mm |
| 9. 测量沉孔的大孔直径 | 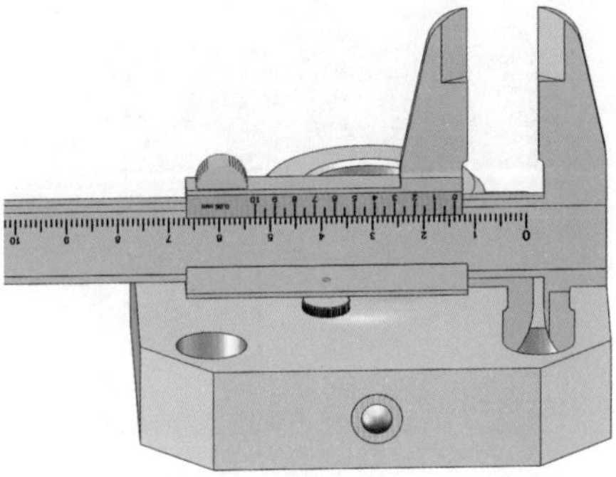 | 沉孔的大孔直径为14 mm |
| 10. 测量沉孔的大孔深度 | 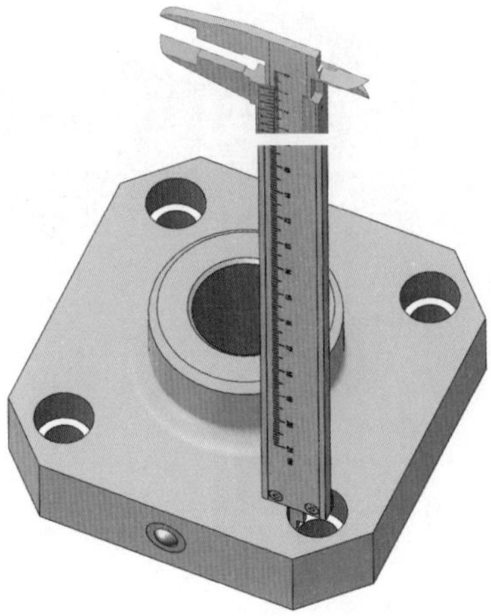 | 沉孔的大孔深度为10 mm |

续表

| 步骤 | 图示 | 测量结果 |
|---|---|---|
| 11. 测量沉孔的小孔直径 | 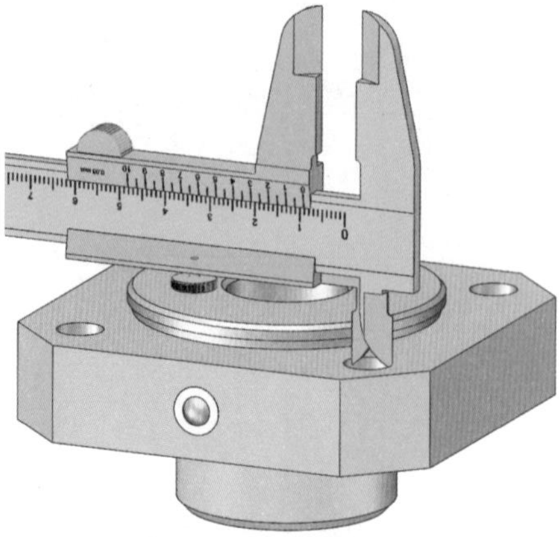 | 沉孔的小孔直径为 9 mm |
| 12. 测量中间圆孔的直径 | 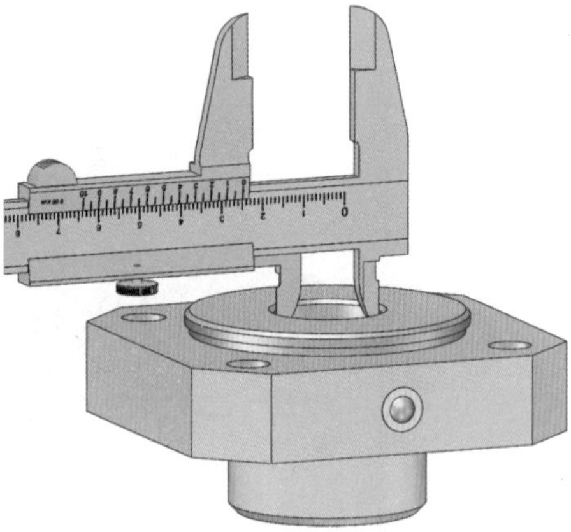 | 中间圆孔的直径为 25 mm |
| 13. 测量油杯孔的尺寸<br>在测绘零件时，油杯属于不可拆卸的零件。观察油杯的位置可知，油杯孔在中间位置 | 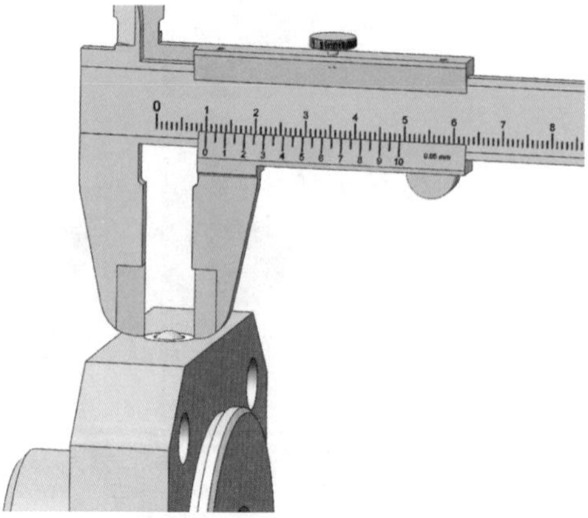 | 端盖上的油杯为压配式压注油杯（又称弹子油杯），测量油杯的外径尺寸为 $\phi 10$ mm，查阅有关机械设计手册得到油杯孔的深度尺寸为 12 mm |

### 3. 在草图上标注尺寸

在草图上标注尺寸除了应做到"正确、完整、清晰"外，还应该做到合理，所谓尺寸标注合理就是指标注的尺寸既要符合设计要求，又要考虑工艺要求。因此，要对零件的作用、加工制造工艺及各种加工设备有所了解，按实际生产要求合理地标注尺寸。

标注尺寸时，首先要选定基准。根据端盖的用途，选取端盖右端面为长度基准，选取中间轴孔的轴线为高度基准和宽度基准，如图 9-36 所示。

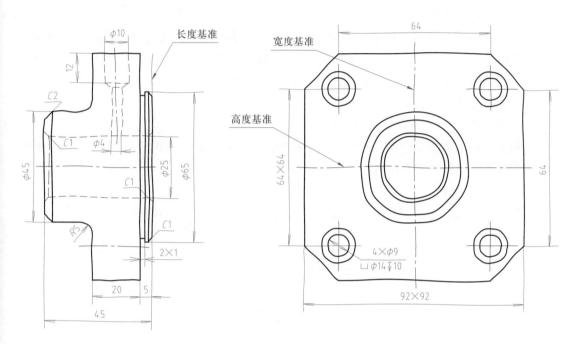

**图 9-36　在草图上标注端盖的尺寸**

将测量到的端盖的各个尺寸标注在草图上，如图 9-36 所示。以端盖的凸台的右端面为长度方向的基准标注尺寸 5、45 等，以中间轴孔的轴线为基准标注各回转体的直径。

观察端盖可知，左端 $\phi45$ 圆柱外圆的倒角为 $C2$，右端 $\phi65$ 凸台外圆的倒角为 $C1$，$\phi25$ 孔两端的倒角为 $C1$，将其标注在草图上。

在端盖的凸台与连接板之间有一个退刀槽，由于其尺寸无法用游标卡尺测量。在测绘时，可先目测尺寸，再查阅有关标准或类比同类图样得到尺寸（$2\times1$）。

未注铸造圆角半径在技术要求中说明，其他尺寸的标注请读者自行分析。

## 二、绘制零件图

### 1. 选择图幅

根据图形的复杂程度确定绘图比例和图幅，并准备图纸。端盖属于比较简单的零件，总体尺寸也不是很大，因此可以选择 1:1 的绘图比例，根据主视图、左视图所占用的幅面大小，并考虑留有足够的标注尺寸和技术要求的幅面，确定采用 A4 幅面的图纸，根据图形及尺寸确定图纸采用横向布置。

2. 确定端盖表达方案

（1）选择主视图

端盖的结构比较简单，其主要结构有圆筒、连接板、凸台、阶梯孔、倒角、油杯孔、退刀槽等。绘制主视图时，考虑表达特征原则应将反映轴线的视图作为主视图；考虑工作位置原则，应使油杯孔在上方。该零件的许多结构需要在车床上加工，按该位置绘制主视图也符合加工位置原则。

（2）选择其他视图

端盖的主视图已经将零件的大致形状和各部分的相对位置表达清楚，但是连接板及其上连接孔的位置还需要表达，因此选择左视图表达这些结构。很显然，左视图绘制外形图即可，为了表达油杯孔的位置，在左视图上可用细虚线绘制油杯孔的轮廓线。

3. 绘制端盖的零件图

（1）在图纸上绘制图框、标题栏外框

按照国家标准的规定绘制图框线，在图框的右下角绘制标题栏的外框线，如图 9-37 所示。标题栏选择国家标准推荐格式。

（2）绘制基准线

根据零件的长、宽、高计算主视图和左视图所占的幅面，绘制两个视图的基准线，如图 9-37 所示。

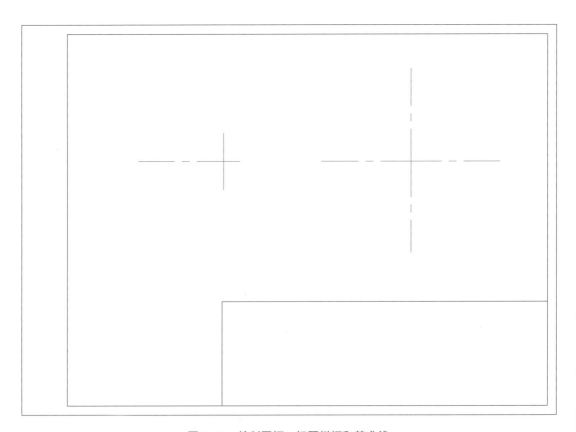

图 9-37　绘制图框、标题栏框和基准线

（3）绘制底图

在现场绘制的零件草图，表达方案往往有欠缺的地方，在绘制底图时要注意选择恰当的表达方法。例如，端盖上有 3 个内部结构，分别是中间的轴孔、油杯孔、连接板上的沉孔。由于这些结构在主视图上重叠，不能采用两平行剖切平面，所以在主视图上采用两个局部剖表达端盖的内部结构。其中一个剖切面通过零件的前后对称面，另一个剖切面通过阶梯孔的轴线，如图 9-38 所示。

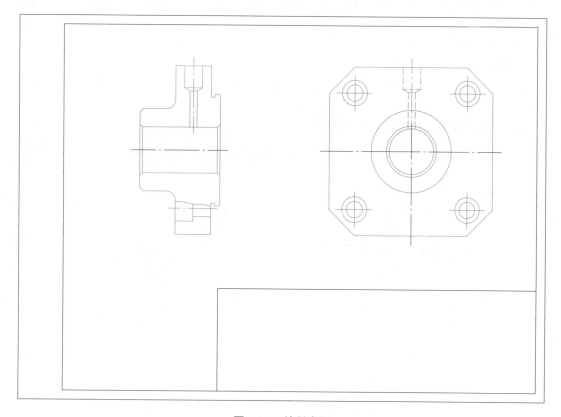

图 9-38　绘制底图

（4）检查视图，按线型描深图线

在绘制完底图后，要对所绘图形进行认真检查，确定无误后按线型描深图线，如图 9-39 所示。

（5）绘制剖面线

剖面线一般一次绘制完成，绘图时要使剖面线的方向相同，并尽量使剖面线的间隔一致，如图 9-39 所示。

（6）标注尺寸

在现场测量的尺寸，要根据设计要求进行修改，有些标准结构的尺寸要查阅手册或相关标准，有些非配合尺寸要进行适当圆整，端盖的尺寸标注如图 9-39 所示。

（7）标注技术要求

端盖安装在数控车床尾座上，$\phi 25$ 轴孔与丝杠上的圆柱面配合，应该给出尺寸公差和圆度（或圆柱度）要求。端盖的右端面和推力球轴承接触，连接板的右端面和尾座接触，为保证各端面的良好接触，应该给出这两个端面相对于 $\phi25$ 轴孔轴线的垂直度要求。端盖上的 $\phi25$ 轴孔和丝杠上的圆柱面配合，$\phi65$ 圆柱面和尾座配合，为保证丝杠相对于尾座的安装精度，所以需要给出尺寸公差和其轴线相对于 $\phi25$ 孔轴线的同轴度要求。

尺寸公差和几何公差要查阅有关手册获得公差值，然后标注在零件图中，如图 9-39 所示。

观察零件的表面质量，结合零件各表面的用途查阅有关手册获得 $Ra$ 参数，标注在零件图中，如图 9-39 所示。

（8）填写其他技术要求和标题栏

根据零件的用途，参照类似图样标注未注公差等其他技术要求。

按照国家标准推荐的格式绘制标题栏，查阅有关手册，合理选择材料并填写在标题栏中。

最后在标题栏中填写图名、绘图比例、绘制者的姓名等内容，如图 9-39 所示。

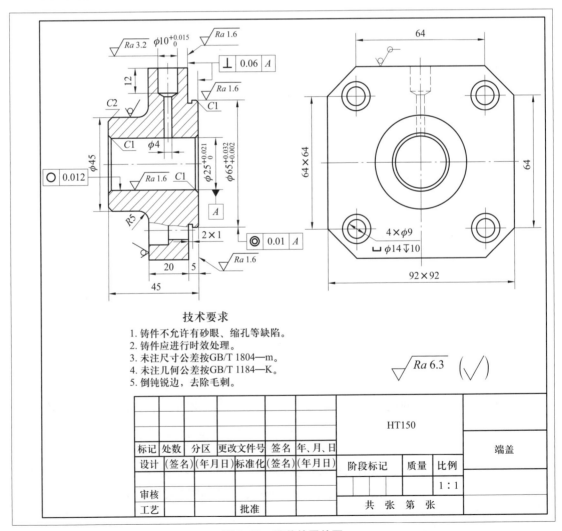

**图 9-39　端盖的零件图**

（9）校核全图

1）分析视图，检查是否有未表达清楚的结构，是否有遗漏的图线。

2）分析尺寸，检查是否有错标、漏标或重复标注的尺寸。

3）检查技术要求是否齐全、合理，标注方法是否正确。

4）检查用文字表达的技术要求是否正确，检查标题栏填写是否有误。

# 装配图

## 课题一　识读装配图

### 任务一　识读滑动轴承装配图

**学习目标**

1. 了解装配图的概念，掌握装配图的主要内容，能识读简单的装配图。
2. 掌握装配图的规定画法。

**任务描述**

　　装配图是表达机器或部件的图样，主要用来表示机器（或部件）的整体结构形状、机器（或部件）的工作原理、各零件间的相对位置和装配连接关系。在设计新产品时，一般应先画出装配图，然后根据装配图绘制零件图；零件制成后，再根据装配图装配成机器或部件；在安装、使用和维修设备时，也常需要通过装配图来了解机器的结构。滑动轴承用来支承做旋转运动的轴，一般情况下成对使用，将两个滑动轴承分别装在一根轴的两端。图 10-1 所示为滑动轴承装配图和立体图。试识读该装配图，了解装配图上的主要内容。

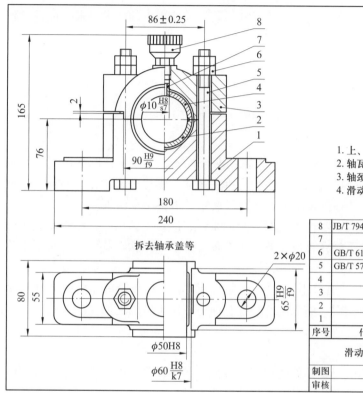

### 技术要求
1. 上、下轴瓦与轴承座之间应保证接触良好。
2. 轴瓦最大压力 $p \leqslant 29.4$ MPa。
3. 轴颈的圆周速度 $v \leqslant 8$ m/s。
4. 滑动轴承工作温度低于 120℃。

拆去轴承盖等

| 8 | JB/T 7940.3—1995 | 油杯A—12 | 1 | |
| 7 | | 上轴瓦固定套 | 1 | Q215 |
| 6 | GB/T 6170—2015 | 螺母M12 | 4 | |
| 5 | GB/T 5780—2016 | 螺栓M12×120 | 2 | |
| 4 | | 上轴瓦 | 1 | ZCuAl10Fe3 |
| 3 | | 轴承盖 | 1 | HT150 |
| 2 | | 下轴瓦 | 1 | ZCuAl10Fe3 |
| 1 | | 轴承座 | 1 | HT150 |
| 序号 | 代号 | 名称 | 数量 | 材料 |
| | 滑动轴承 | 比例 | 数量 | 图号 |
| | | 1:1 | | |
| 制图 | | | | |
| 审核 | | | | |

a)

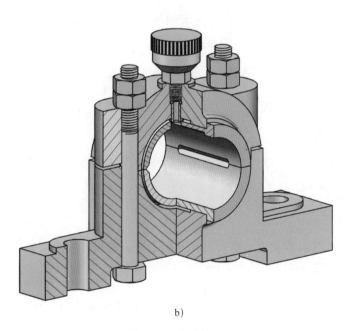

b)

图 10-1  滑动轴承
a）装配图  b）立体图

一张完整的装配图一般由一组图形、必要的尺寸、装配及使用中的技术要求、标题栏和明细栏组成。

一、识读图形

图 10-1 所示滑动轴承装配图用了主视图、俯视图两个视图，其中主视图采用了半剖视图；俯视图左侧绘制滑动轴承的外形视图，右侧绘制拆去螺栓、螺母、轴承盖、油杯、上轴瓦固定套等零件后的外形视图，并在俯视图上方注写了文字"拆去轴承盖等"。

装配图上图形的表达目的不同于零件图，对装配图来说，应从整体出发，将机器或部件的整体结构、工作原理、装配关系放在首位，兼顾主要零件的基本结构形状。至于每个零件的具体形状结构则由零件图详细表达。

由滑动轴承装配图不难看出，轴承座位于滑动轴承的下部，它和轴承盖由两个螺栓紧固，起支承和压紧上、下轴瓦的作用。轴承盖上端装有油杯，用于给轴瓦加注润滑油。

二、识读尺寸

装配图的尺寸主要用来表达机器或部件的规格、性能，各零件之间的配合关系，装配体的总体大小以及安装要求等，一般需要注出以下几种尺寸：

（1）规格、性能尺寸

图 10-1a 中的尺寸 $\phi50H8$ 确定了所支承轴颈的大小，从而也确定了滑动轴承的大小，这种表示机器或部件规格大小或工作性能的尺寸称为规格、性能尺寸。这类尺寸是设计、了解、选用机器（或部件）的依据。

（2）配合尺寸

图 10-1a 中的尺寸 $\phi10\dfrac{H8}{s7}$ 表示 $\phi10H8$ 的孔（上轴瓦）和 $\phi10s7$ 的轴（上轴瓦固定套）之间的配合。

在装配图上，表示零件间配合性质和公差等级的尺寸称为配合尺寸。图 10-1a 中的尺寸 $90\dfrac{H9}{f9}$、$65\dfrac{H9}{f9}$、$\phi60\dfrac{H8}{k7}$ 都是配合尺寸。

（3）安装尺寸

表示将部件安装在机器上或机器安装在基础上所需的尺寸称为安装尺寸，图 10-1a 中的尺寸 180、$2\times\phi20$ 为安装尺寸。

（4）外形尺寸

表示机器或部件的总长、总宽、总高等的尺寸称为外形尺寸。图 10-1a 中的尺寸 240、80 和 165 为外形尺寸。

（5）其他重要尺寸

这类尺寸是指在设计过程中经过计算或根据需要而确定的，但又不属于以上四种尺寸的尺寸，图 10-1a 中的尺寸 76、55、2、86±0.25 等为其他重要尺寸。

在装配图上标注尺寸时，各类尺寸并非全部注出，有时同一尺寸可能具有几种不同的含义。因此，在装配图上标注尺寸需根据具体情况来确定。

### 三、识读技术要求

在装配图上需要用文字说明或标注符号指明机器或部件在装配、调试、检验、安装和使用中应遵守的技术条件和要求。在该装配图上用文字标注了四条技术要求，具体如图 10-1a 所示。

### 四、识读零件序号、明细栏和标题栏

为了便于看图、管理图样和组织生产，装配图必须对每种零件编写零件序号。同时在标题栏上方编制相应的明细栏，并按零件序号将零件一一列出，注明零件的名称、材料、数量等。在标题栏中注明装配体名称、图号、绘图比例等。

**知识拓展**

## 装配图的规定画法

用于零件图的各种表达方法同样适用于装配图，但由于装配图侧重于表达机器或部件的工作原理、装配关系等整体情况，国家标准对装配图又单独制定了一些画法规定。

### 一、相邻零件轮廓线的画法

两相邻零件的接触表面（见图 10-2①）和配合表面（见图 10-2②）只画一条共有的轮廓线；不接触的两零件表面，即使间隙很小，也必须分别画出各自的轮廓线（见图 10-2③、④）。

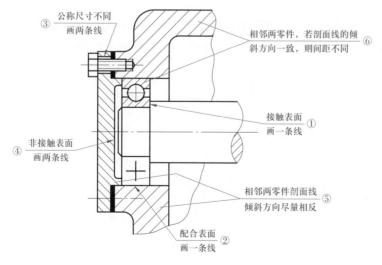

图 10-2 装配图的规定画法

## 二、相邻零件剖面线的画法

为区分不同的零件，在剖视图、断面图中，相邻两零件剖面线的倾斜方向应尽量相反（见图 10-2 ⑤）；若方向一致，则间距不同（见图 10-2 ⑥）。同一零件在不同视图中的剖面线的方向和间距应保持一致。

## 三、紧固件和实心零件的画法

对于紧固件（螺栓、螺母、垫圈、螺钉等）以及轴、连杆、球、键、销等实心零件，若纵向剖切，且剖切平面通过其对称平面或轴线时，则这些零件均按不剖绘制，如图 10-2 中的六角头螺栓和轴即按未剖到绘制。但当剖切平面垂直于这些零件的轴线剖切时，则应按剖切到绘制，图 10-3 所示左视图中的螺杆就是按剖切到绘制的。

# 任务二　识读机用虎钳装配图

**学习目标**

1. 掌握识读装配图的步骤，能识读较复杂的装配图。
2. 掌握装配图的特殊表达方法。

## 任务描述

图 10-3 所示为机用虎钳装配图，试识读装配图。

## 任务分析

装配图上的信息比较多，在看图时首先要看标题栏和明细栏，了解大致结构和用途，其次分析视图，看懂主要零件的结构形状，分析装配关系和工作原理，最后了解技术要求等内容。

## 任务实施

### 一、概括了解

从图 10-3 的标题栏中可以看出，该装配体为机用虎钳，是一种在机床工作台上用来夹持工件以便于对工件进行加工的通用夹具。从明细栏中可以看出，它由 11 种零件组成，其中垫圈、销、螺母和螺钉等零件是标准件。

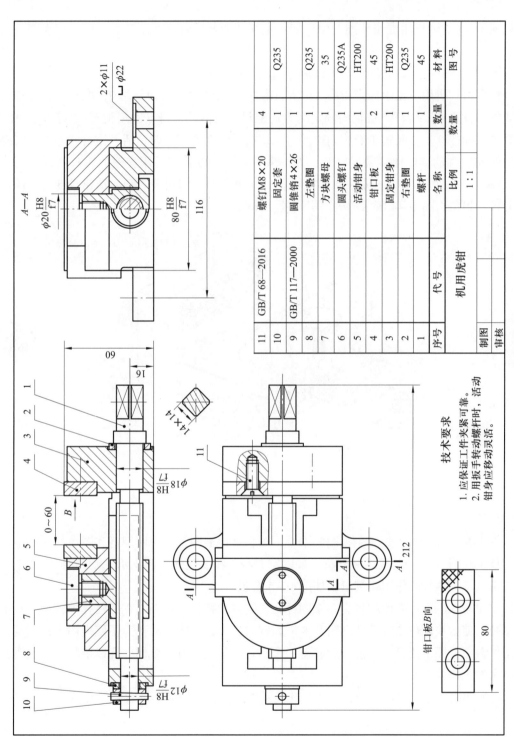

| 序号 | 代 号 | 名 称 | 数 量 | 材 料 | 图号 |
|---|---|---|---|---|---|
| 11 | GB/T 68—2016 | 螺钉M8×20 | 4 | | |
| 10 | | 固定套 | 1 | Q235 | |
| 9 | GB/T 117—2000 | 圆锥销4×26 | 1 | Q235 | |
| 8 | | 左垫圈 | 1 | Q235 | |
| 7 | | 方块螺母 | 1 | 35 | |
| 6 | | 圆头螺钉 | 1 | Q235A | |
| 5 | | 活动钳身 | 1 | HT200 | |
| 4 | | 钳口板 | 2 | 45 | |
| 3 | | 固定钳身 | 1 | HT200 | |
| 2 | | 右垫圈 | 1 | Q235 | |
| 1 | | 螺杆 | 1 | 45 | |
| 序号 | 代 号 | 名 称 | 数量 | 材 料 | 图号 |

机用虎钳

比例 1:1

制图
审核

技术要求

1. 应保证工作夹紧可靠。
2. 用扳手转动螺杆时，活动钳身应移动灵活。

图 10-3 机用虎钳装配图

## 二、看懂视图，分析装配关系和工作原理

从图 10-3 所示机用虎钳装配图中可知：主视图沿前后对称面剖开，采用全剖视图，表达机用虎钳的工作原理；左视图为 A—A 半剖视图，表达主要零件的装配关系；俯视图为局部剖视图，表达机用虎钳的外形及钳口板与固定钳身的装配关系。

分析可得：机用虎钳由固定钳身 3、活动钳身 5、螺杆 1、方块螺母 7、圆头螺钉 6 和钳口板 4 等零件组成。螺杆 1 被轴向固定，方块螺母 7 与活动钳身 5 用圆头螺钉 6 连成一体，方块螺母 7 和螺杆 1 之间属于螺旋副连接。当用扳手转动螺杆 1 时，活动钳身 5 即可沿着螺杆的轴线左右移动，以便夹紧或松开工件。从主视图可以看到机用虎钳的钳口张开范围为 0～60 mm。两块钳口板 4 分别用开槽沉头螺钉 11 紧固在固定钳身 3 和活动钳身 5 上。通过视图分析，想象出图 10-4 所示的机用虎钳的立体结构。

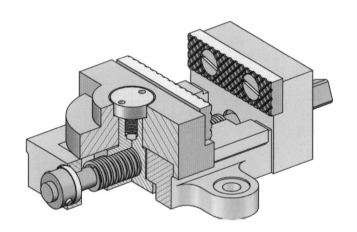

图 10-4　机用虎钳的立体结构

## 三、分析零件结构和作用

在进行视图分析时，要以主视图为中心，结合其他视图，对照明细栏和图上的零件编号对装配体上所有零件的形状逐一分析。如固定钳身 3 在装配体中起支承活动钳身 5、螺杆 1 和方块螺母 7 等零件的作用，其形状如图 10-5 所示。

固定钳身 3 的左、右两端各有一个圆柱孔，它支承螺杆 1 并使其在圆柱孔中转动，其中间是空腔，使方块螺母 7 带动活动钳身 5 沿固定钳身 3 做直线运动。为了使机用虎钳固定在机床工作台上，固定钳身 3 的前、后各有一个凸耳，其上各有一个螺栓孔以供将机用虎钳固定在机床的工作台上。

B 向视图表达了钳口板的结构形状。其他零件的形状和用途请读者自行分析。

## 四、分析尺寸及技术要求

螺杆 1 与固定钳身 3 的左、右端为间隙配合，配合尺寸为 $\phi$12H8/f7 和 $\phi$18H8/f7。活动钳身 5 与方块螺母 7 之间也是间隙配合，配合尺寸为 $\phi$20H8/f7。

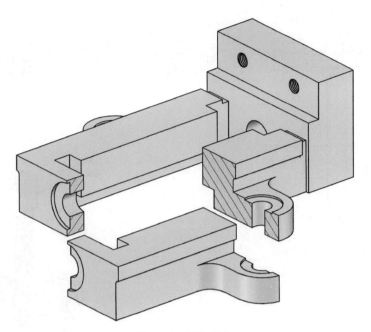

图 10-5　固定钳身

该机用虎钳的规格尺寸为钳口板的宽度 80，外形尺寸有 212、60，安装尺寸为 116 和 $2\times\phi11$。16 为其他重要尺寸。

在该装配图上用文字标注了技术要求，具体如图 10-3 所示。

五、综合归纳

在概括了解、分析视图的基础上，对尺寸、技术要求进行分析，然后综合分析装配图的各项内容，以对装配体的结构形状、工作原理和装配关系等有一个较完整、明确的认识。实际上，上述各项步骤是不能截然分开的，通常需要对视图、尺寸、技术要求、标题栏和明细栏等进行反复对照、分析，以看懂装配图。

知识拓展

## 装配图的特殊表达方法

装配图除了采用视图、剖视图、断面图等一般的表达方法外，还可采用一些特殊的表达方法。

一、拆卸画法

在装配图中，当某些零件遮住了需要表达的结构和装配关系时，可假想沿某些零件的接合面剖切或假想将某些零件拆卸后绘制。需要说明时，可在相应视图的上方加标注"拆去××等"。图 10-6 所示为拆卸器，用于拆卸轴上的轴承、齿轮。在图 10-6a 的俯视图上方标注了"拆去件 2、3、4"，表示俯视图是按照拆去零件 2、3、4 后绘制的。

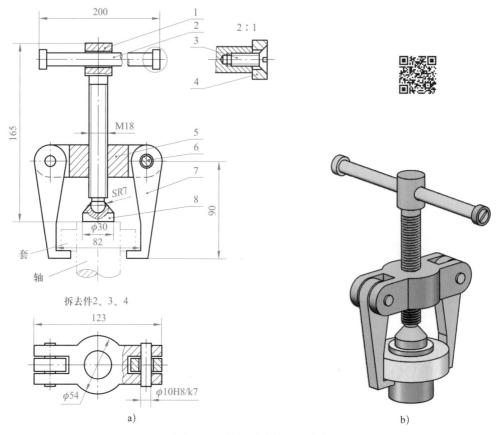

图 10-6　拆卸器（拆卸画法）

a）视图　b）立体图

1—压紧螺杆　2—把手　3—沉头螺钉　4—挡圈
5—横梁　6—销轴　7—抓手　8—压紧垫

## 二、假想画法

在装配图中，为了表达可动零件的极限位置，可用细双点画线画出该零件在极限位置时的轮廓线，如图 10-7 所示；当需要表达与本部件有关的相邻零件或部件的安装关系时，也可用细双点画线画出相邻零件或部件的轮廓，图 10-6 的主视图中用细双点画线绘制了轴和套的轮廓线。

## 三、简化画法

装配图上若干相同的零件组（如螺栓、螺钉等），可详细地画出一组，其余用细点画线表示其中心位置，如图 10-8 所示为凸缘联轴器，图中螺栓、螺母和垫圈组成的零件组在主视图、左视图中皆只画了一组。在装配图中，倒角、圆角、退刀槽等工艺结构可省略不画，如图 10-8 中的倒角和圆角皆省略不画。在装配图中，当剖切平面通过某些标准产品的组合件，或该组合件已由其他图形表达清楚时，可只画出其外形轮廓，如图 10-1 所示滑动轴承的零件 8（油杯 A-12）。

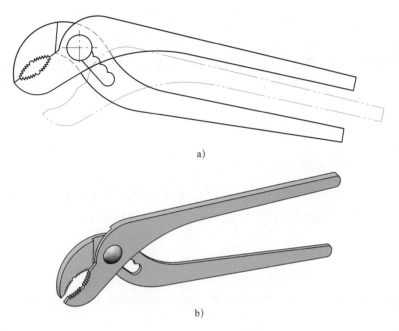

图 10-7　水泵钳（假想画法）

a）视图　b）立体图

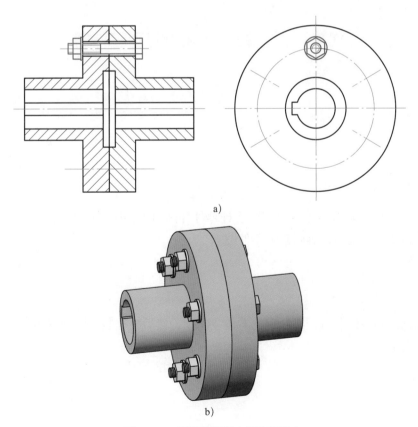

图 10-8　凸缘联轴器（简化画法）

a）视图　b）立体图

### 四、夸大画法

当图形上的孔的直径或薄片厚度较小，以及间隙、斜度和锥度较小时，为提高表达效果，绘图时允许适当增加图线之间的距离或角度，称为夸大画法。在图 10-3 中，垫圈与螺杆之间、螺钉和钳口板上圆柱孔之间的实际间隙为 0.5 mm，画图时两平行线之间的距离增加到 1 mm，圆锥销的锥度也大约增加了 1 倍。

### 五、单独画出某一零件的视图

在装配图中可以单独画出某一零件的视图，但必须在所画视图的上方注出该零件的视图名称，在相应视图的附近用箭头指明投射方向，并注上同样的字母，如图 10-3 中的钳口板 B 向。

---

## 课题二　由装配图拆画零件图

### 任务　由齿轮泵装配图拆画零件图

#### 学习目标

能根据装配图拆画零件图。

#### 任务描述

在机械设计中常常需要根据装配图设计零件并画出零件图，图 10-9 所示为齿轮泵装配图，试看懂齿轮泵装配图，拆画泵体零件图。

#### 任务分析

由装配图拆画零件图时，必须首先看懂装配图，然后根据装配图绘制零件的视图，标注尺寸和技术要求等。

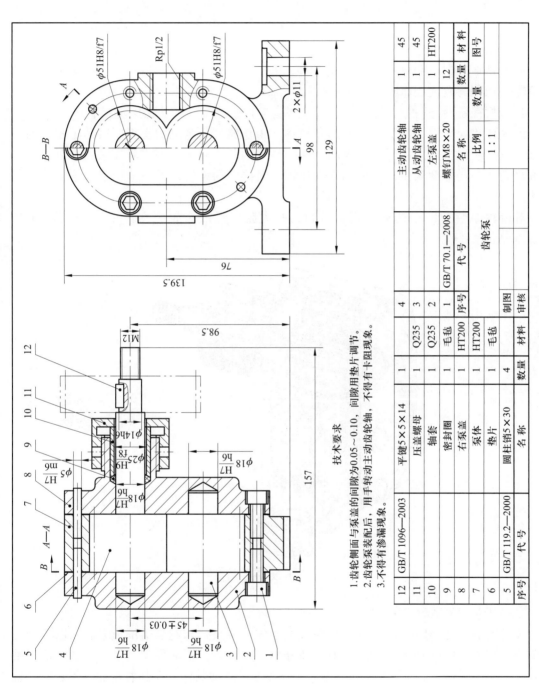

技术要求

1. 齿轮侧面与泵盖的间隙为0.05~0.10，间隙用垫片调节。
2. 齿轮泵装配后，用手转动主动齿轮轴，不得有卡阻现象。
3. 不得有渗漏现象。

| 序号 | 代号 | 名称 | 数量 | 材料 | 图号 |
|---|---|---|---|---|---|
| 4 | | 主动齿轮轴 | 1 | 45 | |
| 3 | | 从动齿轮轴 | 1 | 45 | |
| 2 | | 左泵盖 | 1 | HT200 | |
| 1 | GB/T 70.1—2008 | 螺钉M8×20 | 12 | | |
| 序号 | 代号 | 名称 | 数量 | 材料 | 图号 |

| 序号 | 代号 | 名称 | 数量 | 材料 |
|---|---|---|---|---|
| 12 | GB/T 1096—2003 | 平键5×5×14 | 1 | |
| 11 | | 压盖螺母 | 1 | Q235 |
| 10 | | 轴套 | 1 | Q235 |
| 9 | | 密封圈 | 1 | 毛毡 |
| 8 | | 右泵盖 | 1 | HT200 |
| 7 | | 泵体 | 1 | HT200 |
| 6 | | 垫片 | 1 | 毛毡 |
| 5 | GB/T 119.2—2000 | 圆柱销5×30 | 4 | |
| 序号 | 代号 | 名称 | 数量 | 材料 |

齿轮泵

| 比例 | 1:1 |
|---|---|

制图

审核

图10—9　齿轮泵装配图

**任务实施**

一、识读装配图

1. 概括了解

齿轮泵是机器中用来输送液压油的部件，由泵体、左泵盖、右泵盖、主动齿轮轴、从动齿轮轴等 12 种零件装配而成。

2. 分析视图

齿轮泵装配图用了两个视图表达其结构和工作原理，全剖的主视图表达了零件间的装配关系。左视图上采用了半剖视图和两处局部剖切，半剖视图沿着左泵盖与泵体的结合面剖切。两局部剖切中，一个用于表达进、出油口的结构，另一个用于表达安装孔的形状。

对齿轮泵装配图中的视图进行分析，在大脑中形成齿轮泵立体结构，如图 10-10 所示。

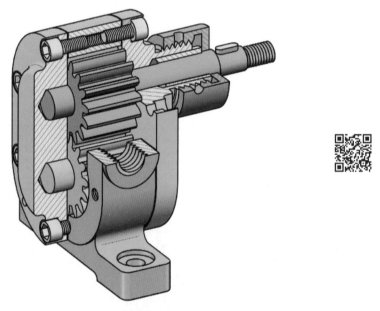

图 10-10　齿轮泵立体结构

3. 分析装配关系和工作原理

分析图 10-9 和图 10-10 可知，齿轮泵的泵体、左泵盖和右泵盖围成泵腔，以容纳一对啮合的齿轮。在从动齿轮轴 3 的中间部分加工了齿轮，两端各加工了一个 $\phi18h6$ 的轴颈。在主动齿轮轴 4 上除了加工了齿轮、2 个 $\phi18h6$ 的轴颈外，在其右端加工了 $\phi14h6$ 轴颈和用于安装螺母的外螺纹，以便安装传动齿轮。左、右泵盖上制有与齿轮两端轴颈配合的 $\phi18H7$ 轴孔，以保证齿轮正常啮合。泵体上有安装基座，以便将齿轮泵安装在其他设备上。左、右泵盖与泵体用圆柱销 5 定位，用内六角圆柱头螺钉 1 连接。为防止泵体 7 与左、右泵盖的结合面及主动齿轮轴 4 的伸出端漏油，分别用垫片 6 和密封圈 9 密封，轴套 10 和压盖螺母 11 用于将密封圈 9 压紧。

　　齿轮泵的工作原理在左视图上反映得比较清楚。根据左视图，绘制齿轮泵的工作原理图，如图 10-11 所示。当齿轮按图示箭头方向旋转时，右侧吸油室相互啮合的轮齿逐渐脱开，密封工作容积逐渐增大，形成局部真空，因此油箱中的油液在外界大气压力的作用下，经吸油口进入吸油腔，将齿间的槽充满，并随着齿轮旋转，把油液带到左侧压油室。随着齿轮的相互啮合，压油室密封工作腔容积不断减小，油液便被挤出去，从压油口输送到压力管路中。齿轮啮合时，轮齿的接触线把吸油腔和压油腔分开。

## 二、拆画泵体零件图

### 1. 分离零件

　　分析泵体在齿轮泵装配图主视图、左视图中的投影，想象泵体的结构，如图 10-12 所示。在分析泵体视图的过程中，要利用投影规律，并依据同一零件不同视图中的剖面线方向、间隔相同的制图规则，找出泵体在装配图中的轮廓线。装配图中泵体有些结构被其他零件（如螺钉、销等）遮挡，要根据齿轮泵的工作原理及泵体周围其他零件的形状想象出泵体被遮挡部分的形状。

### 2. 确定零件视图表达方案

　　零件视图的表达方案不能照搬装配图，应该根据零件的结构形状确定。在图 10-9 所示齿轮泵的装配图中，泵体的左视图反映了容纳一对齿轮的长圆形空腔以及与空腔相通的进、出油口的形状，同时也反映了圆柱销与螺钉孔的分布情况，以及底座上沉孔的形状。因此，在画零件图时，应选取这一方向作为泵体主视图的投射方向。泵体的视图如图 10-13 所示，在主视图上表达了泵体的外部和内腔的形状，并采用局部剖表达进、出油口和安装孔的结构形状，在左视图上采用两相交剖切平面表达泵体的内部结构和销孔、螺纹孔的形状，用一个仰视方向的局部视图表达安装基面的形状。

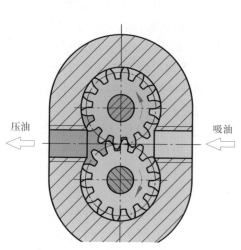

压油　　　　吸油

**图 10-11　齿轮泵的工作原理图**

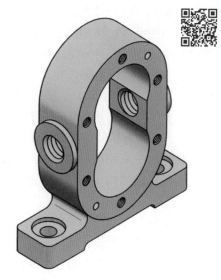

**图 10-12　泵体的结构**

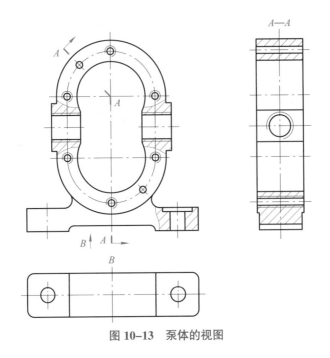

图 10-13　泵体的视图

### 3. 绘制零件的视图

泵体的视图如图 10-13 所示，绘图步骤如下：

（1）根据在装配图中标注的与泵体相关的尺寸绘制泵体主要结构的视图。

（2）测量装配图获得其他结构的尺寸，然后绘制视图。测量尺寸时注意分析泵体与其他零件的装配关系，根据装配图的绘图比例计算所测要素的实际尺寸并加以圆整。

（3）根据相关标准或机械设计手册补充在装配图中省略的工艺结构（如倒角、圆角、退刀槽等）。

### 4. 标注零件尺寸及公差

泵体的尺寸标注如图 10-14 所示。在装配图中标注出的尺寸都是重要的尺寸，在零件图中也要进行相应的标注。在图 10-9 中标注的齿轮与泵体内腔的配合尺寸 $\phi51H8/f7$，啮合齿轮的中心距 $45 \pm 0.03$，主动齿轮轴的轴线到底面的距离 98.5，进、出油口的管螺纹代号 Rp1/2，油孔的中心高 76，安装尺寸 129、98、$2 \times \phi11$ 等都可以直接在零件图中进行标注。装配图中的总高尺寸 139.5 可以换算成泵体上、下半圆柱体的外径 $R41$。对于装配图中的配合尺寸，可以标注公差带代号，也可注出上、下极限偏差。

装配图中未注出的尺寸，可根据从装配图中量取的尺寸按照比例进行计算，并加以圆整。某些标准结构，如键槽、密封槽、沉孔、倒角、退刀槽等的尺寸，应查阅有关标准后注出。

### 5. 标注技术要求

零件的尺寸公差、几何公差、表面结构要求等技术要求，要根据零件在装配体中的功能以及该零件与其他零件的关系来确定。零件的其他技术要求可用文字注写在标题栏附近，如图 10-14 所示。

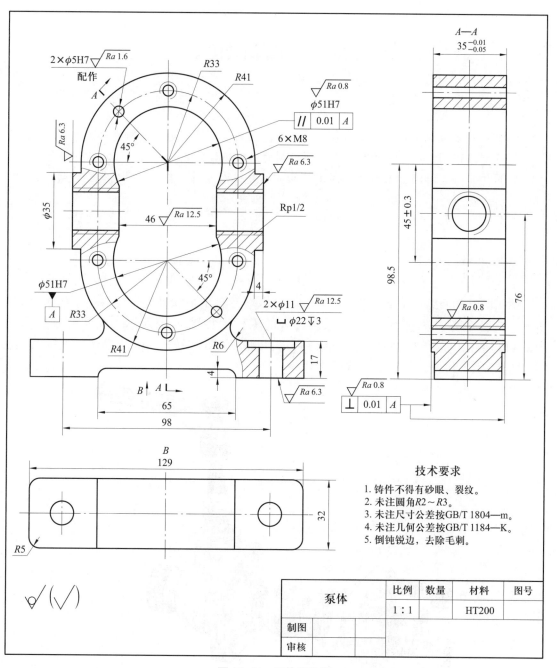

图 10–14 泵体零件图

**技术要求**
1. 铸件不得有砂眼、裂纹。
2. 未注圆角R2～R3。
3. 未注尺寸公差按GB/T 1804—m。
4. 未注几何公差按GB/T 1184—K。
5. 倒钝锐边, 去除毛刺。

| 泵体 | | 比例 | 数量 | 材料 | 图号 |
|---|---|---|---|---|---|
| | | 1:1 | | HT200 | |
| 制图 | | | | | |
| 审核 | | | | | |

课题三　绘制装配图

## 任务　绘制球阀装配图

**学习目标**

1. 掌握拟定装配图表达方案的基本原则，能正确合理地拟定装配图的表达方案。
2. 掌握装配图的绘制方法和步骤，能绘制简单的装配图。
3. 能借助国家标准、工具书或同类产品的相关技术资料，合理、准确地标注装配图的技术要求。

**任务描述**

球阀的结构及装配关系如图 9-2 所示，球阀各零件的形状及相对位置关系如图 10-15 所示，阀体的零件图如图 9-14 所示，阀盖的零件图如图 9-10 所示，阀芯的零件图如图 10-16 所示，扳手的零件图如图 10-17 所示，阀杆的零件图如图 10-18 所示，填料压套的零件图如图 10-19 所示，试绘制球阀装配图。

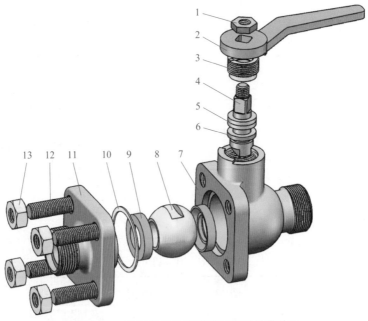

**图 10-15　球阀各零件的形状及相对位置关系**
1—薄螺母　2—扳手　3—填料压套　4—阀杆　5—填料　6—填料垫　7—阀体
8—阀芯　9—密封圈　10—密封垫片　11—阀盖　12—全螺纹螺柱　13—螺母

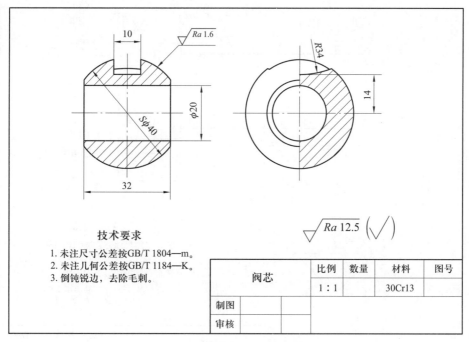

图 10-16 阀芯的零件图

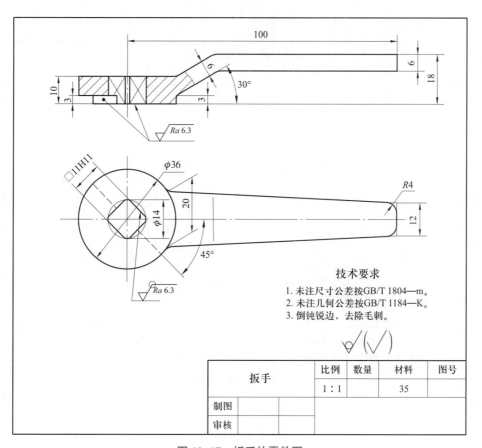

图 10-17 扳手的零件图

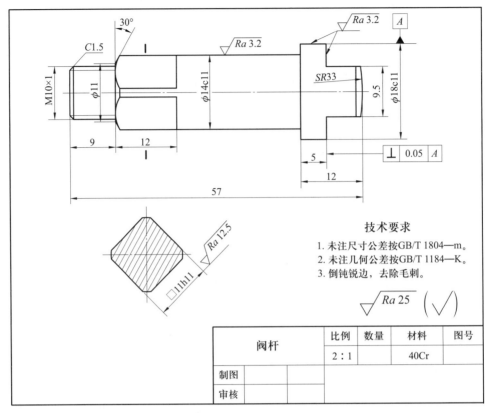

图 10-18　阀杆的零件图

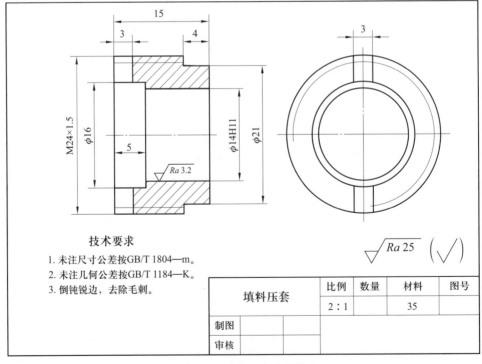

图 10-19　填料压套的零件图

任务分析

球阀常用于水、油、气等管路中，主要由扳手、阀体、阀盖、阀芯、阀杆、填料压套等 13 种零件组成。绘制球阀装配图时，首先要分析图 9-2 和图 10-15，弄清楚球阀的结构、装配关系和工作原理，然后确定视图表达方案，根据各零件图绘制装配图。

相关知识

一、装配图中零、部件序号及其编排方法

1. 基本要求

（1）装配图中所有的零、部件均应编号。

（2）装配图中一个部件可以只编写一个序号（如图 10-1a 中的油杯），同一装配图中相同的零、部件用一个序号，一般只标注一次；多处出现的相同的零、部件，必要时也可重复标注。

（3）装配图中零、部件的序号，应与明细栏中的序号一致。

2. 序号的编排方法

（1）装配图中零件序号的基本注写方式如图 10-20 所示，指引线（细实线）应自所指部分的可见轮廓内引出，并在末端画一圆点。序号可以注写在水平的基准线（细实线）上或圆（细实线）内，或注写在指引线的非零件端附近。同一装配图中序号的注写形式应一致，序号的字号比该装配图中尺寸数字的字号大一号或两号。

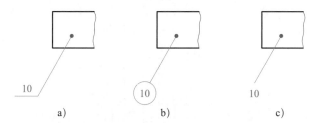

**图 10-20  装配图中零件序号的基本注写方式**
a）序号注写在水平的基准线上  b）序号注写在圆内
c）序号注写在指引线的非零件端附近

（2）若所指部分（很薄的零件或涂黑的剖面）内不便画圆点时，可在指引线的末端画出箭头，并指向该部分的轮廓，如图 10-21 所示。

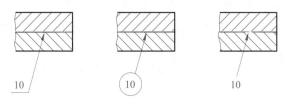

**图 10-21  带箭头的指引线**

（3）指引线不能相交。当指引线通过有剖面线的区域时，不应与剖面线平行。

（4）指引线可以画成折线，但只可曲折一次，如图 10-22 所示。

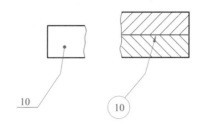

**图 10-22　曲折的指引线**

（5）对于紧固件组或装配关系清楚的零件组，允许采用公共指引线，如图 10-23 所示，其应用如图 10-24 所示。

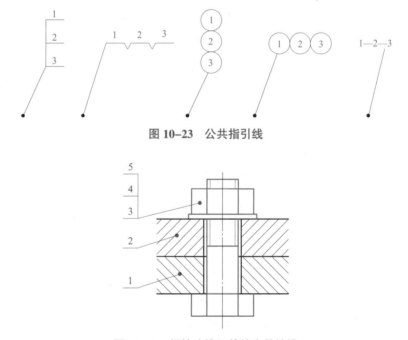

**图 10-23　公共指引线**

**图 10-24　螺栓连接组件的序号编排**

（6）装配图中的零件序号应沿水平方向或竖直方向按顺时针（或逆时针）方向连续整齐排列，如图 10-1a、图 10-3、图 10-9 所示。

## 二、明细栏的格式

国家标准推荐的两种明细栏的基本格式和尺寸如图 10-25 所示，图 10-25a 给出了序号、代号、名称、数量、材料、质量（单件、总计）、备注等栏目，图 10-25b 只给出了序号、代号、名称、数量、备注等栏目。在实际绘图时，明细栏中的栏目可根据需要增加或减少。序号栏填写图样中相应组成部分的序号，代号栏填写图样中相应组成部分的图样代号或标准编号，名称栏填写图样中相应组成部分的名称（必要时也可写出其型式与尺寸），数量栏填写图样中相应组成部分在装配体中的数量，材料栏填写图样中相应组成部分的材料标记，备注栏填写该项的附加说明或其他有关的内容（如齿轮的齿数、模数等）。

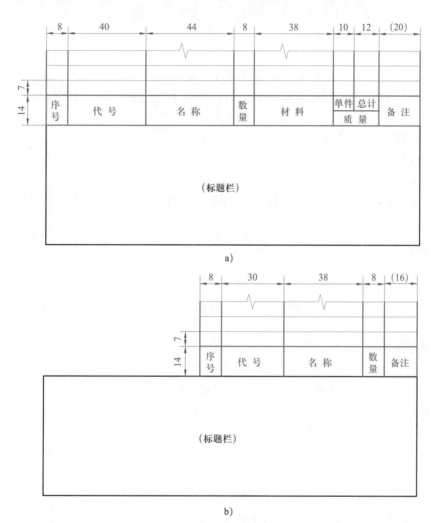

图 10-25　明细栏

a）完整格式　　b）简化格式

任务实施

### 一、了解和分析装配体

画装配图前，首先必须对所画装配体的用途、结构特征、工作原理及零件之间的装配关系进行分析了解。

#### 1. 分析装配体结构

如图 10-15 所示的球阀，带有方形凸缘的阀体 7 和阀盖 11 是球阀的主体零件，用四个全螺纹螺柱 12 和螺母 13 连为一体，在它们的轴向接触处加了密封垫片 10，不但起密封作用，而且可以调节阀芯 8 与密封圈 9 之间的松紧程度。阀杆 4 下部的凸块插入阀芯 8 的凹槽中，扳手 2 上的方孔与阀杆 4 上的四棱柱配合，阀芯的左右两端有密封圈 9，在阀杆 4 与阀体 7 之间安装了由填料垫 6、填料 5、填料压套 3 组成的密封装置。

2. 分析装配体的工作原理

图 10-15 所示的位置（阀芯通孔与阀体和阀盖孔对中）为阀门全部开启的位置，此时管道通畅。当顺时针方向转动扳手时，由扳手带动阀杆使阀芯转动，阀芯的孔与阀体和阀盖上的孔产生偏离，从而实现流量的调节。当扳手旋转 90° 时，则阀门全部关闭，管道断流。

3. 分析球阀的密封结构

阀芯左右两侧各一个密封圈 9，组成了球阀的第一道密封。阀体和阀盖之间的密封垫片 10、阀杆与阀体之间的填料 5 组成了球阀的第二道密封。

通过以上分析，对球阀的零件组成、工作原理、装配关系及零件的主要结构形状已有了一定了解，为视图选择提供了依据。

二、确定视图表达方案

在对装配体有了充分了解的基础上，选择一组合适的视图，运用各种表达方法，把装配体的装配关系、工作原理、外形特征和零件的主要结构形状表示出来，尤其是装配关系必须表示清楚。

1. 主视图的选择

选择装配图主视图的投射方向应注意以下问题：

（1）一般将机器或部件按工作位置或习惯位置放置。

（2）应选择最能反映装配体的主要装配关系和外形特征的那个视图作为主视图。

（3）主视图上一般用剖视图表达主要装配关系。

（4）如果这两种要求不能在主视图上统一体现，则要考虑用其他视图表达。

球阀的工作位置比较任意，因此这里按照习惯位置使阀体、阀盖和阀芯上通孔的轴线在水平位置，阀杆的轴线在竖直位置，并采用全剖视图表达装配关系。为了便于用左视图表达内部结构，应使阀体在右侧，阀盖在左侧。

2. 其他视图的选择

主视图选定以后，对其他视图的选择应考虑以下几点：

（1）还有哪些装配关系、工作原理及零件的主要结构形状没有表达清楚，选择哪些视图，采用什么表达方法。

（2）尽可能地用基本视图和基本视图上的剖视图及拆卸画法表达有关内容。

为了同时表达阀盖与阀体连接板的形状、四个全螺纹螺柱的分布情况、阀杆下部的凸块与阀芯上凹槽的装配关系，可以采用半剖的左视图，并使剖切平面通过阀杆的轴线。根据球阀的结构特点，为简化作图，左视图采用拆卸画法，不画扳手及薄螺母的投影。半剖的左视图可以清楚地显示出阀体上端的定位凸台，此凸台限制了扳手运动的极限位置。

为了更清楚地表达球阀的外形可绘制俯视图，为了表达扳手与阀体上定位凸台的关系，可在俯视图上采用沿手柄下侧端面与阀体的结合面剖切的局部剖视图。在俯视图中用细双点画线表示扳手的另一个极限位置（球阀关闭时的位置），以便更清晰地表达球阀的工作原理。

### 三、绘制装配图

表达方案确定以后，即可着手绘制装配图。装配图一般都比较复杂，为了保证画图质量，提高工作效率，掌握合理的画图步骤是很重要的。

**1. 定比例，选图幅**

根据球阀的大小和复杂程度，选择 1∶1 的作图比例。同时考虑留出标注尺寸、零件序号、技术要求、标题栏、明细栏的位置，选择 A3 图幅。

**2. 绘制作图基准线**

绘制图纸的边框线、标题栏和明细栏的范围线，然后绘制作图基准线，如图 10-26 所示。作图基准线一般是装配体中主要零件的中心线、对称线及较大平面的轮廓线，绘制作图基准线时要充分考虑各视图所占用的面积、标注尺寸和零件序号的位置。为防止出现版面不够的情况，还要留出一定的余量。

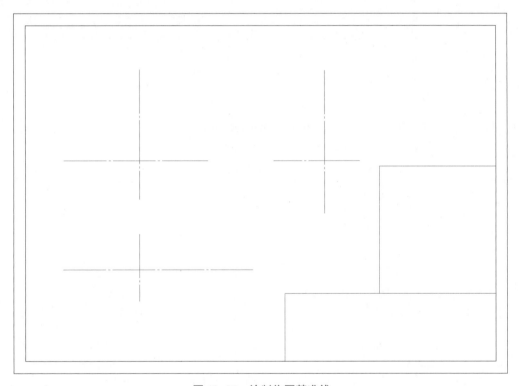

图 10-26　绘制作图基准线

**3. 绘制图形**

通常从较大的零件开始绘制，由内向外依次画出各零件的结构。画图时，一般从主视图入手，几个视图同时绘制，这样画图可以提高速度，减少作图误差。

（1）绘制阀体和阀盖，如图 10-27 所示，注意保证阀盖上的 $\phi$50 圆柱左侧的台阶到阀体左端面距离为 1 mm，小于 1 mm 的间隙按 1 mm 绘制。

（2）绘制阀芯和阀杆，如图 10-28 所示。因俯视图采用局部剖表达扳手与阀体上定位凸台的关系，阀杆被剖切，所以螺纹部分不画。

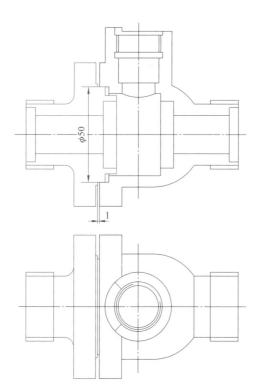
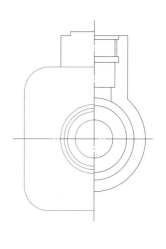

图 10–27 绘制阀体和阀盖

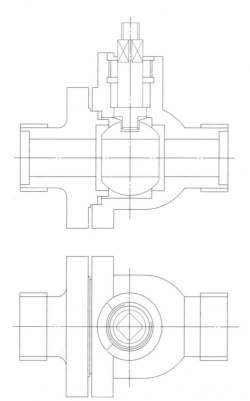
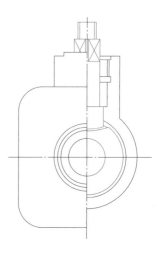

图 10–28 绘制阀芯和阀杆

（3）绘制螺柱、螺母，如图 10-29 所示。

（4）绘制扳手、薄螺母，如图 10-29 所示。因俯视图上采用局部剖，所以不画薄螺母的投影。

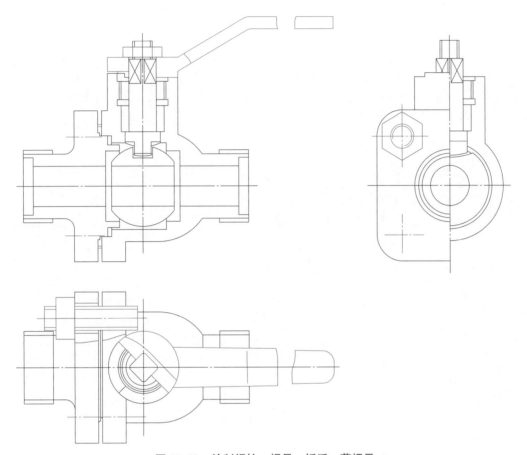

图 10-29　绘制螺柱、螺母、扳手、薄螺母

（5）绘制填料垫、填料、填料压套及其他密封件，如图 10-30 所示。

（6）检查图形。

4. 描深图线、画剖面线

图形检查无误后，擦除多余图线，描深图线，画剖面线，如图 10-31 所示。

5. 标注尺寸

球阀装配图的尺寸标注如图 10-31 所示，主要有：规格性能尺寸为 $\phi20$，装配尺寸 $\phi18H11/c11$、$\phi14H11/c11$、$\phi50H11/h11$，安装尺寸 M36×2、115±1（该尺寸同时也是总长），总高尺寸 121.5 和总宽尺寸 75，其他重要尺寸 160、84 和 54（这三个尺寸决定球阀安装后扳手的活动空间）等。

6. 完成装配体

编写零件序号，填写标题栏和明细栏，编写技术要求，校核全图，如图 10-31 所示。

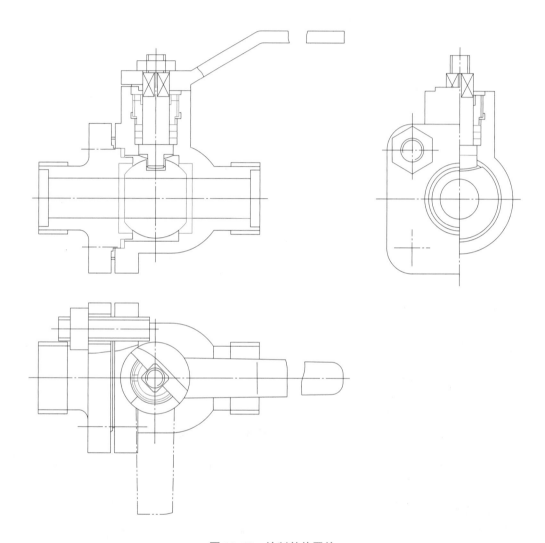

图 10-30　绘制其他零件

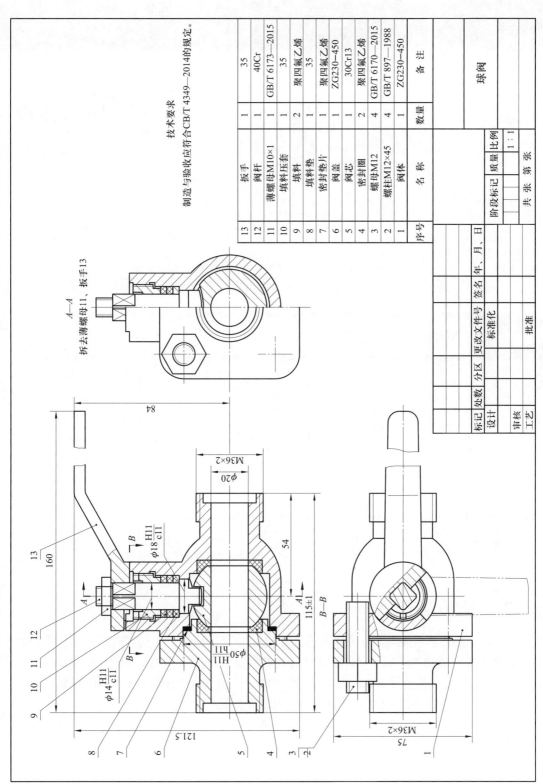

技术要求
制造与验收应符合CB/T 4349—2014的规定。

| 13 | 扳手 | 1 | 35 |
| 12 | 阀杆 | 1 | 40Cr |
| 11 | 薄螺母M10×1 | 1 | GB/T 6173—2015 |
| 10 | 填料压套 | 1 | 35 |
| 9 | 填料 | 2 | 聚四氟乙烯 |
| 8 | 填料垫 | 1 | 35 |
| 7 | 密封垫片 | 1 | 聚四氟乙烯 |
| 6 | 阀盖 | 1 | ZG230-450 |
| 5 | 阀芯 | 1 | 30Cr13 |
| 4 | 密封圈 | 2 | 聚四氟乙烯 |
| 3 | 螺母M12 | 4 | GB/T 6170—2015 |
| 2 | 螺柱M12×45 | 4 | GB/T 897—1988 |
| 1 | 阀体 | 1 | ZG230-450 |
| 序号 | 名 称 | 数量 | 备 注 |

球阀

| 标记 | 处数 | 分区 | 更改文件号 | 签名 | 年、月、日 | | | |
| 设计 | | | | | 阶段标记 | 质量 | 比例 |
| | | | | | | | 1：1 |
| 审核 | | 标准化 | | | | | |
| 工艺 | | 批准 | | | 共 张 | 第 张 | |

图 10-31 球阀装配图

# 计算机绘图

## 任务一　新建和保存文件

**学习目标**

1. 了解 AutoCAD 2020 的启动方法以及 AutoCAD 2020 的工作界面。
2. 掌握 AutoCAD 文件新建和保存的方法。

**任务描述**

　　AutoCAD 2020 是 Autodesk 公司推出的计算机辅助设计软件，它具有良好的工作界面和灵活、高效、快捷的绘图环境，已广泛应用于机械设计、电工电子等诸多领域。本任务要求启动 AutoCAD 2020，新建一个 AutoCAD 图形文件，认识 AutoCAD 2020 的工作界面，然后保存为"*.dwg"格式的图形文件，文件名为"计算机绘图"。

　　学习任何一个计算机软件，都要从了解软件的启动方法和认识工作界面开始。AutoCAD 软件的启动方法与 Word 软件相同，工作界面也类似，保存文件的方法也基本相同。

## 一、启动 AutoCAD 2020

　　双击桌面上的 AutoCAD 2020 快捷图标，启动 AutoCAD 2020 应用程序，启动后的界面如图 11-1 所示。

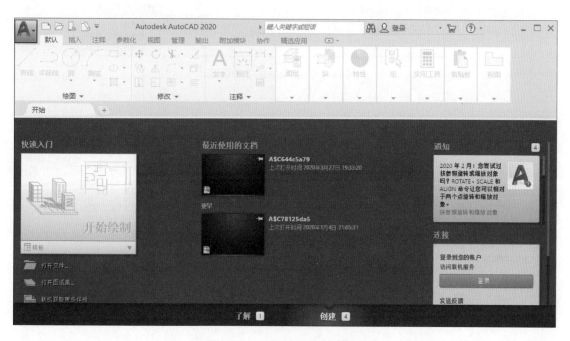

图 11-1　AutoCAD 2020 界面

## 二、新建图形文件

　　启动 AutoCAD 软件时，用户不会直接进入软件的绘图界面，必须新建图形文件。

　　执行"新建"命令的方法：单击（单击鼠标左键，以下同）快速访问工具栏的"新建"按钮 □ ，或单击菜单栏的"文件"→"新建"命令，或者单击菜单浏览器的"新建"命令等。

　　执行"新建"命令后，系统弹出"选择样板"对话框，如图 11-2 所示。单击"打开"按钮右侧的箭头，单击"无样板打开—公制"按钮，系统新建一个空白图形文件，并自动命名为"Drawing1.dwg"，如图 11-3 所示。

图 11-2 "选择样板"对话框

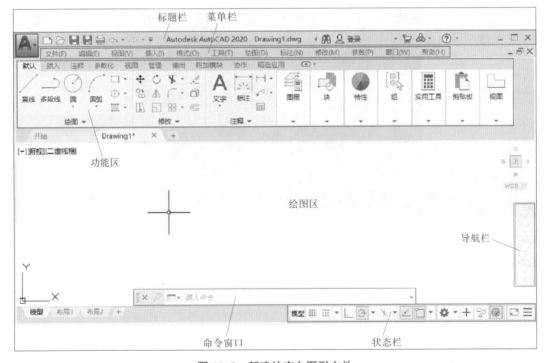

图 11-3 新建的空白图形文件

　　如果在"选择样板"对话框的"名称"窗口中选择"acadiso.dwt"图形样板，同样可以新建公制图形文件。

　　为满足用户的使用需求，AutoCAD 2020 提供了"草图与注释""三维基础""三维建模"

三种工作空间模式。"草图与注释"工作空间（见图 11-3）用于绘制图形，它也是 AutoCAD 2020 默认启动的工作空间，"三维基础"和"三维建模"用于绘制三维实体。

### 三、认识 AutoCAD 2020 操作界面

AutoCAD 2020 的"草图与注释"工作界面主要由标题栏、菜单栏、功能区、绘图区、命令窗口、状态栏、导航栏等组成，如图 11-3 所示。

#### 1. 认识标题栏

标题栏位于 AutoCAD 操作界面的最顶部。如图 11-4 所示，标题栏主要包括菜单浏览器、快速访问工具栏、程序名称、文件名和窗口控制按钮等内容。

图 11-4　标题栏

快速访问工具栏在标题栏的左侧，AutoCAD 的几个最常用的命令放在这里，包括新建、打开、保存、另存为、打印、放弃以及重做等。

窗口控制按钮位于标题栏最右端，主要有"最小化""恢复窗口大小 / 最大化""关闭"按钮，用于控制 AutoCAD 窗口的大小和关闭。

#### 2. 认识菜单栏

菜单栏位于标题栏的下侧，如图 11-3 所示。AutoCAD 为用户提供了"文件""编辑""视图""插入""格式""工具""绘图""标注""修改""参数""窗口""帮助"共 12 个主菜单。AutoCAD 的常用制图工具和管理、编辑工具等都分门别类地排列在这些主菜单中，用户可以非常方便地启动各主菜单中的相关菜单项，进行必要的图形绘制和编辑工作。具体操作方法：在主菜单项上单击鼠标左键，展开此主菜单，然后将光标移至需要启动的命令选项上，再次单击即可。

默认设置下，菜单栏是隐藏的。单击"快速访问工具栏"右侧的下拉按钮，在弹出的下拉菜单（见图 11-5）中单击"显示菜单栏"，即可在屏幕上显示菜单栏；再次单击"快速访问工具栏"右侧的下拉按钮，在下拉菜单中单击"隐藏菜单栏"，则隐藏菜单栏。

#### 3. 认识功能区

AutoCAD 2020 的功能区位于标题栏下方，功能区主要包括"默认""插入""注释""参数化""视图"等几部分，其中最常用的是"默认"功能区。

单击"默认"标签，即可进入"默认"功能区，它包括"绘图""修改""注释""图层"等 10 个选项卡，如图 11-3 所示。

图 11-5　"快速访问工具栏"的下拉菜单

4. 认识绘图区

绘图区是指在功能区下方的大片空白区域，此区域是用户的工作区域，图形的设计与修改工作就是在此区域内进行操作的。默认状态下绘图区是一个无限大的电子屏幕，无论尺寸多大或多小的图形，都可以在绘图区中绘制和灵活显示。

当移动光标时，绘图区会出现一个随光标移动的十字符号，此符号为"十字光标"，它由"十字线"和"小方框"叠加而成。当执行绘图命令时"十字光标"变为"拾取点光标"，如图 11-6 所示。

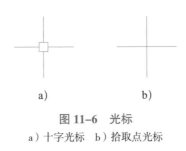

a)　　　　　　　　　　b)

图 11-6　光标

a）十字光标　b）拾取点光标

5. 认识命令窗口

命令窗口位于绘图区的下侧，如图 11-3 所示，它是用户与 AutoCAD 软件进行数据交流的平台，其主要功能是提示和显示用户当前的操作步骤。

6. 认识状态栏

状态栏位于屏幕的最下方，包括当前光标的坐标和辅助工具栏，如图 11-7 所示。辅助工具栏的按钮主要提供一些辅助绘图功能，它包括"栅格""捕捉模式""动态输入""正交模式""极轴追踪""等轴测草图""对象捕捉追踪""对象捕捉""线宽""切换工作空间""全屏显示"等开关按钮。单击它们可在启用与不启用之间进行切换。单击"自定义"按钮可以设置状态栏的显示内容。

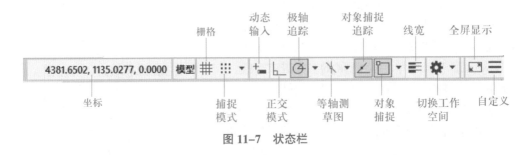

图 11-7　状态栏

7. 认识导航栏

导航栏位于屏幕的右侧，包括平移、缩放、动态观察等工具，如图 11-3 所示。

8. 认识右键快捷菜单

AutoCAD 为用户提供了右键快捷菜单，在各种状态下单击鼠标右键即可弹出不同的快捷菜单，用户只需要单击菜单中的命令或选项，即可快速执行相应的命令。如在绘图区内单击鼠标右键（简称单击右键），在弹出的快捷菜单（见图 11-8）中单击"选项"菜单，可以弹出"选项"对话框。

图 11-8 右键快捷菜单

## 四、保存文件

保存文件是为了将绘制的图形以文件的形式进行存盘，在画图过程中和画完图后都可以保存文件。启动"保存"命令的方法：单击"快速访问工具栏"的"保存"按钮 ，或单击菜单栏"文件"→"保存"命令，或单击菜单浏览器的"保存"命令。

1. 单击菜单栏"文件"→"保存"命令，系统弹出"图形另存为"对话框，如图 11-9 所示。

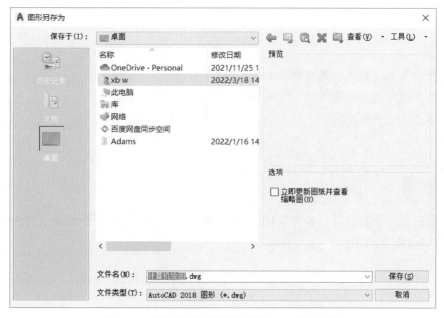

图 11-9 保存名为"计算机绘图.dwg"的文件

2. 将新建的图形文件名改为"计算机绘图.dwg"，单击对话框上的"桌面"按钮。

3. 单击对话框上的"保存"按钮，即可将当前文件保存到桌面上。

### 五、关闭文件

绘图结束并已将文件保存后，需要关闭文件并退出 AutoCAD 2020。关闭文件的操作方法：单击 AutoCAD 2020 界面窗口右上角的关闭按钮 ✕ ，或单击菜单浏览器的"关闭"菜单。

如用户没有提前将绘制的图形进行保存，在执行"关闭"命令时，将弹出如图 11-10 所示的提示对话框。如单击"是（Y）"按钮，系统将弹出"图形另存为"提示对话框，用于对图形进行命名保存；如单击"否（N）"按钮，系统将放弃存盘，退出 AutoCAD 2020 程序；如单击"取消"按钮，系统将取消"关闭"命令，返回 AutoCAD 2020 的工作界面。

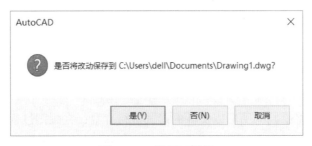

图 11-10　提示对话框

## 任务二　打开、查看和另存文件

### 学习目标

1. 掌握打开 dwg 格式图形文件的方法。

2. 能熟练地使用平移和缩放命令查看图形。

3. 掌握另存文件的方法。

### 任务描述

打开图形文件"衬套"，查看图样细节，并利用"另存为"命令修改其文件名为"轴套"，保存到桌面上。

**任务分析**

在查看和修改图形时，首先要打开已有的图形文件，查看图形时需要让图形能在屏幕上平移、缩小或放大显示，"另存为"命令可以使文件以新文件名进行保存。

**任务实施**

一、打开文件

当用户需要查看、使用或编辑已经存盘的 dwg 格式的图形文件时，可使用"打开"命令将图形打开。启动"打开"命令的方法：单击快速访问工具栏的"打开"按钮 📂 ，或单击菜单栏的"文件"→"打开"命令，或单击菜单浏览器的"打开"命令。

1. 启动"打开"命令后，系统弹出"选择文件"对话框。

2. 在对话框的"查找范围"栏中单击"计算机绘图源文件"文件夹，在对话框"名称"栏的列表中单击文件"半联轴器零件图"，如图 11-11 所示。

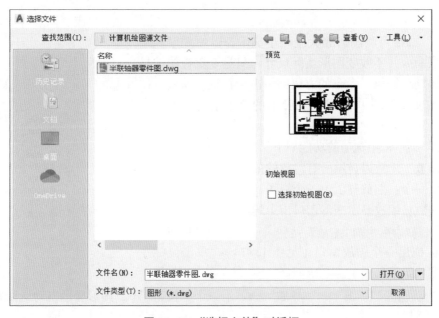

图 11-11 "选择文件"对话框

3. 单击对话框上的"打开"按钮，即可打开该文件，如图 11-12 所示。

在启动 AutoCAD 软件之前，双击要打开的 AutoCAD 文件图标，可以直接启动 AutoCAD 并打开图形文件。在启动 AutoCAD 软件后，双击要打开的 AutoCAD 文件图标，也可以打开该文件。

二、缩放显示图形

在绘图过程中或观察已绘制的图形时，需要在屏幕上恰当地显示图形，这就需要对图形进行缩放和平移。

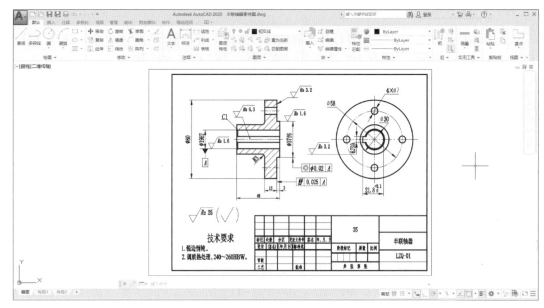

图 11-12　打开的文件

"缩放"命令可将图形放大或缩小显示，以便观察和绘制图形，该命令并不改变图形实际尺寸，只是变更视图的显示比例。启动"缩放"命令的方法：单击导航栏"缩放"按钮的下拉按钮（见图 11-13），在弹出的菜单中选择缩放命令选项。

"缩放"菜单常用选项的功能如下。

范围缩放：缩放以显示所有对象的最大范围。

缩放上一个：缩放显示上一个视图。

窗口缩放：缩放显示矩形窗口指定的区域。

1. 单击导航栏"窗口缩放"按钮 🔍 ，在标题栏所在的位置用鼠标拖出一个缩放窗口（见图 11-14），单击鼠标左键，窗口缩放结果如图 11-15 所示。

图 11-13　导航栏"缩放"菜单

2. 单击功能区"视图"→"导航"→"上一个"按钮 🔍 ，图形显示自动退回到上一次缩放的图形窗口。

3. 单击"缩放"菜单上的其他缩放按钮，对图形进行缩放操作。

## 三、平移图形

"平移"命令用于移动图形在屏幕上的显示位置，该命令不改变图形的实际位置。执行"平移"命令的方法：单击导航栏的"平移"按钮。

1. 单击导航栏"平移"按钮 ✋ ，启动"平移"命令，用鼠标上下、左右移动图形，如图 11-16 所示。

2. 按 Enter 键退出"平移"命令。

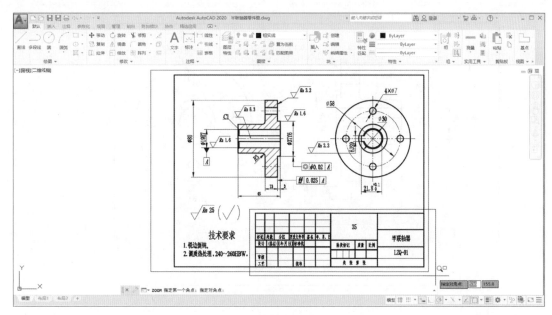

图 11-14 缩放窗口

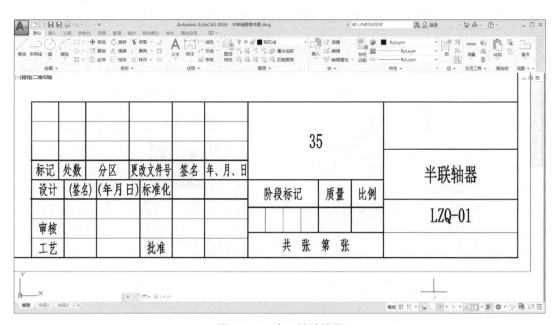

图 11-15 窗口缩放结果

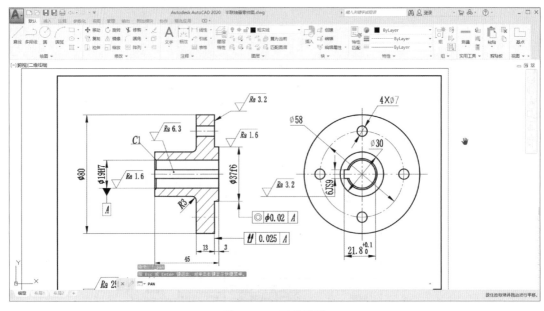

图 11-16　平移图形

## 四、用"另存为"命令修改文件名

"另存为"命令主要用于将当前的文件以新的文件名保存。

1. 在桌面上新建一个"AutoCAD 机械制图训练"文件夹。

2. 单击菜单栏"文件"→"另存为"命令，系统弹出"图形另存为"对话框。

3. 将对话框上"文件名"列表框内的文件名改为"连接盘零件图.dwg"，如图 11-17 所示。

图 11-17　另存为"连接盘零件图"

4. 单击"桌面"按钮，然后在"保存于"窗口的下拉菜单中找到"AutoCAD 机械制图训练"文件夹并单击，再单击"保存"按钮，即可将"连接盘零件图.dwg"图形文件另存到"AutoCAD 机械制图训练"文件夹中。

## 知识拓展

### 一、用鼠标缩放和平移图形

利用鼠标也可以直接对图形进行放大、缩小和平移操作。向前滑动鼠标滚轮，图形以光标所在位置为中心进行放大；向后滑动鼠标滚轮，图形缩小，按住鼠标滚轮不放并移动鼠标可以实时平移图形。利用鼠标进行视窗操作是非常便利的，在实际绘图过程中最为常用。

### 二、用快捷键缩放和平移图形

在没有命令执行的前提下或没有对象被选择的情况下，按下鼠标右键，弹出快捷菜单（见图 11-18），选择"缩放"或"平移"菜单，也可以对图形进行缩放或平移。

图 11-18 "平移"或"缩放"快捷菜单

---

## 课题二 绘制基本几何图形

## 任务一 用直线命令绘制卡规平面图

### 学习目标

1. 了解 AutoCAD 的坐标系的概念。
2. 掌握直线的绘制方法，能绘制由直线组成的平面图形。

## 任务描述

利用"直线"命令绘制如图 11-19 所示卡规平面图（不标注尺寸）。

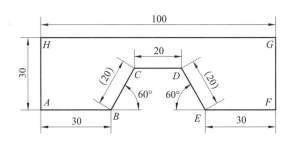

图 11-19 卡规平面图

## 任务分析

卡规平面图由多条线段组成，绘制线段可使用"直线"命令。

## 相关知识

### 一、坐标系

在绘图过程中要精确定位某个对象时，必须以某个坐标系作为参照，以便精确指定点的位置，使用 AutoCAD 提供的坐标系可以精确绘制图形。

AutoCAD 的默认坐标系为 WCS，即世界坐标系。此坐标系是 AutoCAD 的基本坐标系，它由两个相互垂直并相交的坐标轴 $X$、$Y$ 组成，如图 11-20 所示。$X$ 轴正方向水平向右，$Y$ 轴正方向垂直向上（如果在三维空间工作，还有一个 $Z$ 轴），坐标原点在绘图区左下角。

#### 1. 绝对坐标

#### （1）绝对直角坐标

绝对直角坐标是以原点（0，0）为参照点来定位所有的点，其表达式为（$X$，$Y$），用户可以通过输入点的实际 $X$、$Y$ 坐标来定义点的位置。

如 $B$ 点的 $X$ 坐标为 35（即该点在 $X$ 轴上的垂足点到原点的距离为 35 个图形单位），$Y$ 坐标为 15（即该点在 $Y$ 轴上的垂足点到原点的距离为 15 个图形单位），那么 $B$ 点的绝对坐标表达式为（35，15）。$B$ 点在坐标系中的位置如图 11-21 所示。

图 11-20　AutoCAD 的基本坐标系　　　　图 11-21　点的绝对直角坐标

（2）绝对极坐标

绝对极坐标是以原点作为极点，通过相对于原点的极长和角度来定义点的位置，其表达式为（$L<\alpha$）。$L$ 为某点与原点之间的距离，即极长；$\alpha$ 为该点和原点的连线与 $X$ 轴正方向的夹角。在默认设置下，AutoCAD 是以逆时针方向来测量角度的，即逆时针的角度为正值。因此，$X$ 轴的正向为 0°，$Y$ 轴的正向为 90°。如 $D$ 点的极坐标为 $D$（20<30），则 $D$ 点在坐标系中的位置如图 11-22 所示。

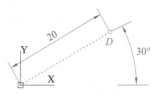

**图 11-22　点的绝对极坐标**

2. 相对坐标

（1）相对直角坐标

相对直角坐标是指相对于某一点的 $X$ 轴和 $Y$ 轴位移。它的表示方法是在绝对坐标表达式前加上"@"，如 $A$ 点相对 $B$ 点的相对直角坐标为 $A$（@ -13，8），则 $A$ 点相对 $B$ 点的位置如图 11-23 所示。

（2）相对极坐标

相对极坐标是指相对于某一点的距离和角度。它的表示方法也是在绝对坐标表达式前加上"@"号，如 $C$ 点相对于 $D$ 点的相对极坐标为 $C$（@ 11<24），其中，相对极坐标中的角度是新点和上一点连线与 $X$ 轴的夹角。$C$ 点相对于 $D$ 点的位置如图 11-24 所示。

**图 11-23　$A$ 点相对 $B$ 点的位置**　　　　**图 11-24　$C$ 点相对于 $D$ 点的位置**

## 二、启动命令的方法

AutoCAD 交互绘图必须输入必要的指令和参数。AutoCAD 为用户提供了多种命令输入方式，下面以绘制直线为例，介绍命令输入方式。

1. 在命令窗口输入命令名

命令字符可不区分大小写，例如在启动"直线"命令时，既可输入大写字母"LINE"，也可输入小写字母"line"。在命令窗口输入绘制直线命令"LINE"按 Enter 键后，系统给出如下提示。

| | |
|---|---|
| 命令：LINE | |
| 指定第一个点： | // 在绘图区指定一点或输入一个点的坐标 |
| 指定下一点或［放弃（U）］： | // 在绘图区指定直线的另一点或输入另一个点的坐标 |
| 指定下一点或［放弃（U）］： | // 按 Enter 键（或按空格键）结束命令 |

执行命令时，在命令窗口提示中会出现相关的命令选项。命令窗口中不带括号的提示为默认选项（如上面的"指定下一点或"），因此可以直接输入直线的另一点坐标或在绘图区指定一点，如果要选择其他选项，则应该首先输入该选项的标识字符（如："放弃"选项的标识字符"U"），然后按系统提示输入数据。在命令选项的后面有时还带有尖括号，其中的内容为系统默认的选项或参数。

图11-25 在"绘图"菜单中
选择"直线"命令

在输入英文字母、数字及其他字符时，必须使用英文半角字符，不能使用全角字符。

2. 在命令窗口输入命令缩写字母

在命令窗口输入直线命令的缩写字母L，也可以执行该命令。

3. 在"绘图"菜单栏中选择对应的命令

一般情况下，AutoCAD的各项命令在菜单栏中都有相应的菜单，打开菜单栏中"绘图"菜单，单击"直线"命令（见图11-25），即可启动"直线"命令。

4. 单击功能区中对应的按钮

单击"默认"功能区中的"直线"按钮 ，也可以启动"直线"命令。单击"默认"功能区中的命令按钮是最常用的执行命令的方法。

### 三、绘制直线的方法

AutoCAD系统提供了多种绘制直线的方法，如使用鼠标点击绘制直线、利用绝对直角坐标绘制直线、利用相对直角坐标绘制直线以及利用绝对和相对极坐标绘制直线。这五种方法归根到底都是利用确定点的坐标来绘制直线的，只是确定点的坐标的方式不同而已。

1. 利用鼠标点击绘制直线

该方法是通过单击鼠标左键在绘图区指定两点来绘制直线的。

单击"默认"功能区的"直线"按钮，启动"直线"命令，系统给出如下提示。

命令：_line
指定第一个点：                 //在绘图区适当位置单击左键，指定一点作为起点
指定下一点或[放弃（U）]：        //移动光标到另一位置单击，指定一点作为终点
指定下一点或［退出（E）/放弃（U）]：                        //按Enter键结束命令

绘制结果如图11-26所示。

2. 利用绝对直角坐标绘制直线

该方法是通过输入点的绝对直角坐标来绘制直线的。

单击"默认"功能区的"直线"按钮，启动"直线"命令，系统给出如下提示。

命令：_line
指定第一个点：0, 50              //输入起点绝对直角坐标"0, 50"，按Enter键
指定下一点或［放弃（U）]：110, 100

                            //输入终点绝对直角坐标"110, 100"，按Enter键
指定下一点或［退出（E）/放弃（U）]：                        //按Enter键结束命令

绘制结果如图 11-27 所示。

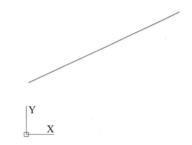

图 11-26　利用鼠标点击绘制直线　　　图 11-27　利用绝对直角坐标绘制直线

在输入绝对坐标时，要关闭状态栏中的"动态输入"按钮，否则输入的是相对坐标。

3. 利用相对直角坐标绘制直线

该方法是通过输入点的相对直角坐标来绘制直线的。

在坐标系中，如 $A$ 点绝对坐标为（100，100），$B$ 点的绝对坐标为（200，200），那么 $B$ 点相对于 $A$ 点的相对坐标为（@100，100）。

启动"直线"命令，系统给出如下提示。

```
命令：_line
指定第一个点：100，100　　//输入起点 A 的绝对直角坐标"100，100"，按 Enter 键
指定下一点或［放弃（U）］：@100，100
　　　　　　　//输入终点 B 相对于 A 点的直角坐标"@100，100"，按 Enter 键
指定下一点或［退出（E）/放弃（U）］：　　　　　　　　//按 Enter 键结束命令
```

绘制结果如图 11-28 所示。

4. 利用绝对极坐标绘制直线

该方法是通过输入点的绝对极坐标来绘制直线的。

启动"直线"命令，系统给出如下提示。

```
命令：_line
指定第一点：0，0　　　　　　　　//输入起点绝对直角坐标"0，0"，按 Enter 键
指定下一点或［放弃（U）］：100<45　　//输入绝对极坐标"100<45"，按 Enter 键
指定下一点或［放弃（U）］：　　　　　　　　//按 Enter 键结束命令
```

绘制结果如图 11-29 所示。

5. 利用相对极坐标绘制直线

该方法是通过输入点的相对极坐标来绘制直线的。

启动"直线"命令，系统给出如下提示。

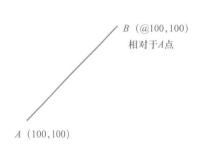

$B$ （@100,100)
相对于$A$点

$A$ （100,100)

图 11-28 利用相对直角坐标绘制直线

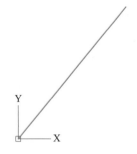

Y

X

图 11-29 利用绝对极坐标绘制直线

命令：_line
指定第一个点：                              // 在屏幕适当位置单击，确定直线的起点 $A$
指定下一点或［放弃（U）］：@50<20
                        // 输入 $B$ 点相对于 $A$ 点的极坐标 "@ 50<20"，按 Enter 键
指定下一点或［退出（E）/放弃（U）］：            // 按 Enter 键结束命令

绘制结果如图 11-30 所示。

$B$ （@50<20)

$A$

图 11-30 利用相对极坐标绘制直线

## 四、命令的重复、撤销与重做

在绘图过程中经常会重复使用相同命令或者撤销用错的命令，下面介绍命令的重复、撤销和重做。

1. 命令的重复

重复调用上一个命令的方法主要有按 Enter 键或空格键等。

2. 命令的撤销

使用"撤销"命令可以在命令执行的任何时刻取消或终止命令。执行"撤销"命令的方法：单击快速访问工具栏的"放弃"按钮 。

3. 命令的重做

要将已被撤销的命令恢复，可以使用"重做"命令。执行"重做"命令的方法：单击快速访问工具栏的"重做"按钮 。

**任务实施**

**一、新建图形文件**

新建一个 AutoCAD 2020 的图形文件。

**二、启动"直线"命令**

"直线"命令主要用于绘制一条或多条直线，也可以绘制首尾相连的闭合图形，执行"直线"命令的方法不再赘述。

将光标移到某个需要单击的按钮上，停留一段时间后，系统自动弹出显示该按钮帮助信息的窗口（见图 11-31），初学者可以使用这个功能进行学习。

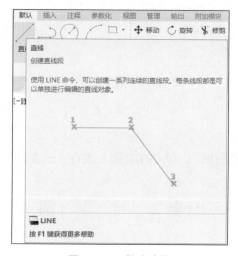

图 11-31　帮助功能

**三、绘制图形**

启动"直线"命令后，系统给出如下提示。

命令：_line
指定第一个点：　　　　　　　　　　// 在绘图区适当位置指定一点，确定起始点 A
指定下一点或 [ 放弃（U）]：@30, 0
　　　　　　　　　　// 输入 B 点相对 A 点的直角坐标"@ 30, 0"，按 Enter 键
指定下一点或 [ 退出（E）/ 放弃（U）]：@20<60
　　　　　　　　　　// 输入 C 点相对 B 点的极坐标"@ 20<60"，按 Enter 键
指定下一点或 [ 关闭（C）/ 退出（X）/ 放弃（U）]：@20, 0
　　　　　　　　　　// 输入 D 点相对 C 点的直角坐标"@ 20, 0"，按 Enter 键
指定下一点或 [ 关闭（C）/ 退出（X）/ 放弃（U）]：@20<-60
　　　　　　　　　　// 输入 E 点相对 D 点的极坐标"@ 20<-60"，按 Enter 键

指定下一点或［关闭（C）/退出（X）/放弃（U）］:@30, 0
　　　　　　　　　　// 输入 F 点相对 E 点的直角坐标"@ 30, 0"，按 Enter 键
指定下一点或［关闭（C）/退出（X）/放弃（U）］:@0, 30
　　　　　　　　　　// 输入 G 点相对 F 点的直角坐标"@ 0, 30"，按 Enter 键
指定下一点或［关闭（C）/退出（X）/放弃（U）］:@-100, 0
　　　　　　　　　　// 输入 H 点相对 G 点的直角坐标"@ -100, 0"，按 Enter 键
指定下一点或［关闭（C）/退出（X）/放弃（U）］:C
　　　　　　　　　　// 输入"C"，按 Enter 键，闭合图形

绘制结果如图 11-32 所示。

图 11-32　图形绘制结果

## 四、保存图形

将文件命名为"卡规平面图"，保存在桌面上或自己的文件夹内。

# 任务二　绘　制　圆

## 学习目标

掌握"圆"命令的使用方法。

## 任务描述

圆是机械图样中使用非常频繁的几何图形，本任务有三项内容：
1. 利用"圆心、半径"命令绘制圆。
2. 利用"相切、相切、半径"命令绘制圆。
3. 利用"相切、相切、相切"命令绘制圆。

## 任务分析

AutoCAD 系统提供了六种绘制圆的方式，启动"圆"命令的最常用方法：单击"默认"功能区的"圆"下拉菜单中的某一个绘圆命令，如图 11-33 所示。

图 11-33 "圆"的下拉菜单

**任务实施**

一、利用"圆心、半径"命令绘制圆

该方式通过确定圆心的位置及圆的半径来绘制圆，常用于已知圆的圆心及半径的情况，下面利用"圆心、半径"命令绘制半径为 10 mm 的圆。

启动"圆心、半径"命令，系统给出如下提示。

命令：_circle
指定圆的圆心或 [三点（3P）/ 两点（2P）/ 切点、切点、半径（T）]：
　　　　　　　// 在绘图窗口适当位置单击鼠标左键，指定一点作为圆心位置
指定圆的半径或 [直径（D）]：10
　　　　　　　// 输入圆的半径 "10"（见图 11-34a），按 Enter 键

圆的绘制结果如图 11-34b 所示。

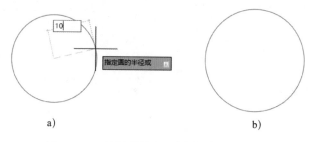

a)                              b)

图 11-34 利用"圆心、半径"命令绘制圆
a）输入半径　b）绘制结果

## 二、利用"相切、相切、半径"命令绘制圆

利用"相切、相切、半径"命令绘制圆是通过选择两个与圆相切的对象并输入半径的方式来绘制圆。如图 11-35a 所示，绘制一个半径为 20 mm 的圆与直线 AB 和 AC 相切。

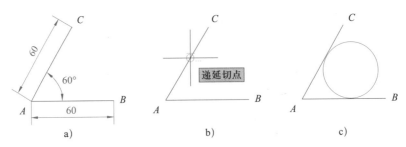

图 11-35　利用"相切、相切、半径"命令绘制圆
a）已知直线　b）选择圆的切点　c）绘制结果

1. 根据图 11-35a 所示尺寸绘制两条直线。
2. 启动"相切、相切、半径"命令，系统给出如下提示。

命令：_circle
指定圆的圆心或［三点（3P）/ 两点（2P）/ 切点、切点、半径（T）］：_ttr
指定对象与圆的第一个切点：　　　　　// 移动光标到线段 AC 上单击（见图 11-35b）
指定对象与圆的第二个切点：　　　　　　　// 移动光标到线段 AB 上单击
指定圆的半径：20　　　　　　　　　　　// 输入圆的半径"20"，按 Enter 键

绘制结果如图 11-35c 所示。

## 三、利用"相切、相切、相切"命令绘制圆

利用"相切、相切、相切"命令绘制圆是通过选择三个与圆相切的对象来绘制圆。如图 11-36a 所示，绘制三角形的内切圆。

1. 根据图 11-36a 所示尺寸绘制三角形。
2. 启动"相切、相切、相切"命令，系统给出如下提示。

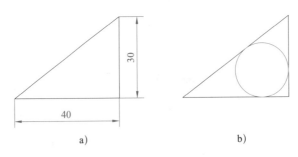

图 11-36　利用"相切、相切、相切"命令绘制圆
a）三角形　b）绘制结果

命令：_circle
　指定圆的圆心或 [ 三点（3P）/ 两点（2P）/ 切点、切点、半径（T）]：_3p 指定圆上
的第一个点：_tan 到　　　　　　　　　　　　　　　// 拾取三角形上的任意一条边
　　指定圆上的第二个点：_tan 到　　　　　　　　　// 拾取三角形上的另外一条边
　　指定圆上的第三个点：_tan 到　　　　　　　　　// 拾取三角形上的第三条边

绘制结果如图 11-36b 所示。

# 任务三　绘制圆弧

**学习目标**

掌握"圆弧"命令的使用方法。

## 任务描述

圆弧也是机械图样中使用非常频繁的几何图形，本任务有三项内容：
1. 利用"三点"命令绘制圆弧。
2. 利用"起点、圆心、端点"命令绘制圆弧。
3. 利用"起点、端点、半径"命令绘制圆弧。

## 任务分析

AutoCAD 系统提供了十一种绘制圆弧的方式，启动"圆弧"命令最常用的方法：单击"默认"功能区的"圆弧"下拉菜单中的某一个"圆弧"命令，如图 11-37 所示。

## 任务实施

### 一、利用"三点"命令绘制圆弧

"三点"命令是通过分别确定圆弧的起点、弧上一点、端点的方式绘制圆弧，其中"弧上一点"为除起点和端点外的弧上任意一点。如图 11-38a 所示，利用"三点"命令，过△ABC 的三个顶点绘制圆弧 $\overset{\frown}{ABC}$。

图 11-37　绘制圆弧的十一种命令

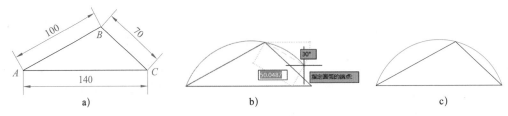

**图 11-38 利用"三点"命令绘制圆弧**
a）绘制圆弧前的图形　b）绘图过程　c）绘制结果

1. 根据图 11-38a 所示尺寸绘制三角形。
2. 启动"三点"命令，系统给出如下提示。

命令：_arc
指定圆弧的起点或［圆心（C）］：　　　　　　　　　　// 拾取 A 点为圆弧起点
指定圆弧的第二个点或［圆心（C）/端点（E）］：
　　　　　　　　　　　　　　　　　// 拾取 B 点作为圆弧上一点（见图 11-38b）
指定圆弧的端点：　　　　　　　　　　　　　　// 拾取 C 点为圆弧端点

绘制结果如图 11-38c 所示。

二、利用"起点、圆心、端点"命令绘制圆弧

"起点、圆心、端点"命令是通过依次确定圆弧的起点、圆心及端点的方式绘制圆弧。
如图 11-39a 所示，利用"起点、圆心、端点"命令，以 $O$ 点为圆心，绘制圆弧 $\overparen{AB}$。

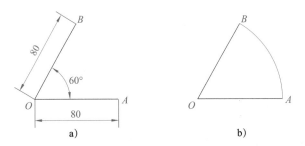

**图 11-39 利用"起点、圆心、端点"命令绘制圆弧**
a）绘制圆弧前的图形　b）绘制结果

1. 根据图 11-39a 所示尺寸绘制图形。
2. 启动"起点、圆心、端点"命令，系统给出如下提示。

命令：_arc
指定圆弧的起点或［圆心（C）］：　　　　　　// 拾取 A 点（见图 11-39a）为圆弧起点
指定圆弧的第二个点或［圆心（C）/端点（E）］：_c
指定圆弧的圆心：　　　　　　　　　// 拾取 O 点（见图 11-39a）为圆弧的圆心
指定圆弧的端点（按住 Ctrl 键以切换方向）或［角度（A）/弦长（L）］：
　　　　　　　　　　　　　　　// 拾取 B 点（见图 11-39a）为圆弧的端点

绘制结果如图 11–39b 所示，绘图时注意：

（1）如果 *OA* 与 *OB* 不相等，系统会将圆弧的终点自动调节到线段 *OB* 上或其延长线上。

（2）在利用该命令绘制圆弧时，系统默认按逆时针方向绘制，如果以 *B* 点为起点顺时针绘制圆弧 $\overset{\frown}{AB}$，在选择 *A* 点时，要同时按住 Ctrl 键以切换方向。

### 三、利用"起点、端点、半径"命令绘制圆弧

"起点、端点、半径"命令是通过确定圆弧的起点、端点及半径的方式来绘制圆弧。如图 11–40a 所示，用"起点、端点、半径"命令绘制一条半径为 50 mm 的向上凸起的圆弧 $\overset{\frown}{AB}$（见图 11–40b）。

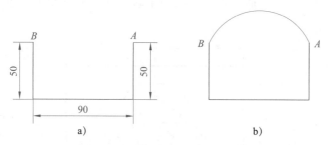

图 11–40　利用"起点、端点、半径"命令绘制圆弧

a）绘制圆弧前的图形　b）绘制结果

1. 根据图 11–40a 所示尺寸绘制图形。
2. 启动"起点、端点、半径"命令，系统给出如下提示。

命令：_arc
指定圆弧的起点或［圆心（C）］：　　　　　　// 拾取 *A* 点（见图 11–40a）为圆弧起点
指定圆弧的第二个点或［圆心（C）/端点（E）］：_e
指定圆弧的端点：　　　　　　　　　　// 拾取 *B* 点（见图 11–40a）为圆弧端点
指定圆弧的中心点（按住 Ctrl 键以切换方向）或［角度（A）/方向（D）/半径（R）］：_r
指定圆弧的半径（按住 Ctrl 键以切换方向）：50

　　　　　　　　　　　　　// 输入圆弧的半径"50"，按 Enter 键

绘制结果如图 11–40b 所示。

利用"起点、端点、半径"命令绘制图 11–40 所示圆弧时，必须沿逆时针方向由 *A* 点到 *B* 点画弧，若由 *B* 点向 *A* 点画弧，则圆弧为内凹，如图 11–41 所示。

图 11–41　由 *B* 点向 *A* 点画弧

# 任务四　绘制矩形和正多边形

掌握"矩形"和"正多边形"命令的使用方法。

**任务描述**

根据图 11-42 所示尺寸绘制图形。只绘制矩形、正六边形和正五边形（不绘制其他图形，不标注尺寸）。

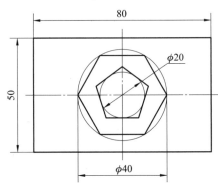

图 11-42　矩形、正六边形和正五边形

**任务分析**

在 AutoCAD 2020 中，除了用绘制直线的方法绘制矩形和正多边形外，系统还提供了直接绘制矩形和正多边形的命令，用户可以直接启动"矩形"和"正多边形"命令来绘制矩形和正多边形。AutoCAD 系统把创建的矩形或正多边形看作一个单一的复合对象，而不是一个由四条线段组合而成的对象。

**任务实施**

一、绘制矩形

单击"默认"功能区的"矩形"按钮 ▭，启动"矩形"命令，系统给出如下提示。

命令：_rectang
指定第一个角点或［倒角（C）/标高（E）/圆角（F）/厚度（T）/宽度（W）］：
　　　　　　　　　　　　　// 在绘图区适当位置单击，确定矩形的第一个角点

指定另一个角点或［面积（A）/尺寸（D）/旋转（R）］: D　　// 输入"D"，按 Enter 键
指定矩形的长度 <10.0000>: 80　　　　　　　// 输入矩形的长度"80"，按 Enter 键
指定矩形的宽度 <10.0000>: 50　　　　　　　// 输入矩形的宽度"50"，按 Enter 键
指定另一个角点或［面积（A）/尺寸（D）/旋转（R）］:
　　　　　　　　　　　　　// 移动光标确定矩形的位置（见图 11-43），按 Enter 键

## 二、绘制正六边形

单击"默认"功能区的"多边形"按钮 ⬠，启动"多边形"命令（见图 11-44），系统给出如下提示。

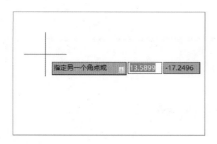

图 11-43　绘制矩形

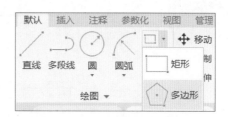

图 11-44　"多边形"命令

命令: _polygon 输入侧面数 <4>: 6　　　　// 输入正多边形的边数"6"，按 Enter 键
指定正多边形的中心点或［边（E）］:　　　　// 将"对象捕捉"置于开启状态，
　　　　　　　　　　　　// 移动鼠标捕捉矩形的几何中心，单击鼠标左键
输入选项［内接于圆（I）/外切于圆（C）］<I>:
　　　　　　　　　　　　　// 按 Enter 键，默认"内接于圆（I）"选项
指定圆的半径: 20　　　　　　　　　// 输入外接圆半径"20"，按 Enter 键

正六边形绘制结果如图 11-45 所示。

## 三、绘制正五边形

按 Enter 键重启"正多边形"命令，系统给出如下提示。

命令: _polygon 输入侧面数 <6>: 5　　　　// 输入正多边形的边数"5"，按 Enter 键
指定正多边形的中心点或［边（E）］:　　　　// 捕捉矩形的几何中心，单击鼠标左键
输入选项［内接于圆（I）/外切于圆（C）］<I>: C
　　　　　　　　　　// 输入"C"，按 Enter 键，选择"外切于圆（C）"选项
指定圆的半径: 10　　　　　　　　　// 输入内切圆半径"10"，按 Enter 键

最终绘制结果如图 11-46 所示。

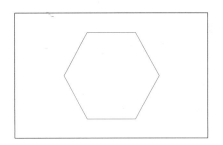

图 11-45　正六边形绘制结果

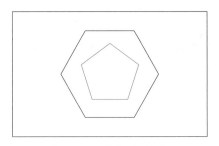

图 11-46　最终绘制结果

## 课题三　图形样板和精确定位工具

## 任务一　创建图形样板

**学习目标**

掌握 AutoCAD 图层管理的知识，能创建符合 GB/T 4457.4—2002《机械制图　图样画法　图线》的图形样板。

**任务描述**

创建粗实线、细实线、细虚线、细点画线、细双点画线图层，并保存为名为"机械制图样板"的图形样板。

**任务分析**

为了便于对不同类型的图线进行管理，AutoCAD 设置了图层管理工具，以便将同类型的图线进行集中管理。图层的属性信息有颜色、线型、线宽等，用户可以对其属性信息进行编辑修改。当在某一图层上作图时，图形元素的颜色、线型和线宽就与当前图层完全相同。

**任务实施**

## 一、新建图形文件

新建一个 AutoCAD 2020 的图形文件，系统自动命名为"Drawing1.dwg"。

## 二、新建图层

在用 AutoCAD 2020 创建新文件时，系统会自动创建一个图层名为"0"的图层，这是系统的默认图层，如果没有切换到其他图层，所绘图形都在"0"图层上。如果用户要使用多个图层，首先需要创建新图层。

1. 打开"图层特性管理器"对话框

单击"默认"→"图层"→"图层特性"按钮，系统弹出"图层特性管理器"对话框，如图 11-47 所示。

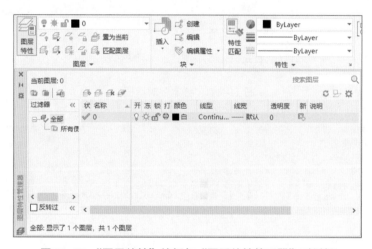

图 11-47　"图层特性"按钮与"图层特性管理器"对话框

单击对话框上的"新建图层"按钮 ，在列表框中，系统创建一个名为"图层 1"的新图层，如图 11-48 所示，此时"图层 1"编辑框处于可编辑状态，为便于区分各个图层，可直接在编辑框中输入新图层名。

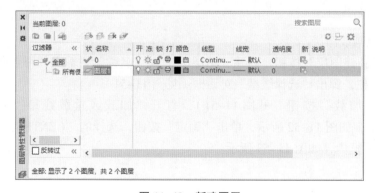

图 11-48　新建图层

**2. 创建粗实线图层**

在"名称"栏输入文字"粗实线"。单击"线宽"栏，弹出"线宽"对话框（见图 11–49），选择 0.30 mm 线宽，单击"确定"按钮。线型采用系统默认线型（Continuous），设置结果如图 11–50 所示。

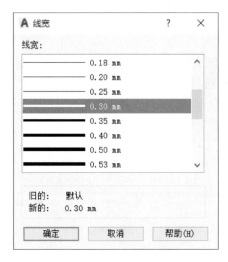

图 11–49 "线宽"对话框

图 11–50 设置"粗实线"图层

**3. 创建细点画线图层**

（1）单击"新建图层"按钮，新建"图层 2"。在"名称"栏输入"细点画线"。单击该图层的"线型"栏，弹出"选择线型"对话框（见图 11–51）。

（2）单击"加载"按钮（见图 11–51），打开"加载或重载线型"对话框，选择"CENTER"线型，如图 11–52 所示，单击"确定"按钮，选择的"CENTER"线型被加载到"选择线型"对话框内，如图 11–53 所示。

图 11-51 "选择线型"对话框

图 11-52 "加载或重载线型"对话框

图 11-53 加载线型

（3）选择"CENTER"线型，单击"确定"按钮，将"CENTER"线型加载给当前被选择的细点画线图层，结果如图 11-54 所示。

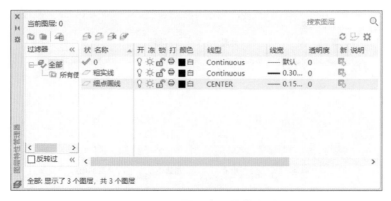

图 11-54　设置细点画线的线型

（4）单击"线宽"栏，将线宽设置为 0.15 mm，如图 11-54 所示。

4. 创建其他图层

用同样的方法创建细实线（线型为 Continuous，线宽为 0.15 mm）、细虚线（线型为 DASHED，线宽为 0.15 mm）和细双点画线（线型为 PHANTOM，线宽为 0.15 mm）图层，如图 11-55 所示。

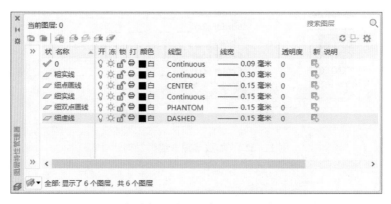

图 11-55　创建细实线、细虚线和细双点画线图层

### 三、设置当前图层

在 AutoCAD 2020 中，虽然允许用户设置多个图层，但当前绘图图层只能是一个，称之为"当前图层"，用户只能在当前图层上绘制图形，且绘制的图形的属性也从属于当前图层的属性。系统默认的当前图层为 0 层，因此在绘图时，应根据要绘制对象的属性把相应的图层设置为当前图层。例如绘制细点画线时，就要先把"细点画线"图层设置为当前图层，绘制粗实线时，就要把"粗实线"图层设置为当前图层。切换当前图层的方法：单击"图层"功能面板上方的"图层"列表框按钮，打开下拉列表（见图 11-56）。选择要设置成当前图层的图层名称。

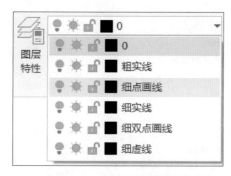

图 11-56　"图层"下拉列表

上述方法只能在当前没有对象被选择的情况下使用。如在有对象被选择的情况下进行上述操作，则会把此对象原来所从属的图层更改为新选择的图层。

四、保存图形样板

为了以后绘图方便，可以将其保存为图形样板文件。具体步骤如下：

1. 选择"文件"菜单中的"保存"（或"另存为"）命令，弹出"图形另存为"对话框。

2. 输入文件名"机械制图样板"。

3. 在"文件类型"格式栏中选择"AutoCAD 图形样板（\*.dwt）"格式，如图 11-57 所示。

4. 选择文件保存位置（默认在 Template 目录下），单击"保存"按钮。

保存完成后，弹出"样板选项"对话框（见图 11-58），可以在"说明"文本框中输入对该样板的简短描述，单击"确定"按钮，完成图形样板的创建。以后的绘图工作就可以在此样板的基础上进行。

图 11-57　保存样板

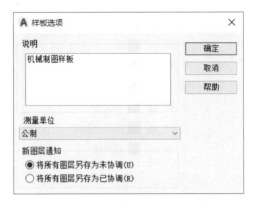

图 11-58　"样板选项"对话框

# 任务二　使用精确定位工具绘制顶尖

## 学习目标

1. 掌握正交模式、对象捕捉、极轴追踪、对象捕捉追踪和动态输入等精确定位工具的使用方法，能熟练使用精确定位工具绘制简单平面图形。
2. 掌握选择对象和夹点编辑的方法，能使用夹点编辑图形。

## 任务描述

使用精确定位工具和夹点编辑的方法绘制图 11-59 所示顶尖（不标注尺寸）。

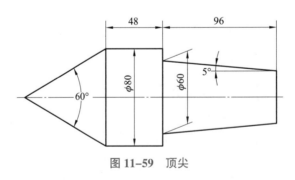

图 11-59　顶尖

## 任务分析

图 11-59 所示顶尖包含正三角形、矩形和梯形等基本几何图形，图形相对前面的基本几何图形要复杂很多，要想快速准确地绘制该图形，必须首先掌握精确定位工具的使用方法和使用夹点编辑图形的方法。

## 相关知识

### 一、精确定位工具

为了快速、精确地绘制平面图形，AutoCAD 系统提供了许多辅助绘图工具，如"正交模式""对象捕捉""极轴追踪""对象捕捉追踪""动态输入"等工具，它们都放置在工作界面右下侧的辅助工具栏中。

1. 正交模式

"正交模式"功能用于将光标强行控制在水平或竖直方向上，以绘制水平和竖直的直线。启动或关闭"正交模式"命令的方法：在辅助工具栏单击"正交模式"按钮 。

2. 对象捕捉

在直线、圆、椭圆、矩形、正多边形等几何对象上都有几个确定其位置、形状和大小的特殊点，使用"对象捕捉"功能，可以非常方便地捕捉到图形上的各种特征点。启动或关闭"对象捕捉"命令的方法：在辅助工具栏单击"对象捕捉"按钮 。

AutoCAD 为用户提供了 14 种"对象捕捉"功能，如图 11–60 所示，使用这些功能可以非常方便地将光标定位到图形的特征点上。在"对象捕捉模式"区域勾选需要的选项，即可开启该捕捉功能。设置"对象捕捉"的方法：用鼠标右键单击辅助工具栏的"对象捕捉"按钮 ，或用鼠标左键单击"对象捕捉按钮"右侧的下拉按钮，在弹出的设置菜单（见图 11–60）中勾选需要的选项。

"对象捕捉"设置菜单中常用选项的功能如下。

端点：用于捕捉图形的端点，如线段的端点，矩形、多边形的角点等。

中点：用于捕捉对象的中点，如线段或圆弧的中点。

圆心：用于捕捉圆、圆弧或圆环的圆心。

几何中心：用于捕捉矩形、正多边形的几何中心。

象限点：用于捕捉圆或圆弧的象限点，如图 11–61 所示。

交点：用于捕捉对象之间的交点。

垂足：用于捕捉对象的垂足，绘制对象的垂线。

切点：用于捕捉圆或圆弧的切点，绘制对象的切线。

一旦设置了某种捕捉模式后，系统将一直保持着这种捕捉模式，直到取消为止。

3. 极轴追踪

使用"对象捕捉"功能只能捕捉对象上的特征点，如果需要捕捉特征点之外的目标点，则需要使用"极轴追踪"和"对象捕捉追踪"功能。

"极轴追踪"可以根据当前设置的追踪角度，引出相应的极轴追踪点线，进行追踪定位目标点，如图 11–62 所示。启动或关闭"极轴追踪"功能的方法：单击辅助工具栏的"极轴追踪"按钮。

"正交模式"和"极轴追踪"不能同时打开，因为前者是使光标限制在水平或垂直轴上，而后者则可以追踪任意方向的矢量。

在辅助工具栏的"极轴追踪"按钮右侧有一个下拉按钮，单击可以打开"正在追踪设置"菜单，用户可以勾选需要的增量角，如图 11–63 所示。

图 11-60 "对象捕捉"设置菜单

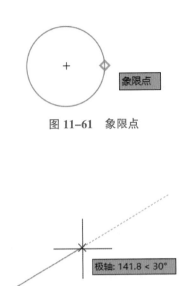

图 11-61 象限点

图 11-62 极轴追踪的效果

### 4. 对象捕捉追踪

"对象捕捉追踪"是指以捕捉到的特殊位置点为基点，按指定的极轴角或极轴角的倍数对齐要指定点的路径，如图 11-64 所示为捕捉点 $A$ 极轴角为 0°、30° 和 90° 时的状态。"对象捕捉追踪"必须配合"对象捕捉"功能一起使用，即使状态栏中的"对象捕捉追踪"和"对象捕捉"按钮都处于打开状态。启动"对象捕捉追踪"功能的方法：在辅助工具栏单击"对象捕捉追踪"按钮 ∠ 。

图 11-63 "正在追踪设置"菜单

### 5. 动态输入

启用"动态输入"功能，可以直接在光标附近显示绘制要素的信息。例如，画线段时，会动态显示线段的长度和倾斜角度；用"圆心、半径"命令画圆时，会动态显示圆的半径。图 11-65 所示为在关闭和开启"动态输入"状态时图线显示的变化。单击辅助工具栏上的"动态输入"按钮 +▄ ，可以启动或关闭"动态输入"。

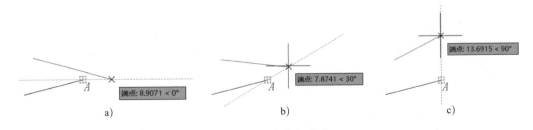

图 11-64 对象捕捉追踪

a）追踪 $A$ 点的 0° 极轴角　b）追踪 $A$ 点的 30° 极轴角　c）追踪 $A$ 点的 90° 极轴角

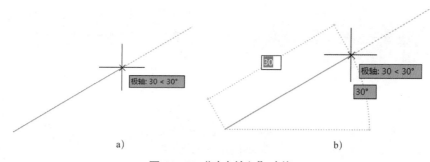

图 11-65　"动态输入"功能

a）关闭"动态输入"　b）开启"动态输入"

## 二、选择对象与夹点编辑

### 1. 选择对象

AutoCAD 2020 支持三种选择对象的方式：点选择、窗口选择和窗交选择。

（1）点选择

点选择是最基本、最简单的一种选择方式，此种方式一次只能选择一个对象。将光标移动到所选的对象上单击，即可选中该对象，被选中对象的图线变宽并呈现蓝色，如图 11-66 所示。

图 11-66　点选择对象

（2）窗口选择

窗口选择一次可以选择多个对象，方法是从左向右拉出一矩形选择框，选择框以实线显示，内部以浅蓝色填充，如图 11-67a 所示。此选择方法能把完全位于框内的对象选中，如图 11-67b 所示。

（3）窗交选择

窗交选择一次也可以选择多个对象，方法是从右向左拉出一矩形选择框，选择框以点线显示，内部以浅绿色填充，如图 11-68a 所示。此选择方法能把所有与选择框相交和完全位于框内的对象都选中，如图 11-68b 所示。

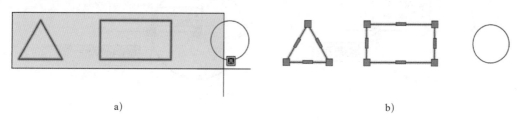

图 11-67　窗口选择及选择结果

a）窗口选择　b）选择结果

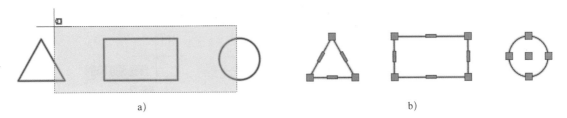

**图 11-68　窗交选择及选择结果**

a）窗交选择　b）选择结果

**2. 使用夹点编辑图形**

在没有命令运行时选中对象，这时在对象上显示一些蓝色的点，这些蓝色点就是夹点，如图 11-68b 所示。夹点是对象上的控制点，也是特征点。夹点编辑是一种常用且简单的图形编辑方法，通过编辑图形上的夹点，可以快速编辑图形。用户只需单击图形上的任何一个夹点，即可进入夹点编辑模式，此时所单击的夹点为红色。

（1）用夹点拉伸直线

如图 11-69 所示，绘制一条直线，然后选择直线，单击直线的右上点进入夹点编辑模式，单击自动弹出的快捷菜单中的"拉长"，即可在该直线的延长线上拉伸直线。

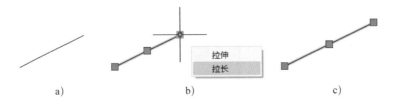

**图 11-69　用夹点拉伸直线**

a）已知直线　b）快捷菜单　c）拉伸直线

（2）利用夹点编辑圆

绘制一个任意半径的圆，选中圆的任意一个象限点作为编辑的夹点（见图 11-70a），然后输入新的半径尺寸 50（见图 11-70b）后按 Enter 键，即可得到半径为 50 mm 的圆。

在选择对象后，如果将线段的中点、正多边形的几何中心或圆的圆心作为编辑夹点，可对该对象进行移动。

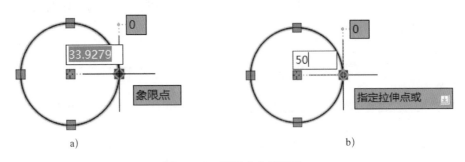

**图 11-70　利用夹点编辑圆**

a）选中象限点　b）输入新半径尺寸 50

**任务实施**

## 一、新建图形文件

打开"机械制图样板",新建一个图形文件。将辅助工具栏上的"极轴追踪""对象捕捉""对象捕捉追踪""动态输入""显示线宽"设置为开启状态。在本教材中,此后的内容默认该状态。

## 二、绘制轴线

将"细点画线"图层设置为当前图层。启动"直线"命令,绘制轴线,系统给出如下提示。

```
命令:_line
指定第一个点:                  // 在绘图区适当位置单击鼠标左键,确定直线的起点
指定下一点或[放弃(U)]:235      // 向右移动光标,输入"235",按 Enter 键
指定下一点或[退出(E)/放弃(U)]:              // 按 Enter 键结束命令
```

绘制结果如图 11-71a 所示。

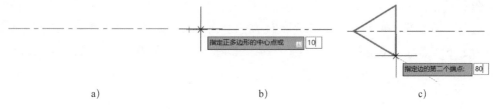

**图 11-71 绘制轴线及正三角形**

a)绘制轴线　b)指定正三角形的左端点　c)绘制正三角形

## 三、绘制正三角形

将"粗实线"图层设置为当前图层。单击"多边形"按钮,启动"多边形"命令,系统给出如下提示。

```
命令:_polygon 输入侧面数 <4>:3          // 输入正多边形的边数"3",按 Enter 键
指定正多边形的中心点或[边(E)]:E    // 输入"E",按 Enter 键,启动"边"选项
指定边的第一个端点:10                        // 捕捉轴线的左端点,
                向右移动光标(见图 11-71b),输入"10",按 Enter 键
指定边的第二个端点:80
                // 沿 330° 方向移动光标(见图 11-71c),输入"80",按 Enter 键
```

### 四、绘制矩形

启动"直线"命令，绘制矩形的上、右、下三条边，系统给出如下提示。

> 命令：_line
> 指定第一个点：                                    // 捕捉 $A$ 点，单击鼠标左键
> 指定下一点或[放弃（U）]：48      // 水平向右移动光标，输入"48"，按 Enter 键
> 指定下一点或［退出（E）/放弃（U）]：
>        // 捕捉过 $B$ 点的竖直追踪线和过 $C$ 点的水平追踪线的交点，单击鼠标左键
> 指定下一点或［关闭（C）/退出（X）/放弃（U）]：    // 捕捉 $C$ 点，单击鼠标左键
> 指定下一点或［关闭（C）/退出（X）/放弃（U）]：          // 按 Enter 键结束命令

绘制结果如图 11-72 所示。

### 五、绘制梯形

1. 绘制梯形右侧轮廓线
按空格键重新启动"直线"命令，系统给出如下提示。

> 命令：_line
> 指定第一个点：96                // 捕捉 $D$ 点，向右移动光标，输入"96"，按 Enter 键
> 指定下一点或[放弃（U）]：            // 竖直向上移动光标到适当位置，单击鼠标左键
> 指定下一点或［退出（E）/放弃（U）]：                 // 按 Enter 键，结束命令

绘制结果如图 11-73 所示。

图 11-72　绘制矩形　　　　　　　　图 11-73　绘制梯形右侧轮廓线

2. 拉伸轮廓线
选择刚刚绘制的轮廓线，单击下侧夹点（见图 11-74a），向下移动光标到适当位置，单击鼠标左键，如图 11-74b 所示。按 ESC 键结束命令。

3. 绘制梯形上边的轮廓线
设置"极轴追踪"的增量角为 5°（见图 11-75）。启动"直线"命令，系统给出如下提示。

51
0
端点

a)　　　　b)

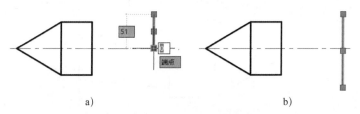

图 11–74　通过编辑夹点拉伸直线

a）选择下侧夹点　b）拉伸直线

命令：_line
指定第一个点：30
//捕捉 *D* 点，向上移动光标，输入“30”（见图 11–76a），按 Enter 键
指定下一点或[放弃（U）]：
//捕捉顺时针方向 5° 的追踪线与右侧轮廓线的交点（见图 11–76b），单击鼠标左键
指定下一点或［退出（E）/ 放弃（U）］：　//按 Enter 键结束命令

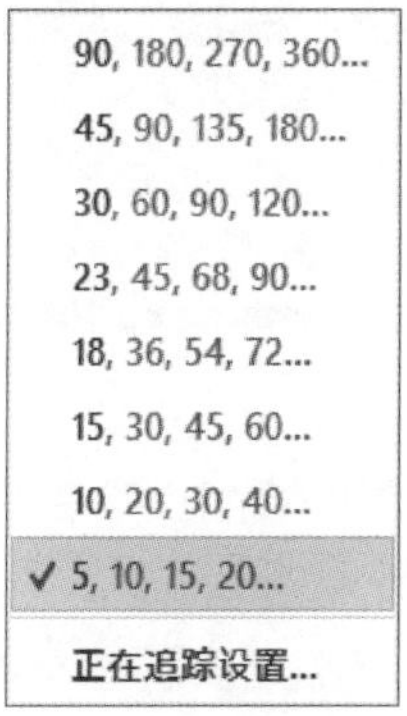

90, 180, 270, 360...
45, 90, 135, 180...
30, 60, 90, 120...
23, 45, 68, 90...
18, 36, 54, 72...
15, 30, 45, 60...
10, 20, 30, 40...
✓ 5, 10, 15, 20...
正在追踪设置...

图 11–75　设置“极轴追踪”的增量角

指定第一个点:
30
D
5°
指定下一点或
96.37

a)　　　　b)

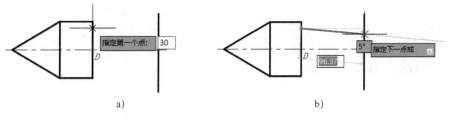

图 11–76　绘制梯形上边的轮廓线

4. 绘制梯形下边的轮廓线

用同样的方法完成梯形下边轮廓线的绘制，如图 11–77 所示。

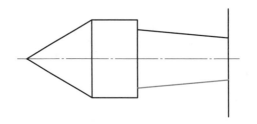

图 11-77　绘制梯形下边的轮廓线

**5. 编辑梯形右侧轮廓线**

选择梯形右侧轮廓线，单击上侧夹点，向下移动光标到 $E$ 点。单击下侧夹点，移动光标到 $F$ 点，如图 11-78 所示。按 ESC 键结束命令。

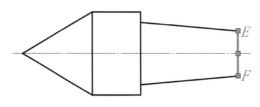

图 11-78　编辑梯形右侧轮廓线

## 课题四　绘制平面图

# 任务一　绘制盖板平面图

**学习目标**

1. 掌握移动、矩形阵列、复制、圆角命令的使用方法。
2. 能用 AutoCAD 绘制平面图。

**任务描述**

盖板平面图如图 11-79 所示，试绘制该平面图（不标注尺寸）。

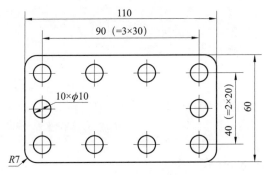

图 11-79　盖板平面图

任务分析

图 11-79 所示盖板平面图由一个倒圆角的矩形和 10 个小圆及其中心线组成，绘图时可先绘制矩形，然后绘制小圆及其中心线，最后倒圆角。

任务实施

一、新建图形文件

打开"机械制图样板"，新建一个图形文件。

二、绘制矩形

将"粗实线"图层设置为当前图层。启动"矩形"命令，绘制一个长度尺寸为 110 mm、宽度尺寸为 60 mm 的矩形，如图 11-80 所示。

三、绘制一个 $\phi$10 mm 圆

启动"圆"命令，以矩形左下角端点为圆心，绘制一个 $\phi$10 mm 圆，如图 11-81 所示。

四、移动圆

"移动"命令用于在不改变图形对象大小和形状的情况下，将图形对象从一个位置移动到另一位置上。在功能区单击"默认"→"修改"→"移动"按钮 ✥，启动"移动"命令，系统给出如下提示。

图 11-80　绘制 110 mm × 60 mm 矩形

图 11-81　绘制一个 $\phi$10 mm 圆

命令：_move
选择对象：找到 1 个　　　　　　　　　　　　　// 选择圆作为移动对象
选择对象：　　　　　　　　　　　　　// 按 Enter 键结束移动对象的选择
指定基点或 [ 位移（D）] < 位移 >：D　　// 输入"D"，按 Enter 键激活"位移"选项
指定位移 <0.0000，0.0000，0.0000>：@ 10，10
　　　　　　　　　　　　　// 输入位移坐标"@ 10，10"，按 Enter 键

移动圆的结果如图 11-82 所示。

五、绘制圆的中心线

国家标准规定，机械图样中的短中心线用细实线绘制。将"细实线"图层设置为当前图层，绘制圆的中心线，如图 11-83 所示。

图 11-82　移动圆的结果

图 11-83　绘制圆的中心线

六、阵列圆及中心线

阵列命令可以按照一定的排列规律一次复制多个图形对象。在 AutoCAD 2020 中，阵列有矩形阵列、环形阵列和路径阵列三种阵列方式，其中矩形阵列和环形阵列应用最普遍。矩形阵列主要用于将选择的图形对象按指定的行数和列数呈矩形排列。

1. 在功能区单击"默认"→"修改"→"矩形阵列"按钮，启动阵列命令。

2. 选择阵列对象（圆及中心线），按 Enter 键。在屏幕上方弹出"阵列创建"对话框，如图 11-84 所示。同时在屏幕上显示与之对应的阵列图形（系统默认为四列三行），阵列预览如图 11-85 所示。

3. 修改"阵列创建"对话框中的参数如下。

"列"选项："列数"为 4，"介于"（列距）为 30。

"行"选项："行数"为 2，"介于"（行距）为 40。

| 默认 | 插入 | 注释 | 参数化 | 视图 | 管理 | 输出 | 附加模块 | 协作 | 精选应用 | 阵列创建 | | |
|---|---|---|---|---|---|---|---|---|---|---|---|---|
| | 列数： | 4 | | 行数： | 3 | | 级别： | 1 | | | | |
| 矩形 | 介于： | 20 | | 介于： | 20 | | 介于： | 1 | 关联 | 基点 | 关闭阵列 | |
| | 总计： | 60 | | 总计： | 40 | | 总计： | 1 | | | | |
| 类型 | | 列 | | | 行 ▼ | | | 层级 | | 特性 | 关闭 | |

图 11-84　矩形阵列的"阵列创建"对话框

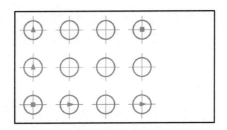

图 11-85 阵列预览

"层级"选项：采用默认值。

若"关联"按钮框蓝色显示，则表示被阵列对象处于关联状态，即被阵列对象是一个复合对象，需要单击"关联"按钮取消关联。

修改"阵列创建"对话框的结果如图 11-86 所示。在修改对话框的同时，屏幕上的阵列图形会随之改变，如图 11-87 所示。用户可以根据变化情况判断参数修改是否正确。

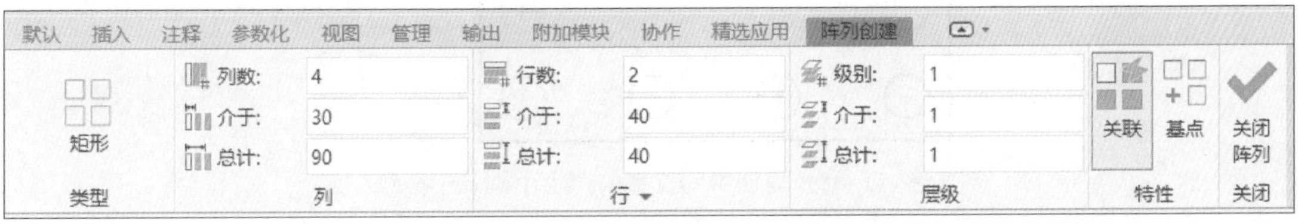

| 默认 | 插入 | 注释 | 参数化 | 视图 | 管理 | 输出 | 附加模块 | 协作 | 精选应用 | 阵列创建 | | |
|------|------|------|--------|------|------|------|----------|------|----------|----------|---|---|
| | 列数: | 4 | | 行数: | 2 | | 级别: | 1 | | | | |
| 矩形 | 介于: | 30 | | 介于: | 40 | | 介于: | 1 | 关联 | 基点 | | 关闭阵列 |
| | 总计: | 90 | | 总计: | 40 | | 总计: | 1 | | | | |
| 类型 | 列 | | | 行 ▾ | | | | 层级 | 特性 | | | 关闭 |

图 11-86 修改"阵列创建"对话框的结果

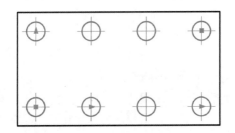

图 11-87 矩形阵列结果

4. 按 Enter 键或单击"阵列创建"面板中的"关闭阵列"按钮，完成矩形阵列操作。

若忘记取消关联，可以先选择阵列后的对象，然后单击"默认"→"修改"→"分解"按钮 ⬚，将复合对象进行分解。

## 七、复制中间位置的两个小圆及中心线

"复制"命令用于将选择的图形对象从一个位置复制到其他位置，执行一次"复制"命令可以相对于基点多次复制所选择的目标对象。

单击"默认"→"修改"→"复制"按钮 ⬚，启动"复制"命令，系统给出如下提示。

命令：_copy

选择对象：指定对角点：找到 3 个　　　　　　　　// 选择左上侧圆和两条短中心线

选择对象：　　　　　　　　　　　　　　　　　// 按 Enter 键结束选择

当前设置：　复制模式 = 多个

指定基点或［位移（D）/ 模式（O）］< 位移 >：　　　　// 拾取圆心，作为复制基点

指定第二个点或［阵列（A）］< 使用第一个点作为位移 >：20　　　　// 竖直向下

　　　　　　　// 移动光标（屏幕上出现一条竖直追踪线），输入"20"，按 Enter 键

指定第二个点或［阵列（A）/ 退出（E）/ 放弃（U）］< 退出 >：

　　　　　　　// 水平向右移动光标（屏幕上出现一条水平追踪线），然后捕捉右上

　　　　　　　// 侧圆的圆心，竖直向下追踪到与水平追踪线的交点（见图 11-88）

指定第二个点或［阵列（A）/ 退出（E）/ 放弃（U）］< 退出 >：// 按 Enter 键结束命令

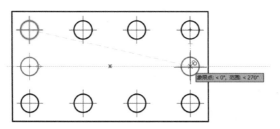

图 11-88　复制中间位置的两个小圆及中心线

## 八、倒圆角

"圆角"命令用于通过一段圆弧连接两图线并与图线相切，称为倒圆角。在功能区单击"默认"→"修改"→"圆角"按钮，启动"圆角"命令，系统给出如下提示。

命令：_fillet

当前设置：模式 = 修剪，半径 =0.0000

选择第一个对象或［放弃（U）/ 多段线（P）/ 半径（R）/ 修剪（T）/ 多个（M）］：R

　　　　　　　// 输入"R"，按 Enter 键，激活"半径"选项

指定圆角半径 <0.0000>：7　　　　　　　　　// 输入圆角半径"7"，按 Enter 键

选择第一个对象或［放弃（U）/ 多段线（P）/ 半径（R）/ 修剪（T）/ 多个（M）］：M

　　　　　　　// 输入"M"，按 Enter 键，激活"多个"选项

选择第一个对象或［放弃（U）/ 多段线（P）/ 半径（R）/ 修剪（T）/ 多个（M）］：

　　　　　　　　　　　　　　　// 单击矩形某端点的一条边

选择第一个对象或［放弃（U）/ 多段线（P）/ 半径（R）/ 修剪（T）/ 多个（M）］：

　　　　　　　// 单击矩形该端点的另一条边，完成一个倒圆角

……　　　　　　　　　　　　　　　// 依次完成其他倒圆角

选择第一个对象或［放弃（U）/ 多段线（P）/ 半径（R）/ 修剪（T）/ 多个（M）］：

　　　　　　　　　　　　　　　　// 按 Enter 键结束命令

执行"圆角"命令的倒圆角结果如图 11-89 所示。

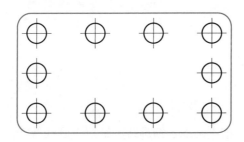

图 11-89　倒圆角结果

# 任务二　绘制密封板平面图

**学习目标**

1. 掌握线型比例的设置方法。
2. 掌握修剪、镜像和打断于点命令的使用方法。

**任务描述**

绘制图 11-90 所示密封板平面图（不标注尺寸）。

**任务分析**

图 11-90 所示密封板上下、左右对称，绘图时可先绘制对称中心线，再绘制 $\phi40$ mm 圆弧和两侧的 R5 mm 半圆，然后绘制某一侧的线段轮廓，再用"镜像"命令完成其余线段轮廓的绘制。

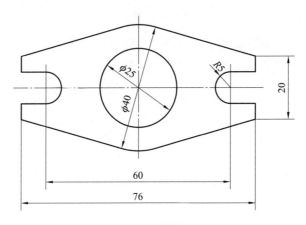

图 11-90　密封板平面图

## 任务实施

### 一、新建图形文件

打开"机械制图样板"，新建一个图形文件。

### 二、设置线型比例

线型比例可以用于设定细点画线、细虚线、细双点画线等非连续图线的比例，不同线型比例的线型示例如图 11-91 所示。

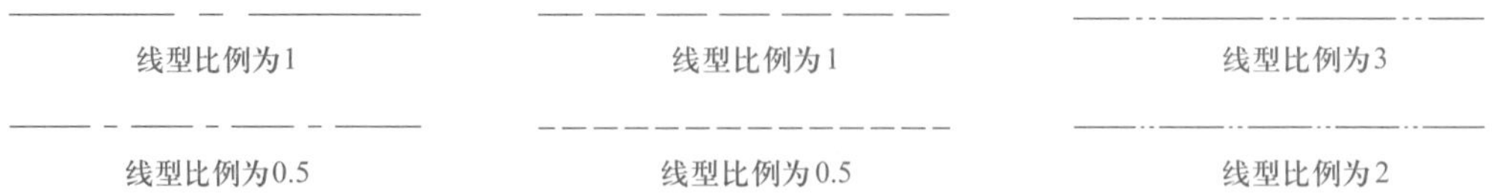

| 线型比例为1 | 线型比例为1 | 线型比例为3 |
|---|---|---|
| 线型比例为0.5 | 线型比例为0.5 | 线型比例为2 |
| a) | b) | c) |

**图 11-91　不同线型比例的线型示例**
a）细点画线　b）细虚线　c）细双点画线

单击菜单栏"工具"→"选项板"→"特性"命令，打开"特性"选项板，将线型比例设置为 0.25，如图 11-92 所示。选择已绘制的图线，也可以在"特性"选项板中改变其线型比例。

**图 11-92　"特性"选项板**

### 三、绘制中心线

1. 将"细点画线"图层设置为当前图层，绘制一条长度为 86 mm 的水平对称中心线和一条长度为 50 mm 的竖直对称中心线，如图 11-93a 所示。

2. 将"细实线"图层设置为当前图层，在左侧绘制 R5 mm 圆弧的竖直中心线（长度为 16 mm），如图 11-93b 所示。

### 四、绘制 $\phi$25 mm 圆、$\phi$40 mm 圆和 R5 mm 圆

将"粗实线"图层设为当前图层，启动"圆命令"，绘制 $\phi$25 mm 圆、$\phi$40 mm 圆和 R5 mm 圆，如图 11-94 所示。

a)　　　　　　　　　　　　　　　　b)

**图 11-93　绘制中心线**

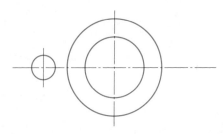

**图 11-94** 绘制 $\phi25$ mm 圆、$\phi40$ mm 圆和 $R5$ mm 圆

## 五、修剪 $R5$ mm 圆弧

"修剪"命令用于沿指定的修剪边界修剪掉目标对象中不需要的部分，所选的修剪边界可以是圆弧、直线以及样条曲线等。在修剪对象时，边界必须与修剪对象相交，或与其延长线相交。

在功能区单击"默认"→"修改"→"修剪"按钮 ✂，启动"修剪"命令，系统给出如下提示。

> 命令：_trim
> 当前设置：投影＝UCS，边＝延伸
> 选择剪切边 . . .
> 选择对象或＜全部选择＞：找到 1 个　　　// 拾取 $R5$ mm 圆的竖直中心线作为剪切边界
> 选择对象：　　　　　　　　　　　　　　　　　　// 按 Enter 键结束选择
> 选择要修剪的对象，或按住 Shift 键选择要延伸的对象，或
> [栏选（F）/窗交（C）/投影（P）/边（E）/删除（R）/放弃（U）]：
> 　　　　　　　　　　　　　　　　// 捕捉 $R5$ mm 圆左侧边，单击鼠标左键
> 选择要修剪的对象，或按住 Shift 键选择要延伸的对象，或
> [栏选（F）/窗交（C）/投影（P）/边（E）/删除（R）/放弃（U）]：
> 　　　　　　　　　　　　　　　　　　　　// 按 Enter 键结束命令

修剪结果如图 11-95 所示。

## 六、绘制左上侧轮廓线

1. 启动"直线"命令，捕捉半圆弧的上端点，单击鼠标左键。
2. 水平向左移动光标，输入"8"，按 Enter 键。
3. 竖直向上移动光标，输入"5"，按 Enter 键。
4. 捕捉直线与 $\phi40$ mm 圆的左上切点，单击鼠标左键。
5. 按 Enter 键，退出"直线"命令。

绘制结果如图 11-96 所示。

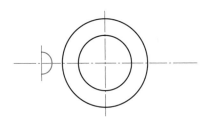

图 11-95　修剪 $R5$ mm 圆弧

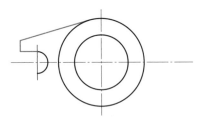

图 11-96　绘制左上侧轮廓

## 七、镜像左下侧轮廓线

"镜像"命令是通过指定对称线对称复制目标对象，原目标对象可保留也可删除。

在功能区单击"默认"→"修改"→"镜像"按钮 △，启动"镜像"命令，系统给出如下提示。

命令：_mirror
选择对象：指定对角点：找到 3 个　　　　　　　　　　// 选择线段轮廓（见图 11-97a）
选择对象：　　　　　　　　　　　　　　　　　　　　// 按 Enter 键结束选择
指定镜像线的第一点：　　　　　　　// 捕捉水平对称中心线左端点，单击鼠标左键
指定镜像线的第二点：　　　　　　　// 捕捉水平对称中心线右端点，单击鼠标左键
要删除源对象吗？［是（Y）/否（N）]<否>：　　　// 按 Enter 键默认不删除源对象

镜像结果如图 11-97b 所示。

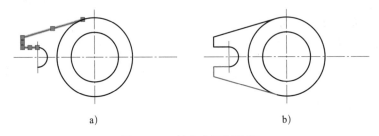

a)　　　　　　　　　　　　　　　　　　b)

图 11-97　镜像左下侧轮廓

## 八、镜像右侧轮廓线及中心线

重新启动"镜像"命令，镜像右侧轮廓线及中心线，如图 11-98 所示。

## 九、修剪多余圆弧

启动"修剪"命令，选择四条圆的切线作为修剪边界，修剪 $\phi40$ mm 圆上的多余圆弧，如图 11-99 所示。

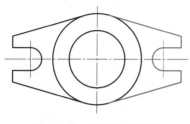

图 11-98 镜像右侧轮廓

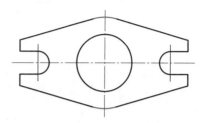

图 11-99 修剪多余圆弧

## 十、编辑细点画线

国家标准规定，细点画线在自身相交或与其他图线相交时，应该交于长画处。图 11-99 中的细点画线有多处不规范的交点，可采用"打断于点"命令对其进行修改。

"打断于点"命令用于将所选对象在某一点处打断，打断之处没有间隙。可以打断对象有直线、圆弧等，但不能打断圆、矩形和多边形等封闭图形。

在"默认"功能区，单击"修改"选项卡下侧的下拉按钮，在展开的功能区中单击"打断于点"按钮 ☐，启动"打断于点"命令，系统给出如下提示。

```
命令: _breakatpoint
选择对象:                         // 在竖直对称中心线上单击鼠标左键，
                          // 拾取竖直对称中心线作为打断对象（见图 11-100a）
指定第二个打断点 或 [第一点（F）]: _f
指定第一个打断点:
               // 沿竖直中心线移动光标到适当位置，单击鼠标左键（见图 11-100b）
指定第二个打断点: @
```

对细点画线多次采用"打断于点"命令进行编辑，最后使其符合国家标准的规定，如图 11-101 所示。

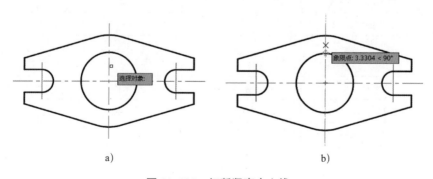

a)

b)

图 11-100 打断竖直中心线

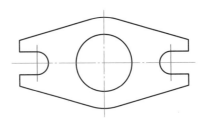

图 11-101　打断细点画线结果

## 课题五　绘制视图并标注尺寸

### 任务一　创建尺寸标注样式

**学习目标**

1. 掌握修改文字标注样式的方法。
2. 掌握创建尺寸标注样式的方法。

**任务描述**

创建名为"线性尺寸""半径和直径尺寸""角度尺寸"的尺寸标注样式，各项尺寸标注样式的参数及样式设置见表 11-1。

表 11-1　　　　　　　　　　　尺寸标注样式的参数及样式设置

| 样式（S） | | 线性尺寸 | 半径和直径尺寸 | 角度尺寸 |
|---|---|---|---|---|
| 线选项卡 | 超出尺寸线（X） | 2 | 2 | 2 |
| | 起点偏移量（F） | 0 | 0 | 0 |
| 符号和箭头选项卡 | 箭头大小（I） | 3 | 3 | 3 |
| 文字选项卡 | 文字样式（Y） | 宋体 | 宋体 | 宋体 |
| | 文字高度（T） | 3.5 | 3.5 | 3.5 |
| | 从尺寸线偏移（O） | 1 | 1 | 1 |
| | 文字对齐（A） | 与尺寸线对齐 | ISO 标准 | 水平 |
| 调整选项卡 | 调整选项（F） | 文字和箭头（最佳效果） | 文字 | 文字和箭头（最佳效果） |

**任务分析**

在 AutoCAD 中标注的尺寸是一个复合对象，其组成元素包括尺寸线、尺寸界线、标注文字和箭头等，如图 11-102 所示。

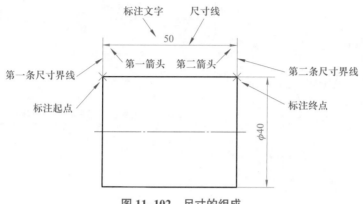

图 11-102 尺寸的组成

标注尺寸的外观是由标注样式控制的，在默认状态下，AutoCAD 2020 提供了一个名为"ISO-25"的标注样式，用户可以修改此样式的设置或新建自己的标注样式。

**任务实施**

一、修改文字样式

1. 在"默认"功能区，单击"注释"的下拉按钮，展开"注释"面板的扩展面板（见图 11-103），单击"文字样式"按钮 **A**，系统弹出"文字样式"对话框（见图 11-104）。在默认状态下，AutoCAD 2020 提供了一个名为"Standard"的文字样式，用户可以修改此样式的设置或在此基础上新建文字样式。

2. 先单击"样式"栏的"Standard"样式名，然后单击"字体名"列表框，展开下拉列表，选择"宋体"。其他参数采用默认设置，如图 11-104 所示。

3. 先单击"应用"按钮，然后单击"关闭"按钮，完成文字样式的修改。

图 11-103 "注释"扩展面板

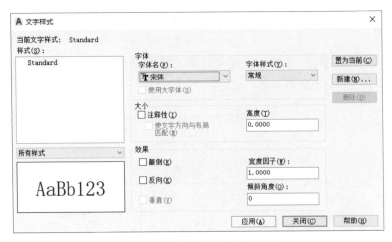

图 11-104 "文字样式"对话框

## 二、创建"线性尺寸"标注样式

1. 在功能区，单击"默认"→"注释"→"标注样式"按钮 ，打开"标注样式管理器"对话框，如图 11-105 所示。

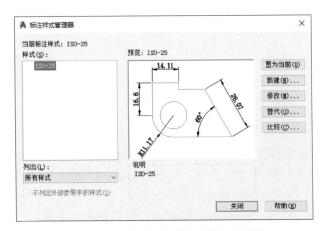

图 11-105 "标注样式管理器"对话框

2. 在"标注样式管理器"中单击"新建"按钮，系统弹出"创建新标注样式"对话框（见图 11-106），在该对话框中输入新建样式的名称"线性尺寸"。

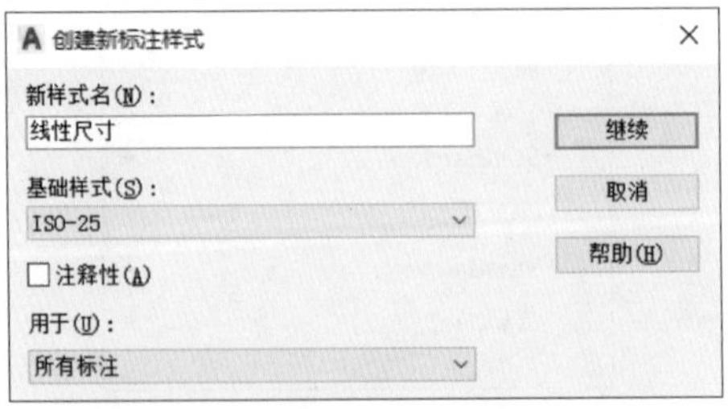

图 11-106 "创建新标注样式"对话框

3. 在"创建新标注样式"对话框（见图 11–106）中单击"继续"按钮，系统弹出"新建标注样式：线性尺寸"对话框，如图 11–107 所示。该对话框有七个选项卡，在这些选项卡中用户可以修改标注样式。

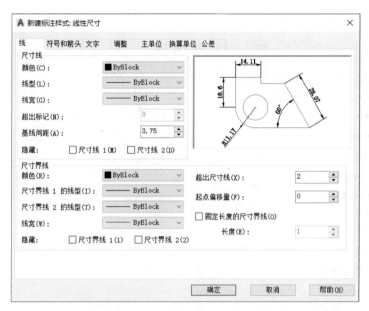

图 11–107 "新建标注样式：线性尺寸"对话框的"线"选项卡

4. 单击"线"按钮，切换到"线"选项卡，将"超出尺寸线"设置为"2"，"起点偏移量"设置为"0"，其他参数采用默认设置，如图 11–107 所示。

5. 单击"符号和箭头"按钮，切换到"符号和箭头"选项卡，将"箭头大小"设置为"3"，其他参数采用默认设置，如图 11–108 所示。

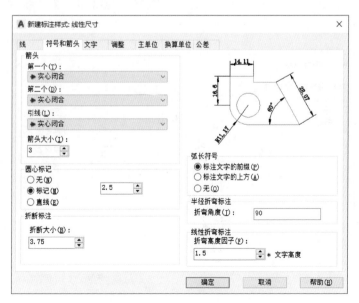

图 11–108 "符号和箭头"选项卡

6. 单击"文字"按钮，切换到"文字"选项卡，将"文字高度"设置为"3.5"，将"从尺寸线偏移"设置为"1"，其他参数采用默认设置（"文字对齐"栏为"与尺寸线对齐"），如图 11-109 所示。

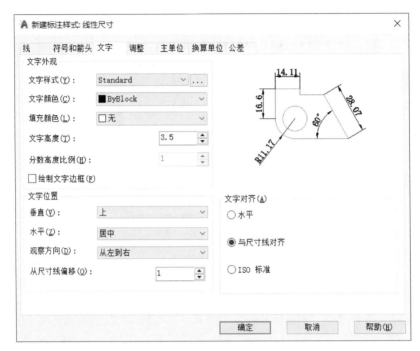

图 11-109 "文字"选项卡

7. "调整""主单位""换算单位""公差"选项卡的参数均采用默认设置。

单击对话框上的"确定"按钮，"线性尺寸"标注样式设置完毕，系统返回"标注样式管理器"对话框，此时对话框上的"样式"列表框中会增加一个"线性尺寸"样式，如图 11-110 所示。

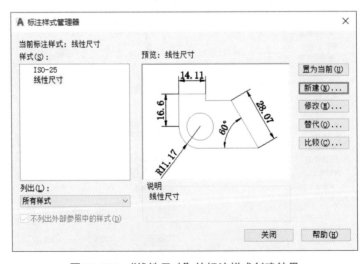

图 11-110 "线性尺寸"的标注样式创建结果

系统会自动将新设置的标注样式置为当前标注样式。若选择其他标注样式，则需要在"标注样式管理器"的"样式"列表框中单击相应的样式名，然后单击"置为当前"按钮。

### 三、创建"半径和直径尺寸"标注样式

在"标注样式管理器"中的"样式"栏中选择"线性尺寸"，单击"新建"按钮，打开"创建新标注样式管理器"对话框。以"线性尺寸"标注样式为基础样式，创建"半径和直径尺寸"标注样式。将"文字"选项卡的"文字对齐"栏修改为"ISO 标准"，将"调整"选项卡的"调整选项"栏修改为"文字"。

### 四、创建"角度尺寸"标注样式

以"线性尺寸"标注样式为基础样式，创建"角度尺寸"标注样式。将"文字"选项卡的"文字对齐"栏修改为"水平"。

单击"标注样式管理器"的"关闭"按钮，结束标注样式的创建。

### 五、保存图形样板

为方便以后绘图，单击"保存"按钮，将创建了尺寸标注样式的文件重新保存为"机械制图样板.dwt"，并覆盖原文件。

# 任务二　绘制法兰盘

**学习目标**

1. 掌握倒角、环形阵列、旋转、打断、图案填充、多段线、分解和删除命令的使用方法。
2. 掌握标注尺寸的方法。
3. 能绘制机械图样。

**任务描述**

绘制如图 11-111 所示法兰盘的两视图并标注尺寸。

**任务分析**

图 11-111 所示法兰盘由两个视图组成，主视图采用两相交剖切平面的全剖视图，左视图绘制外形。在法兰盘上有六个 $\phi 9$ mm 螺栓孔，两个 $\phi 6$ mm 圆柱销孔，中间有 $\phi 20$ mm 圆孔，形体左侧有外螺纹，螺纹右侧有退刀槽。绘图时应先绘制大致轮廓，然后绘制细部结构。标注尺寸时可先标注主视图上的线性尺寸，然后标注左视图上的"$6 \times \phi 9$"和"30°"，最后标注"柱销孔 $2 \times \phi 6$ 配作"和"$C2$"。

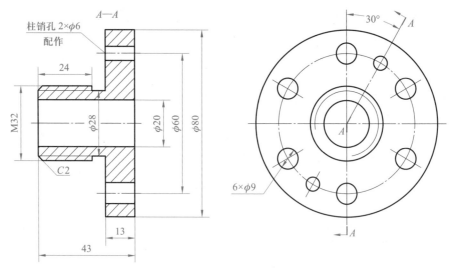

图 11-111　法兰盘的两视图

### 任务实施

**一、新建图形文件**

打开"机械制图样板"，新建图形文件。

**二、绘制两视图**

1. 绘制零件的主要轴线和中心线

将"细点画线"图层设置为当前图层，绘制主要的轴线和中心线，如图 11-112 所示。

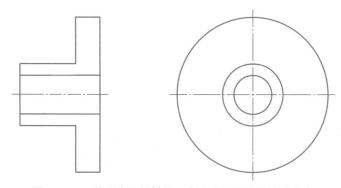

图 11-112　绘制主要的轴线、中心线和零件的大致轮廓

2. 绘制零件的大致轮廓

将"粗实线"图层设置为当前图层，绘制零件的大致轮廓，如图 11-112 所示。

3. 在左视图上绘制 $\phi60$ mm 细点画线圆和一个 $\phi9$ mm 粗实线圆

（1）将"细点画线"图层设置为当前图层，在左视图上绘制 $\phi60$ mm 细点画线圆，如图 11-113 所示。

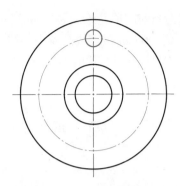

图 11-113　绘制 φ60 mm 细点画线圆和 φ9 mm 粗实线圆

（2）将"粗实线"图层设置为当前图层，绘制一个 φ9 mm 粗实线圆，如图 11-113 所示。

4. 环形阵列六个 φ9 mm 粗实线圆

环形阵列主要用于将选择的图形对象按指定的圆心和数目呈环形排列。

（1）在功能区单击"默认"→"修改"→"环形阵列"按钮 ⚬⚬⚬，启动"环形阵列"命令。

（2）选择阵列对象（φ9 mm 粗实线圆），按 Enter 键。

（3）捕捉 φ60 mm 圆的圆心，单击鼠标左键。系统弹出"阵列创建"对话框，如图 11-114 所示。

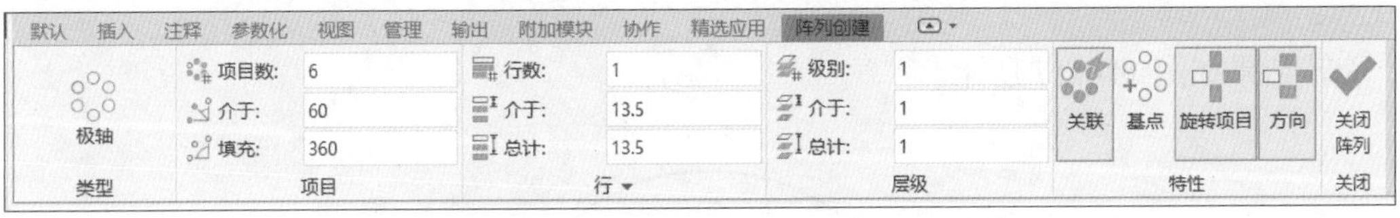

| 默认 | 插入 | 注释 | 参数化 | 视图 | 管理 | 输出 | 附加模块 | 协作 | 精选应用 | 阵列创建 | ⊡ ▾ |
| --- | --- | --- | --- | --- | --- | --- | --- | --- |

| | 项目数： | 6 | | 行数： | 1 | | 级别： | 1 | | | | | | |
| 极轴 | 介于： | 60 | | 介于： | 13.5 | | 介于： | 1 | | 关联 | 基点 | 旋转项目 | 方向 | 关闭阵列 |
| | 填充： | 360 | | 总计： | 13.5 | | 总计： | 1 | | | | | | |
| 类型 | 项目 | | | 行 ▾ | | | 层级 | | | 特性 | | | | 关闭 |

图 11-114　环形阵列的"阵列创建"对话框

（4）所有参数采用默认值（默认的项目数 6 与阵列圆的数量相同），按 Enter 键或单击"阵列创建"对话框中的"关闭阵列"按钮，完成环形阵列操作，如图 11-115 所示。

（5）将"细实线"图层设置为当前图层，绘制左右两侧四个 φ9 mm 圆的中心线，方法是先绘制一条中心线，然后利用"镜像"命令得到另外三条中心线，如图 11-115 所示。

5. 在左视图上绘制右上侧的 φ6 mm 粗实线圆及中心线

（1）绘制 φ6 mm 圆的中心线，如图 11-116 所示。

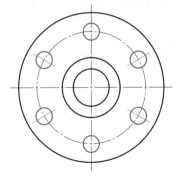

图 11-115　φ9 mm 粗实线圆环形阵列结果

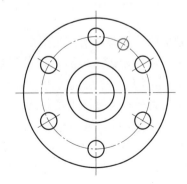

图 11-116　绘制 φ6 mm 圆的中心线和 φ6 mm 粗实线圆

（2）将"粗实线"图层设置为当前图层，绘制 $\phi$6 mm 粗实线圆，如图 11-116 所示。

6. 用"旋转"命令绘制左下侧 $\phi$6 mm 粗实线圆及中心线

"旋转"命令用于在不改变对象大小和形状的前提下，将图形对象绕某一基点旋转一定角度并改变对象的位置，可以一次旋转一个或多个对象，可以删除源对象，也可以保留源对象。

在功能区单击"默认"→"修改"→"旋转"按钮 ↻，启动"旋转"命令，系统给出如下提示。

命令：_rotate
UCS 当前的正角方向： ANGDIR= 逆时针 ANGBASE=0.0
选择对象：指定对角点：找到 2 个 // 拾取 $\phi$6 mm 圆及其中心线
选择对象： // 按 Enter 键，结束选择
指定基点： // 拾取 $\phi$60 mm 圆的圆心作为旋转基点
指定旋转角度，或 [复制（C）/ 参照（R）]<0.0>： C
// 输入 C，按 Enter 键，启动"复制"选项
旋转一组选定对象。
指定旋转角度，或 [复制（C）/ 参照（R）]<0.0>： 180
// 输入旋转角度"180"，按 Enter 键

旋转结果如图 11-117 所示。

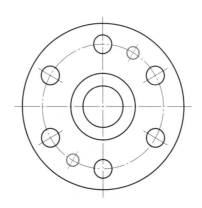

**图 11-117　用"旋转"命令绘制左下侧 $\phi$6 mm 粗实线圆及中心线**

7. 绘制螺栓孔和圆柱销孔在主视图上的投影

（1）将"细点画线"图层设置为当前图层，绘制孔的轴线和中心线，如图 11-118 所示。

（2）将"粗实线"图层设置为当前图层，绘制孔的轮廓线，如图 11-118 所示。

8. 绘制退刀槽在主视图上的投影

在主视图上绘制退刀槽的轮廓线，如图 11-118 所示。

9. 绘制螺纹

（1）将"细实线"图层设置为当前图层，启动"直线"命令，在主视图上绘制螺纹的牙底线，如图 11-119 所示。

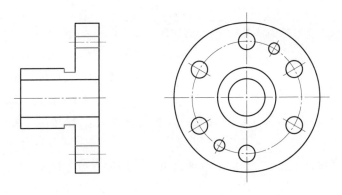

图 11–118　绘制螺栓孔、圆柱销孔和退刀槽

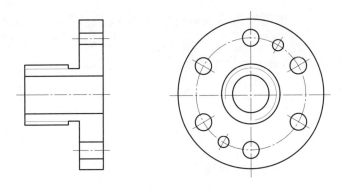

图 11–119　绘制螺纹

（2）启动"圆"命令，在左视图上绘制一个细实线圆（螺纹的牙底圆）。

（3）启动修剪命令，修剪掉左下侧 1/4 圆弧。

（4）启动旋转命令，将 3/4 圆弧逆时针旋转 10°。

绘制结果如图 11–119 所示。

10. 绘制倒角

"倒角"命令用于以一条斜线连接两个非平行的直线。

单击"默认"功能区"修改"选项卡"圆角"按钮右侧的下拉按钮，在下拉菜单中单击"倒角"按钮 ，启动"倒角"命令，系统给出如下提示。

```
命令：_chamfer
（"不修剪"模式）当前倒角距离 1=0.00，距离 2=0.00
    选择第一条直线或［放弃（U）/多段线（P）/距离（D）/角度（A）/修剪（T）/方
式（E）/多个（M）］：　D　　　　　　　//输入"D"，按 Enter 键，激活"距离"选项
    指定 第一个 倒角距离 <0.00>：2　　　　//输入第一个倒角距离"2"，按 Enter 键
    指定 第二个 倒角距离 <2.00>：　　　　//按 Enter 键，默认第二个倒角距离为"2"
    选择第一条直线或［放弃（U）/多段线（P）/距离（D）/角度（A）/修剪（T）/方
式（E）/多个（M）］：　T　　　　　　　//输入"T"，按 Enter 键，激活"修剪"选项
```

输入修剪模式选项［修剪（T）/不修剪（N）］< 不修剪 >：T

              // 输入 "T"，按 Enter 键，设置为 "修剪" 图形

选择第一条直线或［放弃（U）/多段线（P）/距离（D）/角度（A）/修剪（T）/方式（E）/多个（M）］：M      // 输入 "M"，按 Enter 键，激活 "多个" 选项

选择第一条直线或［放弃（U）/多段线（P）/距离（D）/角度（A）/修剪（T）/方式（E）/多个（M）］：        // 选择螺纹上侧的牙顶线

选择第二条直线，或按住 Shift 键选择直线以应用角点或［距离（D）/角度（A）/方法（M）］：        // 选择主视图左侧的轮廓线

选择第一条直线或［放弃（U）/多段线（P）/距离（D）/角度（A）/修剪（T）/方式（E）/多个（M）］：        // 选择螺纹下侧的牙顶线

选择第二条直线，或按住 Shift 键选择直线以应用角点或［距离（D）/角度（A）/方法（M）］：        // 选择主视图左侧的轮廓线

选择第一条直线或［放弃（U）/多段线（P）/距离（D）/角度（A）/修剪（T）/方式（E）/多个（M）］：         // 按 Enter 键结束命令

倒角结果如图 11-120 所示。

11. 绘制剖面线

绘制剖面线需要用 "图案填充" 命令。

（1）启动 "图案填充" 命令

在功能区单击 "默认" → "绘图" → "图案填充" 按钮，启动 "图案填充" 命令，打开 "图案填充创建" 对话框，如图 11-121 所示。

"图案填充创建" 对话框中常用选项的功能如下。

图案：提供填充图案。

角度：用来指定所填充图案的旋转角度（默认为 "0"），正值为逆时针方向，负值为顺时针方向。

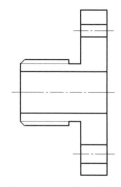

图 11-120 绘制倒角

图 11-121 "图案填充创建" 对话框

比例：用来确定所填充图案的放大系数，以调整填充线条的疏密，数值越大线条越稀疏，反之越密集。

（2）填充剖面线

1）在 "图案" 功能区单击 "ANSI31" 按钮 ，"特性" 功能区的 "角度" 和 "比例" 参数采用默认值。

2）在需要绘制剖面线的区域单击鼠标左键，完成图案填充，如图 11-122 所示。

## 三、标注尺寸

根据需要标注的对象不同，AutoCAD 2020 提供了多种尺寸标注方法，单击"默认"→"注释"→"线性"右侧的下拉按钮，在展开的面板中有各种尺寸标注命令按钮，如图 11-123 所示。常用尺寸标注命令的用途见表 11-2。

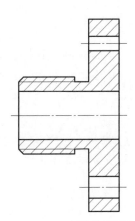

图 11-122 绘制剖面线

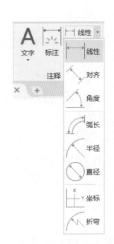

图 11-123 尺寸标注命令按钮

表 11-2 常用尺寸标注命令的用途

| 名称 | 符号 | 用　途 |
|------|------|--------|
| 线性 | ⊢—⊣ | 用于标注对象的线性距离或长度，可以进行水平标注和竖直标注 |
| 对齐 | | 用于标注对象的线性距离或长度，一般用于标注非水平和非竖直方向上的线性尺寸，其尺寸线沿对象的方向放置 |
| 角度 | | 用于标注两条不平行直线间的角度 |
| 半径 | | 用于标注圆弧的半径尺寸 |
| 直径 | | 用于标注圆或圆弧的直径尺寸 |

1. 标注主视图上的轴向尺寸

（1）将"细实线"图层设置为当前图层。

（2）单击"注释"选项卡的下拉按钮，在展开的面板中单击"标注样式"栏的下拉按钮，单击"线性尺寸"标注样式（见图 11-124），将其设置为当前标注样式。

（3）单击"默认"→"注释"→"线性"按钮 ├┤，启动"线性"命令，标注尺寸"43"，系统给出如下提示。

> 命令：_dimlinear
> 指定第一条尺寸界线原点或 < 选择对象 >：　　　　 // 拾取左侧竖直轮廓线的下端点
> 指定第二条尺寸界线原点：　　　　　　　　　　　 // 拾取右侧竖直轮廓线的下端点
> 创建了无关联的标注。
> 指定尺寸线位置或
> ［多行文字（M）/ 文字（T）/ 角度（A）/ 水平（H）/ 垂直（V）/ 旋转（R）］：
> 　　　　　　　　　　　　　　　　　 // 将光标移动到适当位置，单击鼠标左键
> 标注文字 =43

标注结果如图 11-125 所示。

用同样的方法标注尺寸"13"和"24"，如图 11-125 所示。

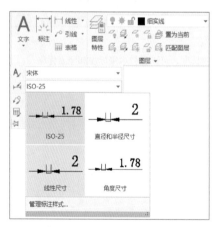

图 11-124　将"线性尺寸"标注样式
置为当前标注样式

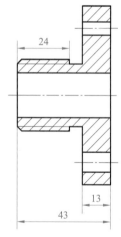

图 11-125　标注尺寸"43"
"13"和"24"

2. 标注主视图上的螺纹标记和直径尺寸

（1）启动"线性"命令，在主视图上标注尺寸"32""28""20""60""80"，如图 11-126 所示。

（2）双击尺寸数字"32"，打开"文字管理器"对话框（见图 11-127），同时文字处于可编辑状态（见图 11-128）。将光标置于带底色的尺寸数字前面，输入"M"（见图 11-128），在空白处单击鼠标左键，完成尺寸数字的修改。

（3）此时光标变为小方框，文本编辑命令处于激活状态。单击尺寸数字"28"，在数字前面输入"%%C"，然后在空白处单击，将直径符号"φ"赋予尺寸。用同样的方法修改其他直径尺寸分别为"φ20""φ60"和"φ80"。修改完毕，按回车键（或 ESC 键）结束命令。尺寸数字的修改结果如图 11-129 所示。

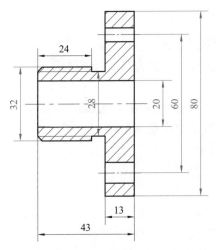

图 11-126 标注尺寸"32""28""20""60""80"

图 11-127 "文字管理器"对话框

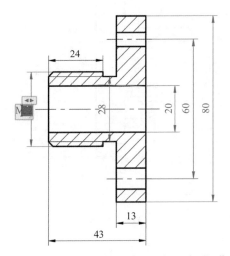

图 11-128 在尺寸数字前面添加文字"M"

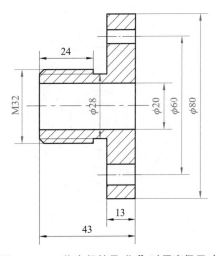

图 11-129 将直径符号"φ"赋予直径尺寸

3. 标注左视图上的尺寸"$6×\phi9$"

（1）将"半径和直径尺寸"标注样式置为当前标注样式。

（2）启动"直径"命令，标注左下侧尺寸"$\phi9$"。

（3）单击尺寸"$\phi9$"，拾取尺寸数字，将尺寸数字移动到合适位置，修改尺寸数字为"$6×\phi9$"。

标注结果如图 11–130 所示。

4. 标注左视图上的角度尺寸"30°"

（1）将"角度尺寸"标注样式设置为当前标注样式。

（2）启动"角度"命令。

（3）先拾取竖直中心线，再拾取 $\phi6$ mm 圆的斜中心线。

（4）移动光标到适当位置，单击鼠标左键。

标注结果如图 11–130 所示。

5. 标注"柱销孔 $2×\phi6$ 配作"

（1）绘制多段线

多段线指由一系列线段或圆弧连接而成的一种特殊折线。无论绘制的多段线包含多少条线段或圆弧，AutoCAD 都将之视为一个单独的对象。

1）单击"默认"→"绘图"→"多段线"按钮 ，启动"多段线"命令。

2）捕捉主视图上侧柱销孔的轴线与左侧轮廓线的交点，单击鼠标左键。

3）向左上侧移动光标到适当位置，单击鼠标左键。

4）水平向左移动光标到适当位置，单击鼠标左键。

5）按 Enter 键结束命令。

多段线绘制结果如图 11–131 所示。

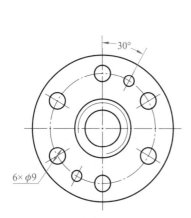

图 11–130　标注"$6×\phi9$"和"30°"

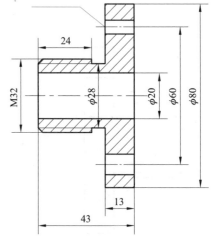

图 11–131　绘制多段线

（2）录入文字"柱销孔 $2×\phi6$ 配作"

"多行文字"命令用于创建文字对象，其录入和编辑方法与 Word 类似。

1）单击功能区的"默认"→"注释"→"多行文字"按钮 **A** ，启动"多行文字"

命令。

2）在屏幕适当位置拾取一点作为文本输入窗口的第一角点，向右下移动光标拾取第二角点，此时在屏幕上出现一个文本输入窗口，如图 11-132 所示。同时，系统在功能区弹出"文字编辑器"对话框（见图 11-133），将文字高度设置为"3.5"，其他参数采用默认设置。

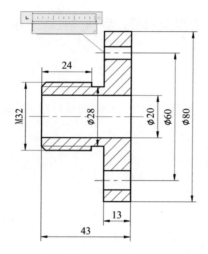

图 11-132 文本输入窗口

图 11-133 "文字编辑器"对话框

3）在文本输入窗口录入"柱销孔 $2 \times \phi6$ 配作"。

4）在空白处单击鼠标左键，结束文字录入，如图 11-134 所示。若文字位置不合适，可使用"移动"命令移动文字的位置。

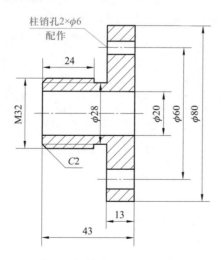

图 11-134 录入"柱销孔 $2 \times \phi6$ 配作"和标注"$C2$"

6. 标注"C2"

用同样的方法标注"C2"，如图 11–134 所示。

## 四、标注剖视图

1. 绘制剖切位置符号

将"粗实线"图层设置为当前图层，启动"直线"命令，绘制剖切位置符号，如图 11–135 所示。

2. 绘制箭头

（1）标注一个线性尺寸

在任意标注样式下，启动"线性"命令，在空白处标注一个线性尺寸，如图 11–136 所示。

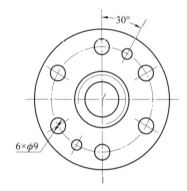

图 11–135 绘制剖切位置符号

图 11–136 标注一个线性尺寸

（2）分解尺寸

"分解"命令用于将矩形、正多边形、多段线、尺寸等复合对象分解成简单的基本对象，以便分别对各基本对象进行编辑。

1）单击"默认"→"修改"→"分解"按钮 ▢ ，启动"分解"命令。

2）单击刚刚标注的尺寸，按 Enter 键，将尺寸分解成线段、箭头、数字等基本对象。分解前后，尺寸表面上没有变化，但选择尺寸后，可以看出，分解前，尺寸是一个整体对象（见图 11–137a）；分解后，尺寸由几个独立的基本对象组合而成（见图 11–137b）。

a)                                    b)

图 11–137 尺寸分解前后的变化

a）分解前  b）分解后

（3）删除多余对象

"删除"命令用于删除图形中多余或错误的图形对象。

1）单击"默认"→"修改"→"删除"按钮 ✐ ，启动"删除"命令。

2）拾取除右侧箭头及线段外其他要删除的对象，如图 11–138 所示。

3）按 Enter 键删除被拾取的对象。

（4）移动箭头

启动"移动"命令，将箭头及线段移到下侧剖切位置线的下端，如图 11–139 所示。

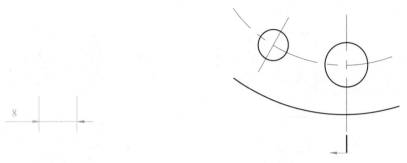

图 11–138　拾取要删除的对象　　　　　图 11–139　移动箭头

（5）复制箭头

启动"复制"命令，复制一个箭头，粘贴在上侧剖切位置线的上端，如图 11–140 所示。

（6）旋转箭头

启动"旋转"命令，将箭头顺时针旋转 30°，如图 11–141 所示。

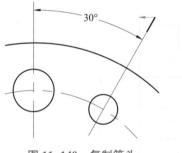
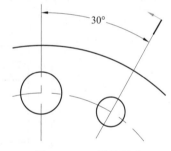

图 11–140　复制箭头　　　　　　　　图 11–141　旋转箭头

### 3. 标注剖视图名称

启动"多行文字"命令，在主视图上方标注剖视图名称"*A—A*"，在左视图的剖切位置附近标注字母"*A*"，如图 11–142 所示。

## 五、整理、检查图样

整理、检查图样主要是检查三视图的图线是否绘制正确，检查细点画线的线型是否规范（若不规范，需整理），尺寸数字是否与图线相交等（若相交，需整理）。

### 1. 打断主视图上与尺寸数字"$\phi28$"相交的细点画线

主视图上的轴线与尺寸数字相交，不符合机械制图关于尺寸标注的相关规定，可以在尺寸数字的两侧将轴线打断。

"打断"命令用于通过指定两点将对象上两点间的部分删除。打断对象与修剪对象都可以删除图形上的一部分，但是两者有着本质的区别，修剪对象必须有修剪边界的限制，而打断对象可以删除对象上任意两点之间的部分。

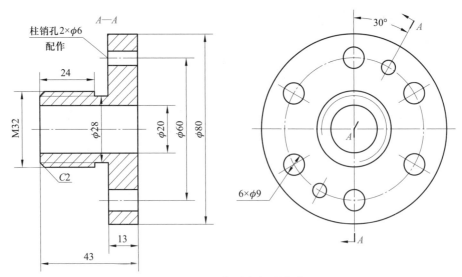

图 11-142　标注剖视图名称

（1）单击"默认"→"修改"→"打断"按钮 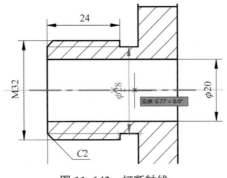，启动"打断"命令。

（2）在尺寸数字"$\phi28$"左侧的细点画线的适当位置单击鼠标左键，拾取第一个打断点；向右移动光标到适当位置，单击鼠标左键，拾取第二个打断点，如图 11-143 所示。

图 11-143　打断轴线

2. 整理左视图上 $\phi60$ mm 细点画线圆

因为"打断于点"命令不能用于完整的圆，因此需要用"修剪"命令对 $\phi60$ mm 细点画线圆进行修剪。

（1）启动"修剪命令"和"删除"命令修剪掉左侧（或右侧）半圆。

（2）启动"镜像"命令补画被修剪掉的半圆。

（3）启动"打断于点"命令，对圆弧进行打断。

3. 整理其他位置的细点画线

启动"打断于点"命令，整理水平方向和竖直方向的对称中心线。

4. 补画角度尺寸"30°"的尺寸界线

补画角度尺寸"30°"的尺寸界线可以明示角的顶点位置，由于该处的尺寸界线与 $\phi6$ mm 圆的中心线重合，所以可以绘制细点画线。

5. 检查、校核图样

对照图 11-111，检查自己所绘制的图样，更正错误。

# 任务三　绘 制 螺 杆

**学习目标**

1. 掌握缩放、偏移和样条曲线等命令的使用方法。
2. 能绘制机械图样。

**任务描述**

绘制如图 11-144 所示螺杆并标注尺寸。

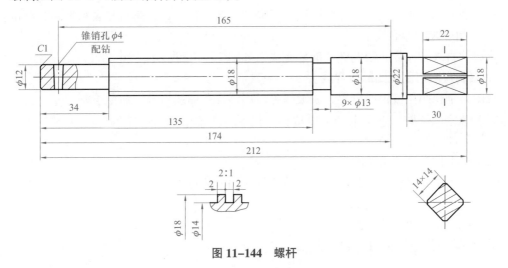

**图 11-144　螺杆**

**任务分析**

图 11-144 所示螺杆由主视图、移出断面图和局部放大图组成。主视图上进行了局部剖，局部放大图采用断面图表达。在局部放大图上标注的尺寸是零件的实际尺寸，尺寸"$\phi18$"和"$\phi14$"都只有一个箭头和一条尺寸界线。

**任务实施**

一、新建图形文件

打开"机械制图样板"，新建图形文件。

## 二、绘制主视图

### 1. 绘制主视图的轴线

将"细点画线"图层设置为当前图层，启动"直线"命令，绘制轴线，如图 11-145 所示。

图 11-145　绘制轴线、轮廓线、对角线和牙底线

### 2. 绘制主视图的轮廓线

将"粗实线"图层设置为当前图层，启动"直线"命令绘制轮廓线，启动"倒角"命令绘制左侧倒角，如图 11-145 所示。图 11-144 标注的"$\phi4$"是圆锥销小端直径，绘制锥销孔时，锥度可以采用夸大画法。

### 3. 绘制表示平面的对角线

将"细实线"图层设置为当前图层，启动"直线"命令，绘制右侧表示平面的对角线。

### 4. 绘制螺纹的牙底线

重启"直线"命令，绘制螺纹的牙底线，如图 11-145 所示。

### 5. 绘制视图与剖视图的分界线。

视图与剖视图用波浪线分界，波浪线可以用"样条曲线拟合"命令绘制。

（1）单击"绘图"选项卡的下拉按钮，在下拉菜单中单击"样条曲线拟合"按钮 $\sim$，启动"样条曲线拟合"命令。

（2）在上侧轮廓线上拾取一点。

（3）在上下轮廓线之间拾取适当数量的点（两个或更多个）。

（4）在下侧轮廓线上拾取一点。

（5）按 Enter 键结束命令。

波浪线绘制结果如图 11-146a 所示。

a)　　　　　　　　　　　　b)

图 11-146　绘制波浪线和剖面线

a）绘制波浪线　b）绘制剖面线

### 6. 绘制剖面线

启动"图案填充"命令，图案选择"ANSI31"，其他参数采用默认值，绘制剖面线，如图 11-146b 所示。

## 三、绘制移出断面图

1. 将"细点画线"图层设置为当前图层，启动"直线"命令，绘制对称中心线。

2. 将"粗实图"图层设置为当前图层，绘制断面的轮廓线。

3. 将"细实线"图层设置为当前图层，启动"图案填充"命令，将"角度"修改为"345"（此处的剖面线与水平方向成 30° 夹角，以避免与轮廓线平行）。

移出断面图的绘制结果如图 11–147 所示。

**图 11–147　绘制移出断面图**

## 四、绘制局部放大图

1. 将"粗实线"图层设置为当前图层，启动"直线"命令，绘制一条适当长度的水平轮廓线 *AB*，如图 11–148a 所示。

2. 单击"默认"→"修改"→"偏移"按钮 ⊂，启动"偏移"命令（该命令可以在复制对象的同时将对象偏移到指定的位置），系统给出如下提示。

> 命令：_offset
> 当前设置：删除源 = 否　　图层 = 源　　OFFSETGAPTYPE=0
> 指定偏移距离或［通过（T）/删除（E）/图层（L）］< 通过 >: 2
> 　　　　　　　　　　　　　　　　　　　　// 输入要偏移的距离"2"，按 Enter 键
> 选择要偏移的对象，或［退出（E）/放弃（U）］< 退出 >:
> 　　　　　　　　　　　　// 选择水平轮廓线 *AB* 作为偏移对象（见图 11–148a）
> 指定要偏移的那一侧上的点，或［退出（E）/多个（M）/放弃（U）］< 退出 >:
> 　　　　　　　　　　　// 在水平轮廓线 *AB* 下侧单击鼠标左键，确定偏移方向（下）
> 选择要偏移的对象，或［退出（E）/放弃（U）］任意 < 退出 >:
> 　　　　　　　　　　　　　　　　　　　　　　　　// 按 Enter 键结束命令

偏移结果如图 11–148b 所示。

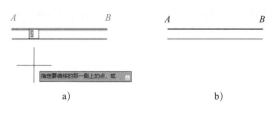

a)　　　　　　　　　　　　　　　　b)

**图 11–148　绘制水平轮廓线**

3. 在两线段之间绘制一条竖直轮廓线，如图 11-149a 所示。

4. 启动"偏移"命令，向右偏移三条竖直轮廓线（各竖线之间的距离为 2 mm），如图 11-149b 所示。

a)　　　　　　　　　　　　b)

图 11-149　绘制竖直轮廓线

5. 修剪多余轮廓线，如图 11-150 所示。

6. 将"细实线"图层设置为当前图层，启动"样条曲线拟合"命令，绘制波浪线，如图 11-151 所示。

图 11-150　修剪多余轮廓线　　　　　图 11-151　绘制波浪线

7. 单击"默认"→"修改"→"缩放"按钮，启动"缩放"命令（该命令用于将所选对象按指定比例进行放大或缩小），系统给出如下提示。

```
命令：_scale
选择对象：指定对角点：找到 10 个              // 选择局部放大图作为缩放对象
选择对象：                                  // 按 Enter 键结束缩放对象的选取
指定基点：                                  // 在局部放大图上任意捕捉一点作为缩放基点
指定比例因子或［复制（C）/参照（R）］：2       // 输入缩放比例"2"，按 Enter 键
```

放大前后的变化如图 11-152 所示。

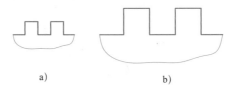

a)　　　　　　　b)

图 11-152　放大前后的变化
a）放大前　b）放大后

8. 启动"图案填充"命令，将"角度"修改为"0"，绘制剖面线，如图 11-153 所示。

## 五、标注尺寸

1. 标注主视图上的尺寸

（1）将"线性尺寸"标注样式设置为当前标注样式，启动"线性"命令，标注主视图上除倒角和锥销

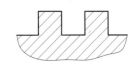

图 11-153　绘制局部放大图上的剖面线

孔直径之外的尺寸。

（2）启动"直线"命令，绘制倒角和锥销孔尺寸的指引线。

（3）启动"多行文字"命令，注写倒角和锥销孔的尺寸标记。

在主视图上标注尺寸的结果如图 11-154 所示。

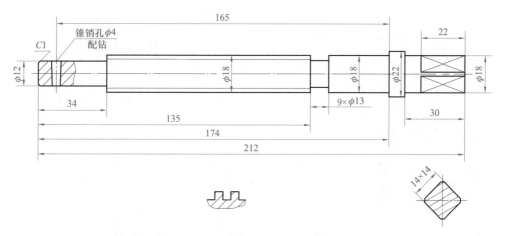

图 11-154　标注主视图和移出断面图的尺寸

2. 标注移出断面图上的尺寸

启动"对齐"命令，标注移出断面图上的尺寸，并把尺寸数字修改为"14×14"，如图 11-154 所示。

3. 标注局部放大图上的尺寸

（1）启动"线性"命令，在局部放大图上标注矩形螺纹的牙厚尺寸"2"，如图 11-155 所示。

（2）选中尺寸"2"，单击鼠标右键，在弹出的快捷菜单中单击"特性"按钮，系统弹出"特

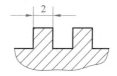

图 11-155　标注矩形螺纹的牙厚尺寸"2"

性"对话框，在"直线和箭头"栏将"箭头 2"修改为"小点"（见图 11-156，"箭头 1"是尺寸线起点的箭头，"箭头 2"是尺寸线终点的箭头），修改结果如图 11-157 所示。

（3）用同样的方法标注矩形螺纹的牙槽宽"2"，如图 11-158 所示。

（4）为防止被误读，单击某一个尺寸"2"，在弹出的快捷菜单中单击"仅移动文字"按钮（见图 11-159a），移动尺寸数字到适当位置，如图 11-159b 所示。用同样的方法移动另外一个尺寸"2"，如图 11-159b 所示。

（5）启动"线性"命令，标注矩形螺纹的大径和小径。起点分别为螺纹的牙顶和牙底，终点可以是任意一个位置，如图 11-160a 所示；然后启动"分解"命令分解尺寸；再启动"删除"命令删除下侧的箭头和尺寸界线；最后分别双击尺寸数字，打开"文字编辑器"对话框，将大径的尺寸数字修改为"$\phi18$"，小径的尺寸数字修改为"$\phi14$"，如图 11-160b 所示。

## 六、整理图形

1. 标注移出断面图的剖切位置符号。

2. 标注局部放大图的放大比例。

图 11-156　修改尺寸线箭头

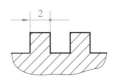

图 11-157　尺寸线右侧的箭头修改为点

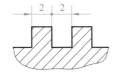

图 11-158　标注矩形螺纹的牙槽宽"2"

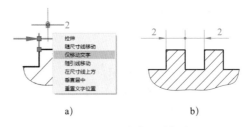

图 11-159　移动尺寸数字

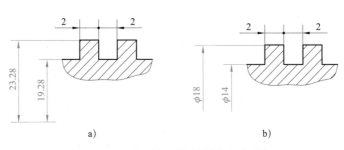

图 11-160　标注矩形螺纹的大径和小径

3. 打断与尺寸数字相交的细点画线。

4. 修改其他绘制不规范的图线。

七、检查、校核

对照图 11-144，检查自己所绘制的图样，更正错误。

# 附　录

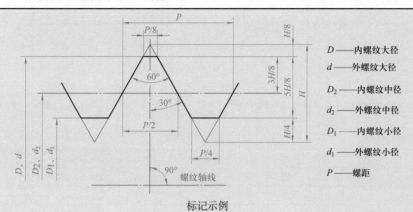

$D$ ——内螺纹大径

$d$ ——外螺纹大径

$D_2$ ——内螺纹中径

$d_2$ ——外螺纹中径

$D_1$ ——内螺纹小径

$d_1$ ——外螺纹小径

$P$ ——螺距

标记示例

粗牙普通外螺纹、公称直径 $d$=10 mm、右旋、中径及大径的公差带代号 6g、中等旋合长度的螺纹：M10—6g

细牙普通内螺纹、公称直径 $D$=10 mm、螺距 $P$=1 mm、左旋、中径及小径的公差带代号 5H、中等旋合长度的螺纹：M10×1–5H–LH

mm

| 公称直径（$D$、$d$） | | | 螺距（$P$） | | 粗牙螺纹小径 |
|---|---|---|---|---|---|
| 第一系列 | 第二系列 | 第三系列 | 粗牙 | 细牙 | $D_1$、$d_1$ |
| 4 | — | — | 0.7 | 0.5 | 3.242 |
| 5 | — | — | 0.8 | | 4.134 |
| 6 | — | — | 1 | 0.75 | 4.917 |
| — | 7 | — | | | 5.917 |
| 8 | — | — | 1.25 | 1、0.75 | 6.647 |
| 10 | — | — | 1.5 | 1.25、1、0.75 | 8.376 |
| 12 | — | — | 1.75 | 1.25、1 | 10.106 |
| — | 14 | — | 2 | 1.5、1.25、1 | 11.835 |
| — | — | 15 | — | 1.5、1 | *13.376 |
| 16 | — | — | 2 | | 13.835 |
| — | 18 | — | | | 15.294 |
| 20 | — | — | 2.5 | | 17.294 |
| — | 22 | — | | 2、1.5、1 | 19.294 |
| 24 | — | — | 3 | | 20.752 |
| — | — | 25 | — | | *22.835 |
| — | 27 | — | 3 | | 23.752 |
| 30 | — | — | 3.5 | （3）、2、1.5、1 | 26.211 |
| — | 33 | — | | （3）、2、1.5 | 29.211 |
| — | — | 35 | — | 1.5 | *33.376 |
| 36 | — | — | 4 | 3、2、1.5 | 31.670 |
| — | 39 | — | | | 34.670 |

注：1. 优先选用第一系列，其次是第二系列，第三系列尽可能不用。

2. 括号内尺寸尽可能不用。

3. M14×1.25 仅用于火花塞，M35×1.5 仅用于滚动轴承锁紧螺母。

4. 带 * 的为细牙参数，是对应于第一种细牙螺距的小径尺寸。

附表 2  六角头螺栓　C 级（摘自 GB/T 5780—2016）、

六角头螺栓　全螺纹　C 级（摘自 GB/T 5781—2016）

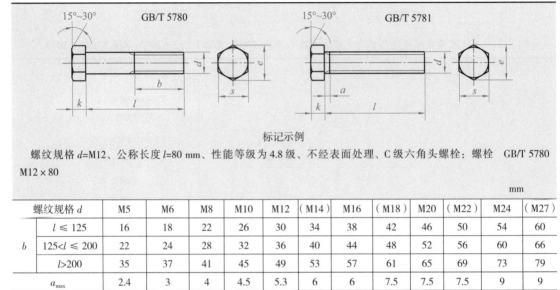

标记示例

螺纹规格 $d$=M12、公称长度 $l$=80 mm、性能等级为 4.8 级、不经表面处理、C 级六角头螺栓：螺栓　GB/T 5780 M12×80

mm

| 螺纹规格 $d$ | | M5 | M6 | M8 | M10 | M12 | （M14） | M16 | （M18） | M20 | （M22） | M24 | （M27） |
|---|---|---|---|---|---|---|---|---|---|---|---|---|---|
| $b$ | $l \leqslant 125$ | 16 | 18 | 22 | 26 | 30 | 34 | 38 | 42 | 46 | 50 | 54 | 60 |
| | $125 < l \leqslant 200$ | 22 | 24 | 28 | 32 | 36 | 40 | 44 | 48 | 52 | 56 | 60 | 66 |
| | $l > 200$ | 35 | 37 | 41 | 45 | 49 | 53 | 57 | 61 | 65 | 69 | 73 | 79 |
| $a_{max}$ | | 2.4 | 3 | 4 | 4.5 | 5.3 | 6 | 6 | 7.5 | 7.5 | 7.5 | 9 | 9 |
| $e_{min}$ | | 8.63 | 10.89 | 14.2 | 17.59 | 19.85 | 22.78 | 26.17 | 29.56 | 32.95 | 37.29 | 39.55 | 45.2 |
| $k$（公称） | | 3.5 | 4 | 5.3 | 6.4 | 7.5 | 8.8 | 10 | 11.5 | 12.5 | 14 | 15 | 17 |
| $s$ | max | 8 | 10 | 13 | 16 | 18 | 21 | 24 | 27 | 30 | 34 | 36 | 41 |
| | min | 7.64 | 9.64 | 12.57 | 15.57 | 17.57 | 20.16 | 23.16 | 26.16 | 29.16 | 33 | 35 | 40 |
| $l$ | GB/T 5780 | 25 ~ 50 | 30 ~ 60 | 40 ~ 80 | 45 ~ 100 | 55 ~ 120 | 60 ~ 140 | 65 ~ 160 | 80 ~ 180 | 80 ~ 200 | 90 ~ 220 | 100 ~ 240 | 110 ~ 260 |
| | GB/T 5781 | 10 ~ 50 | 12 ~ 60 | 16 ~ 80 | 20 ~ 100 | 25 ~ 120 | 30 ~ 140 | 30 ~ 160 | 35 ~ 180 | 40 ~ 200 | 45 ~ 220 | 50 ~ 240 | 55 ~ 280 |
| 性能等级 | 钢 | 4.6、4.8 | | | | | | | | | | | |
| 表面处理 | 钢 | 1. 不经处理　2. 电镀　3. 非电解锌粉覆盖层 | | | | | | | | | | | |
| 螺纹规格 $d$ | | M30 | （M33） | M36 | （M39） | M42 | （M45） | M48 | （M52） | M56 | （M60） | M64 | |
| $b$ | $l \leqslant 125$ | 66 | 72 | — | — | — | — | — | — | — | — | — | |
| | $125 < l \leqslant 200$ | 72 | 78 | 84 | 90 | 96 | 102 | 108 | 116 | — | 132 | — | |
| | $l > 200$ | 85 | 91 | 97 | 103 | 109 | 115 | 121 | 129 | 137 | 145 | 153 | |
| $a$ | max | 10.5 | 10.5 | 12 | 12 | 13.5 | 13.5 | 15 | 15 | 16.5 | 16.5 | 18 | |
| $e$ | min | 50.85 | 55.37 | 60.79 | 66.44 | 72.02 | 76.95 | 82.6 | 88.25 | 93.56 | 99.21 | 104.86 | |
| $k$ | 公称 | 18.7 | 21 | 22.5 | 25 | 26 | 28 | 30 | 33 | 35 | 38 | 40 | |
| $s$ | max | 46 | 50 | 55 | 60 | 65 | 70 | 75 | 80 | 85 | 90 | 95 | |
| | min | 45 | 49 | 53.8 | 58.8 | 63.8 | 68.1 | 73.1 | 78.1 | 82.8 | 87.8 | 92.8 | |
| $l$ | GB/T 5780 | 120 ~ 300 | 130 ~ 320 | 140 ~ 360 | 150 ~ 400 | 180 ~ 420 | 180 ~ 440 | 200 ~ 480 | 200 ~ 500 | 240 ~ 500 | 240 ~ 500 | 260 ~ 500 | |
| | GB/T 5781 | 60 ~ 300 | 65 ~ 360 | 70 ~ 360 | 80 ~ 400 | 80 ~ 420 | 90 ~ 440 | 100 ~ 480 | 100 ~ 500 | 110 ~ 500 | 120 ~ 500 | 120 ~ 500 | |
| 性能等级 | 钢 | 4.6、4.8 | | | 按协议 | | | | | | | | |
| 表面处理 | 钢 | 1. 不经处理　2. 电镀　3. 非电解锌粉覆盖层 | | | | | | | | | | | |

注：长度系列 $l$ 为 10、12、16、20 ~ 70（5 进位）、70 ~ 150（10 进位）、180 ~ 500（20 进位）。尽可能不采用括号内的规格。

**附表 3**　　　　　　　Ⅰ型六角螺母（摘自 GB/T 6170—2015）

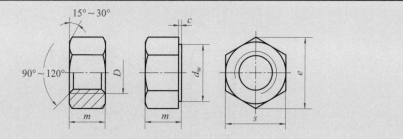

标记示例

螺纹规格 *D*=M12、性能等级为 8 级、不经表面处理、产品等级为 A 级的Ⅰ型六角螺母：螺母　GB/T 6170　M12

mm

| 螺纹规格 $D$ | | M1.6 | M2 | M2.5 | M3 | M4 | M5 | M6 | M8 | M10 | M12 |
|---|---|---|---|---|---|---|---|---|---|---|---|
| 螺距 $P$ | | 0.35 | 0.4 | 0.45 | 0.5 | 0.7 | 0.8 | 1 | 1.25 | 1.5 | 1.75 |
| $c$ | max | 0.2 | 0.2 | 0.3 | 0.4 | 0.4 | 0.5 | 0.5 | 0.6 | 0.6 | 0.6 |
| $d_w$ | min | 2.4 | 3.1 | 4.1 | 4.6 | 5.9 | 6.9 | 8.9 | 11.6 | 14.6 | 16.6 |
| $e$ | min | 3.41 | 4.32 | 5.45 | 6.01 | 7.66 | 8.79 | 11.05 | 14.38 | 17.77 | 20.03 |
| $m$ | max | 1.3 | 1.6 | 2.0 | 2.4 | 3.2 | 4.7 | 5.2 | 6.8 | 8.4 | 10.8 |
| | min | 1.05 | 1.35 | 1.75 | 2.15 | 2.9 | 4.4 | 4.9 | 6.44 | 8.04 | 10.37 |
| $s$ | max | 3.20 | 4.0 | 5.0 | 5.5 | 7.0 | 8.0 | 10.0 | 13.0 | 16.0 | 18.0 |
| | min | 3.02 | 3.82 | 4.82 | 5.32 | 6.78 | 7.78 | 9.78 | 12.73 | 15.73 | 17.73 |
| 螺纹规格 $D$ | | M16 | M20 | M24 | M30 | M36 | M42 | M48 | M56 | M64 | |
| 螺距 $P$ | | 2 | 2.5 | 3 | 3.5 | 4 | 4.5 | 5 | 5.5 | 6 | |
| $c$ | max | 0.8 | 0.8 | 0.8 | 0.8 | 0.8 | 1.0 | 1.0 | 1.0 | 1.0 | |
| $d_w$ | min | 22.5 | 27.7 | 33.3 | 42.8 | 51.1 | 60 | 69.5 | 78.7 | 88.2 | |
| $e$ | min | 26.75 | 32.95 | 39.55 | 50.85 | 60.79 | 72.02 | 82.06 | 93.56 | 104.86 | |
| $m$ | max | 14.8 | 18 | 21.5 | 25.6 | 31 | 34 | 38 | 45 | 51 | |
| | min | 14.1 | 16.9 | 20.2 | 24.3 | 29.4 | 32.4 | 36.4 | 43.4 | 49.1 | |
| $s$ | max | 24 | 30 | 36 | 46 | 55 | 65 | 75 | 85 | 95 | |
| | min | 23.67 | 29.16 | 35 | 45 | 53.8 | 63.1 | 73.1 | 82.8 | 92.8 | |

注：1. A 级用于 $D \leqslant 16$ mm 的螺母，B 级用于 $D>16$ mm 的螺母。本表仅按优选的螺纹规格列出。

2. 螺纹规格为 M8 ~ M64、细牙、A 级和 B 级的Ⅰ型六角螺母，请查阅 GB/T 6171—2016。

附表 4 　　　　　　　Ⅰ型六角螺母　C 级（摘自 GB/T 41—2016）

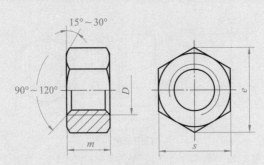

标记示例

螺纹规格 *D*=M12、性能等级为 5 级、不经表面处理、产品等级为 C 级的Ⅰ型六角螺母：螺母　GB/T 41　M12

mm

| 螺纹规格<br>*D* | M5 | M6 | M8 | M10 | M12 | M16 | M20 | M24 | M30 | M36 | M42 | M48 | M56 |
|---|---|---|---|---|---|---|---|---|---|---|---|---|---|
| $s_{公称}$=max | 8 | 10 | 13 | 16 | 18 | 24 | 30 | 36 | 46 | 55 | 65 | 75 | 85 |
| $e_{min}$ | 8.63 | 10.89 | 14.2 | 17.59 | 19.85 | 26.17 | 32.95 | 39.55 | 50.85 | 60.79 | 71.3 | 82.6 | 93.56 |
| $m_{max}$ | 5.6 | 6.4 | 7.9 | 9.5 | 12.2 | 15.9 | 10 | 22.3 | 26.4 | 31.9 | 34.9 | 38.9 | 45.9 |

附表5　　　　　　　　　　　　　　　　　　　　　垫　圈

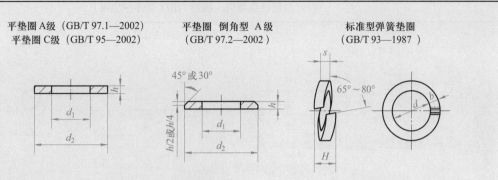

平垫圈 A 级（GB/T 97.1—2002）
平垫圈 C 级（GB/T 95—2002）

平垫圈　倒角型　A 级
（GB/T 97.2—2002）

标准型弹簧垫圈
（GB/T 93—1987）

标记示例

标准系列、公称尺寸 $d=8$ mm、材料为钢、产品等级为 C 级、不经表面处理的平垫圈：垫圈　GB/T 95　8

规格 10 mm、材料为 65Mn、表面氧化处理的标准型弹簧垫圈：垫圈　GB/T 93　10

mm

| 公称尺寸 $d$（螺纹大径） | | 4 | 5 | 6 | 8 | 10 | 12 | 16 | 20 | 24 | 30 | 36 | 42 | 48 |
|---|---|---|---|---|---|---|---|---|---|---|---|---|---|---|
| GB/T 97.1—2002（A 级） | $d_1$ | 4.3 | 5.3 | 6.4 | 8.4 | 10.5 | 13 | 17 | 21 | 25 | 31 | 37 | 45 | 52 |
| | $d_2$ | 9 | 10 | 12 | 16 | 20 | 24 | 30 | 37 | 44 | 56 | 66 | 78 | 92 |
| | $h$ | 0.8 | 1 | 1.6 | 1.6 | 2 | 2.5 | 3 | 3 | 4 | 4 | 5 | 8 | 8 |
| GB/T 97.2—2002（A 级） | $d_1$ | — | 5.3 | 6.4 | 8.4 | 10.5 | 13 | 17 | 21 | 25 | 31 | 37 | 45 | 52 |
| | $d_2$ | — | 10 | 12 | 16 | 20 | 24 | 30 | 37 | 44 | 56 | 66 | | |
| | $h$ | — | 1 | 1.6 | 1.6 | 2 | 2.5 | 3 | 3 | 4 | 4 | 5 | | |
| GB/T 95—2002（C 级） | $d_1$ | — | 5.5 | 6.6 | 9 | 11 | 13.5 | 17.5 | 22 | 26 | 33 | 39 | 45 | 52 |
| | $d_2$ | — | 10 | 12 | 16 | 20 | 24 | 30 | 37 | 44 | 56 | 66 | 78 | 92 |
| | $h$ | — | 1 | 1.6 | 1.6 | 2 | 2.5 | 3 | 3 | 4 | 4 | 5 | 8 | 8 |
| GB/T 93—1987 | $d_{min}$ | 4.1 | 5.1 | 6.1 | 8.1 | 10.2 | 12.2 | 16.2 | 20.2 | 24.5 | 30.5 | 36.5 | 42.5 | 48.5 |
| | $s（b）$ | 1.1 | 1.3 | 1.6 | 2.1 | 2.6 | 3.1 | 4.1 | 5 | 6 | 7.5 | 9 | 10.5 | 12 |
| | $H$ | 2.8 | 3.3 | 4 | 5.3 | 6.5 | 7.8 | 10.3 | 12.5 | 15 | 18.6 | 22.5 | 26.3 | 30 |

注：1. A 级适用于精装配系列，C 级适用于中等装配系列。

　　2. 平垫圈 A 级、倒角型平垫圈 A 级的材料为钢或不锈钢，平垫圈 C 级的材料为钢，标准型弹簧垫圈的材料为 65Mn。

附表 6　　　开槽圆柱头螺钉（摘自 GB/T 65—2016）、开槽沉头螺钉（摘自 GB/T 68—2016）、
内六角圆柱头螺钉（摘自 GB/T 70.1—2008）

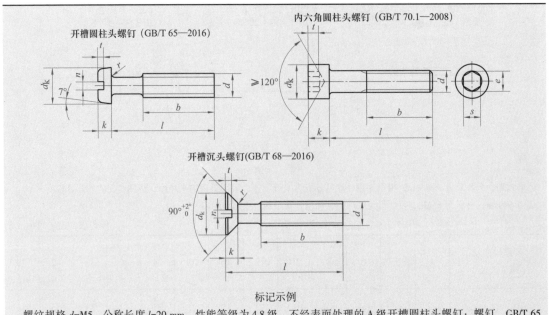

开槽圆柱头螺钉（GB/T 65—2016）

内六角圆柱头螺钉（GB/T 70.1—2008）

开槽沉头螺钉(GB/T 68—2016)

标记示例

螺纹规格 $d$=M5、公称长度 $l$=20 mm、性能等级为 4.8 级、不经表面处理的 A 级开槽圆柱头螺钉：螺钉　GB/T 65 M5×20

mm

| 螺纹规格 $d$ | | | M1.6 | M2 | M2.5 | M3 | M4 | M5 | M6 | M8 | M10 |
|---|---|---|---|---|---|---|---|---|---|---|---|
| GB/T 65 | $b$ | min | 25 | 25 | 25 | 25 | 38 | 38 | 38 | 38 | 38 |
| | $n$ | 公称 | 0.4 | 0.5 | 0.6 | 0.8 | 1.2 | 1.2 | 1.6 | 2 | 2.5 |
| | $d_k$ | 公称 =max | 3 | 3.8 | 4.5 | 5.5 | 7 | 8.5 | 10 | 13 | 16 |
| | $k$ | 公称 =max | 1.1 | 1.4 | 1.8 | 2.0 | 2.6 | 3.3 | 3.9 | 5 | 6 |
| | $r$ | min | 0.1 | 0.1 | 0.1 | 0.1 | 0.2 | 0.2 | 0.25 | 0.4 | 0.4 |
| | $t$ | min | 0.45 | 0.6 | 0.7 | 0.85 | 1.1 | 1.3 | 1.6 | 2 | 2.4 |
| | $l$ | 公称 | 2 ~ 16 | 3 ~ 20 | 3 ~ 25 | 4 ~ 30 | 5 ~ 40 | 6 ~ 50 | 8 ~ 60 | 10 ~ 80 | 12 ~ 80 |
| GB/T 68 | $b$ | min | 25 | 25 | 25 | 25 | 38 | 38 | 38 | 38 | 38 |
| | $n$ | 公称 | 0.4 | 0.5 | 0.6 | 0.8 | 1.2 | 1.2 | 1.6 | 2 | 2.5 |
| | $d_k$ | 理论值 | 3.6 | 4.4 | 5.5 | 6.3 | 9.4 | 10.4 | 12.6 | 17.3 | 20 |
| | $k$ | 公称 =max | 1 | 1.2 | 1.5 | 1.65 | 2.7 | 2.7 | 3.3 | 4.65 | 5 |
| | $r$ | max | 0.4 | 0.5 | 0.6 | 0.8 | 1 | 1.3 | 1.5 | 2 | 2.5 |
| | $t$ | max | 0.5 | 0.6 | 0.75 | 0.85 | 1.3 | 1.4 | 1.6 | 2.3 | 2.6 |
| | $l$ | 公称 | 2.5 ~ 16 | 3 ~ 20 | 4 ~ 25 | 5 ~ 30 | 6 ~ 40 | 8 ~ 50 | 8 ~ 60 | 10 ~ 80 | 12 ~ 80 |
| GB/T 70.1 | $b$ | 参考 | 15 | 16 | 17 | 18 | 20 | 22 | 24 | 28 | 32 |
| | $d_k$ | （max 光滑） | 3 | 3.8 | 4.5 | 5.5 | 7 | 8.5 | 10 | 13 | 16 |
| | $d_k$ | （max 滚花） | 3.14 | 3.98 | 4.68 | 5.68 | 7.22 | 8.72 | 10.22 | 13.27 | 16.27 |
| | $k$ | max | 1.6 | 2 | 2.5 | 3 | 4 | 5 | 6 | 8 | 10 |
| | $e$ | min | 1.733 | 1.733 | 2.303 | 2.873 | 3.443 | 4.583 | 5.723 | 6. 863 | 9.149 |
| | $s$ | 公称 | 1.5 | 1.5 | 2 | 2.5 | 3 | 4 | 5 | 6 | 8 |
| | $t$ | min | 0.7 | 1 | 1.1 | 1.3 | 2 | 2.5 | 3 | 4 | 5 |
| | $l$ | 公称 | 2.5 ~ 16 | 3 ~ 20 | 4 ~ 25 | 5 ~ 30 | 6 ~ 40 | 8 ~ 50 | 10 ~ 60 | 12 ~ 80 | 16 ~ 100 |

附表 7　　　　　　　**双头螺柱（摘自 GB/T 897 ~ 900—1988）**

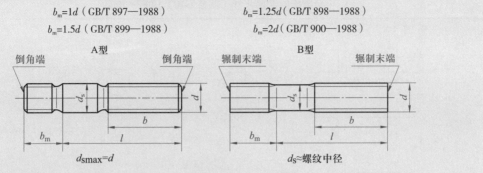

$b_m=1d$（GB/T 897—1988）　　　　　　$b_m=1.25d$（GB/T 898—1988）
$b_m=1.5d$（GB/T 899—1988）　　　　　　$b_m=2d$（GB/T 900—1988）

A 型　　　　　　　　　　　　　　　　B 型

$d_{smax}=d$　　　　　　　　　　　　　　$d_s$~螺纹中径

**标记示例**

两端均为粗牙普通螺纹、$d=10$ mm、$l=50$ mm、性能等级为 4.8 级、不经表面处理、B 型、$b_m=2d$ 的双头螺柱：螺柱 GB/T 900　M10×50

旋入机体一端为粗牙普通螺纹、旋螺母端为螺距 $P=1$ mm 的细牙普通螺纹、$d=10$ mm、$l=50$ mm、性能等级为 4.8 级、不经表面处理、A 型、$b_m=2d$ 的双头螺柱：螺柱　GB/T 900　AM10–10×1×50

mm

| 螺纹规格 | $b_m$（旋入机体端长度） | | | | $l/b$（螺柱长度 / 旋螺母端长度） | | | | |
|---|---|---|---|---|---|---|---|---|---|
| $d$ | GB/T 897 | GB/T 898 | GB/T 899 | GB/T 900 | | | | | |
| M4 | — | — | 6 | 8 | $\dfrac{16 \sim 22}{8}$ | $\dfrac{25 \sim 40}{14}$ | | | |
| M5 | 5 | 6 | 8 | 10 | $\dfrac{16 \sim 22}{10}$ | $\dfrac{25 \sim 50}{16}$ | | | |
| M6 | 6 | 8 | 10 | 12 | $\dfrac{20 \sim 22}{10}$ | $\dfrac{25 \sim 30}{14}$ | $\dfrac{32 \sim 75}{18}$ | | |
| M8 | 8 | 10 | 12 | 16 | $\dfrac{20 \sim 22}{12}$ | $\dfrac{25 \sim 30}{16}$ | $\dfrac{32 \sim 90}{22}$ | | |
| M10 | 10 | 12 | 15 | 20 | $\dfrac{25 \sim 28}{14}$ | $\dfrac{30 \sim 38}{16}$ | $\dfrac{40 \sim 120}{26}$ | $\dfrac{130}{32}$ | |
| M12 | 12 | 15 | 18 | 24 | $\dfrac{25 \sim 30}{16}$ | $\dfrac{32 \sim 40}{20}$ | $\dfrac{45 \sim 120}{30}$ | $\dfrac{130 \sim 180}{36}$ | |
| M16 | 16 | 20 | 24 | 32 | $\dfrac{30 \sim 38}{20}$ | $\dfrac{40 \sim 55}{30}$ | $\dfrac{60 \sim 120}{38}$ | $\dfrac{130 \sim 200}{44}$ | |
| M20 | 20 | 25 | 30 | 40 | $\dfrac{35 \sim 40}{25}$ | $\dfrac{45 \sim 65}{35}$ | $\dfrac{70 \sim 120}{46}$ | $\dfrac{130 \sim 200}{52}$ | |
| （M24） | 24 | 30 | 36 | 48 | $\dfrac{45 \sim 50}{30}$ | $\dfrac{55 \sim 75}{45}$ | $\dfrac{80 \sim 120}{54}$ | $\dfrac{130 \sim 200}{60}$ | |
| （M30） | 30 | 38 | 45 | 60 | $\dfrac{60 \sim 65}{40}$ | $\dfrac{70 \sim 90}{50}$ | $\dfrac{95 \sim 120}{66}$ | $\dfrac{130 \sim 200}{72}$ | $\dfrac{210 \sim 250}{85}$ |
| M36 | 36 | 45 | 54 | 72 | $\dfrac{65 \sim 75}{45}$ | $\dfrac{80 \sim 110}{60}$ | $\dfrac{120}{78}$ | $\dfrac{130 \sim 200}{84}$ | $\dfrac{210 \sim 300}{97}$ |
| M42 | 42 | 52 | 63 | 84 | $\dfrac{70 \sim 80}{50}$ | $\dfrac{85 \sim 110}{70}$ | $\dfrac{120}{90}$ | $\dfrac{130 \sim 200}{96}$ | $\dfrac{210 \sim 300}{109}$ |
| M48 | 48 | 60 | 72 | 96 | $\dfrac{80 \sim 90}{60}$ | $\dfrac{95 \sim 110}{80}$ | $\dfrac{120}{102}$ | $\dfrac{130 \sim 200}{108}$ | $\dfrac{210 \sim 300}{121}$ |
| $l_{系列}$ | 12、（14）、16、（18）、20、（22）、25、（28）、30、（32）、35、（38）、40、45、50、55、60、（65）、70、75、80、（85）、90、（95）、100 ~ 260（十进位）、280、300 | | | | | | | | |

注：1. 尽可能不采用括号内的规格。

2. $b_m=d$，一般用于钢对钢；$b_m=(1.25 \sim 1.5)d$，一般用于钢对铸铁；$b_m=2d$，一般用于钢对铝合金。

附表 8　　　　　普通型平键（摘自 GB/T 1096—2003）及
平键键槽的断面尺寸（摘自 GB/T 1095—2003）

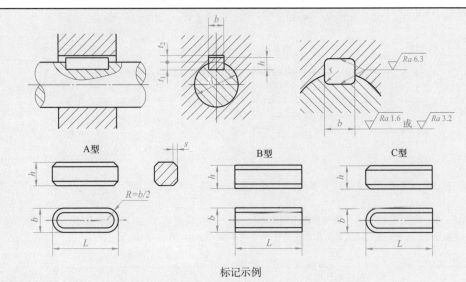

A型　　　　　　　　B型　　　　　　　　C型

标记示例

圆头普通平键、$b$=16 mm、$h$=10 mm、$L$=100 mm：GB/T 1096　键　16×10×100
平头普通平键、$b$=16 mm、$h$=10 mm、$L$=100 mm：GB/T 1096　键　B16×10×100
单圆头普通平键、$b$=16 mm、$h$=10 mm、$L$=100 mm：GB/T 1096　键　C16×10×100

mm

| 轴 | 键的尺寸 | | | | 键槽尺寸 | | | | | | |
|---|---|---|---|---|---|---|---|---|---|---|---|
| 公称直径 $d$ | 键宽（$b$）× 键高（$h$） | 长度 $L$ | 倒角或倒圆 $s$ | 宽度 $b$ | 深度 | | | | 圆角半径 $r$ | |
| | | | | | 轴 $t_1$ | | 毂 $t_2$ | | | |
| | | | | | 公称 | 偏差 | 公称 | 偏差 | min | max |
| >10 ~ 12 | 4×4 | 8 ~ 45 | 0.16 ~ 0.25 | 4 | 2.5 | +0.1 0 | 1.8 | +0.1 0 | 0.08 | 0.16 |
| >12 ~ 17 | 5×5 | 10 ~ 56 | 0.25 ~ 0.4 | 5 | 3.0 | | 2.3 | | 0.16 | 0.25 |
| >17 ~ 22 | 6×6 | 14 ~ 70 | | 6 | 3.5 | | 2.8 | | | |
| >22 ~ 30 | 8×7 | 18 ~ 90 | | 8 | 4.0 | | 3.3 | | | |
| >30 ~ 38 | 10×8 | 22 ~ 110 | 0.4 ~ 0.6 | 10 | 5.0 | | 3.3 | | 0.25 | 0.40 |
| >38 ~ 44 | 12×8 | 28 ~ 140 | | 12 | 5.0 | | 3.3 | | | |
| >44 ~ 50 | 14×9 | 36 ~ 160 | | 14 | 5.5 | | 3.8 | | | |
| >50 ~ 58 | 16×10 | 45 ~ 180 | | 16 | 6.0 | +0.2 0 | 4.3 | +0.2 0 | | |
| >58 ~ 65 | 18×11 | 50 ~ 200 | | 18 | 7.0 | | 4.4 | | | |
| >65 ~ 75 | 20×12 | 56 ~ 220 | 0.6 ~ 0.8 | 20 | 7.5 | | 4.9 | | 0.40 | 0.60 |
| >75 ~ 85 | 22×14 | 63 ~ 250 | | 22 | 9.0 | | 5.4 | | | |
| >85 ~ 95 | 25×14 | 70 ~ 280 | | 25 | 9.0 | | 5.4 | | | |
| >95 ~ 110 | 28×16 | 80 ~ 320 | | 28 | 10 | | 6.4 | | | |

| $L$（系列） | 6 ~ 22（2 进位）、25、28、32、36、40、45、50、56、63、70、80、90、100、110、125、140、160、180、200、220、250、280、320、360、400、450、500 |
|---|---|

注：1. $d-t_1$ 和 $d+t_2$ 两组合尺寸的极限偏差按相应的 $t_1$ 和 $t_2$ 的极限偏差选取，但 $d-t_1$ 极限偏差应取负号（–）。

2. 键 $b$ 的极限偏差为 h9，键 $h$ 的极限偏差为 h11，键长 $L$ 的极限偏差为 h14。

3. 表中的"公称直径 $d$"是沿用旧标准（GB/T 1095—1979）的数据，仅供设计者参考。

附表 9　　　　普通型半圆键（摘自 GB/T 1099.1—2003）及
半圆键键槽的断面尺寸（摘自 GB/T 1098—2003）

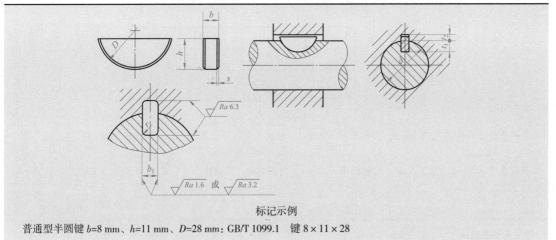

标记示例

普通型半圆键 $b$=8 mm、$h$=11 mm、$D$=28 mm：GB/T 1099.1　键 8×11×28

mm

| 键的尺寸及公差 | | | | 键槽尺寸及公差 | | | | | |
|---|---|---|---|---|---|---|---|---|---|
| 宽度 $b$ $\binom{0}{-0.025}$ | 高度 $h$ （h12） | 直径 $D$ （h12） | 倒角或 倒圆 $s$ | 宽度 $b_1$ | 轴 $t_1$ | | 轮毂 $t_2$ | | 圆角半径 $r$ |
| | | | | | 公称 | 偏差 | 公称 | 偏差 | |
| 1.0 | 1.4 | 4 | | 1.0 | 1.0 | | 0.6 | | |
| 1.5 | 2.6 | 7 | | 1.5 | 2.0 | | 0.8 | | |
| 2.0 | 2.6 | 7 | | 2.0 | 1.8 | +0.1 0 | 1.0 | | 0.16 ~ 0.25 |
| 2.0 | 3.7 | 10 | 0.16 ~ 0.25 | 2.0 | 2.9 | | 1.0 | | |
| 2.5 | 3.7 | 10 | | 2.5 | 2.7 | | 1.2 | | |
| 3.0 | 5.0 | 13 | | 3.0 | 3.8 | | 1.4 | +0.1 0 | |
| 3.0 | 6.5 | 16 | | 3.0 | 5.3 | | 1.4 | | |
| 4.0 | 6.5 | 16 | | 4.0 | 5.0 | +0.2 0 | 1.8 | | |
| 4.0 | 7.5 | 19 | | 4.0 | 6.0 | | 1.8 | | |
| 5.0 | 6.5 | 16 | | 5.0 | 4.5 | | 2.3 | | |
| 5.0 | 7.5 | 19 | 0.25 ~ 0.4 | 5.0 | 5.5 | | 2.3 | | 0.25 ~ 0.40 |
| 5.0 | 9.0 | 22 | | 5.0 | 7.0 | | 2.3 | | |
| 6.0 | 9.0 | 22 | | 6.0 | 6.5 | | 2.8 | | |
| 6.0 | 10 | 25 | | 6.0 | 7.5 | +0.3 0 | 2.8 | | |
| 8.0 | 11 | 28 | 0.4 ~ 0.6 | 8.0 | 8 | | 3.3 | +0.2 0 | 0.40 ~ 0.60 |
| 10 | 13 | 32 | | 10 | 10 | | 3.3 | | |

注：1. $d-t_1$ 和 $d+t_2$ 两组组合尺寸的极限偏差按相应的 $t_1$ 和 $t_2$ 的极限偏差选取，但 $d-t_1$ 极限偏差应取负号（－）。

2. 键和键槽之间有松连接、正常连接和紧密连接三种情况，其轴上键槽的公差带分别为 H9、N9 和 P9，轮毂键槽的公差带分别为 D10、JS9 和 P9。

附表 10　　　圆柱销　不淬硬钢和奥氏体不锈钢（摘自 GB/T 119.1—2000）、

圆柱销　淬硬钢和马氏体不锈钢（摘自 GB/T 119.2—2000）

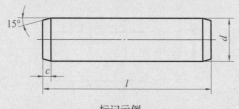

标记示例

公称直径 $d$=6 mm、公差为 m6、公称长度 $l$=30 mm、材料为钢、不经淬火、不经表面处理的圆柱销：销　GB/T 119.1　6 m 6×30

公称直径 $d$=6 mm、公差为 m6、公称长度 $l$=30 mm、材料为钢、普通淬火（A 型）、表面氧化处理的圆柱销：销 GB/T 119.2　6×30

mm

| 公称直径 $d$ | | 1.5 | 2 | 2.5 | 3 | 4 | 5 | 6 | 8 |
|---|---|---|---|---|---|---|---|---|---|
| $c \approx$ | | 0.3 | 0.35 | 0.4 | 0.5 | 0.63 | 0.8 | 1.2 | 1.6 |
| $l$（商品长度范围） | GB/T 119.1 | 4～16 | 6～20 | 6～24 | 8～30 | 8～40 | 10～50 | 12～60 | 14～80 |
| | GB/T 119.2 | 4～16 | 5～20 | 6～24 | 8～30 | 10～40 | 12～50 | 14～60 | 18～80 |
| 公称直径 $d$ | | 10 | 12 | 16 | 20 | 25 | 30 | 40 | 50 |
| $c \approx$ | | 2 | 2.5 | 3 | 3.5 | 4 | 5 | 6.3 | 8 |
| $l$（商品长度范围） | GB/T 119.1 | 18～95 | 22～140 | 26～180 | 35～200 | 50～200 | 60～200 | 80～200 | 95～200 |
| | GB/T 119.2 | 22～100 | 26～100 | 40～100 | 50～100 | — | — | — | — |
| $l$（系列） | | 3、4、5、6、8、10、12、14、16、18、20、22、24、26、28、30、32、35、40、45、50、55、60、65、70、75、80、85、90、95、100… | | | | | | | |

注：1. 公称直径 $d$ 的公差：GB/T 119.1—2000 规定为 m6 和 h8，GB/T 119.2—2000 仅有 m6。其他公差由供需双方协议。

2. GB/T 119.2—2000 中淬硬钢按淬火方法不同，分为普通淬火（A 型）和表面淬火（B 型）。

3. 公称长度大于 100 mm，按 20 mm 递增。

附表 11　　　　　　　　　　　圆锥销（摘自 GB/T 117—2000）

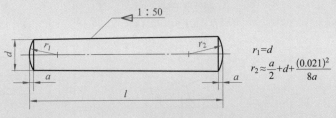

$$r_1=d$$

$$r_2 \approx \frac{a}{2}+d+\frac{(0.021)^2}{8a}$$

**标记示例**

公称直径 $d$=6 mm、公称长度 $l$=30 mm、材料为 35 钢、热处理硬度 28～38HRC、表面氧化处理的 A 型圆锥销：销

GB/T 117　6×30

mm

| 公称直径 $d$ | 0.6 | 0.8 | 1 | 1.2 | 1.5 | 2 | 2.5 | 3 | 4 | 5 |
|---|---|---|---|---|---|---|---|---|---|---|
| $a \approx$ | 0.08 | 0.1 | 0.12 | 0.16 | 0.2 | 0.25 | 0.3 | 0.4 | 0.5 | 0.63 |
| $l$（商品长度范围） | 4～8 | 5～12 | 6～16 | 6～20 | 8～24 | 10～35 | 10～35 | 12～45 | 14～55 | 18～60 |
| 公称直径 $d$ | 6 | 8 | 10 | 12 | 16 | 20 | 25 | 30 | 40 | 50 |
| $a \approx$ | 0.8 | 1 | 1.2 | 1.6 | 2 | 2.5 | 3 | 4 | 5 | 6.3 |
| $l$（商品长度范围） | 22～90 | 22～120 | 26～160 | 32～180 | 40～200 | 45～200 | 50～200 | 55～200 | 60～200 | 65～200 |
| $l$（系列） | 2、3、4、5、6、8、10、12、14、16、18、20、22、24、26、28、30、32、35、40、45、50、55、60、65、70、75、80、85、90、95、100… | | | | | | | | | |

注：1. 公称直径 $d$ 的公差规定为 h10，其他公差如 a11、c11 和 f8 由供需双方协议。

2. 圆锥销有 A 型和 B 型。A 型为磨削，锥面表面粗糙度 $Ra$ 值为 0.8 μm，B 型为切削或冷镦，锥面表面粗糙度 $Ra$ 值为 3.2 μm。

3. 公称长度大于 100 mm，按 20 mm 递增。

附表 12       滚 动 轴 承

| 深沟球轴承<br>（摘自 GB/T 276—2013） | 圆锥滚子轴承<br>（摘自 GB/T 297—2015） | 推力球轴承<br>（摘自 GB/T 301—2015） |
|---|---|---|
| | | |
| 标记示例<br>滚动轴承 6308 GB/T 276—2013 | 标记示例<br>滚动轴承 30210 GB/T 297—2015 | 标记示例<br>滚动轴承 51206 GB/T 301—2015 |

| 轴承<br>型号 | 尺寸 /mm | | | 轴承<br>型号 | 尺寸 /mm | | | | | 轴承<br>型号 | 尺寸 /mm | | | |
|---|---|---|---|---|---|---|---|---|---|---|---|---|---|---|
| | $d$ | $D$ | $B$ | | $d$ | $D$ | $B$ | $C$ | $T$ | | $d$ | $D$ | $T$ | $d_{1min}$ |
| 尺寸系列（0）2 | | | | 尺寸系列 02 | | | | | | 尺寸系列 12 | | | | |
| 6202 | 15 | 35 | 11 | 30203 | 17 | 40 | 12 | 11 | 13.25 | 51202 | 15 | 32 | 12 | 17 |
| 6203 | 17 | 40 | 12 | 30204 | 20 | 47 | 14 | 12 | 15.25 | 51203 | 17 | 35 | 12 | 19 |
| 6204 | 20 | 47 | 14 | 30205 | 25 | 52 | 15 | 13 | 16.25 | 51204 | 20 | 40 | 14 | 22 |
| 6205 | 25 | 52 | 15 | 30206 | 30 | 62 | 16 | 14 | 17.25 | 51205 | 25 | 47 | 15 | 27 |
| 6206 | 30 | 62 | 16 | 30207 | 35 | 72 | 17 | 15 | 18.25 | 51206 | 30 | 52 | 16 | 32 |
| 6207 | 35 | 72 | 17 | 30208 | 40 | 80 | 18 | 16 | 19.75 | 51207 | 35 | 62 | 18 | 37 |
| 6208 | 40 | 80 | 18 | 30209 | 45 | 85 | 19 | 16 | 20.75 | 51208 | 40 | 68 | 19 | 42 |
| 6209 | 45 | 85 | 19 | 30210 | 50 | 90 | 20 | 17 | 21.75 | 51209 | 45 | 73 | 20 | 47 |
| 6210 | 50 | 90 | 20 | 30211 | 55 | 100 | 21 | 18 | 22.75 | 51210 | 50 | 78 | 22 | 52 |
| 6211 | 55 | 100 | 21 | 30212 | 60 | 110 | 22 | 19 | 23.75 | 51211 | 55 | 90 | 25 | 57 |
| 6212 | 60 | 110 | 22 | 32213 | 65 | 120 | 23 | 20 | 24.75 | 51212 | 60 | 95 | 26 | 62 |
| 尺寸系列（0）3 | | | | 尺寸系列 03 | | | | | | 尺寸系列 13 | | | | |
| 6302 | 15 | 42 | 13 | 30302 | 15 | 42 | 13 | 11 | 14.25 | 51304 | 20 | 47 | 18 | 22 |
| 6303 | 17 | 47 | 14 | 30303 | 17 | 47 | 14 | 12 | 15.25 | 51305 | 25 | 52 | 18 | 27 |
| 6304 | 20 | 52 | 15 | 30304 | 20 | 52 | 15 | 13 | 16.25 | 51306 | 30 | 60 | 21 | 32 |
| 6305 | 25 | 62 | 17 | 30305 | 25 | 62 | 17 | 15 | 18.25 | 51307 | 35 | 68 | 24 | 37 |
| 6306 | 30 | 72 | 19 | 30306 | 30 | 72 | 19 | 16 | 20.75 | 51308 | 40 | 78 | 26 | 42 |
| 6307 | 35 | 80 | 21 | 30307 | 35 | 80 | 21 | 18 | 22.75 | 51309 | 45 | 85 | 28 | 47 |
| 6308 | 40 | 90 | 23 | 30308 | 40 | 90 | 23 | 20 | 25.25 | 51310 | 50 | 95 | 31 | 52 |
| 6309 | 45 | 100 | 25 | 30309 | 45 | 100 | 25 | 22 | 27.25 | 51311 | 55 | 105 | 35 | 57 |
| 6310 | 50 | 110 | 27 | 30310 | 50 | 110 | 27 | 23 | 29.25 | 51312 | 60 | 110 | 35 | 62 |
| 6311 | 55 | 120 | 29 | 30311 | 55 | 120 | 29 | 25 | 31.5 | 51313 | 65 | 115 | 36 | 67 |
| 6312 | 60 | 130 | 31 | 30312 | 60 | 130 | 31 | 26 | 33.5 | 51314 | 70 | 125 | 40 | 72 |

注：表中用"（ ）"括住的数字表示在滚动轴承的代号中省略。

附表 13 　　　　　　　　　　标准公差数值（摘自 GB/T 1800.1—2020）

| 公称尺寸 / mm | | 公 差 等 级 | | | | | | | | | | | | | | | | | | |
|---|---|---|---|---|---|---|---|---|---|---|---|---|---|---|---|---|---|---|---|
| 大于 | 至 | IT1 | IT2 | IT3 | IT4 | IT5 | IT6 | IT7 | IT8 | IT9 | IT10 | IT11 | IT12 | IT13 | IT14 | IT15 | IT16 | IT17 | IT18 |
| | | μm | | | | | | | | | | | mm | | | | | | |
| — | 3 | 0.8 | 1.2 | 2 | 3 | 4 | 6 | 10 | 14 | 25 | 40 | 60 | 0.1 | 0.14 | 0.25 | 0.4 | 0.6 | 1 | 1.4 |
| 3 | 6 | 1 | 1.5 | 2.5 | 4 | 5 | 8 | 12 | 18 | 30 | 48 | 75 | 0.12 | 0.18 | 0.3 | 0.48 | 0.75 | 1.2 | 1.8 |
| 6 | 10 | 1 | 1.5 | 2.5 | 4 | 6 | 9 | 15 | 22 | 36 | 58 | 90 | 0.15 | 0.22 | 0.36 | 0.58 | 0.9 | 1.5 | 2.2 |
| 10 | 18 | 1.2 | 2 | 3 | 5 | 8 | 11 | 18 | 27 | 43 | 70 | 110 | 0.18 | 0.27 | 0.43 | 0.7 | 1.1 | 1.8 | 2.7 |
| 18 | 30 | 1.5 | 2.5 | 4 | 6 | 9 | 13 | 21 | 33 | 52 | 84 | 130 | 0.21 | 0.33 | 0.52 | 0.84 | 1.3 | 2.1 | 3.3 |
| 30 | 50 | 1.5 | 2.5 | 4 | 7 | 11 | 16 | 25 | 39 | 62 | 100 | 160 | 0.25 | 0.39 | 0.62 | 1 | 1.6 | 2.5 | 3.9 |
| 50 | 80 | 2 | 3 | 5 | 8 | 13 | 19 | 30 | 46 | 74 | 120 | 190 | 0.3 | 0.46 | 0.74 | 1.2 | 1.9 | 3 | 4.6 |
| 80 | 120 | 2.5 | 4 | 6 | 10 | 15 | 22 | 35 | 54 | 87 | 140 | 220 | 0.35 | 0.54 | 0.87 | 1.4 | 2.2 | 3.5 | 5.4 |
| 120 | 180 | 3.5 | 5 | 8 | 12 | 18 | 25 | 40 | 63 | 100 | 160 | 250 | 0.4 | 0.63 | 1 | 1.6 | 2.5 | 4 | 6.3 |
| 180 | 250 | 4.5 | 7 | 10 | 14 | 20 | 29 | 46 | 72 | 115 | 185 | 290 | 0.46 | 0.72 | 1.15 | 1.85 | 2.9 | 4.6 | 7.2 |
| 250 | 315 | 6 | 8 | 12 | 16 | 23 | 32 | 52 | 81 | 130 | 210 | 320 | 0.52 | 0.81 | 1.3 | 2.1 | 3.2 | 5.2 | 8.1 |
| 315 | 400 | 7 | 9 | 13 | 18 | 25 | 36 | 57 | 89 | 140 | 230 | 360 | 0.57 | 0.89 | 1.4 | 2.3 | 3.6 | 5.7 | 8.9 |
| 400 | 500 | 8 | 10 | 15 | 20 | 27 | 40 | 63 | 97 | 155 | 250 | 400 | 0.63 | 0.97 | 1.55 | 2.5 | 4 | 6.3 | 9.7 |
| 500 | 630 | 9 | 11 | 16 | 22 | 32 | 44 | 70 | 110 | 175 | 280 | 440 | 0.7 | 1.1 | 1.75 | 2.8 | 4.4 | 7 | 11 |
| 630 | 800 | 10 | 13 | 18 | 25 | 36 | 50 | 80 | 125 | 200 | 320 | 500 | 0.8 | 1.25 | 2 | 3.2 | 5 | 8 | 12.5 |
| 800 | 1 000 | 11 | 15 | 21 | 28 | 40 | 56 | 90 | 140 | 230 | 360 | 560 | 0.9 | 1.4 | 2.3 | 3.6 | 5.6 | 9 | 14 |
| 1 000 | 1 250 | 13 | 18 | 24 | 33 | 47 | 66 | 105 | 165 | 260 | 420 | 660 | 1.05 | 1.65 | 2.6 | 4.2 | 6.6 | 10.5 | 16.5 |
| 1 250 | 1 600 | 15 | 21 | 29 | 39 | 55 | 78 | 125 | 195 | 310 | 500 | 780 | 1.25 | 1.95 | 3.1 | 5 | 7.8 | 12.5 | 19.5 |
| 1 600 | 2 000 | 18 | 25 | 35 | 46 | 65 | 92 | 150 | 230 | 370 | 600 | 920 | 1.5 | 2.3 | 3.7 | 6 | 9.2 | 15 | 23 |
| 2 000 | 2 500 | 22 | 30 | 41 | 55 | 78 | 110 | 175 | 280 | 440 | 700 | 1 100 | 1.75 | 2.8 | 4.4 | 7 | 11 | 17.5 | 28 |
| 2 500 | 3 150 | 26 | 36 | 50 | 68 | 96 | 135 | 210 | 330 | 540 | 860 | 1 350 | 2.1 | 3.3 | 5.4 | 8.6 | 13.5 | 21 | 33 |

附表 14 　　　　　　　　孔的基本偏差数值（摘自 GB/T 1800.1—2020）

| 公称尺寸 / mm | | 基本偏差数值 /μm | | | | | | | | | | | |
|---|---|---|---|---|---|---|---|---|---|---|---|---|---|
| | | 下极限偏差 EI | | | | | | | | | | | |
| | | 所有标准公差等级 | | | | | | | | | | | |
| 大于 | 至 | A | B | C | CD | D | E | EF | F | FG | G | H | JS |
| — | 3 | +270 | +140 | +60 | +34 | +20 | +14 | +10 | +6 | +4 | +2 | 0 | |
| 3 | 6 | +270 | +140 | +70 | +46 | +30 | +20 | +14 | +10 | +6 | +4 | 0 | |
| 6 | 10 | +280 | +150 | +80 | +56 | +40 | +25 | +18 | +13 | +8 | +5 | 0 | |
| 10 | 14 | +290 | +150 | +95 | +75 | +50 | +32 | +23 | +16 | +10 | +6 | 0 | |
| 14 | 18 | | | | | | | | | | | | |
| 18 | 24 | +300 | +160 | +110 | +85 | +65 | +40 | +28 | +20 | +12 | +7 | 0 | |
| 24 | 30 | | | | | | | | | | | | |
| 30 | 40 | +310 | +170 | +120 | +100 | +80 | +50 | +35 | +25 | +15 | +9 | 0 | |
| 40 | 50 | +320 | +180 | +130 | | | | | | | | | |
| 50 | 65 | +340 | +190 | +140 | | +100 | +60 | | +30 | | +10 | 0 | |
| 65 | 80 | +360 | +200 | +150 | | | | | | | | | |
| 80 | 100 | +380 | +220 | +170 | | +120 | +72 | | +36 | | +12 | 0 | |
| 100 | 120 | +410 | +240 | +180 | | | | | | | | | |
| 120 | 140 | +460 | +260 | +200 | | +145 | +85 | | +43 | | +14 | 0 | |
| 140 | 160 | +520 | +280 | +210 | | | | | | | | | |
| 160 | 180 | +580 | +310 | +230 | | | | | | | | | |
| 180 | 200 | +660 | +340 | +240 | | +170 | +100 | | +50 | | +15 | 0 | |
| 200 | 225 | +740 | +380 | +260 | | | | | | | | | 偏差 = ± ITn/2, 式中 n 是 标准 公差 等级 数 |
| 225 | 250 | +820 | +420 | +280 | | | | | | | | | |
| 250 | 280 | +920 | +480 | +300 | | +190 | +110 | | +56 | | +17 | 0 | |
| 280 | 315 | +1 050 | +540 | +330 | | | | | | | | | |
| 315 | 355 | +1 200 | +600 | +360 | | +210 | +125 | | +62 | | +18 | 0 | |
| 355 | 400 | +1 350 | +680 | +400 | | | | | | | | | |
| 400 | 450 | +1 500 | +760 | +440 | | +230 | +135 | | +68 | | +20 | 0 | |
| 450 | 500 | +1 650 | +840 | +480 | | | | | | | | | |
| 500 | 560 | | | | | +260 | +145 | | +76 | | +22 | 0 | |
| 560 | 630 | | | | | | | | | | | | |
| 630 | 710 | | | | | +290 | +160 | | +80 | | +24 | 0 | |
| 710 | 800 | | | | | | | | | | | | |
| 800 | 900 | | | | | +320 | +170 | | +86 | | +26 | 0 | |
| 900 | 1 000 | | | | | | | | | | | | |
| 1 000 | 1 120 | | | | | +350 | +195 | | +98 | | +28 | 0 | |
| 1 120 | 1 250 | | | | | | | | | | | | |
| 1 250 | 1 400 | | | | | +390 | +220 | | +110 | | +30 | 0 | |
| 1 400 | 1 600 | | | | | | | | | | | | |
| 1 600 | 1 800 | | | | | +430 | +240 | | +120 | | +32 | 0 | |
| 1 800 | 2 000 | | | | | | | | | | | | |
| 2 000 | 2 240 | | | | | +480 | +260 | | +130 | | +34 | 0 | |
| 2 240 | 2 500 | | | | | | | | | | | | |
| 2 500 | 2 800 | | | | | +520 | +290 | | +145 | | +38 | 0 | |
| 2 800 | 3 150 | | | | | | | | | | | | |

续表

| 公称尺寸/mm | | 基本偏差数值 /μm | | | | | | | | |
|---|---|---|---|---|---|---|---|---|---|---|
| | | 上极限偏差 ES | | | | | | | | |
| | | IT6 | IT7 | IT8 | ≤ IT8 | >IT8 | ≤ IT8 | >IT8 | ≤ IT8 | >IT8 | ≤ IT7 |
| 大于 | 至 | J | | | K | | M | | N | | P 至 ZC |
| — | 3 | +2 | +4 | +6 | 0 | 0 | −2 | −2 | −4 | −4 | |
| 3 | 6 | +5 | +6 | +10 | −1+Δ | | −4+Δ | −4 | −8+Δ | 0 | |
| 6 | 10 | +5 | +8 | +12 | −1+Δ | | −6+Δ | −6 | −10+Δ | 0 | |
| 10 | 14 | +6 | +10 | +15 | −1+Δ | | −7+Δ | −7 | −12+Δ | 0 | |
| 14 | 18 | | | | | | | | | | |
| 18 | 24 | +8 | +12 | +20 | −2+Δ | | −8+Δ | −8 | −15+Δ | 0 | |
| 24 | 30 | | | | | | | | | | |
| 30 | 40 | +10 | +14 | +24 | −2+Δ | | −9+Δ | −9 | −17+Δ | 0 | |
| 40 | 50 | | | | | | | | | | |
| 50 | 65 | +13 | +18 | +28 | −2+Δ | | −11+Δ | −11 | −20+Δ | 0 | |
| 65 | 80 | | | | | | | | | | |
| 80 | 100 | +16 | +22 | +34 | −3+Δ | | −13+Δ | −13 | −23+Δ | 0 | |
| 100 | 120 | | | | | | | | | | |
| 120 | 140 | +18 | +26 | +41 | −3+Δ | | −15+Δ | −15 | −27+Δ | 0 | |
| 140 | 160 | | | | | | | | | | |
| 160 | 180 | | | | | | | | | | |
| 180 | 200 | +22 | +30 | +47 | −4+Δ | | −17+Δ | −17 | −31+Δ | 0 | |
| 200 | 225 | | | | | | | | | | |
| 225 | 250 | | | | | | | | | | |
| 250 | 280 | +25 | +36 | +55 | −4+Δ | | −20+Δ | −20 | −34+Δ | 0 | |
| 280 | 315 | | | | | | | | | | |
| 315 | 355 | +29 | +39 | +60 | −4+Δ | | −21+Δ | −21 | −37+Δ | 0 | |
| 355 | 400 | | | | | | | | | | |
| 400 | 450 | +33 | +43 | +66 | −5+Δ | | −23+Δ | −23 | −40+Δ | 0 | |
| 450 | 500 | | | | | | | | | | |
| 500 | 560 | | | | 0 | | −26 | | −44 | | |
| 560 | 630 | | | | | | | | | | |
| 630 | 710 | | | | 0 | | −30 | | −50 | | |
| 710 | 800 | | | | | | | | | | |
| 800 | 900 | | | | 0 | | −34 | | −56 | | |
| 900 | 1 000 | | | | | | | | | | |
| 1 000 | 1 120 | | | | 0 | | −40 | | −66 | | |
| 1 120 | 1 250 | | | | | | | | | | |
| 1 250 | 1 400 | | | | 0 | | −48 | | −78 | | |
| 1 400 | 1 600 | | | | | | | | | | |
| 1 600 | 1 800 | | | | 0 | | −58 | | −92 | | |
| 1 800 | 2 000 | | | | | | | | | | |
| 2 000 | 2 240 | | | | 0 | | −68 | | −110 | | |
| 2 240 | 2 500 | | | | | | | | | | |
| 2 500 | 2 800 | | | | 0 | | −76 | | −135 | | |
| 2 800 | 3 150 | | | | | | | | | | |

在大于 IT7 的相应数值上增加一个 Δ 值

续表

| 公称尺寸 / mm | | 基本偏差数值 /μm 上极限偏差 ES 标准公差等级大于 IT7 | | | | | | | | | | | | Δ 值 标准公差等级 | | | | | |
|---|---|---|---|---|---|---|---|---|---|---|---|---|---|---|---|---|---|---|---|
| 大于 | 至 | P | R | S | T | U | V | X | Y | Z | ZA | ZB | ZC | IT3 | IT4 | IT5 | IT6 | IT7 | IT8 |
| — | 3 | −6 | −10 | −14 | | −18 | | −20 | | −26 | −32 | −40 | −60 | 0 | 0 | 0 | 0 | 0 | 0 |
| 3 | 6 | −12 | −15 | −19 | | −23 | | −28 | | −35 | −42 | −50 | −80 | 1 | 1.5 | 1 | 3 | 4 | 6 |
| 6 | 10 | −15 | −19 | −23 | | −28 | | −34 | | −42 | −52 | −67 | −97 | 1 | 1.5 | 2 | 3 | 6 | 7 |
| 10 | 14 | −18 | −23 | −28 | | −33 | | −40 | | −50 | −64 | −90 | −130 | 1 | 2 | 3 | 3 | 7 | 9 |
| 14 | 18 | −18 | −23 | −28 | | −33 | −39 | −45 | | −60 | −77 | −108 | −150 | 1 | 2 | 3 | 3 | 7 | 9 |
| 18 | 24 | −22 | −28 | −35 | | −41 | −47 | −54 | −63 | −73 | −98 | −136 | −188 | 1.5 | 2 | 3 | 4 | 8 | 12 |
| 24 | 30 | −22 | −28 | −35 | −41 | −48 | −55 | −64 | −75 | −88 | −118 | −160 | −218 | 1.5 | 2 | 3 | 4 | 8 | 12 |
| 30 | 40 | −26 | −34 | −43 | −48 | −60 | −68 | −80 | −94 | −112 | −148 | −200 | −274 | 1.5 | 3 | 4 | 5 | 9 | 14 |
| 40 | 50 | −26 | −34 | −43 | −54 | −70 | −81 | −97 | −114 | −136 | −180 | −242 | −325 | 1.5 | 3 | 4 | 5 | 9 | 14 |
| 50 | 65 | −32 | −41 | −53 | −66 | −87 | −102 | −122 | −144 | −172 | −226 | −300 | −405 | 2 | 3 | 5 | 6 | 11 | 16 |
| 65 | 80 | −32 | −43 | −59 | −75 | −102 | −120 | −146 | −174 | −210 | −274 | −360 | −480 | 2 | 3 | 5 | 6 | 11 | 16 |
| 80 | 100 | −37 | −51 | −71 | −91 | −124 | −146 | −178 | −214 | −258 | −335 | −445 | −585 | 2 | 4 | 5 | 7 | 13 | 19 |
| 100 | 120 | −37 | −54 | −79 | −104 | −144 | −172 | −210 | −254 | −310 | −400 | −525 | −690 | 2 | 4 | 5 | 7 | 13 | 19 |
| 120 | 140 | −43 | −63 | −92 | −122 | −170 | −202 | −248 | −300 | −365 | −470 | −620 | −800 | 3 | 4 | 6 | 7 | 15 | 23 |
| 140 | 160 | −43 | −65 | −100 | −134 | −190 | −228 | −280 | −340 | −415 | −535 | −700 | −900 | 3 | 4 | 6 | 7 | 15 | 23 |
| 160 | 180 | −43 | −68 | −108 | −146 | −210 | −252 | −310 | −380 | −465 | −600 | −780 | −1 000 | 3 | 4 | 6 | 7 | 15 | 23 |
| 180 | 200 | −50 | −77 | −122 | −166 | −236 | −284 | −350 | −425 | −520 | −670 | −880 | −1 150 | 3 | 4 | 6 | 9 | 17 | 26 |
| 200 | 225 | −50 | −80 | −130 | −180 | −258 | −310 | −385 | −470 | −575 | −740 | −960 | −1 250 | 3 | 4 | 6 | 9 | 17 | 26 |
| 225 | 250 | −50 | −84 | −140 | −196 | −284 | −340 | −425 | −520 | −640 | −820 | −1 050 | −1 350 | 3 | 4 | 6 | 9 | 17 | 26 |
| 250 | 280 | −56 | −94 | −158 | −218 | −315 | −385 | −475 | −580 | −710 | −920 | −1 200 | −1 550 | 4 | 4 | 7 | 9 | 20 | 29 |
| 280 | 315 | −56 | −98 | −170 | −240 | −350 | −425 | −525 | −650 | −790 | −1 000 | −1 300 | −1 700 | 4 | 4 | 7 | 9 | 20 | 29 |
| 315 | 355 | −62 | −108 | −190 | −268 | −390 | −475 | −590 | −730 | −900 | −1 150 | −1 500 | −1 900 | 4 | 5 | 7 | 11 | 21 | 32 |
| 355 | 400 | −62 | −114 | −208 | −294 | −435 | −530 | −660 | −820 | −1 000 | −1 300 | −1 650 | −2 100 | 4 | 5 | 7 | 11 | 21 | 32 |
| 400 | 450 | −68 | −126 | −232 | −330 | −490 | −595 | −740 | −920 | −1 100 | −1 450 | −1 850 | −2 400 | 5 | 5 | 7 | 13 | 23 | 34 |
| 450 | 500 | −68 | −132 | −252 | −360 | −540 | −660 | −820 | −1 000 | −1 250 | −1 600 | −2 100 | −2 600 | 5 | 5 | 7 | 13 | 23 | 34 |
| 500 | 560 | −78 | −150 | −280 | −400 | −600 | | | | | | | | | | | | | |
| 560 | 630 | −78 | −155 | −310 | −450 | −660 | | | | | | | | | | | | | |
| 630 | 710 | −88 | −175 | −340 | −500 | −740 | | | | | | | | | | | | | |
| 710 | 800 | −88 | −185 | −380 | −560 | −840 | | | | | | | | | | | | | |
| 800 | 900 | −100 | −210 | −430 | −620 | −940 | | | | | | | | | | | | | |
| 900 | 1 000 | −100 | −220 | −470 | −680 | −1 050 | | | | | | | | | | | | | |
| 1 000 | 1 120 | −120 | −250 | −520 | −780 | −1 150 | | | | | | | | | | | | | |
| 1 120 | 1 250 | −120 | −260 | −580 | −840 | −1 300 | | | | | | | | | | | | | |
| 1 250 | 1 400 | −140 | −300 | −640 | −960 | −1 450 | | | | | | | | | | | | | |
| 1 400 | 1 600 | −140 | −330 | −720 | −1 050 | −1 600 | | | | | | | | | | | | | |
| 1 600 | 1 800 | −170 | −370 | −820 | −1 200 | −1 850 | | | | | | | | | | | | | |
| 1 800 | 2 000 | −170 | −400 | −920 | −1 350 | −2 000 | | | | | | | | | | | | | |
| 2 000 | 2 240 | −195 | −440 | −1 000 | −1 500 | −2 300 | | | | | | | | | | | | | |
| 2 240 | 2 500 | −195 | −460 | −1 100 | −1 650 | −2 500 | | | | | | | | | | | | | |
| 2 500 | 2 800 | −240 | −550 | −1 250 | −1 900 | −2 900 | | | | | | | | | | | | | |
| 2 800 | 3 150 | −240 | −580 | −1 400 | −2 100 | −3 200 | | | | | | | | | | | | | |

注：1. 公称尺寸 ≤ 1 mm 时，不使用基本偏差 A 和 B，不使用标准公差等级 >IT8 的基本偏差 N。

2. 特例：对于公称尺寸在大于 250 mm 至 315 mm 范围内的公差带代号 M6，ES=−9 μm（计算结果是 −11 μm）。

3. 对于标准公差等级至 IT8 的 K、M、N 和标准公差等级至 IT7 的 P～ZC 的基本偏差，所需 Δ 值从表内右侧选取。

附表 15　　　　　　　　　　轴的基本偏差数值（摘自 GB/T 1800.1—2020）

| 公称尺寸/mm | | 基本偏差数值/μm | | | | | | | | | | | | | | |
|---|---|---|---|---|---|---|---|---|---|---|---|---|---|---|---|---|
| | | 上极限偏差 es | | | | | | | | | | | | 下极限偏差 ei | | |
| | | 所有标准公差等级 | | | | | | | | | | | | IT5和IT6 | IT7 | IT8 |
| 大于 | 至 | a | b | c | cd | d | e | ef | f | fg | g | h | js | j | | |
| — | 3 | −270 | −140 | −60 | −34 | −20 | −14 | −10 | −6 | −4 | −2 | 0 | | −2 | −4 | −6 |
| 3 | 6 | −270 | −140 | −70 | −46 | −30 | −20 | −14 | −10 | −6 | −4 | 0 | | −2 | −4 | |
| 6 | 10 | −280 | −150 | −80 | −56 | −40 | −25 | −18 | −13 | −8 | −5 | 0 | | −2 | −5 | |
| 10 | 14 | −290 | −150 | −95 | −70 | −50 | −32 | −23 | −16 | −10 | −6 | 0 | | −3 | −6 | |
| 14 | 18 | | | | | | | | | | | | | | | |
| 18 | 24 | −300 | −160 | −110 | −85 | −65 | −40 | −25 | −20 | −12 | −7 | 0 | 偏差 = ± IT$n$/2，式中，$n$ 是标准公差等级数 | −4 | −8 | |
| 24 | 30 | | | | | | | | | | | | | | | |
| 30 | 40 | −310 | −170 | −120 | −100 | −80 | −50 | −35 | −25 | −15 | −9 | 0 | | −5 | −10 | |
| 40 | 50 | −320 | −180 | −130 | | | | | | | | | | | | |
| 50 | 65 | −340 | −190 | −140 | | −100 | −60 | | −30 | | −10 | 0 | | −7 | −12 | |
| 65 | 80 | −360 | −200 | −150 | | | | | | | | | | | | |
| 80 | 100 | −380 | −220 | −170 | | −120 | −72 | | −36 | | −12 | 0 | | −9 | −15 | |
| 100 | 120 | −410 | −240 | −180 | | | | | | | | | | | | |
| 120 | 140 | −460 | −260 | −200 | | −145 | −85 | | −43 | | −14 | 0 | | −11 | −18 | |
| 140 | 160 | −520 | −280 | −210 | | | | | | | | | | | | |
| 160 | 180 | −580 | −310 | −230 | | | | | | | | | | | | |
| 180 | 200 | −660 | −340 | −240 | | −170 | −100 | | −50 | | −15 | 0 | | −13 | −21 | |
| 200 | 225 | −740 | −380 | −260 | | | | | | | | | | | | |
| 225 | 250 | −820 | −420 | −280 | | | | | | | | | | | | |
| 250 | 280 | −920 | −480 | −300 | | −190 | −110 | | −56 | | −17 | 0 | | −16 | −26 | |
| 280 | 315 | −1 050 | −540 | −330 | | | | | | | | | | | | |
| 315 | 355 | −1 200 | −600 | −360 | | −210 | −125 | | −62 | | −18 | 0 | | −18 | −28 | |
| 355 | 400 | −1 350 | −680 | −400 | | | | | | | | | | | | |
| 400 | 450 | −1 500 | −760 | −440 | | −230 | −135 | | −68 | | −20 | 0 | | −20 | −32 | |
| 450 | 500 | −1 650 | −840 | −480 | | | | | | | | | | | | |
| 500 | 560 | | | | | −260 | −145 | | −76 | | −22 | 0 | | | | |
| 560 | 630 | | | | | | | | | | | | | | | |
| 630 | 710 | | | | | −290 | −160 | | −80 | | −24 | 0 | | | | |
| 710 | 800 | | | | | | | | | | | | | | | |
| 800 | 900 | | | | | −320 | −170 | | −86 | | −26 | 0 | | | | |
| 900 | 1 000 | | | | | | | | | | | | | | | |
| 1 000 | 1 120 | | | | | −350 | −195 | | −98 | | −28 | 0 | | | | |
| 1 120 | 1 250 | | | | | | | | | | | | | | | |
| 1 250 | 1 400 | | | | | −390 | −220 | | −110 | | −30 | 0 | | | | |
| 1 400 | 1 600 | | | | | | | | | | | | | | | |
| 1 600 | 1 800 | | | | | −430 | −240 | | −120 | | −32 | 0 | | | | |
| 1 800 | 2 000 | | | | | | | | | | | | | | | |
| 2 000 | 2 240 | | | | | −480 | −260 | | −130 | | −34 | 0 | | | | |
| 2 240 | 2 500 | | | | | | | | | | | | | | | |
| 2 500 | 2 800 | | | | | −520 | −290 | | −145 | | −38 | 0 | | | | |
| 2 800 | 3 150 | | | | | | | | | | | | | | | |

续表

| 公称尺寸/mm 大于 | 至 | k IT4至IT7 | k ≤IT3 >IT7 | m | n | p | r | s | t | u | v | x | y | z | za | zb | zc |
|---|---|---|---|---|---|---|---|---|---|---|---|---|---|---|---|---|---|
| — | 3 | 0 | 0 | +2 | +4 | +6 | +10 | +14 | | +18 | | +20 | | +26 | +32 | +40 | +60 |
| 3 | 6 | +1 | 0 | +4 | +8 | +12 | +15 | +19 | | +23 | | +28 | | +35 | +42 | +50 | +80 |
| 6 | 10 | +1 | 0 | +6 | +10 | +15 | +19 | +23 | | +28 | | +34 | | +42 | +52 | +67 | +97 |
| 10 | 14 | +1 | 0 | +7 | +12 | +18 | +23 | +28 | | +33 | | +40 | | +50 | +64 | +90 | +130 |
| 14 | 18 | +1 | 0 | +7 | +12 | +18 | +23 | +28 | | +33 | +39 | +45 | | +60 | +77 | +108 | +150 |
| 18 | 24 | +2 | 0 | +8 | +15 | +22 | +28 | +35 | | +41 | +47 | +54 | +63 | +73 | +98 | +136 | +188 |
| 24 | 30 | +2 | 0 | +8 | +15 | +22 | +28 | +35 | +41 | +48 | +55 | +64 | +75 | +88 | +118 | +160 | +218 |
| 30 | 40 | +2 | 0 | +9 | +17 | +26 | +34 | +43 | +48 | +60 | +68 | +80 | +94 | +112 | +148 | +200 | +274 |
| 40 | 50 | +2 | 0 | +9 | +17 | +26 | +34 | +43 | +54 | +70 | +81 | +97 | +114 | +136 | +180 | +242 | +325 |
| 50 | 65 | +2 | 0 | +11 | +20 | +32 | +41 | +53 | +66 | +87 | +102 | +122 | +144 | +172 | +226 | +300 | +405 |
| 65 | 80 | +2 | 0 | +11 | +20 | +32 | +43 | +59 | +75 | +102 | +120 | +146 | +174 | +210 | +274 | +360 | +480 |
| 80 | 100 | +3 | 0 | +13 | +23 | +37 | +51 | +71 | +91 | +124 | +146 | +178 | +214 | +258 | +335 | +445 | +585 |
| 100 | 120 | +3 | 0 | +13 | +23 | +37 | +54 | +79 | +104 | +144 | +172 | +210 | +254 | +310 | +400 | +525 | +690 |
| 120 | 140 | +3 | 0 | +15 | +27 | +43 | +63 | +92 | +122 | +170 | +202 | +248 | +300 | +365 | +470 | +620 | +800 |
| 140 | 160 | +3 | 0 | +15 | +27 | +43 | +65 | +100 | +134 | +190 | +228 | +280 | +340 | +415 | +535 | +700 | +900 |
| 160 | 180 | +3 | 0 | +15 | +27 | +43 | +68 | +108 | +146 | +210 | +252 | +310 | +380 | +465 | +600 | +780 | +1 000 |
| 180 | 200 | +4 | 0 | +17 | +31 | +50 | +77 | +122 | +166 | +236 | +284 | +350 | +425 | +520 | +670 | +880 | +1 150 |
| 200 | 225 | +4 | 0 | +17 | +31 | +50 | +80 | +130 | +180 | +258 | +310 | +385 | +470 | +575 | +740 | +960 | +1 250 |
| 225 | 250 | +4 | 0 | +17 | +31 | +50 | +84 | +140 | +196 | +284 | +340 | +425 | +520 | +640 | +820 | +1 050 | +1 350 |
| 250 | 280 | +4 | 0 | +20 | +34 | +56 | +94 | +158 | +218 | +315 | +385 | +475 | +580 | +710 | +920 | +1 200 | +1 550 |
| 280 | 315 | +4 | 0 | +20 | +34 | +56 | +98 | +170 | +240 | +350 | +425 | +525 | +650 | +790 | +1 000 | +1 300 | +1 700 |
| 315 | 355 | +4 | 0 | +21 | +37 | +62 | +108 | +190 | +268 | +390 | +475 | +590 | +730 | +900 | +1 150 | +1 500 | +1 900 |
| 355 | 400 | +4 | 0 | +21 | +37 | +62 | +114 | +208 | +294 | +435 | +530 | +660 | +820 | +1 000 | +1 300 | +1 650 | +2 100 |
| 400 | 450 | +5 | 0 | +23 | +40 | +68 | +126 | +232 | +330 | +490 | +595 | +740 | +920 | +1 100 | +1 450 | +1 850 | +2 400 |
| 450 | 500 | +5 | 0 | +23 | +40 | +68 | +132 | +252 | +360 | +540 | +660 | +820 | +1 000 | +1 250 | +1 600 | +2 100 | +2 600 |
| 500 | 560 | 0 | 0 | +26 | +44 | +78 | +150 | +280 | +400 | +600 | | | | | | | |
| 560 | 630 | 0 | 0 | +26 | +44 | +78 | +155 | +310 | +450 | +660 | | | | | | | |
| 630 | 710 | 0 | 0 | +30 | +50 | +88 | +175 | +340 | +500 | +740 | | | | | | | |
| 710 | 800 | 0 | 0 | +30 | +50 | +88 | +185 | +380 | +560 | +840 | | | | | | | |
| 800 | 900 | 0 | 0 | +34 | +56 | +100 | +210 | +430 | +620 | +940 | | | | | | | |
| 900 | 1 000 | 0 | 0 | +34 | +56 | +100 | +220 | +470 | +680 | +1 050 | | | | | | | |
| 1 000 | 1 120 | 0 | 0 | +40 | +66 | +120 | +250 | +520 | +780 | +1 150 | | | | | | | |
| 1 120 | 1 250 | 0 | 0 | +40 | +66 | +120 | +260 | +580 | +840 | +1 300 | | | | | | | |
| 1 250 | 1 400 | 0 | 0 | +48 | +78 | +140 | +300 | +640 | +960 | +1 450 | | | | | | | |
| 1 400 | 1 600 | 0 | 0 | +48 | +78 | +140 | +330 | +720 | +1 050 | +1 600 | | | | | | | |
| 1 600 | 1 800 | 0 | 0 | +58 | +92 | +170 | +370 | +820 | +1 200 | +1 850 | | | | | | | |
| 1 800 | 2 000 | 0 | 0 | +58 | +92 | +170 | +400 | +920 | +1 350 | +2 000 | | | | | | | |
| 2 000 | 2 240 | 0 | 0 | +68 | +110 | +195 | +440 | +1 000 | +1 500 | +2 300 | | | | | | | |
| 2 240 | 2 500 | 0 | 0 | +68 | +110 | +195 | +460 | +1 100 | +1 650 | +2 500 | | | | | | | |
| 2 500 | 2 800 | 0 | 0 | +76 | +135 | +240 | +550 | +1 250 | +1 900 | +2 900 | | | | | | | |
| 2 800 | 3 150 | 0 | 0 | +76 | +135 | +240 | +580 | +1 400 | +2 100 | +3 200 | | | | | | | |

注：公称尺寸≤1 mm时，不使用基本偏差 a 和 b。